计算机应用能力培养丛书

Windows Vista 操作系统简明教程
(SP1 版)

陈芙　袁珂　编著

清华大学出版社

北　京

内容简介

本书从 Winodws Vista 的基本操作和工具的用法入手，再逐步介绍网络技术、安全技术、系统维护等一系列主题，从初学者角度出发，循序渐进地介绍了微软的最新操作系统——Windows Vista SP1 的使用方法和技巧，体现了 Windows Vista 相对以前版本的新特色，具有较强的实用性和可操作性。

全书共 15 章，主要内容包括 Windows Vista SP1 的安装方法，使用和管理桌面，中文输入法和字体的安装，文件和文件夹的基本操作，安装和管理应用程序，常用组件工具，多媒体娱乐工具，安装和管理硬件设备，Windows Vista 的 Internet 接入与应用，局域网组建和资源共享，用户账户管理与权限限制，Windows Vista 的安全工具和数据保护方法，系统的检测、优化和维护等。

本书内容丰富，结构清晰，核心概念和关键技术讲解清楚，同时提供了丰富的示例以展示具体应用，有利于读者快速掌握并熟练使用 Windows Vista，可作为高等学校、高职学校，以及社会各类培训班“Windows Vista 操作系统”课程的教材。

图书在版编目(CIP)数据

Windows Vista 操作系统简明教程(SP1 版)/陈笑，袁珂 编著. —北京：清华大学出版社，2009.3

(计算机应用能力培养丛书)

ISBN 978-7-302-19634-1

Ⅰ. W… Ⅱ. ①陈… ②袁… Ⅲ. 窗口软件，Windows Vista—教材 Ⅳ. TP316.7

中国版本图书馆 CIP 数据核字(2009)第 026224 号

责任编辑：王 军 李维杰
装帧设计：康 博
责任校对：胡雁翎
责任印制：杨 艳
出版发行：清华大学出版社　　地　址：北京清华大学学研大厦 A 座
http://www.tup.com.cn　　邮　编：100084
社 总 机：010-62770175　　邮　购：010-62786544
投稿与读者服务：010-62776969，c-service@tup.tsinghua.edu.cn
质量反馈：010-62772015，zhiliang@tup.tsinghua.edu.cn
印 刷 者：北京鑫丰华彩印有限公司
装 订 者：三河市新茂装订有限公司
经　销：全国新华书店
开　本：185×260　印　张：19.5　字　数：483 千字
版　次：2009 年 3 月第 1 版　印　次：2009 年 3 月第 1 次印刷
印　数：1～6000
定　价：28.00 元

本书如存在文字不清、漏印、缺页、倒页、脱页等印装质量问题，请与清华大学出版社出版部联系调换。联系电话：(010)62770177 转 3103　产品编号：026272-01

前　言

高职高专教育以就业为导向，以技术应用型人才为培养目标，担负着为国家经济高速发展输送一线高素质技术应用人才的重任。近年来，随着我国高等职业教育的发展，高职院校数量和在校生人数均有了大幅激增，已经成为我国高等教育的重要组成部分。

根据目前我国高级应用型人才的紧缺情况，教育部联合六部委推出“国家技能型紧缺人才培养培训项目”，并从 2004 年秋季起，在全国两百多所学校的计算机应用与软件技术、数控项目、汽车维修与护理等专业推行两年制和三年制改革。

为了配合高职高专院校的学制改革和教材建设，清华大学出版社在主管部门的指导下，组织了一批工作在高等职业教育第一线的资深教师和相关行业的优秀工程师，编写了适应新教学要求的计算机系列高职高专教材——《计算机应用能力培养丛书》。该丛书主要面向高等职业教育，遵循“以就业为导向”的原则，根据企业的实际需求来进行课程体系设置和教材内容选取。根据教材所对应的专业，以“实用”为基础，以“必需”为尺度，为教材选取理论知识；注重和提高案例教学的比重，突出培养人才的应用能力和解决实际问题能力，满足高等职业教育“学校评估”和“社会评估”的双重教学特征。

每本教材的内容均由“授课”和“实训”两个互为联系和支持的部分组成，“授课”部分介绍在相应课程中，学生必须掌握或了解的基础知识，每章都设有“学习目标”、“实用问题解答”、“小结”、“习题”等特色段落；“实训”部分设置了一组源于实际应用的上机实例，用于强化学生的计算机操作使用能力和解决实际问题的能力。每本教材配套的习题答案、电子教案和一些教学课件均可在该丛书的信息支持网站（http://www.tupwk.com.cn/GZGZ）上下载或通过 Email（wkservice@tup.tsinghua.edu.cn）索取，读者在使用过程中遇到了疑惑或困难可以在支持网站的互动论坛上留言，本丛书的作者或技术编辑会提供相应的技术支持。

Windows Vista SP1 是 Microsoft 最新发布的 Windows 操作系统，和以前版本相比，无论是操作界面，还是在系统管理、安全防护等方面，Windows Vista 都发生了革命性的变化，可以说是专门为了满足用户需要而设计的。

本书依据教育部《高职高专教育计算机公共基础课程教学基本要求》编写而成，从 Windows Vista 的基本概念和操作方法入手，向学生介绍 Windows Vista 的功能和用法，并在讲解的过程中与之前版本比较，便于老用户快速上手。全书共 15 章，内容涵盖安装 Windows Vista SP1，使用和管理桌面，文件和文件夹的基本操作，硬件设备与应用程序的安装与管理，中文输入法与安装字体，常用组件工具，多媒体娱乐工具，Windows Vista 的 Internet 接入与应用，局域网组建和资源共享，用户账户管理与权限限制，Windows Vista 的安全工具和数据保护方法，系统的检测、优化和维护等。为了提高读者的实际应用能力，第 15 章提供了一些典型应用的操作实例，以供学生上机使用。

由于计算机科学技术发展迅速，再者受自身水平和编写时间所限，书中如有错误或不足之处，欢迎广大读者对我们提出意见或建议。

编　者

目　录

第 1 章

初识 Windows Vista

本章主要介绍Windows Vista的新特性，如何安装和配置Windows Vista，Windows Vista的启动、注销和关闭方法，以及在 Windows Vista 中获取帮助的方法。通过本章的学习，应该完成以下学习目标：

- ☑ 了解 Windows Vista 的新特性
- ☑ 学会安装 Windows Vista，并做好安装后的扫尾工作
- ☑ 学会启动、注销和关闭 Windows Vista
- ☑ 掌握在 Windows Vista 本地和网络中获取帮助的方法

1.1 Windows Vista 的新特性

Windows Vista 是 Microsoft 自 Windows 95 之后最重要的一次升级，它完全改变了我们工作和获取信息的方式，其最新版本为 SP1。相对于 Windows 之前的版本，Windows Vista 在基础架构上发生了革命性的变化，提供了比 Windows XP 多达 2000 项的新功能，在性能、易用性、安全性等方面都有极大提高。

1.1.1 用户界面

如果读者没有接触过 Macos(苹果操作系统)或其他 3D 视觉效果的操作系统，Vista 的视觉冲击完全可以用“惊艳”来形容。它采用了全新的字体——微软雅黑来代替以前的宋体，圆滑而半透明的窗口、炫光的按钮和阴影效果等，都给了用户全新的体验。新的 Flip 3D 使 Windows 的窗口可以在屏幕中像扑克牌一样进行翻转，任务栏可以直接显示缩小的任务实况。此外，还附加了拥有丰富小工具的边栏设计，所有这些都大大降低了人们的“审美疲劳”。

1. 窗口

Windows Vista 采用了一种被称作 Aero 的全新用户界面，在这种技术下，窗口具有半透明的毛玻璃效果，可以通过边框看到窗口下方覆盖的内容。窗口的边框四周还有阴影，立体感很强。界面上的按钮也变得更加生动，例如，将光标移到某个按钮上，该按钮会发出水晶般的光泽，如图 1-1 所示。

2. 任务栏

在 Windows 操作系统下，每打开一个窗口，该窗口就会在任务栏上显示一个按钮，通过这些按钮，可以在不同的窗口之间进行切换。虽然 Windows XP 提供了分组功能，可以

将来自同一个程序的多个任务栏按钮分组显示在一起，但当打开的窗口比较多时，就较难找到要切换到的窗口。

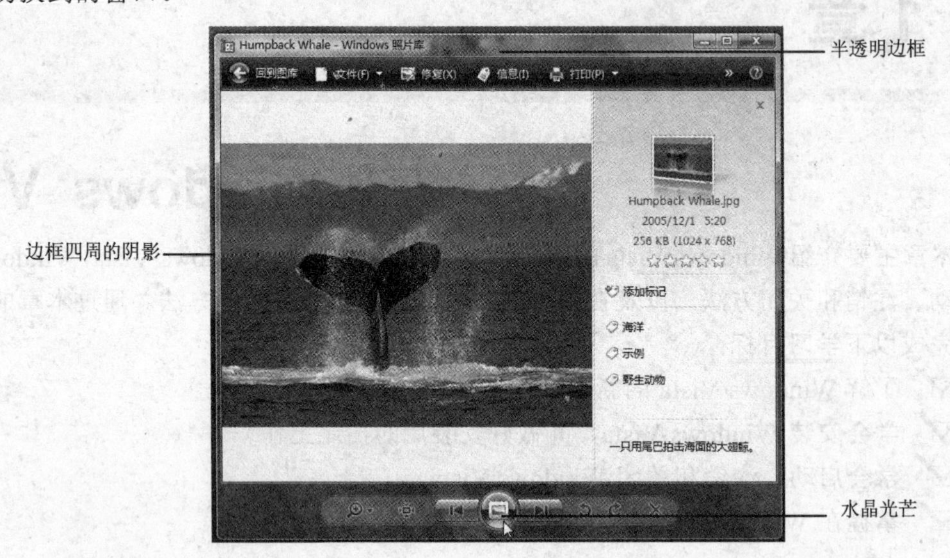

图 1-1 Windows Vista 下的窗口

在 Windows Vista 下，当将光标指向某个任务栏按钮后，该按钮对应的窗口的内容就会以缩略图的形式显示出来，而且缩略图的内容还是动态更新的，即使窗口中正在播放视频，也可以看到播放实况。

除了通过缩略图来判断要切换的窗口外，用户还可以使用传统的 Alt+Tab 组合键(按住 Alt 键，再按 Tab 键)的方法在所有打开的窗口间切换。只是在 Windows Vista 环境下，不是简单地循环显示每个窗口，而是以缩略图的形式进行显示，如图 1-2 所示。选中要切换到的窗口，释放按键，即可打开该窗口。

图 1-2 在 Windows Vista 下利用 Alt+Tab 键切换窗口

3. Flip 3D

虽然通过缩略图的形式可以预览所有的窗口，但由于缩略图面积比较小，当内容比较相似时，很难作出正确的切换判断。可以使用 Windows Vista 的 Flip 3D 功能，将所有窗口和当前运行的所有应用程序都以图形化的方式显示在桌面上。按下 Windows+Tab 组合键或单击任务栏上的快速启动按钮，即可看到如图 1-3 所示的 Flip 3D 效果。

切换到 Flip 3D 状态后，用户可以通过键盘的上下方向键或者鼠标滚轮来切换显示每个窗口。看到自己要切换到的窗口后，单击或者按下 Enter 键，即可退出 Flip 3D 状态，并返回到正常桌面，显示刚才选中的窗口。

提示：由于 Flip 3D 特效的启用会占用一定的系统资源，所以如果用户的机器性能不是很好的话，建议不要启用。

4. Windows 边栏和小工具

Windows 边栏是在桌面边缘显示的一个垂直长条，如图 1-4 所示。边栏中包含了被称为“小工具”的应用程序，这些小程序可以提供即时信息，以及轻松访问常用工具的途径。例如，可以使用小工具显示图片、查看不断更新的标题或者查找联系人等。

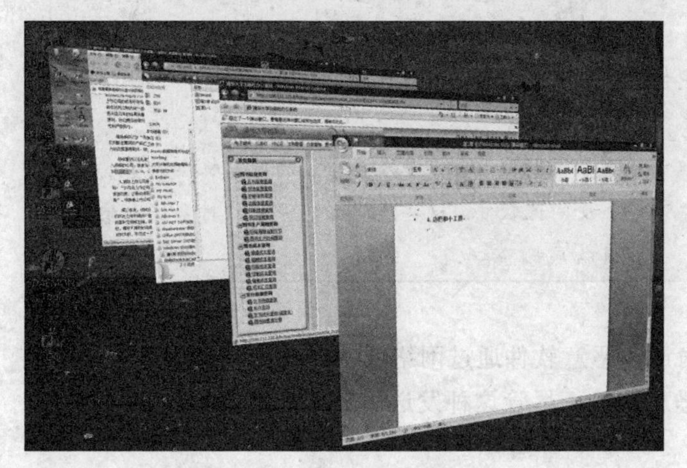

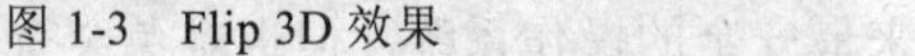

图 1-3 Flip 3D 效果　　图 1-4 Windows 边框和小工具

更令人激动的是，这些小工具都是完全开放的，用户可以到 http://gallery.live.com 免费下载别人编写的小工具，同时也可以将自己编写的小工具与他人分享。

1.1.2 更安全

Windows Vista 被认为是 Windows 家族迄今为止最安全的操作系统，主要体现在以下几个方面：

1. 用户账户控制(UAC)

在 Windows 的以前版本中，如果一个用户使用管理员账户登录系统，那么他便可拥有对系统的完全控制权限。不仅如此，该用户运行的程序也将拥有完全的系统控制权。假如该用户对计算机的一些关键设置进行了错误更改，或者用户从 Internet 上下载了含有病毒的软件，那么这些更改或软件将对系统造成严重破坏。

UAC 是 Windows Vista 中新增的功能，可以有效防止用户对计算机进行未授权的更改，并通过在应用程序启动前的验证，帮助防止恶意软件和间谍软件在未经许可的情况下进行安装或对计算机更改，或者要求在应用程序运行时提供管理员权限或密码，如图 1-5 所示。

> 什么是“权限”？
>
> 权限是一组访问规则，用来控制用户对网络、计算机或应用程序的访问能力。计算机的管理员拥有最高权限，管理员可以设置和分配其他用户的权限以防止普通用户对计算机的任意修改。UAC 功能默认是启用的，并存在于 Windows Vista 的各个角落，即使用户使用管理员账户登录 Windows Vista，当用户要对计算机的关键设置进行更改时，UAC 也会要求输入管理员密码以获取管理员权限。

2. Windows Defender

Windows Defender 是 Windows Vista 系统中新增的系统防卫工具，是一个反间谍软件，可以防止用户在连接 Internet 时感染恶意软件或泄漏个人隐私，例如一些有害的浏览器插件或仿冒的钓鱼站点等。

> 什么是“间谍软件”？什么是“反间谍软件”？
>
> 间谍软件又称“灰色软件”，它们通常对系统没有太多明显危险，但是不经用户同意就偷偷潜入到系统中，而且很难卸载。它们会偷偷监控用户的操作，并定期将监控结果发送出去。更有甚者，还会不停地在系统中调用 IE 浏览器显示网络广告，更改并锁定计算机上的某些设置。
>
> 为了防止这些间谍软件对计算机的侵害和保护隐私，很多人在自己的计算机上除了安装反病毒软件和防火墙外，通常还会安装一个反间谍软件。这些反间谍软件可以对系统和硬盘进行实时扫描，找到不安全的项目，并将其彻底删除。

3. Windows 防火墙

新的防火墙有助于防止黑客、病毒和恶意软件通过网络或 Internet 访问计算机，还有助于防止计算机向其他计算机发送恶意软件，尽管这种发送用户可能根本不知晓。

4. Windows Update

尽管 Windows Vista 是有史以来最安全的操作系统，但也难免会有一些漏洞和缺陷，因而及时安装微软所提供的补丁非常重要。将系统更新到最新状态，以便抵御最新的攻击，如图 1-6 所示。

图 1-5　UAC 提示用户输入管理员密码

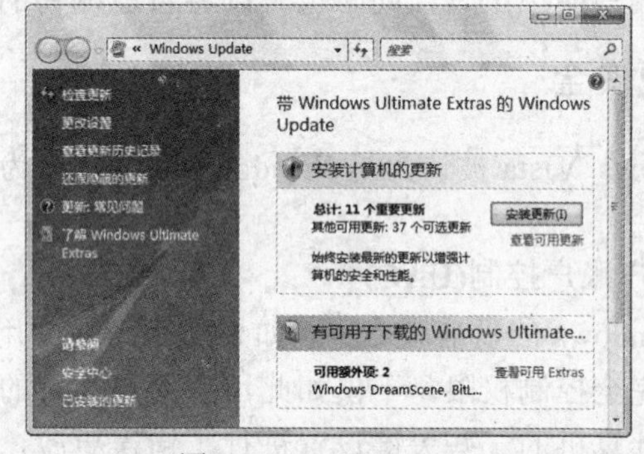

图 1-6　Windows Update

在 Windows 的以前版本中，Windows Update 的使用存在一些问题。例如只能安装关键更新和安全更新，如果要安装其他更新，则必须访问 Windows Update 站点，而且安装完了以后，系统会反复提醒用户重新启动计算机。在 Windows Vista 中，微软开始通过一个专门的程序进行更新，而且避免重复启动计算机。

5. Internet Explorer 7.0(IE 7.0)

浏览器是用户进行网上冲浪的重要工具，目前流行的浏览器有好几种，如 Firefox、腾讯浏览器、遨游等，但它们与网络上的部分网页兼容性很差。这是因为设计者在开发 Web 页时，首先考虑的是和 IE 浏览器的兼容问题，这样导致很多页面在别的浏览器上变得面目全非，甚至完全无法显示。

IE 7.0 很好解决了之前版本在安全性、易用性、功能等各方面的问题。在安全性方面，IE 7.0 独特的保护模式，配合 Windows Vista 的 UAC，可以很好地保护用户的在线隐私，并防止系统被植入间谍软件或被恶意网页修改系统设置。在易用性方面，IE 7.0 可以以标签的形式显示多个页面，方便用户浏览。此外，IE 7.0 还带有 RSS 阅读功能，方便用户实现 RSS 的订阅和浏览。IE 7.0 的反钓鱼功能、搜索功能、安全选项、家长控制等功能也都十分实用。

6. 备份和还原

Windows Vista 的备份和还原中心的最大改进之处在于增加了对整个系统的备份功能，这样就不用其他专门的镜像软件了。对系统进行一次备份，日后如果系统出现问题就可以利用该备份将系统恢复到以前的正常状态。不仅如此，Windows Vista 的备份和还原功能还可以直接将文件备份到光盘上，这在以前是无法做到的。

1.1.3　娱乐功能更强大

1. Windows 照片库

Windows 照片库使得用户可以集中管理、编辑和查看自己拍摄的数码相片。例如，可以通过该工具直接从数码相机或扫描仪中导入相片，并给相片添加标签以便日后通过标签浏览。Windows 照片库的照片编辑功能虽然没有专业的图像处理功能强大，但依然提供了诸如曝光补偿、调整色阶、裁减和消除红眼等功能，这对于普通用户而言已经足够了。

Windows Vista 增强了数码相片的管理功能，Windows Vista 不仅会保存导入的数码相片，同时还会保存该相片的拍摄时间，所用相机型号，拍摄时是否使用了闪光灯、快门速度等。此外，使用 Windows 照片库还可以将数码相片以多种形式发布出去，包括利用网络上的在线服务或自己的打印机打印相片，以及将相片刻录到光盘上等。

2. Windows Media Player 11

Windows Vista 中的 Windows Media Player 11 拥有强大的媒体库管理功能，它主要借鉴了 Windows Vista 中大力推广的虚拟文件夹以及文件标记功能。例如，可以为每首歌曲编辑相应的标记，包括演唱者、专辑名称、唱片发行年份等，Windows Media Player 11 可以自动检索这些信息，并对它们进行分类以供查看。

此外，Windows Media Player 11 还提供了媒体库共享功能，用户可以将本地计算机上保存的所有已经添加到媒体库中的音频和视频文件在局域网上共享，这样局域网内所有支持该功能的机器或设备，都可以获取并播放这些媒体文件。

3. Windows Movie Maker 和 Windows DVD Maker

针对目前家用数码摄像机得到普及这一特点，Windows Vista 提供了 Windows Movie Maker 这一视频编辑工具。用户编辑完这些视频后，可以利用 Windows DVD Maker 这一工具将其刻录到 DVD 光盘上，以和他人分享自己的美好回忆。

1.1.4　提高办公效率

1. Windows 日历

这是 Windows Vista 中新增的程序，主要用于安排日程。它最大的功能就是提醒，例如，用户可以用该程序安排好自己一个月、一天或是一段时间内的重要活动，到时该程序就会自动提醒。此外，该程序还支持共享，也就是说，用户可以将自己的日程安排进行共享，这样，别人就可以据此安排自己的日程了。

2. Windows 联系人

Windows 联系人的前身是 Windows 通讯簿，它包含了很多个人信息，包括名称、地址、电子邮件、电话等。在 Windows Vista 下，用户可直接调用联系人，例如可以直接对联系人发送电子邮件、发出会议邀请等。默认情况下，Windows Vista 会自动生成当前账户的联系人信息，并将联系人存储在专用的联系人文件夹中。

3. Windows Mail

Windows Mail 是 Windows Vista 内置的一个电子邮件和新闻组管理程序，它与系统紧密集合，可以很方便地被各种应用程序调用。

4. Windows 会议室

Windows 会议室可以理解为是一个网上的虚拟会议室，可以在网上创建一个受密码保护的虚拟空间，并接受同事的访问。在这个虚拟空间中，大家可以完成计算机间的文件共享、讨论，也可以利用其提供的共享桌面和应用程序共享来实现远程协助。

5. 同步中心

当前，各种数字媒体设备、智能手机、PDA 等得到广泛普及，Windows Vista 的同步中心可以帮助用户的计算机和这些设备之间实现资料同步。例如，用户可能希望在路上一边听歌曲一边处理邮件，而回到家后，还要将手机上的文件以及在路上处理过的邮件同步到家里的计算机中。Windows Vista 的同步中心可以显示所有需要进行同步的设备，以及这些设备中需要同步的数据。

在进行同步时，如果某个文件发生改变，那么系统将自动只同步被改变的内容，而不是整个文件。例如，某个 Word 文档的大小是 32MB，用户只对其中两个字进行了更改。在 Windows XP 中，系统将同步整个文件，网络流量至少是 32MB。而在 Windows Vista 中，系统只会同步文件内容中被改变了的两个字。

6. XPS 文档

XPS 文档是 Windows Vista 支持的一种新的文档格式，这种文档格式类似于 Adobe 的 PDF，可以内嵌字体，实现跨平台查看。也就是说，只要有相应软件的支持，用户可以在运行任何操作系统的任何语言的平台上看到一样的内容。而且这种格式可以加密、设置控制权限等，还支持数字签名和全文搜索。

1.1.5 性能极大提升

Windows Vista 的系统性能得到了很大提升，尤其在对内存和硬盘的使用上，表现要明显好于 Windows XP。

1. 全新的内存管理机制—— SuperFetch

计算机系统由 CPU、内存和硬盘等组成。CPU 和内存的速度很快，而硬盘的速度比较慢。因而制约计算机整体性能的瓶颈在于硬盘的访问速度，尤其是硬盘的随机访问速度。在 Windows Vista 之前，内存管理机制主要用来缓解物理内存不足的问题。如果 Windows 发现当前的可用物理内存不足，就会把当前不用的内容从物理内存中移到磁盘的页面文件中，以便腾出更多的物理内存，以供其他应用程序使用。而数据从页面文件中调入调出，就会牵扯到大量的随机硬盘访问，这大大降低了系统的整体性能。

一般安装Windows Vista的计算机硬件配置都比较高，尤其是内存。为充分利用内存，Windows Vista专门引入了SuperFetch内存管理机制。在该机制下，系统可以把用户最常用的应用程序事先缓存到内存里，这样当应用程序运行时，就不需要从磁盘中读取所需的内容，而只需直接把内存缓存里的内容映射到自己的工作集中。这样就大大提升了应用程序的响应速度。

另外，即使加载到缓存中的应用程序内容很多，也不会影响前台应用程序的运行，这是因为SuperFetch采用了最新的优先级磁盘访问技术。而在Windows XP中不是这样。读者在使用Windows XP时可能遇到过以下情况：某天早上，应用程序的启动速度很快，而且执行各种计算任务的相应速度也不错；但是吃过中午饭回来以后，却发现系统性能下降很多，运行应用程序的响应速度变得很慢。

这是因为Windows XP在系统空闲时会加载一些后台的例行管理任务，如索引、扫描病毒、磁盘碎片整理等，这些后台的例行任务会把前台应用程序的内容强迫移动到磁盘的页面文件中。当用户返回前台应用程序时，系统必须再次从页面文件中读取所需内容，所以用户会感觉系统性能降低。

SuperFetch使用新的内存管理算法来提高系统响应能力，设定前台应用程序的内存优先级高于后台任务。当系统空闲时，后台任务依然运行。但后台任务一旦结束，系统就会立即把用户之前访问的数据重新注入到内存中。

2. 闪存加速——ReadyBoost

对于物理内存比较小的计算机来说，SuperFetch的加速作用就不是很明显。可喜的是，Windows Vista提供了一个新的特性——ReadyBoost。ReadyBoost可以把SuperFetch缓存保存在USB闪存的缓存文件里。这样当运行应用程序时，系统就可以直接从USB闪存的缓存里直接读取所需的内容，而不需要到硬盘中读取。

ReadyBoost技术对闪存的要求比较高，目前市场上的闪存盘能达到要求的品牌不多。相信硬件厂商必然会在不久的将来开发出更多适应ReadyBoost技术的产品，而微软也会进一步完善这项技术。

3. ReadyDrive

Windows Vista还支持ReadyDrive技术，借助混合硬盘的支持，可以显著提升系统启动速度和应用程序运行的性能，同时还可以节省电源，延长硬盘的使用寿命。

提示：混合硬盘是一种新型的硬盘，由微软联合富士通、日立、希捷和东芝等5家硬件厂商联合推出的技术。其主要特征是在硬盘的电路板上加载一块非易失性的缓存，该缓存称为NV Cache，而普通硬盘上的叫做DRAM Cache。

4. 低优先级的磁盘访问

应用程序不仅仅依赖于CPU和内存这两大资源，磁盘访问的能力也非常重要，而磁盘速度远远低于CPU和内存的速度，所以磁盘访问的能力就成了影响应用程序性能的又一关键因素。在Windows XP中，前台的应用程序和后台的进程会竞争对硬盘的访问，从而导致前台应用程序响应变慢。

Windows Vista则引入了一个非常实用的特性——低优先级的磁盘访问。其目的是给磁盘访问划分优先级，可以将后台任务的磁盘优先级设置为低。这样前台运行的应用程序将可以优先访问磁盘，从而改善前台应用程序的响应速度。

1.2 安装 Windows Vista SP1

Windows Vista SP1 集成了 Windows Vista 发布以来的诸多安全更新和补丁程序，在安全性、系统性能、兼容性等方面都有很大改进，而且增加了对新硬件技术和新标准的支持，给予了大家更好的用户体验。用户可通过全新安装或通过对 Windows Vista 升级安装这两种方式之一来安装 Windows Vista SP1。但对于升级安装，要求原系统必须是 Windows Vista 企业版或旗舰版。

1.2.1 Windows Vista 安装前的准备

1. 了解硬件需求

由于 Windows Vista 整合了诸多新技术，所以它对硬件的需求也是较高的，表 1-1 所示为微软官方建议的最低配置需求。

表 1-1 安装 Windows Vista 的最低硬件配置需求

硬件设备	官方建议基本配置
处理器	至少 800MHz 的 32 位或 64 位处理器
内存	512MB
硬盘	Windows Vista 的安装分区至少有 15GB 的可用空间
显卡	支持 DirecX 9
光驱	CD/DVD 驱动器

而如果用户想获得 Windows Vista 的全部特效，例如毛玻璃效果、窗口切换、3D 窗口切换等，则至少需要表 1-2 所示的硬件配置需求。

表 1-2 获得 Windows Vista 的全部特效所需配置

硬件设备	官方建议基本配置
处理器	至少 1GHz 的 32 位或 64 位处理器
内存	1GB
硬盘	Windows Vista 的安装分区至少有 15GB 的可用空间
显卡	支持 DirecX 9.0，支持 WDDM 规范，支持 Pixel Shader 2.0，32 位颜色 128MB 显存
光驱	DVD 驱动器

2. 导出原有系统的文件和设置

在 Windows Vista 系统里，借助最新的"Windows 轻松传送"，用户可以轻松地将旧系统的文件和设置，转移到新安装的 Windows Vista 系统中。这样就可以保留以前的使用习惯，同时极大地节省系统的配置时间。

例 1-1 将 Windows XP 上的用户设置和文件转移到新安装的 Windows Vista 系统中。

❶ 首先用户需要下载并安装 Windows 轻松传送软件，然后通过单击【开始】|【所有

程序】|【Windows 轻松传送】来启动 Windows 轻松传送程序，如图 1-7 所示。在【欢迎使用 Windows 轻松传送】界面，用户发现可以传送以下内容：

- **用户账户** 可以保存 Windows XP 下的用户账户名、密码、权限和头像等内容。
- **文件夹和文件** 可以保存 Windows XP 下用户的个人文件，例如【我的文档】文件夹中的工作文件以及桌面上的文件。
- **程序设置** 可以保存微软和其他软件厂商的一些常用程序的设置。
- **Internet 设置和收藏夹** 可以保存 Windows XP 下的 IE 设置和收藏夹内容。
- **电子邮件设置、联系人和消息** 可以保存 Windows XP 下的 Outlook Express 软件内置的账户信息和邮件内容，以及联系人信息。

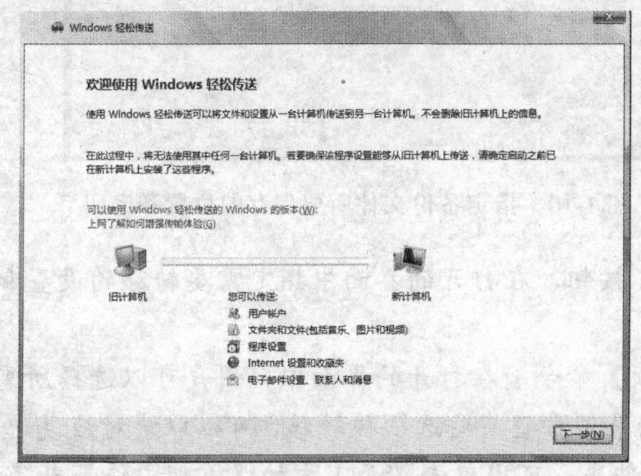

图 1-7　启动 Windows 轻松传送

❷ 单击【下一步】按钮，在打开的界面上可以选择 3 种不同的方法备份所导出的文件和设置，如图 1-8 所示。

- 使用轻松传送电缆：利用专用电缆连接两台计算机的 USB 接口，并完成转移。
- 使用网络连接直接传送：利用现有的局域网转移计算机中的文件和设置。
- 使用 CD、DVD 或其他可移动介质：将一台计算机的文件和设置刻录到光盘上，并在另一台计算机上还原。还可以在同一台计算机上的两个系统之间进行。

❸ 单击【使用 CD、DVD 或其他可移动介质】命令，打开【选择传送文件和程序设置的方式】界面，如图 1-9 所示。

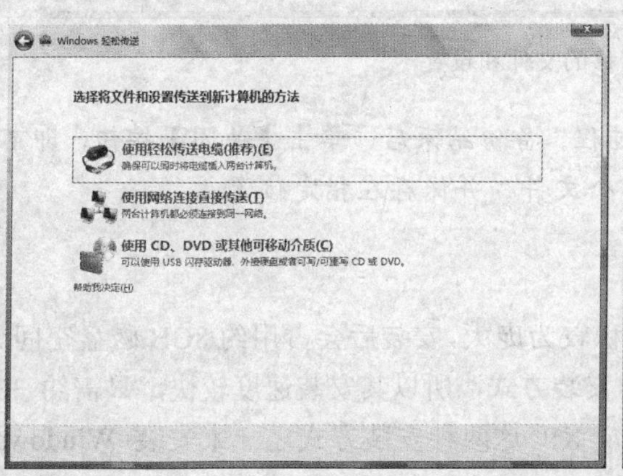

图 1-8　选择备份方法

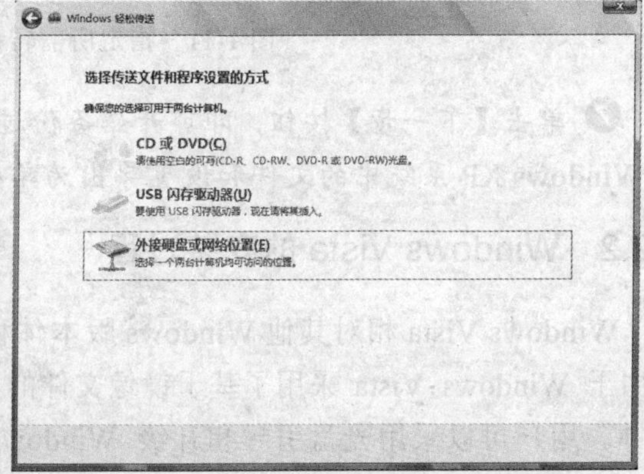

图 1-9　选择传送文件和程序设置的方式

❹ 单击【外接硬盘或网络位置】命令，在打开的【选择网络位置】界面中指定备份文件的路径，默认文件名为 SaveData.MIG。如果需要，用户还可以指定保护密码，如图 1-10 所示。

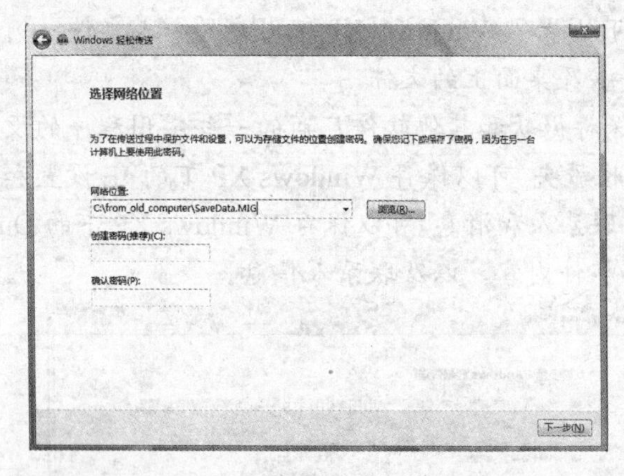

图 1-10　指定备份文件所要保存的位置和密码

❺ 单击【下一步】按钮，在打开的界面中指定需要转移的设置和文件，如图 1-11 左图所示。

❻ 单击【高级选项】命令，在打开的界面中，用户可以选择所需转移的数据和设置，如图 1-11 右图所示。如果不希望某些选项被转移，可以取消对应复选框的选中状态。如果需要添加其他文件或文件夹，可用单击界面下方的【添加文件】或【添加文件夹】命令。

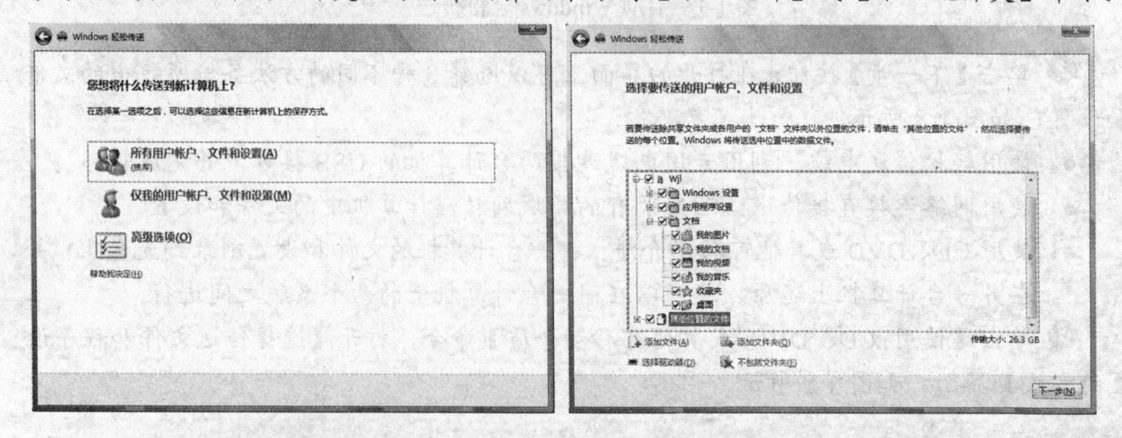

图 1-11　指定所需转移的文件和设置

❼ 单击【下一步】按钮，即可开始备份过程。备份结束后，单击【关闭】按钮，即可把 Windows XP 系统中的文件和设置导出为单个文件，并保存在指定位置。

1.2.2　Windows Vista 的安装过程

Windows Vista 相对其他 Windows 版本体积较为庞大，安装后会占用约 8GB 磁盘空间。但由于 Windows Vista 采用了基于镜像文件的安装方式，所以其安装速度较快，只需约 30 分钟。用户可以采用光盘引导和升级 Windows XP 这两种安装方式之一来安装 Windows Vista。

例 1-2　安装 Windows Vista。

❶ 通过以下任何一种方法启动 Windows Vista 安装程序：

- 如果要全新安装，请启动计算机，将 Windows Vista 安装光盘放入光驱，按照屏幕提示按下任何一个按键启动光盘上的安装程序。
- 如果希望在现有 Windows XP 基础上升级安装，请首先以管理员账户登录 Windows XP。然后将 Windows Vista 安装光盘插入光驱，Windows Vista 安装程序会自动运行。如果安装程序没有自动运行，请打开 Windows 资源管理器打开光盘，并双击其中的 Setup.exe 文件。

❷ 根据提示，选择要安装的语言、时间和货币格式、键盘和输入方法，单击【下一步】按钮，如图 1-12 所示。

❸ 可以看到安装欢迎界面。单击界面中间的【现在安装】命令即可开始安装，如图 1-13 所示。

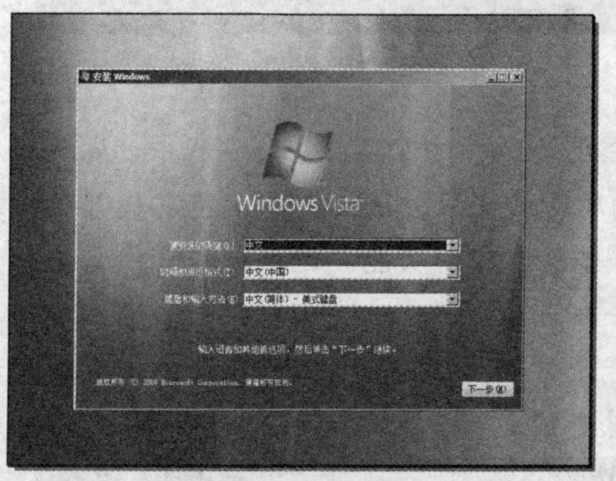

图 1-12　设置安装语言和其他选项

图 1-13　单击【现在安装】命令

提示：如果用户已经安装了 Windows Vista，但系统崩溃，而用户没有进行任何的系统备份，则可以在安装欢迎界面通过【修复计算机】命令对 Windows Vista 进行修复。另外，零售版的 Windows Vista 通常需要输入一个安装序列号。如果安装程序需要输入，请输入并单击【下一步】按钮。

❹ 阅读许可协议，选中【我接受许可条款】复选框(安装 Windows Vista 所必需的)，单击【下一步】按钮，如图 1-14 所示。

❻ 接下来选择安装类型。如果希望将现有的 Windows 升级到 Windows Vista，可以单击【升级】选项(要求安装分区可用空间至少为 15GB)。如果要全新安装，可单击【自定义(高级)】选项，如图 1-15 所示。

提示：Windows Vista 针对联想、戴尔、IBM 等不同品牌的机器提供了不同的安装配置，如果在安装过程中要求用户选择，可根据自己的机器品牌进行选择。如果用户的机器为组装机，可选择安装大众版。

❼ 选择要将 Windows Vista 安装到的硬盘分区(要求安装分区可用空间至少为 15GB)，单击【下一步】按钮，如图 1-16 所示。如果选择的分区包含老版本的 Windows 系统，那么安装程序将提示现有的用户和应用程序设置将被转移到一个叫做 Windows.old 的文件夹中。这样一来，安装好 Windows Vista 后，就可以重新使用原有系统的设置了。

提示：在该步骤中，如果使用了 Windows Vista 不支持的硬盘，如 SCSI、RAID 或某些特殊的硬盘，那么安装程序将无法识别它们，需要在这里提供驱动程序。单击【加载驱动程序】命令，然后按照提示安装硬盘的驱动程序，即可继续。当然，安装好驱动程序后，需要单击【刷新】按钮以使安装程序重新搜索硬盘。

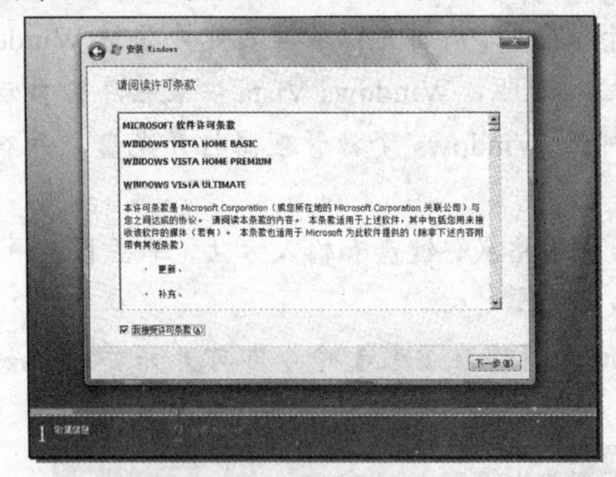

图 1-14　阅读安装协议

图 1-15　选择安装类型

❽ 单击【下一步】按钮，随后安装程序会开始安装过程。在整个过程中，安装程序会将 Windows Vista 完整的硬盘镜像文件复制到所选的安装分区上，然后将其展开。随后，安装程序会根据计算机的配置和检测到的硬件安装需要的功能。这一过程可能需要自动重启计算机多次，安装过程完成后，操作系统会被自动加载。

❾ 下面来对安装的后期进行设置。创建一个管理员账户，可以为该账户设置密码和密码提示，并可以选择账户的个性化图片，如图 1-17 所示。

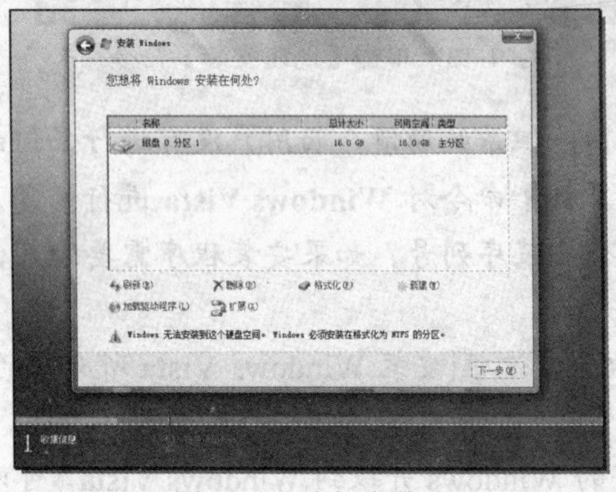

图 1-16　选择安装分区

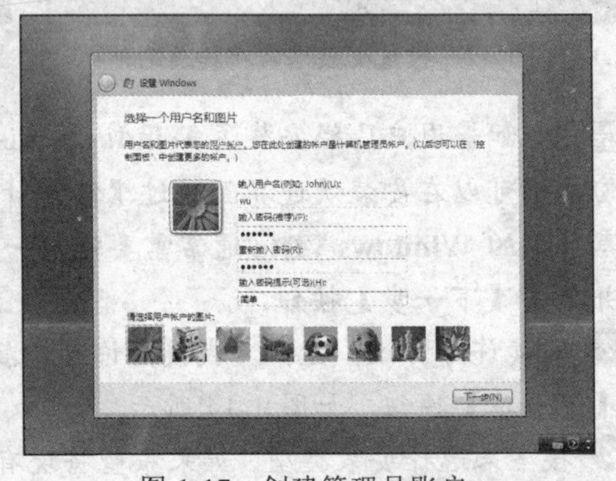

图 1-17　创建管理员账户

❿ 单击【下一步】按钮，输入计算机的名称，并选择一张桌面背景，如图 1-18 所示。

⓫ 单击【下一步】按钮，设置系统如何进行自动更新，如图 1-19 所示。

- 如果希望使用系统的默认设置，自动下载并安装安全更新和其他建议的更新、设备驱动、升级反间谍软件，并在系统出现问题后自动联网检查解决方案，可以单击【使用推荐设置】选项。
- 如果只需要系统自动下载安全更新，单击【仅安装重要的更新】选项。
- 如果用户不想现在决定，可以单击【以后询问我】选项。

⓬ 单击【下一步】按钮，设置时区、当前日期和时间等信息，如图 1-20 所示。

⓭ 单击【下一步】按钮，选择本机所在的网络位置：住宅、工作或办公场所，如图 1-21 所示。如果选择【住宅】或【工作】选项，则 Windows Vista 会自动设置为更容易和其他网络计算机进行通信。如果处于咖啡馆、机场等公共位置，则应该选择【公共场所】，这样可以确保别的陌生计算机无法轻易访问我们的系统，以确保网络安全。

图 1-18　设置桌面背景图片

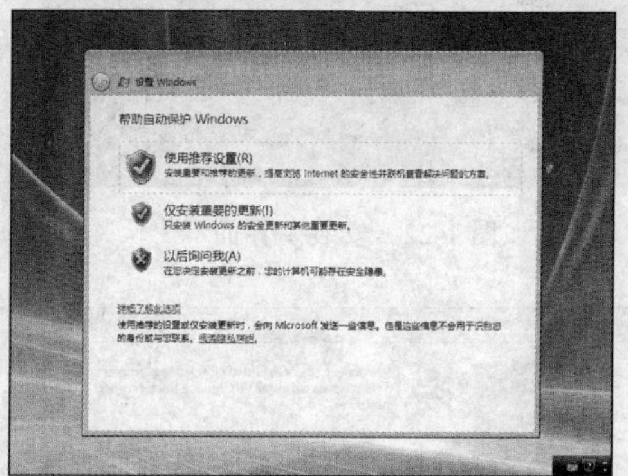

图 1-19　设置自动保护计算机选项

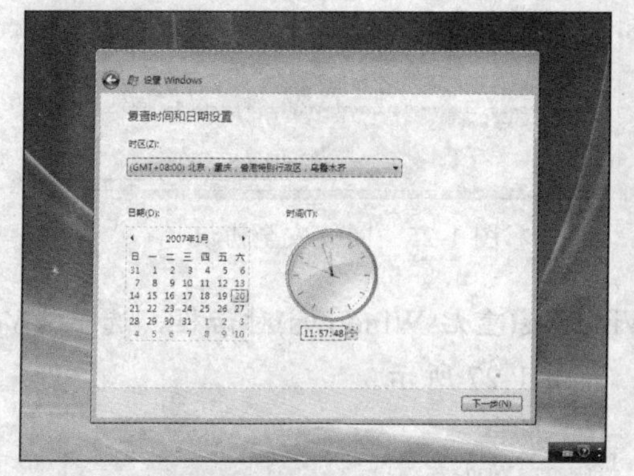

图 1-20　设置时间和日期

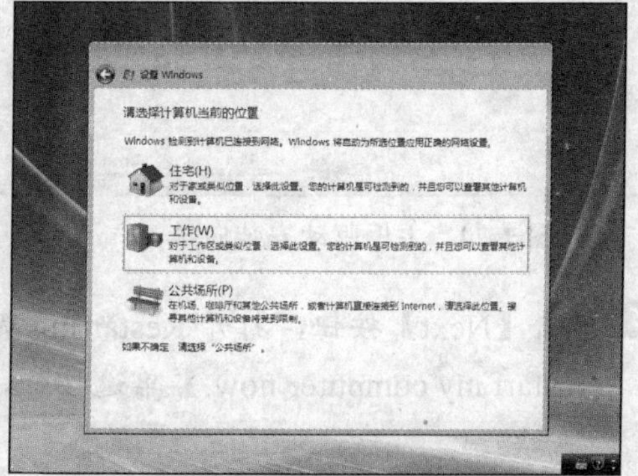

图 1-21　选择本机所在的网络位置

⓮ 最后设置结束，可以看到感谢画面。单击【开始】按钮，即可登录 Windows Vista。

1.2.3　安装硬件驱动程序

Windows Vista 安装完毕后，要使其成为一个完全可用的系统，还必须安装必要硬件设备(如主板、显卡、声卡、网卡等)的驱动。这些驱动程序一般由硬件的生产商所提供，因此用户只需在所买主板的包装盒中找到附带的光盘，按照例 1-3 所示的方法进行安装即可。

例 1-3　安装主板的驱动程序。

❶ 启动 Windows Vista 操作系统后，将主板驱动程序光盘放入光驱，自动打开安装主界面，如图 1-22 所示。

❷ 单击【驱动程序安装】按钮，进入图 1-23 所示的界面。

❸ 单击【VIA 芯片驱动】按钮，打开【主板驱动安装向导】对话框，如图 1-24 所示。

❹ 单击【Next】按钮，打开【安全协议】对话框，如图 1-25 所示。

❺ 阅读完协议后，单击【Next】按钮，打开如图 1-26 所示的对话框。保持选中【Normal Installation】单选按钮。

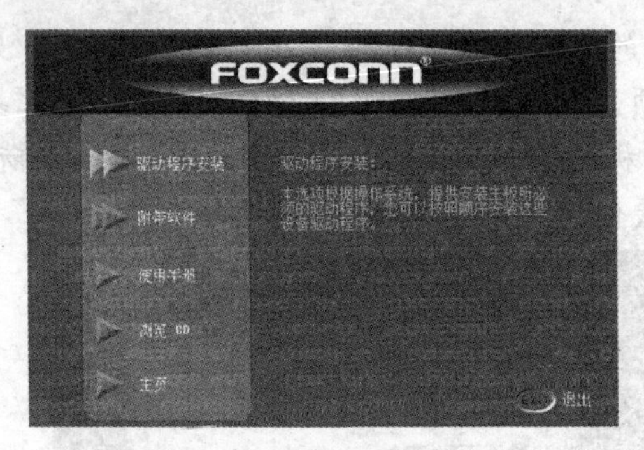

图 1-22　安装主界面

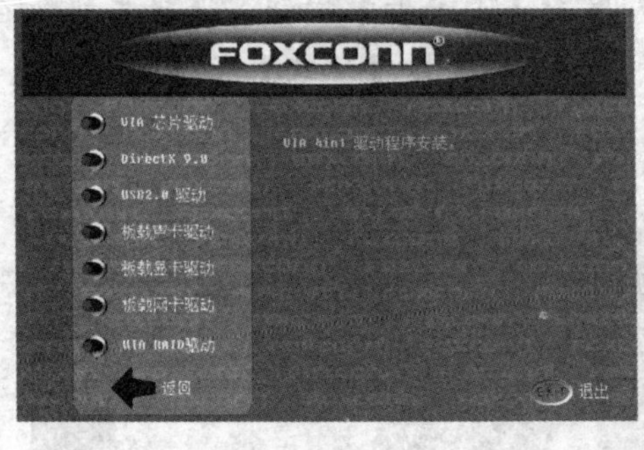

图 1-23　安装界面

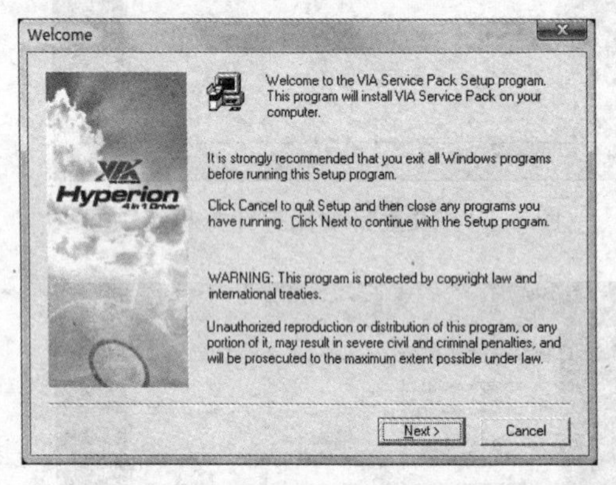

图 1-24　主板驱动安装向导

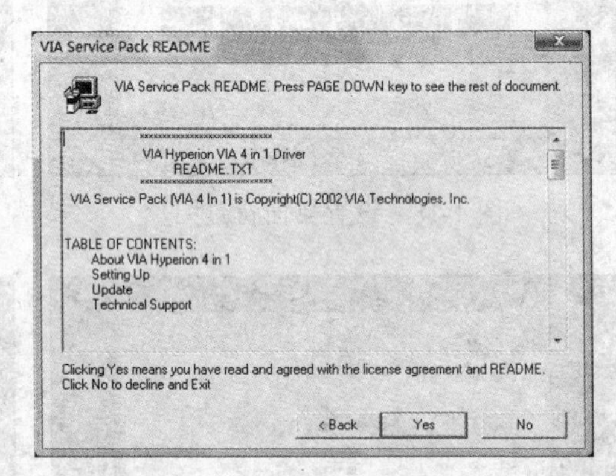

图 1-25　阅读安全协议

❻ 单击【Next】按钮，打开 Restarting Windows(重启 Windows)对话框，选中【Yes, I want to restart my computer now.】单选按钮，如图 1-27 所示。

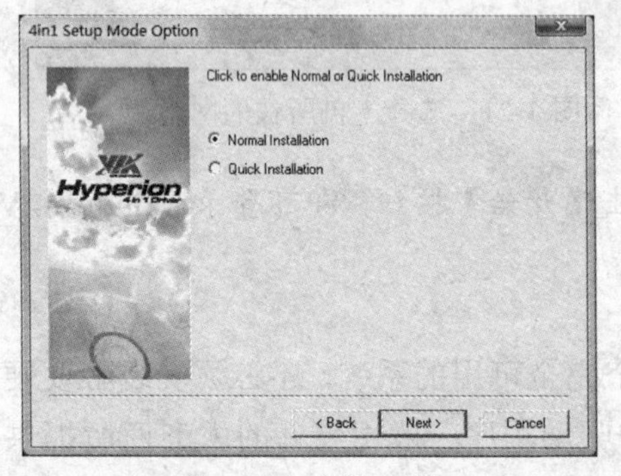

图 1-26　安装向导

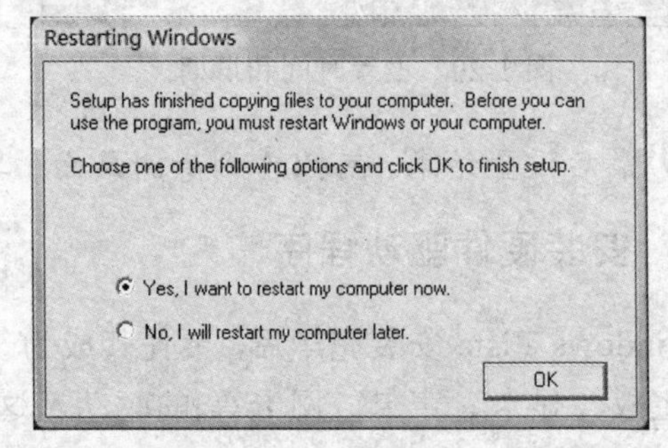

图 1-27　RestartingWindows 对话框

❼ 单击【OK】按钮，即可成功地安装主板驱动程序。

注意：安装了硬件的驱动程序后，驱动程序会在下次启动系统后开始起作用。用户可以在安装了驱动程序后立即重新启动系统，也可以在安装完显卡、声卡、网卡等硬件的驱动后，再重启系统，以避免频繁重启，提高安装效率。显卡、声卡，以及网卡驱动程序的安装方法与主板驱动的安装相似。

1.2.4　原有系统设置的恢复

另外，如果读者希望使用原有 Windows XP 中的用户设置和文件，可将前面从 Windows XP 中导出的文件和设置导入到 Windows Vista 中。

例 1-4　导入旧系统中的设置和文件。

❶ 登录 Windows Vista 后，双击从 Windows XP 导出的备份文件，即可开始恢复进程。首先可以在下拉列表中选择新计算机上的用户账户名称，如图 1-28 所示。

❷ 单击【下一步】按钮，复查所需传送的文件和设置选项，如图 1-29 所示。确认以后，单击【确定】按钮，即可开始传送。

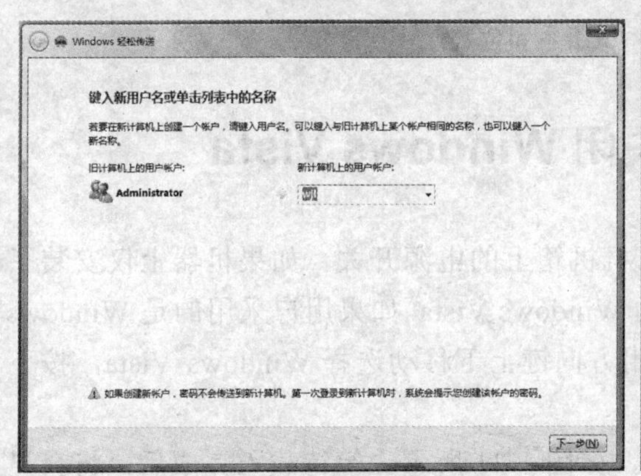

图 1-28　选择新计算机上的用户账户

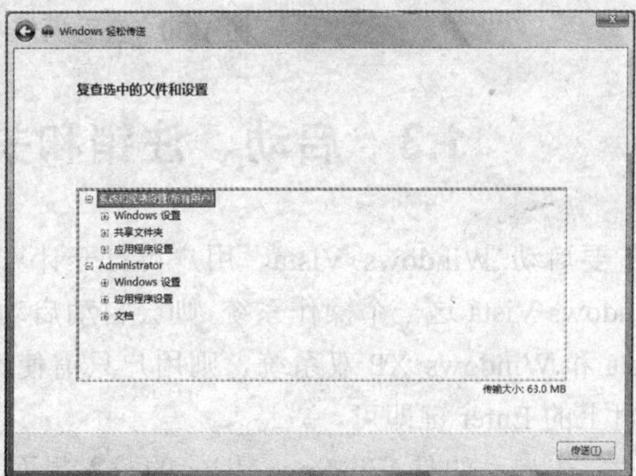

图 1-29　复查所要传送的设置和文件

❸ 传送结束后，可以看到所传送的文件和设置清单。如果需要查看详细的传送信息，可以单击【显示已传输的全部内容】命令，在打开的页面中查看详细的 Windows 轻松传送报告。

❹ 单击【关闭】按钮，系统会提示需要重新启动计算机才可以使更改生效。重新启动系统后，旧系统中的设置和文件就回来了。

由于许多应用程序与 Windows Vista 都不是很兼容，许多用户都比较乐意组建 Windows Vista 和 Windows XP 双系统。关于 Windows Vista 和 Windows XP 双系统的安装与配置，读者可参阅本书附录。

1.2.5　升级到 Windows Vista SP1

如果是从 Windows Vista 升级到 SP1，用户必须首先知道自己的操作系统是 32 位还是 64 位，然后下载与之相符的 SP1 独立安装包。运行该独立安装包，按照向导提示，即可完成 Windows Vista 的升级。

> **如何查看操作系统的版本和位数？**
>
> 单击【开始】按钮，在搜索框中输入“欢迎中心”并按 Enter 键，打开【欢迎中心】窗口。单击【显示更多详细信息】命令，在打开窗口中查看操作系统的版本和位数，如图 1-30 所示。

注意：用户也可以通过 Windows Update 自动下载安装 SP1 独立安装包，前提是

Windows Update 处于开启状态。

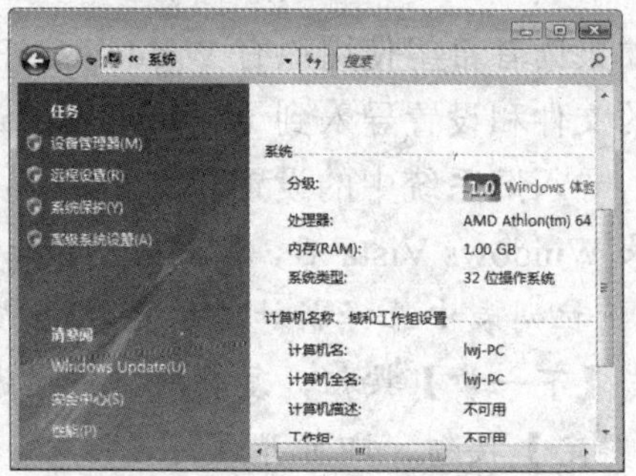

图 1-30　查看操作系统版本和位数

1.3　启动、注销和关闭 Windows Vista

要启动 Windows Vista，用户可打开计算机机箱上的电源开关。如果机器上仅安装了 Windows Vista 这一个操作系统，则会自动启动 Windows Vista。如果用户采用的是 Windows Vista 和 Windows XP 双系统，则用户只需使用方向键上下移动选择 Windows Vista，按下键盘上的 Enter 键即可。

首先启动的是 Windows Vista 的载入界面，如图 1-31 所示。等待载入完成后，将会显示用户登录画面，如图 1-32 所示。

图 1-31　载入 Windows Vista

图 1-32　用户登录界面

提示：Windows Vista 的载入界面为全黑，这可极大节省系统资源，加快系统的启动速度。当然读者也可以通过网络下载一些工具，来自定义 Windows Vista 的载入界面和登录界面。

如果 Windows Vista 只有一个用户账号，并且没有设置密码，那么系统将自动以该用户的身份进入系统，并跳过用户登录画面。否则系统将要求选择用户账号，并输入登录密码。

在 Windows XP 中，【开始】菜单的右下角有【注销】和【关闭计算机】两个按钮，Windows Vista 下则一共有 3 个按钮：【睡眠】、【锁定】和一个功能键，如图 1-33 所示。

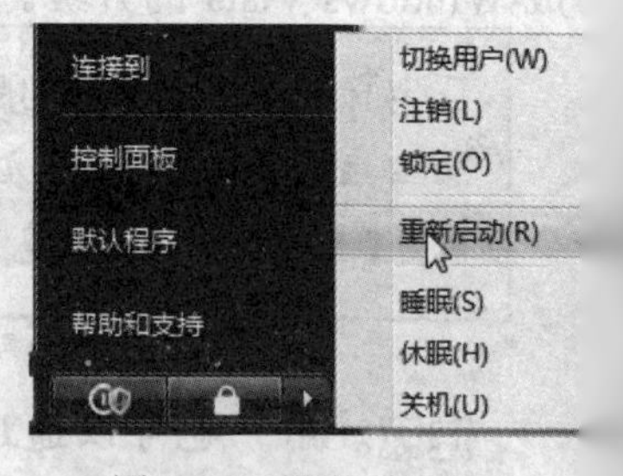

图 1-33　设置系统状态

单击【睡眠】按钮，可将计算机转入睡眠状态。单击【锁定】按钮，可将计算机锁定，并直接转到欢迎屏幕界面。单击功能键按钮，可在弹出菜单中选择如下操作：

- 如果希望在保持当前用户会话的同时返回到欢迎屏幕，并可使用他人的账户再次登录系统，可单击【切换用户】命令。这主要适用于多人共同使用一台计算机的情况，例如用户A在处理Word文档，用户B要处理电子邮件。此时用户A可以不用保存自己的Word文件，也不用注销自己的账户，直接切换到用户B的桌面，等用户B处理完后再重新切换回用户A的桌面，继续处理Word文档。
- 如果用户希望将当前自己的桌面会话彻底关闭，并退出所有运行的程序，可单击【注销】命令，但系统依然保持运行状态。该功能适用于充当家庭服务器的计算机，例如一台计算机上共享了大量数码相片或家庭录像，同时家里的其他计算机通过网络访问这些共享文件。那么平时没有人使用这台计算机的时候，便可以将其注销，但其他人依然可以访问这台计算机。
- 如果用户正在处理一些机密信息，例如财务报表等，但临时有事需要离开几分钟，为了保护机密信息不被他人窥视，可以单击【锁定】命令将计算机锁定起来。这样其他人虽然可以使用自己的账户登录系统，但无法看到锁定的机密信息。
- 如果用户需要重新启动计算机，以使某些设置生效，可单击【重新启动】命令。
- 如果用户希望将计算机转入睡眠状态，可单击【睡眠】命令。
- 单击【休眠】命令，可使计算机转入到传统的休眠模式。
- 单击【关机】命令，可彻底关闭计算机。

什么是“睡眠”状态？它和传统的“待机”、“休眠”状态有何不同？

待机是通过关闭硬盘、风扇、CPU还有其他比较耗电的设备，来将计算机切换为省电的模式，但这种模式下需要耗费一些电力来维持内存中的数据，以便可以在需要的时候快速从该状态中恢复到可用状态。而休眠状态会把内存中的数据全部保存到硬盘上，然后彻底关闭电源。待机和休眠模式存在以下不足：

在待机状态下，虽然不会占用额外的硬盘空间，而且恢复速度更快，但这种模式会增加电力消耗。而且一旦供电中断，下次启动系统就必须从头开始，所有未保存的数据都将丢失。在休眠状态下，虽然计算机的所有硬件设备都处于关闭状态，不会有额外的电力消耗，但是系统的恢复时间长。

睡眠模式是Windows Vista新引入的省电模式，结合了休眠和待机的所有优点。在该状态下，计算机会将内存中保留的所有数据转存到硬盘上，然后关闭对内存外其他所有硬件的供电。在恢复时，系统则直接使用内存中的数据，即使断电了，系统也只需从硬盘中读取数据即可，真正实现了不怕断电和恢复速度快的优点。

1.4 求助帮助信息

以前的Windows系统的帮助文件只包含一些最基本的概念性的信息，这对于熟练的用

户来说没有什么大的帮助。而在 Windows Vista 中，帮助文件不仅包含了概念性的内容，同时还包含了很多非常有用的错误排查方法。一些系统小问题，都可以通过它得以解决。Windows Vista 的帮助被称为“帮助和支持中心”。启动 Windows Vista 后，单击【开始】|【帮助和支持】命令，可打开帮助和支持中心，如图 1-34 所示。

图 1-34　Windows Vista 的帮助和支持中心

1.4.1　搜索帮助信息

帮助和支持中心的顶部有一个搜索栏，在其中输入搜索的关键字，然后按下 Enter 键或单击右侧的放大镜按钮，即可进行搜索，如图 1-35 所示。单击搜索列表中的某个结果，即可对其阅读。在浏览帮助信息的过程中，可使用帮助和支持中心顶部的导航按钮在帮助信息间导航。

【后退】按钮：返回上一个页面。

【前进】按钮：跳转到下一个页面。

【帮助和支持主页】：返回帮助和支持中心默认的主页。

【打印】：将当前内容打印出来。

另外，单击【浏览】按钮，可按照分类目录浏览所有帮助内容。【询问某人或展开搜索】按钮提供了使用远程协助或访问 Windows 社区、微软技术支持中心的方法及链接。通过【选项】按钮，可设置显示文字的大小等。

如果用户希望搜索到的信息不仅包含本地机器上的，还包括网络上的相关帮助信息，那么可单击帮助和支持中心顶部的【选项】|【设置】命令，打开【帮助设置】对话框，选中【搜索帮助时包括 Windows 联机帮助和支持】复选框，即可获取联机帮助，如图 1-36 所示。须要注意的是：联机帮助会受到用户机器所在网络的网速影响，如果网速比较慢，整个帮助系统的内容显示速度将会受到影响。

图 1-35　搜索帮助信息

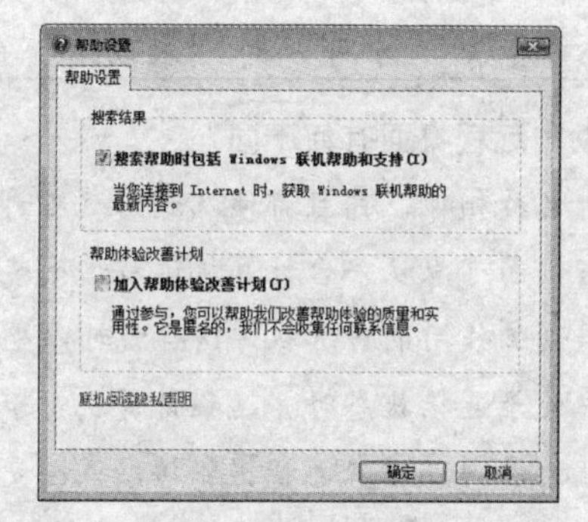

图 1-36　设置自动搜索联机帮助

1.4.2　找到答案

在使用 Windows Vista 的过程中，如果用户遇到麻烦，最简单的方法就是在帮助和支持中心寻找答案。在帮助和支持中心主页的【找到答案】下，用户可根据自己遇到的不同情况单击对应的选项。

- Windows 基本知识：介绍 Windows 操作系统以及计算机相关的一些基础知识。
- 安全和维护：提供有关系统安全和维护方面的知识，以及某些故障的解决方法。
- Windows 联机帮助：如果希望直接浏览最新的在线帮助信息，可单击该选项。系统将自动打开默认的网页浏览器，并显示微软网站上提供的最新帮助内容。
- 目录：单击该选项，帮助和支持中心会自动将所有帮助内容安装目录分门别类地进行显示。
- 疑难解答?：介绍在不同情况下遇到故障后的解决方法。虽然这里介绍的内容不是很深，但对于解决系统使用过程中的小问题来说已经足够了。
- 新增功能：介绍 Windows Vista 的新增功能。

1.4.3　使用远程协助

当用户的 Windows Vista 出现问题，通过帮助和支持中心又没有好的解决方法，而用户有一个计算机水平非常高的朋友时，则可以使用 Windows Vista 自带的远程协助功能，让朋友帮忙进行解决。

Windows Vista 的远程协助功能可以通过网络创建两台计算机之间的直接连接，对方可以直接看到本机的屏幕内容，并在需要的时候获得控制权，快速准确地解决问题。

1. 远程协助如何工作

要想使用远程协助，双方都需要使用 Windows Vista 操作系统，而且双方都需要有可用的 Internet 连接或者位于同一个局域网内部，同时还要关闭各自的防火墙。可通过以下步骤创建一个远程协助会话：

❶ “求助者”向“专家”发送远程协助请求，主要可以通过电子邮件自动发送，或者将请求保存为文件，通过其他方式发送。

❷ “专家”接受请求，打开一个用于显示“求助者”桌面的终端窗口。

❸ “专家”只能查看“求助者”的桌面，并通过文字进行交流，只有在获得“求助者”允许的情况下，“专家”才可以对“求助者”的计算机进行操作。

> **远程协助和远程桌面有何不同？**
>
> 尽管两者名称相似，并且都涉及到与远程计算机的连接，但它们的用途不同。
>
> 使用远程桌面可以从一台计算机远程访问某台计算机。例如，可以使用远程桌面从家里的计算机连接到工作用的计算机，这样就可以坐在家里访问工作用的所有程序、文件和网络资源。当用户处于连接状态时，远程计算机对于其他在远程位置的其他任何人显示为空白。
>
> 使用远程协助则可以从远程提供协助或接受协助。例如，朋友和技术支持人员可以访问您的计算机，以帮助解决您的计算机问题。用户也可以用同样的方法去帮助他人。在这种情况下，用户和他人看到的是同一计算机屏幕，用户还可以与帮助者共享计算机的控制。

2. 发送远程协助请求

❶ 单击【开始】|【所有程序】|【维护】|【Windows 远程协助】命令，打开远程协助向导，如图 1-37 所示。

❷ 由于是要寻求帮助，所以单击【邀请信任的人帮助您】选项，打开如图 1-38 所示的界面，单击【将这个邀请保存为文件】选项。

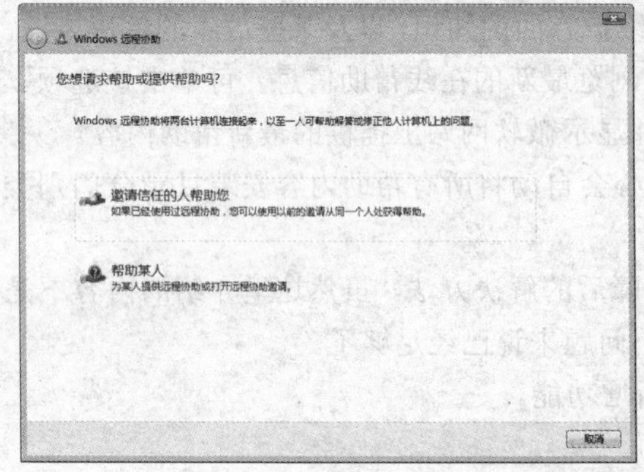

图 1-37　远程协助主界面

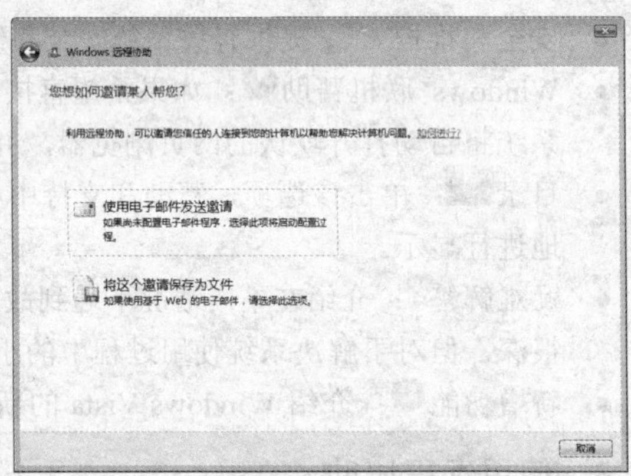

图 1-38　选择发送远程请求的方式

❸ 向导已经选择了当前用户的桌面作为默认保存邀请文件的位置。如果希望将文件保存在其他位置，可以单击【浏览】按钮作为选择。同时，还需要为该邀请指定一个密码，如图 1-39 所示。因为在指定密码之后，整个邀请文件都会被使用密码加密，这样其他人即使获得了这个文件，如果没有密码，也无法连接到我们的计算机。

❹ 单击【完成】按钮便完成了邀请文件的创建。接下来“求助者”可以通过任何方式将邀请文件发送给“专家”。但最好不要用一种方式或同时发送文件和密码，以保证安全。当保存好邀请文件后，“求助者”系统中会自动运行一个程序，随时准备接受“专家”的远程协助连接，如图 1-40 所示。

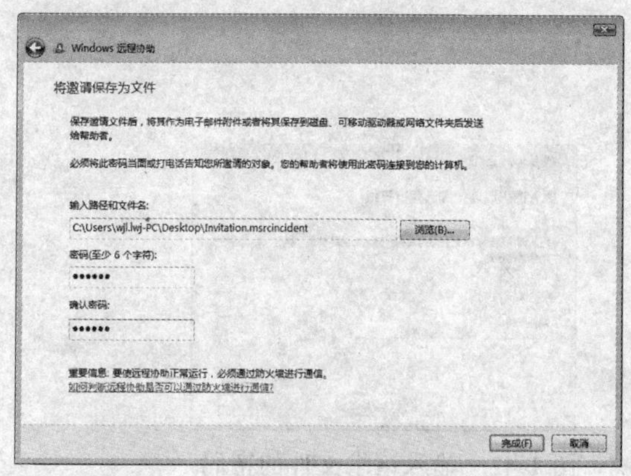

图 1-39　为邀请文件设置密码

图 1-40　等待接受远程协助

- 【取消】：在“专家”还没有连接到“求助者”的计算机时，单击该按钮可取消远程协助请求。如果已经创建了远程协助连接，那么该按钮变成【断开】，单击该按钮可以断开连接。
- 【停止共享】：当远程连接成功创建，并且对方获取了控制权后，该按钮可用。单击该按钮可以停止对方的操作。
- 【暂停】：单击该按钮可以停止对方操作(连接成功时可用)。
- 【设置】：单击该按钮可打开如图 1-41 所示的对话框，可设置与连接相关的选项。选中【使用 Esc 键停止共享控制】复选框，在“专家”连接到“求助者”的计算机后的任何时间，“求助者”都可以通过 Esc 键来停止“专家”对计算机的控制，但专家还可以看到“求助者”屏幕上的内容。选中【保存这个会话的日志】复选框，“专家”的日志都会被记录到日志中。在【带宽使用情况】部分可以设置远程协助使用的带宽。
- 【聊天】：单击该按钮可以与“专家”进行交流。
- 【发送文件】：可以向“专家”发送文件。

3. 接受远程请求

“专家”在收到“求助者”的远程协助请求后，可以采用如下两种方法之一来连接到“求助者”的计算机：直接双击“求助者”发来的请求文件；或者打开远程协助程序，在主界面上单击【帮助他人】选项，然后输入“求助者”的计算机 IP 地址进行连接即可。下面以第一种方法进行介绍，具体步骤如下：

❶ 双击“收到”的请求文件，输入“求助者”发送给自己的密码，如图 1-42 所示。此时“求助者”的计算机上将出现如图 1-43 所示的对话框，询问是否接受远程协助，“求助者”需要单击【是】按钮。

❷ 此时“求助者”的计算机屏幕会黑一下，接着 Aero 界面效果被自动暂时禁用，这主要是为了提高远程协助会话的响应速度。然后“专家”就可以看到“求助者”的屏幕了，如图 1-44 所示。

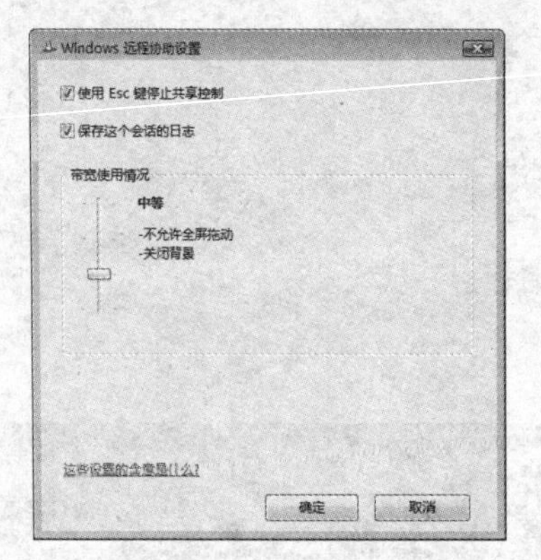

图 1-41 【Windows 远程协助设置】对话框

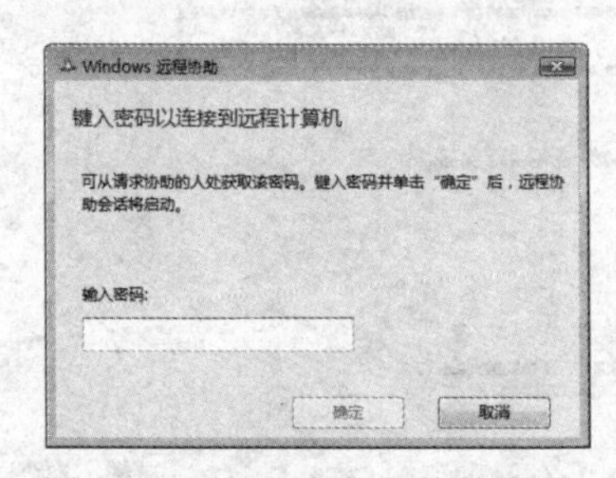

图 1-42 输入请求文件的密码

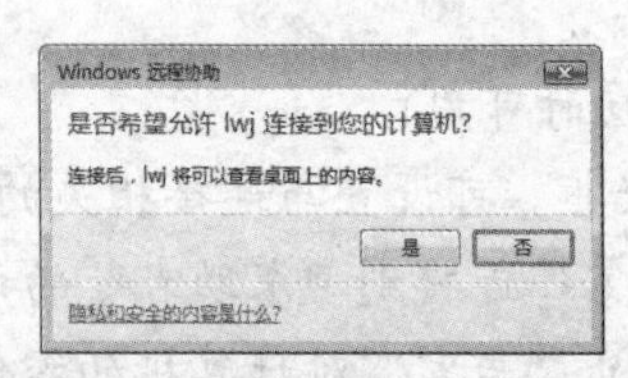

图 1-43 接受“专家”帮助

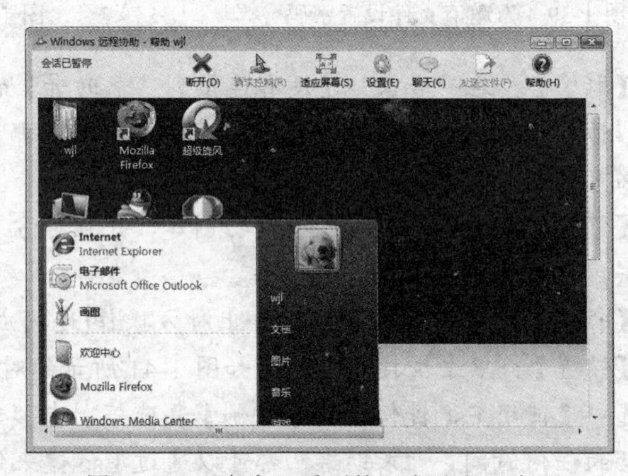

图 1-44 “专家”看到的“求助者”桌面

❸ 单击【聊天】按钮，“专家”和“求助者”即可进行文字交谈，如图 1-45 所示。如果通过语言和文字仍然无法解决问题，“专家”可尝试亲自操作，但必须获取“求助者”的认可。

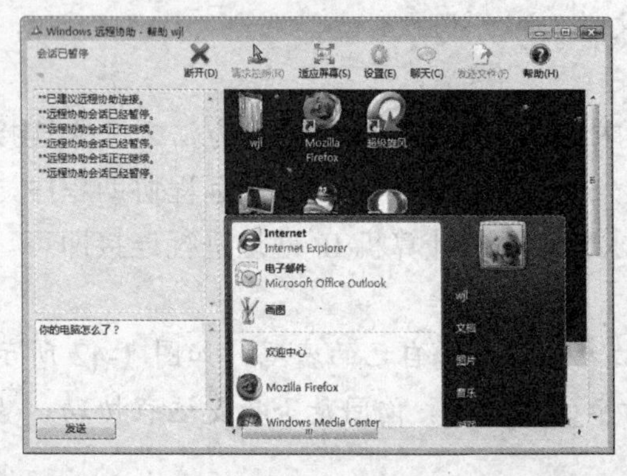

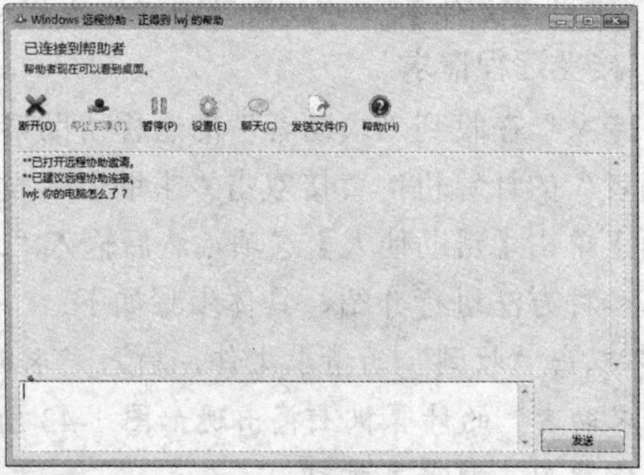

图 1-45 “求助者”和“专家”进行交谈

❹ 在“专家”控制“求助者”计算机的过程中，“求助者”可随时通过键盘上的 Esc 键来终止“专家”的控制权。

4. 远程协助的安全性

在使用远程协助时，作为“求助者”，应注意以下几点，以保护自己的计算机安全：

- 在 Windows Vista 中，远程协助请求的有效时间是 6 小时，也就是说，当“求助者”创建好一个远程协助请求后，“专家”必须在 6 小时内通过网络连接到“求助者”的计算机。超过时间后该请求会过期，“求助者”需要重新创建请求文件。
- 当“求助者”创建了一个请求文件后，系统会自动运行远程协助程序，在该程序没有被关闭的任何时间内，只要请求没有过期，“专家”就可以随时连接到“求助者”的计算机。因此，当问题解决后，“求助者”最好立刻关闭该远程协助程序。
- 创建远程协助请求文件的时候，建议使用强密码保护请求文件。建议使用网络、电子邮件或聊天工具发送请求文件，而密码则通过电话告知。
- 如果可能，不要赋予“专家”控制计算机的权限。如果赋予了，要注意保护自己的计算机。
- 如果用户觉得远程协助的危险性比较大，则可以禁用它。只需单击【开始】|【控制面板】|【系统和维护】|【系统】，在打开窗口的左侧单击【高级系统设置】命令，打开【系统设置】对话框，禁用【允许远程协助连接这台计算机】复选框即可，如图 1-46 所示。

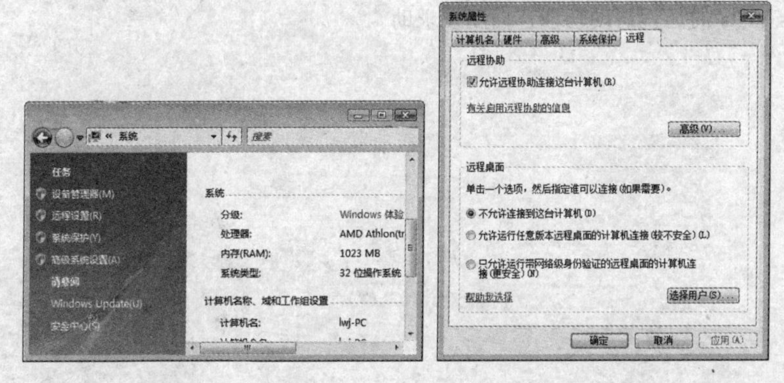

图 1-46 禁用 Windows Vista 的远程协助功能

本 章 小 结

Windows Vista 相对以前的 Windows 版本发生了非常大的变化，本章首先概述了 Windows Vista 的特色，以便读者对它有一个比较全面的认识。然后介绍了 Windows Vista 的硬件需求和安装过程，以及启动、注销、关闭 Windows Vista 的基本方法。最后，本章介绍了如何获取帮助信息，以帮助读者提高自己解决问题的能力。下一章向读者介绍 Windows Vista 崭新的图形界面。

习 题

填空题

1. Windows Vista 采用了一种被称作________的全新用户界面，极大缓解了人们的审美疲劳。

2. 在 Windows Vista 下，当将光标指向某个任务栏按钮后，该按钮对应的窗口的内容就会以________的形式显示出来。

3. ________通过在应用程序启动前的验证，帮助防止恶意软件和间谍软件在未经许可的情况下进行安装或对计算机更改。

4. Windows Vista 的________可以帮助用户的计算机和各种数字媒体设备、智能手机、PDA 等设备之间实现资料同步。

5. Windows Vista 使用了全新的内存管理机制________，极大提高了系统的性能。

6. 通过 Windows Vista 的________，用户可查找到自己在使用 Windows Vista 的过程中所遇到的问题。另外，还可以通过________功能，向远程的朋友或技术人员求助。

简答题

7. Windows Vista 在安全方面都有哪些提升？

8. Windows Vista 的睡眠模式和传统的休闲、待机模式有何不同？

上机操作题

9. 在自己的机器上全新安装 Windows Vista。

10. 使用 Windows Vista 的远程协助功能，向朋友求助。

第 2 章

使用和管理 Windows Vista 桌面

本章主要介绍 Windows Vista 桌面图标、任务栏、边框的使用和管理方法。通过本章的学习，应该完成以下学习目标：

- ☑ 了解 Windows Vista 不同等级的用户界面
- ☑ 学会在桌面上添加、排列和删除图标
- ☑ 了解并学会自定义【开始】菜单
- ☑ 学会使用和管理任务栏
- ☑ 学会设置边栏属性和在边栏中添加小工具
- ☑ 掌握窗口的基本操作
- ☑ 学会自定义 Windows Vista 桌面显示效果

2.1 不同等级的用户界面

Windows Vista 是第一个使用计算机硬件性能来衡量界面效果的 Windows 操作系统，它提供了 4 种不同级别的用户界面，它们对用户硬件的要求各不相同。

- Windows 经典界面：这是对硬件性能要求最低的一种，和 Windows 2000 没有太大区别，比较适合低配置的计算机使用，如图 2-1 所示。
- Windows 标准界面：这是一个入门级的界面，它针对老版本的 Windows 提供了一个改进的界面。在这个界面中，改进的资源管理器支持完整的桌面搜索、动态图标等功能，用户可以利用更加清晰有效的方法使用数据来工作，如图 2-2 所示。

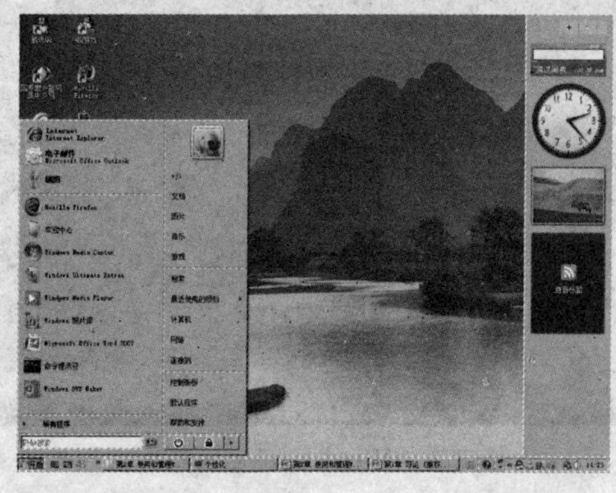

图 2-1　Windows Vista 的经典界面

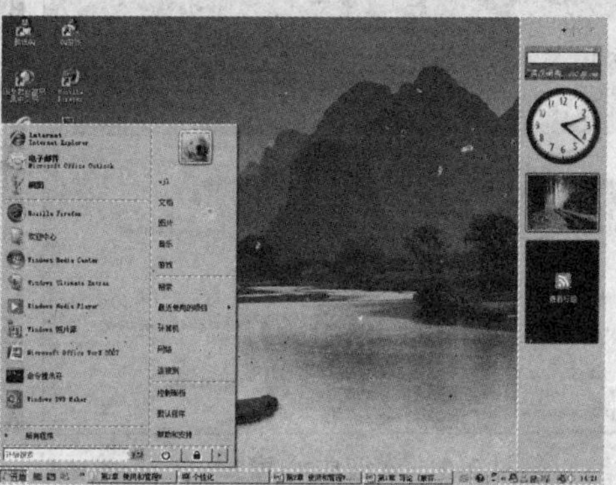

图 2-2　Windows Vista 的标准界面

- Windows Vista 基本界面：与 Windows 标准界面相比，它提升了整个图形界面的性能和可靠性，如图 2-3 所示。如果计算机的显卡支持最新的 Windows Driver Display Model 驱动显示模式，Windows Vista 的高级图像技术将会使得图形界面下的操作更加平滑，稳定性更好。
- Windows Vista Aero 界面：Aero 是 Windows Vista 最新引入的技术，它提供了专业的视觉效果、透明的玻璃效果以及动态的反射效果等，如图 2-4 所示。

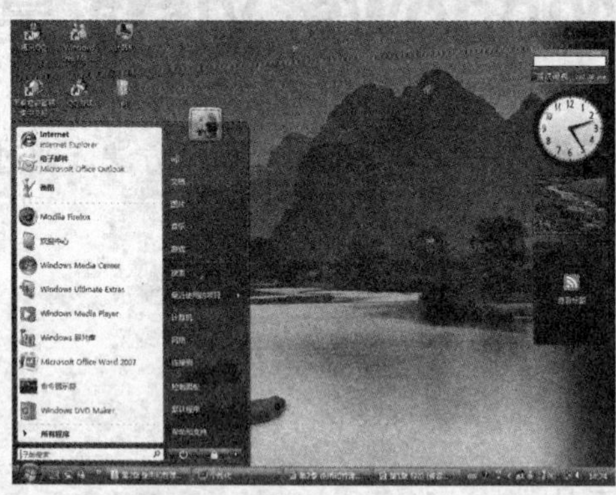

图 2-3　Windows Vista 基本界面

图 2-4　Windows Vista Aero 界面

2.2　Windows Vista 桌面环境

用户首次登录 Windows Vista 系统时，会出现一个欢迎中心窗口，如图 2-5 所示。该窗口可分为上下两部分：上面是项目概览，单击可查看详情或进行设置；下面是功能项，单击选中，双击可打开。禁用左下角的【启动时运行】复选框，下次登录 Windows Vista 时，该窗口将不再显示。

桌面是 Windows Vista 的工作平台，由桌面图标、任务栏、边栏等元素组成，上面还可以摆放用户经常要用到的文件，如图 2-6 所示。

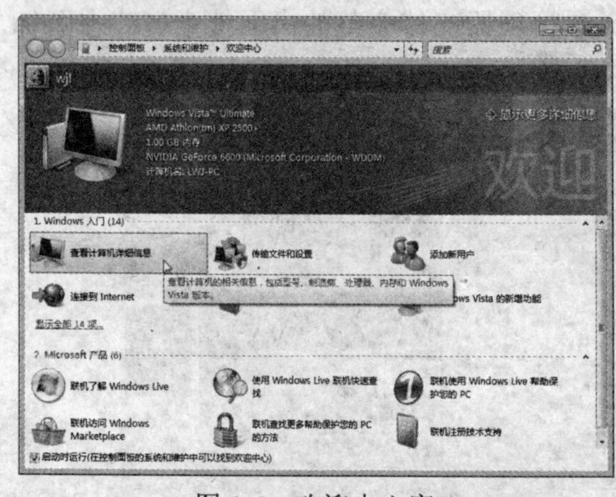

图 2-5　欢迎中心窗口

图 2-6　Windows Vista 桌面

2.2.1　桌面图标操作

桌面图标实际上是一些快捷方式，用于快速打开相应的文件或应用程序，刚刚安装好的 Windows Vista 系统只有一个【回收站】图标。

1. 添加图标

桌面图标可以分为两类：一类是系统自带的图标，另一类是用户添加的应用程序或文档的快捷方式。系统自带图标包括：计算机、网络、用户文档、回收站和控制面板。它们的功能如下：

- 【用户文档】 用于查看和管理用户文档文件夹中的文件和文件夹，这些文件和文件夹都是一些临时文件、没有指定路径的保存文件和下载的 Web 页等。默认情况下，用户文档文件夹的路径为“C:\Documents and Settings\用户名\My Documents”。
- 【计算机】 用户可以管理磁盘、文件和文件夹等内容，它是用户使用和管理计算机最重要的工具。
- 【网络】 用户可以配置本地网络连接、设置网络标识、进行访问控制设置和映射网络驱动器等，还可以用来查看和使用网络资源。
- 【控制面板】 用户可以对系统进行各种控制和管理，包括设置声音、鼠标、日期和时间，更改桌面外观，设置和管理用户账户、网络，安装和卸载应用程序，进行系统维护等。
- 【回收站】 用户删除的文件和文件夹并不是从磁盘上彻底删除，而是暂时保存在回收站中，用户可以清除或根据需要还原回收站中的内容。

可通过如下方法向桌面添加系统图标：在桌面空白处右击鼠标，在弹出菜单中单击【个性化】命令；在打开窗口的左侧窗格中单击【更改桌面图标】命令，打开【桌面图标设置】对话框；选中要添加到桌面上的系统图标前面的复选框，单击【确定】按钮即可，如图 2-7 所示。

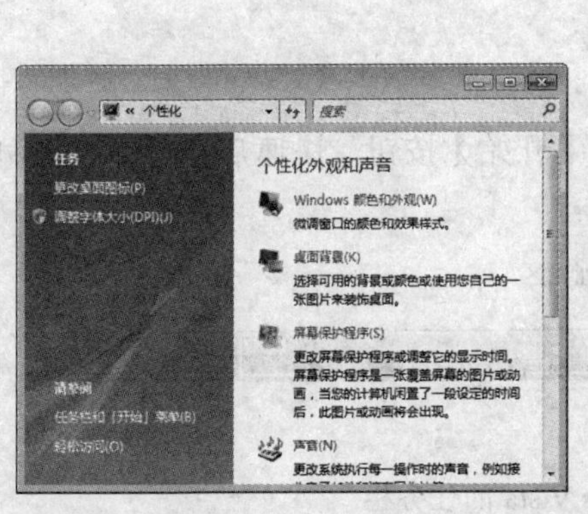

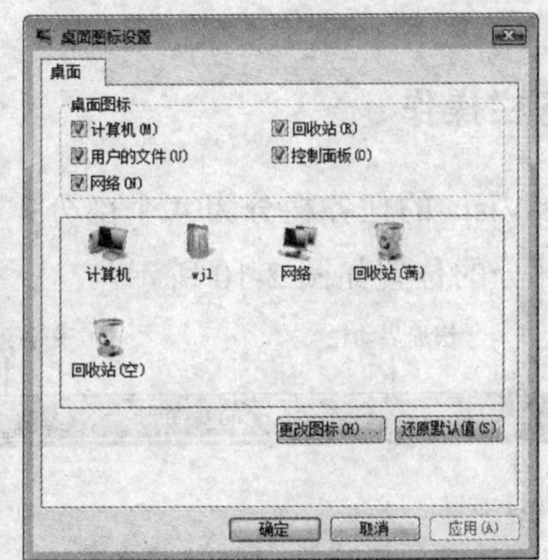

图 2-7　添加系统图标

将应用程序的快捷方式添加到桌面上，可以方便用户快速启动它。一般情况下，当我们安装新的应用程序时，该应用程序会自动在桌面上创建快捷方式。如果没有，我们可以

采用如下方法将其快捷方式添加到桌面上：在桌面空白处右击，在快捷菜单中选择【新建】|【快捷方式】命令，打开向导并按照提示进行操作。

2. 排列图标

默认情况下，Windows Vista 的桌面图标都是按行、列所形成的网格进行布局的，这被称之为对齐到网格。用户可以按照自己的需要来重新排列桌面图标。在桌面空白处右击，在弹出快捷菜单中单击【查看】或【排序方式】下的命令进行相应的操作，如图 2-8 所示。

除了使用菜单方式外，用户还可以手动拖动桌面图标来排列。用鼠标左键拖动图标到合适的位置后释放，即可将其指定到该位置，如图 2-9 所示。如果用户发现用手动排列的方法很难将桌面图标按行、列精确对齐，那么可在桌面空白处右击，在弹出快捷菜单中选择【查看】|【对齐到网格】命令使其精确对齐。

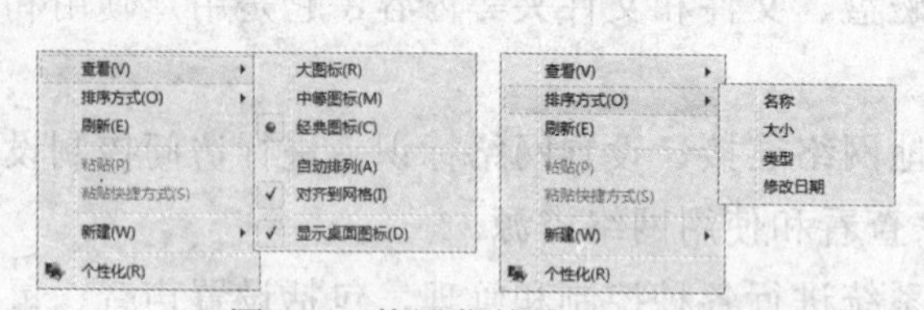

图 2-8　使用菜单排列桌面图标

图 2-9　手动排列桌面图标

3. 调节图标大小

Windows Vista 的桌面图标默认以中等图标来显示，另外还提供了大图标、经典图标两种方式，读者可利用图 2-8 左图中【查看】下的命令来选择桌面图标的显示大小。

4. 删除图标

在 Windows XP 下，某些桌面上的系统图标是不能删除的。而在 Windows Vista 下，所有的桌面图标，包括系统图标、用户文档图标，以及应用程序的快捷方式等都可以删除，只需选中后按下键盘上的 Delete 键。不同的对象会提示不同的确认删除对话框，单击【是】按钮即可。

2.2.2 任务栏操作

Windows Vista 的任务栏分为 4 个部分：【开始】按钮、快速启动栏、任务列表区和通知区域，各部分的位置如图 2-10 所示。

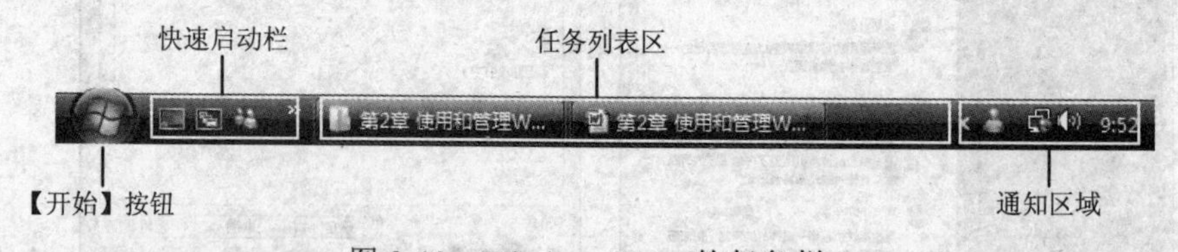

图 2-10　Windows Vista 的任务栏

1. 【开始】菜单

Windows Vista 放弃了沿用多年的标有【开始】字样的按钮，而改用一个圆形的玻璃形状按钮，单击该按钮可打开【开始】菜单，如图 2-11 所示。Windows Vista 的【开始】菜单强化了搜索和体验功能，左侧是常用程序列表，用户可以很方便地在此启动常用程序；下面是搜索框和关机命令；右侧从上到下分为用户文件夹、计算机和网络、控制面板等区域。

在旧的 Windows 系统中，【开始】菜单中的所有程序都是采用分级方式组织的，当层级过多时会显得十分繁琐。例如用户要运行操作系统的【磁盘碎片整理程序】，则需要单击【开始】|【所有程序】|【附件】|【系统工具】|【磁盘碎片整理程序】命令，一不小心就会点错。而在 Windows Vista 下，虽然依然要单击【开始】|【所有程序】|【附件】|【系统工具】|【磁盘碎片整理程序】命令，但 Windows Vista 采用了类似“文件夹树”的形式将所有内容都显示在了一个菜单中，这样不仅节约了磁盘空间，而且不用担心点错，如图 2-12 所示。如果要返回常用程序列表，只需单击【返回】命令或在该命令处停留即可。

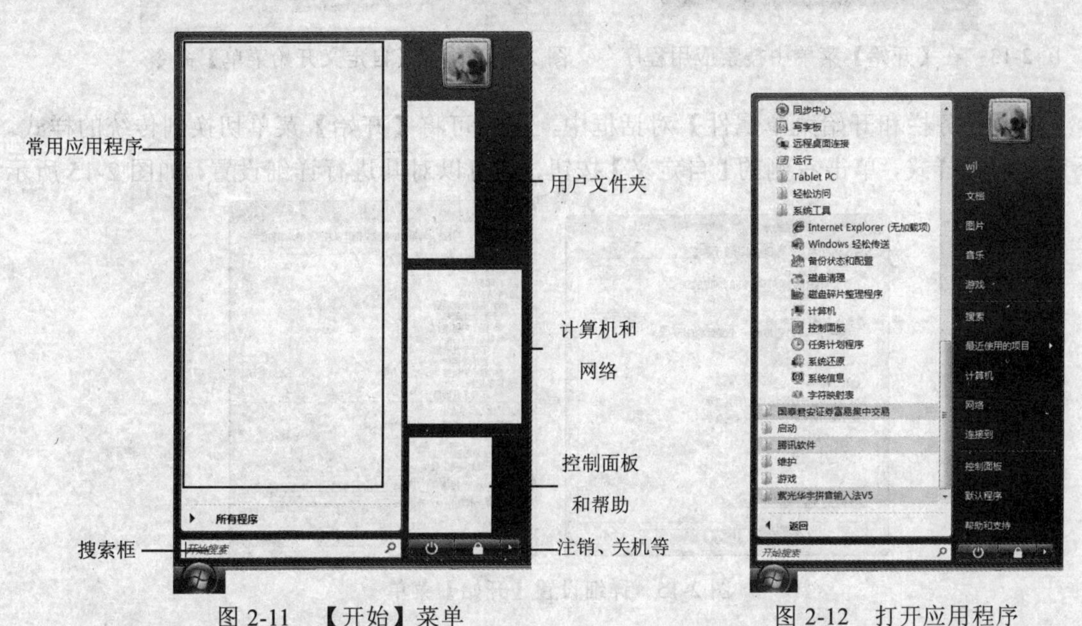

图 2-11　【开始】菜单　　　　图 2-12　打开应用程序

当系统使用了一段时间后，计算机中可能安装了大量的应用程序，如何在众多的应用程序中找到自己需要的程序？在【开始】菜单中的搜索框中输入应用程序的关键字，哪怕是几个字母或其中几个文字，系统即可动态地在搜索列表中列出所有搜索结果，如图 2-13 所示。

提示：【开始】菜单中的搜索功能不仅可以搜索应用程序，还可以搜索文件、文件夹、用户文档，甚至是历史记录、电子邮件等。

与 Windows XP 一样，用户可以对【开始】菜单进行自定义。单击【开始】|【控制面板】|【外观和个性化】|【自定义开始菜单】命令，如图 2-14 所示，打开【任务栏和开始菜单属性】对话框。

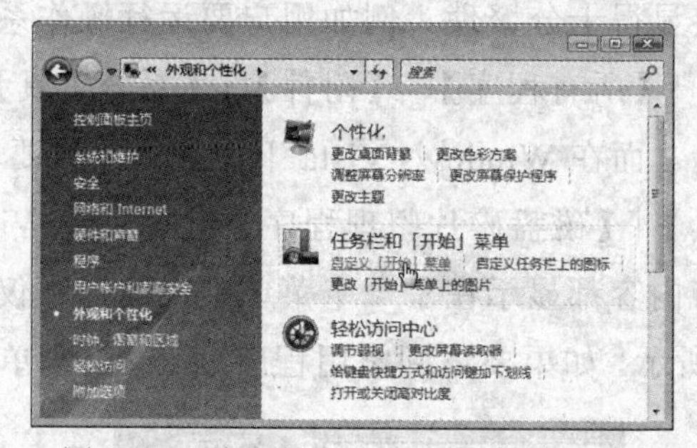

图 2-13　在【开始】菜单中搜索应用程序　　　图 2-14　单击【自定义开始菜单】命令

在【任务栏和开始菜单属性】对话框中，用户可将【开始】菜单切换到传统的样式。不管是何种样式，单击右侧的【自定义】按钮，都可以对其进行详细设置，如图 2-15 所示。

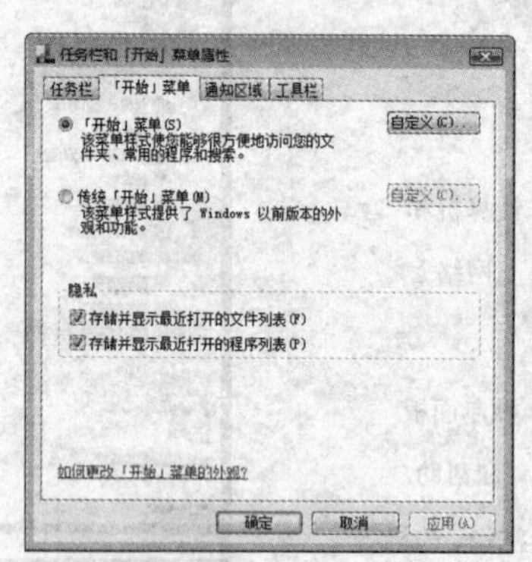

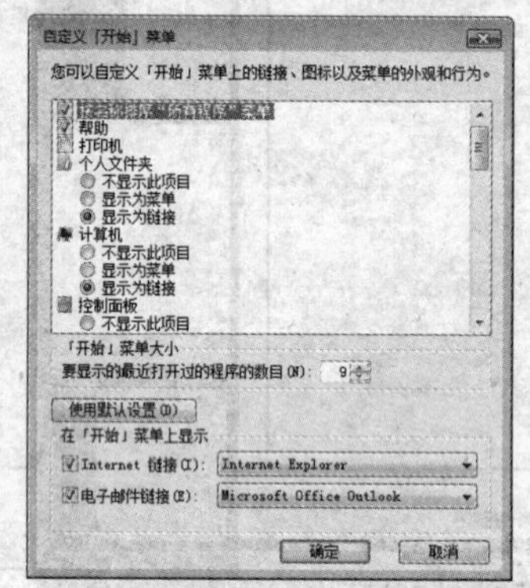

图 2-15　详细设置【开始】菜单

2. 快速启动栏

快速启动栏中放置了显示桌面、切换窗口，以及快速启动某些应用程序的重要按钮，以方便用户在使用中迅速实现相应的操作。

- 在多任务运行过程中，用户只需单击【显示桌面】按钮，便可以将所有应用程序和文档窗口最小化到任务栏，将桌面完整地显示在用户面前。再次单击该按钮，可还原所有任务窗口的原来布局。
- 如果 Windows Vista 开启了 Aero 效果，单击【在窗口之间切换】按钮，可启动 Flip 3D 功能。对于没有开启 Aero 效果的系统而言，单击该按钮则会打开一个传统的任务列表，单击需要切换到的窗口即可。
- 在快速启动栏添加应用程序快捷图标的方法与在桌面上添加相似，只是在右击后，单击的是【添加到快速启动】命令。
- 快速启动栏中如果图标过多，则会自动产生折叠，使用起来十分不便。可手动更改快速启动栏的大小，在此之前，需要首先在任务栏空白处右击，解除任务栏的锁定状态，如图 2-16 所示。然后将鼠标移到快速启动栏和任务列表区间的分隔符处，拖动鼠标改变快速启动栏大小即可，如图 2-17 所示。

图 2-16　解除任务栏的锁定状态　　　图 2-17　更改快速启动栏大小

3. 任务列表区

在任务列表区，用户可以利用缩小到该区域的图标在打开的不同任务间进行切换。在 Windows Vista 开启 Aero 效果的前提下，将鼠标移到某个任务图标上时，系统将自动显示该任务的缩略图。

如果要取消任务列表区任务图标的缩略图效果，可在任务栏空白处右击，在快捷菜单中单击【属性】命令，打开【任务栏和开始菜单属性】对话框的【任务栏】选项卡，禁用【显示窗口预览(缩略图)】复选框即可，如图 2-18 所示。

提示：在【任务栏和开始菜单属性】对话框的【任务栏】选项卡，用户还可以设置是否自动隐藏任务栏，以及是否显示快速启动栏等，只需启用或禁用相应的复选框即可。

4. 输入法区域

输入法工具主要用于输入文字、字母、符号等，它有两种状态：浮动或最小化到任务栏上。初次使用 Windows Vista 系统时，输入法区域是浮动在任务栏上面的，可以单击【最小化】按钮将其放入任务栏的通知区域中，如图 2-19 所示。

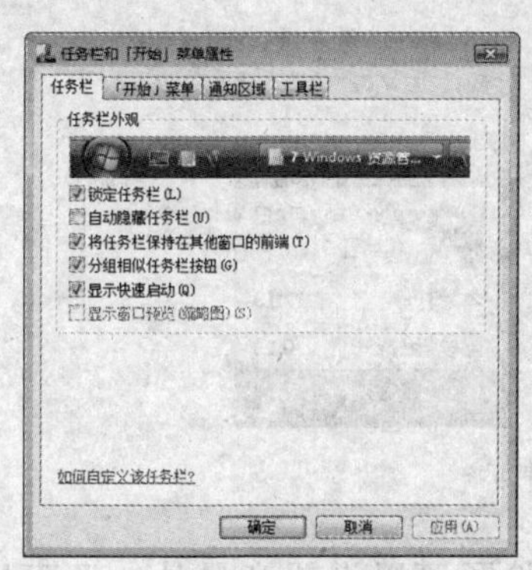

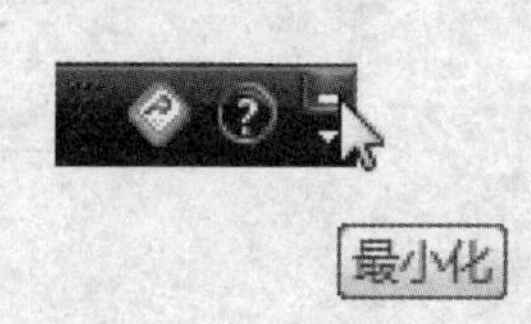

图 2-18　禁用任务栏列表区中任务图标的缩略图显示效果　　图 2-19　将输入法最小化到任务栏

5. 通知区域

通知区域通常可以显示日期、时间、音量、网络等常用图标，如果启用 Windows Vista 的边栏，则边栏图标也会显示在其中。

例 2-1　设置时间和日期。

❶ 将鼠标移向通知区域时，可以查看当前的年、月、日，以及周次和时间。右击时间，在弹出快捷菜单中单击【调整日期/时间】命令，打开【日期和时间】对话框，如图 2-20 所示。

❷ 单击【更改日期和时间】按钮，UAC(用户账户控制)会提示用户是否要继续，单击【继续】按钮，打开【日期和时间设置】对话框。更改年、月、日，以及时间，最后单击【确定】按钮即可完成设置，如图 2-21 所示。

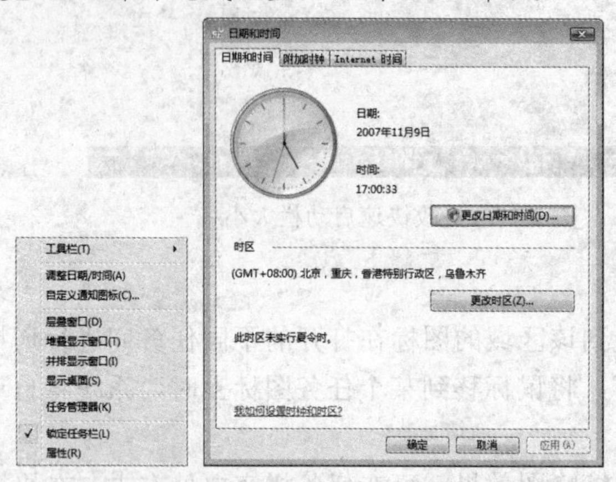

图 2-20　打开【时间和日期】对话框

图 2-21　设置日期和时间

❸ 如果要做更详细的设置，可在【日期和时间设置】对话框中打开【附加时钟】选项卡。选中【显示此时钟】复选框，在【选择时区】下设置要附加时间的显示名称、时区，然后输入要显示的时间名称，单击【应用】按钮。将鼠标移到通知区域的时间位置即可查看效果，如图 2-22 所示。

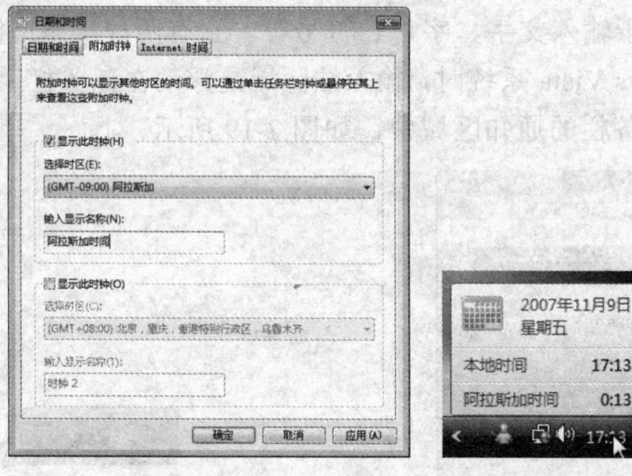

图 2-22　附加时钟

声音在 Windows Vista 中得到了较好的改进，除了可以设置音量外，还可以设置多声道效果、音速甚至是语音控制功能。

例 2-2　设置 Windows Vista 中的声音。

❶ 如果要快速设置音量大小，可在通知区域单击音量图标，直接拖动音量滑块实现对全局音量的调节，如图 2-23 所示。

❷ 当用户正在观看视频，不想受到网页中或其他应用程序中声音的影响时，可以对不同应用程序的音量分别进行设置(Windows Vista 新增功能)。右击音量图标，在快捷菜单中单击【音量混合器】命令，在打开的对话框中分别进行调节即可，如图 2-24 所示。

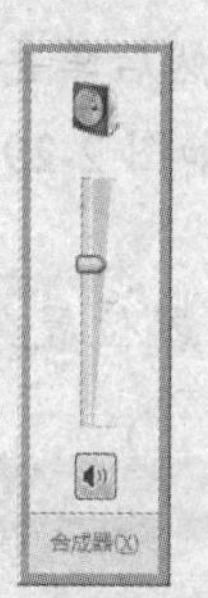

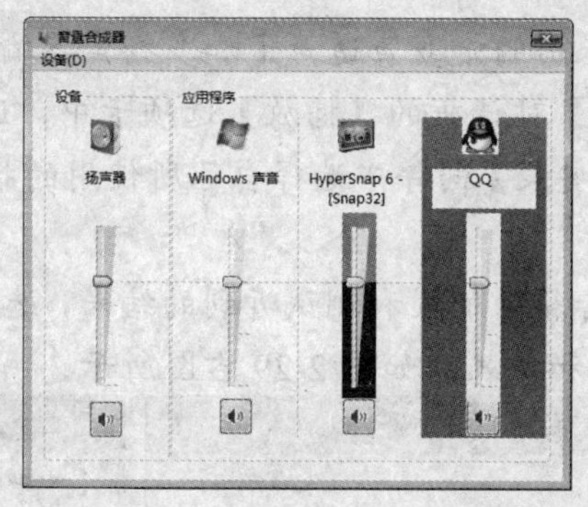

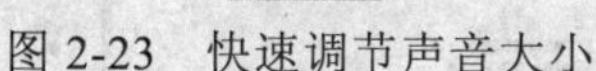
图 2-23　快速调节声音大小　　图 2-24　为不同应用程序设置不同音量

❸ 如果要对 Windows Vista 中的声音进行高级设置，可右击音量图标，从快捷菜单中单击【播放设备】命令，在打开的【声音】对话框的(图 2-25 所示)【播放】选项卡中选定扬声器后，单击【属性】按钮，打开【扬声器属性】对话框。

❹ 在【常规】选项卡中，单击【更改图标】按钮，可更改音量的图标。在【设备用法】下拉列表中可选择启用或禁用该扬声器设备，如图 2-26 所示。

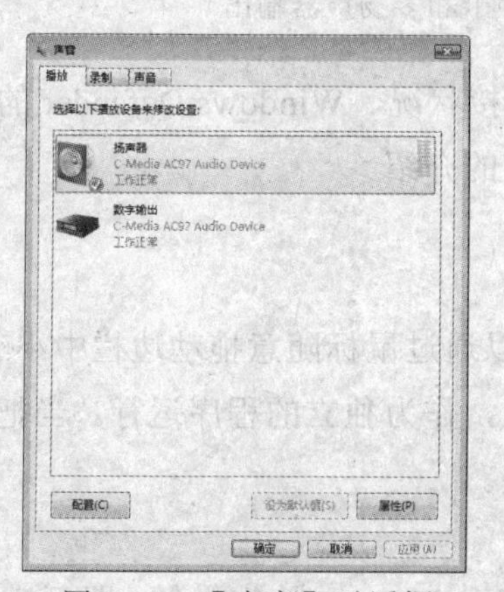

图 2-25　【声音】对话框

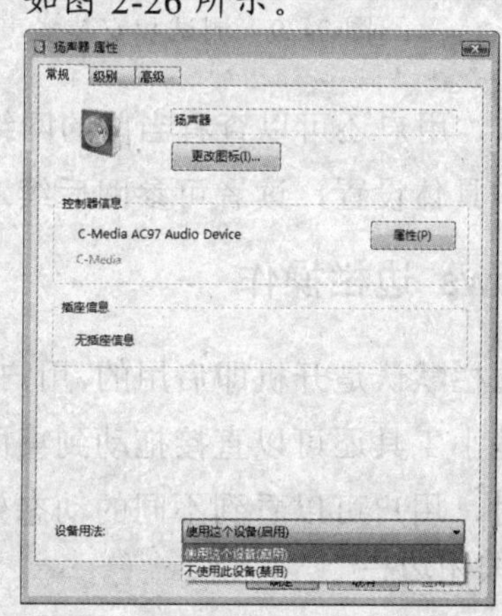

图 2-26　启用或禁用扬声器设备

❺ 在【级别】选项卡中，可设置音量或调节左右声道的平衡，如图 2-27 所示。

❻ 在【高级】选项卡中，可设置并测试音质效果，如图 2-28 所示。

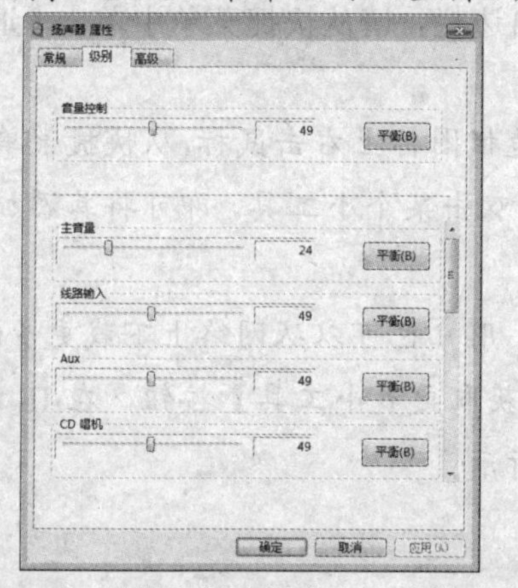

图 2-27　设置音量和调节左右声道平衡

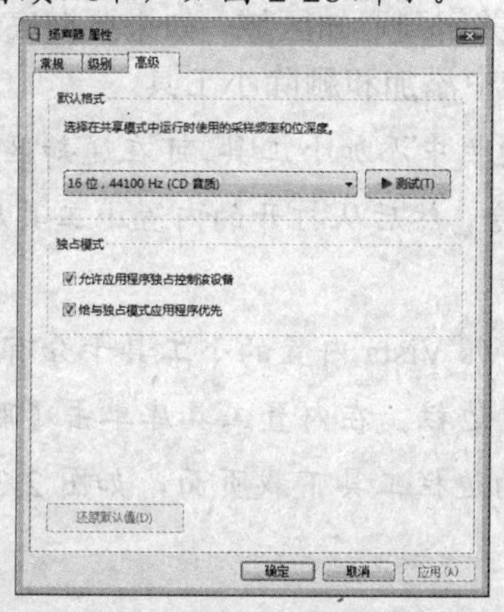

图 2-28　设置并测试音质效果

❼ 如果用户采用的是多声道声卡和多扬声器输出，就可以通过配置和试听来测试和安装它们。在【声音】对话框的【播放】选项卡中，选中扬声器，然后单击【配置】按钮，在打开的【扬声器安装】向导中选择自己所使用的扬声器模式，如图 2-29 左图所示。单击【下一步】按钮。

❽ 根据自己音箱的配置和测试听到的结果，选择合适的扬声器位置分布，单击【下一步】按钮完成测试和安装，如图 2-29 右图所示。

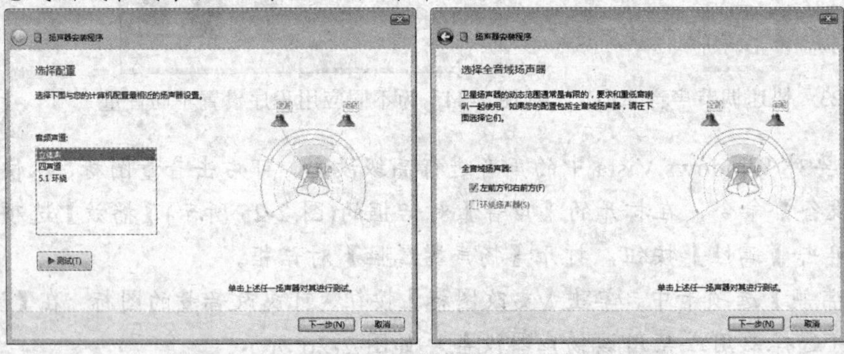

图 2-29　测试和安装多声道声卡和多扬声器输出

在通知区域，用户还可以查看当前的网络连接状况、Windows Defender 的信息等。关于网络的连接和具体设置，读者可参阅后续章节的介绍。

2.2.3　Windows 边栏操作

Windows 边栏默认是开机即启用的，用户可以通过鼠标随意拖动边栏中小工具的位置。不仅如此，这些小工具还可以直接拖动到桌面上，作为独立的程序运行。当把鼠标移到不同的小工具上时，用户可以看到不同的动态效果。

1. 打开和关闭边栏

单击【开始】|【所有程序】|【附件】|【Windows 边栏】命令，即可启用 Windows 边栏，边栏启动后任务栏通知区域会出现边栏图标。

要关闭边栏，可以在运行的边栏处右击鼠标，从快捷菜单中单击【关闭边栏】命令，此时边栏将被关闭到通知区域。如果要彻底退出边栏，请从快捷菜单中单击【退出】命令。

2. 在边栏中添加和删除小工具

❶ 要在边栏中添加小工具，可在通知区域边栏图标上右击鼠标，从快捷菜单中单击【添加小工具】命令，然后从打开的内置小工具库中双击某个小工具，即可将其添加到边栏中，如图 2-30 所示。

❷ Windows Vista 内置的小工具十分有限，用户也可以从网络上下载更多的小工具来丰富 Windows 边栏。在内置工具库单击【联机获取更多小工具】按钮，在 IE 浏览器中打开 Microsoft 的边栏工具下载页面，如图 2-31 所示。

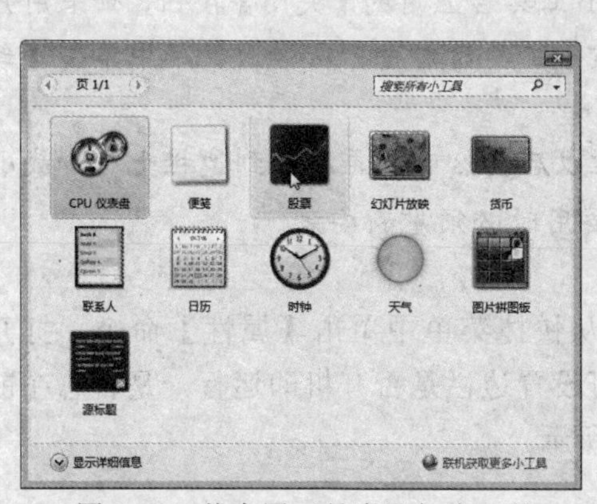

图 2-30　从内置工具库添加小工具

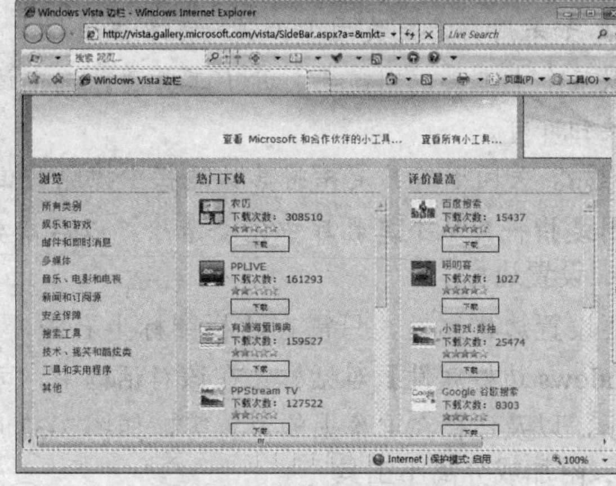

图 2-31　在线小工具下载页面

❸ 页面上列出了当前热门的小工具，用户也可以按类别来浏览 Microsoft 网站提供的免费小工具。如果用户希望快速找到自己所需的小工具，可单击页面上的【查看所有小工具】超链接，打开小工具搜索页面。

❹ 在搜索框中输入关键词，按下 Enter 键，网站将有关的小工具显示在列表中。

❺ 选择需要的小工具，单击对应的【下载】命令。小工具会消耗一定的系统资源并带来一定的风险。用户确认安装后，单击【安装】按钮，即可将小工具下载到本地计算机并将其安装到边栏中，如图 2-32 所示。

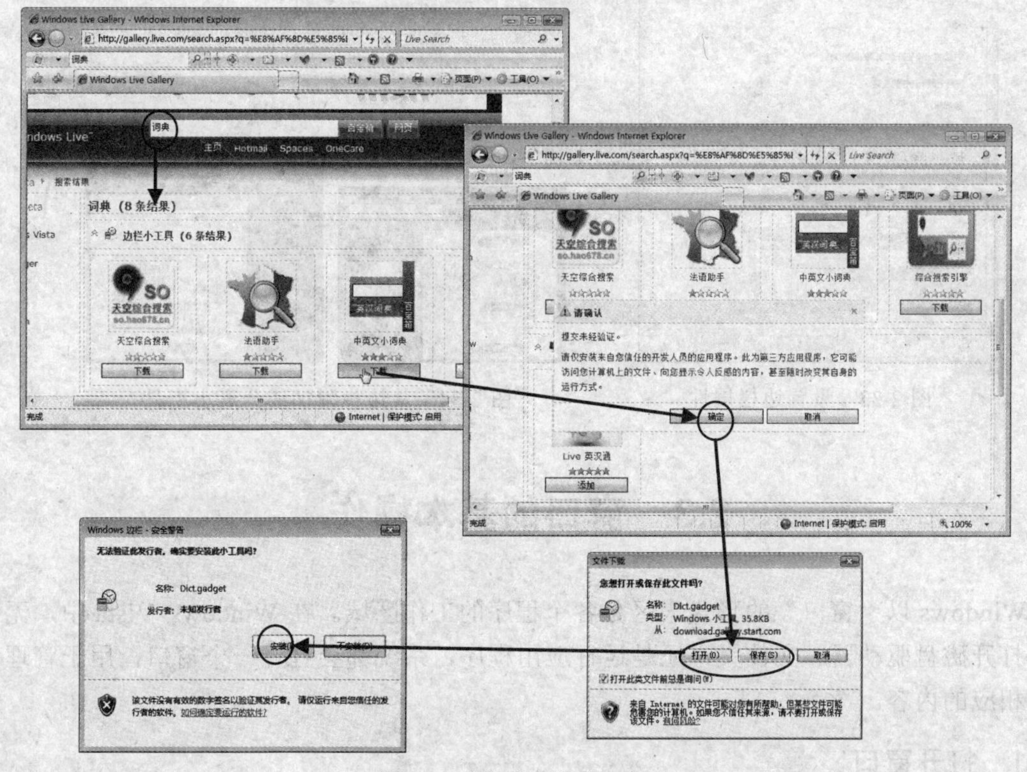

图 2-32　在线安装小工具

❻ 如果用户需要关闭小工具，可单击边栏中小工具右上角的【关闭】按钮，如果用户要卸载某个小工具，则需要打开小工具库，选中该小工具后右击，从弹出菜单中单击【卸载】按钮即可。

提示：关闭小工具是指将其从边栏中擦除，但以后仍然可以再添加到边栏上。卸载小工具则是指将其从小工具库中完全清除，以后需要用时必须重新安装。

3. 设置边栏

要设置边栏属性，只需在边栏图标上右击，从快捷菜单中单击【属性】命令，打开【Windows 边栏属性】对话框。在该对话框中，可设置边栏是否开机即运行，是否总在前端显示，以及边栏在屏幕上的位置等，如图 2-33 所示。

4. 附加或分离小工具

要将小工具从边栏中分离出来作为独立的程序运行，可在边栏中右击该小工具，从快捷菜单中单击【从边栏分离】命令。如果需要将小工具再次附加到边栏上，可右击浮动的小工具，并从快捷菜单中单击【附加到边栏】命令，如图 2-34 所示。

提示：每个小工具具体根据其功能均有不同的设置，这些设置包括位置、图形、效果等，具体需要设置时，只需右击该小工具，从快捷菜单中单击【选项】命令，在打开的对话框中进行设置即可。另外，并不是所有的小工具都有设置选项，只有将鼠标移到工具图标上，其右上角出现的按钮中有设置项时，才表明该工具可以进行选项设置。

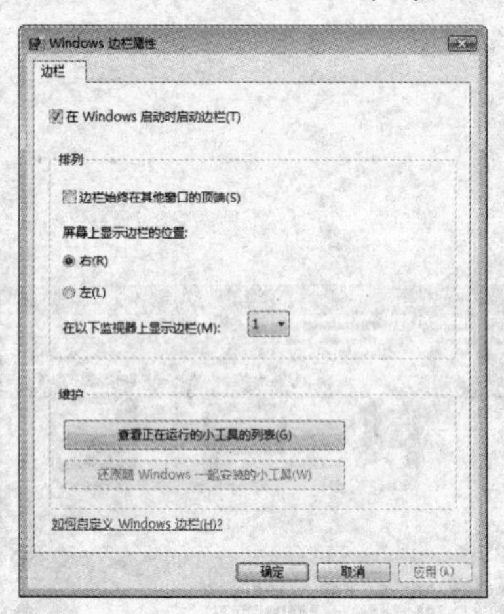

图 2-33　设置边栏属性

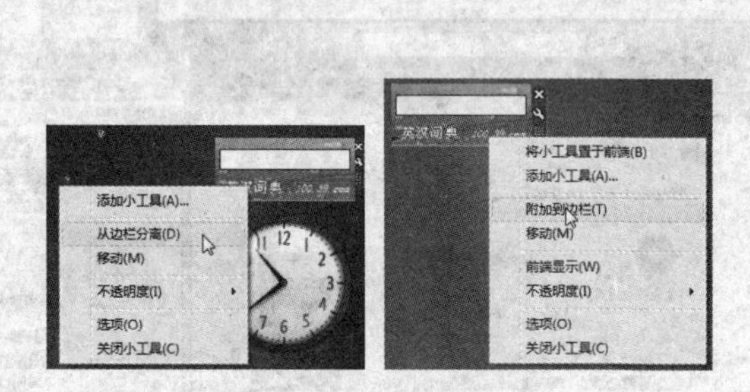

图 2-34　从边栏附加或分离小工具

2.3　窗口的基本操作

Windows 以“窗口”的形式来区分各个程序的工作区域。在 Windows Vista 中，无论用户打开磁盘驱动器、文件夹，还是运行应用程序，系统都会打开一个窗口，用于管理和使用相应的内容。

2.3.1　打开窗口

在 Windows Vista 的桌面上，如果使用鼠标来打开窗口，则有两种选择：第一种是双击准备打开的窗口图标，即可直接打开相应的窗口，这是最常用的方法；第二种就是右击准备打开的窗口图标，从弹出的快捷菜单选择【打开】命令。一般用户都使用第一种方法来打开程序；但是，如果用户要查看有自动运行功能的光盘上的内容时，就需要使用第二种方法，因为第一种方法将启动自动运行程序。

2.3.2 切换窗口

作为多任务操作系统，Windows Vista 的多任务处理机制更为强大和完善，并且系统的稳定性也大大提高。用户可以一边用 Word 处理文件，一边用 CD 唱机听 CD 乐曲，还可以同时上网收发电子邮件，只要有足够快的 CPU 和足够大的内存，甚至还可以再运行一些其他的程序。这就需要用户在不同窗口之间切换来转换不同的工作。

- 在任务栏处单击代表窗口的图标按钮，即可将相应的窗口切换为当前窗口。
- 使用 Alt+Tab 组合键，系统当前正在打开的程序都以相应图标的形式平行排列出来，按住 Alt 键不放的同时，按一下 Tab 键再松开，则当前选定程序的下一个程序将被启用，再松开 Alt 键就切换到当前选定的窗口中了。
- 先按下 Alt 键，再按 Esc 键，系统就会按照窗口图标在任务栏上的排列顺序切换窗口。不过，使用这种方法，用户只能切换非最小化的窗口，对于最小化窗口，它只能激活，不能放大。
- 同时按下 Ctrl+Alt+Del 组合键，利用任务管理器也可以切换窗口。

2.3.3 移动窗口

用户还可以根据需要利用鼠标或键盘的操作来移动窗口。使用鼠标进行窗口移动操作时，可单击窗口的标题栏，按住鼠标左键不放拖动其至目标处时，释放鼠标即可将窗口移动至新的位置。在结束窗口的移动操作之前，按 Esc 键则撤销本次移动窗口的操作，如图 2-35 所示。

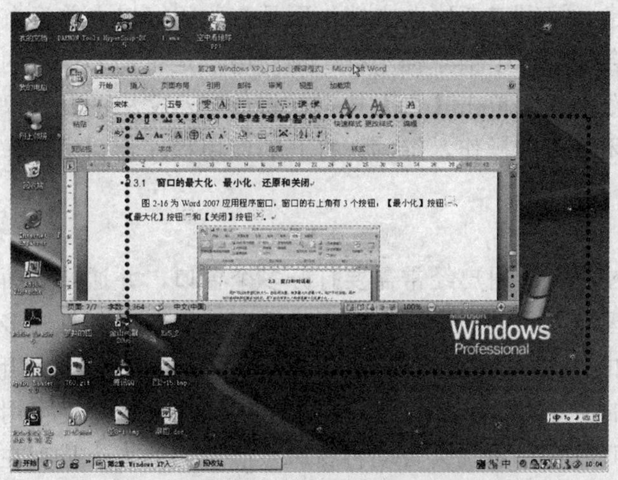

图 2-35 移动窗口的位置

2.3.4 窗口的最大化、最小化和关闭

在窗口操作中，为了查看到更多的信息，用户往往需要最大化窗口。在进行窗口的最大化操作之前，用户应该先使准备最大化的窗口切换成当前窗口，或者窗口的部分区域在桌面上是可见的，然后通过鼠标与键盘的操作，实现窗口最大化的目的。

使用鼠标实现窗口的最大化操作时，可将窗口切换至需要最大化的目标窗口，用鼠标单击该窗口右上角的【最大化】按钮，或者单击窗口左上角的控制菜单，选择执行其中的【最大化】命令。如果用户要在切换窗口时最大化窗口，可在任务栏上右击代表窗口的图标按钮，从弹出的快捷菜单中选择【最大化】命令即可。

当用户暂时不想使用某个已经打开的窗口，可将其最小化，以免影响对其他窗口或者桌面的操作。要使用鼠标进行窗口的最小化操作，先选择需要最小化的目标窗口，然后用鼠标单击该窗口右上角的【最小化】按钮，或者单击该窗口左上角的控制菜单，选择【最小化】命令即可。

如果不再使用某个已经打开的程序窗口，则可关闭它。窗口被关闭之后，与其相关的应用程序也就会停止运行，从而可以释放它所占用的系统资源。另外，用户及时关闭应用程序窗口，还可以防止不正确的操作或者停机给程序带来的负面影响。如果用户要使用键盘关闭窗口，则只需按 Alt+F4 组合键即可。如果要使用鼠标关闭窗口，可选择下列操作中的任何一种：

- 双击应用程序窗口左上角的控制菜单图标按钮。
- 打开控制菜单，选择【关闭】命令。
- 单击程序窗口右上角的【关闭】按钮。
- 打开应用程序窗口的【文件】菜单，选择执行其中的【关闭】命令。
- 在任务栏上，右击窗口图标按钮，打开应用程序的窗口控制菜单之后，选择【关闭】命令，也可以关闭任务栏上的窗口。

如果用户正在创建、编辑或者修改文档，而且在关闭窗口之前没有保存最新的内容，这时关闭窗口，系统会弹出一个信息提示框，询问用户是否需要保存内容，单击【是】按钮，将对文档进行保存操作；单击【否】按钮，将放弃对文档的保存操作；单击【取消】按钮，则取消本次关闭窗口的操作，继续在打开的应用程序窗口中工作。

2.3.5 窗口的排列

在计算机的使用过程中，用户经常需要打开多个窗口，并通过前面介绍的切换方法来激活一个窗口进行管理和使用。但是，有时用户需要在同一时刻打开多个窗口并使它们全部处于显示状态，例如，需要从一个窗口向另一个窗口复制数据。这时用户便可以使用【任务栏】属性菜单提供的命令对这些窗口进行排列管理。这些命令使得用户无需单独地决定每个窗口的大小及如何放置，系统会自动将窗口按照适当的大小排列在桌面上，排列的方式包括 3 种：层叠窗口、横向平铺窗口和纵向平铺窗口。

1. 层叠窗口

当用户在桌面上打开了多个窗口并需要在窗口之间来回切换时，可对窗口进行层叠排列。要层叠窗口，可右击【任务栏】，选择属性菜单中的【层叠窗口】命令，系统会立刻

把窗口组织成如图 2-36 所示的一串层叠式的窗口，其中所有打开的窗口的标题栏都显示在 Windows 桌面上。当用户希望把其中一个被掩盖住的窗口设定为当前窗口时，单击这个窗口的标题栏，这个窗口将会被提升到这串层叠起来的窗口的最上面。这种层叠功能使用户可以在窗口之间进行任意切换。

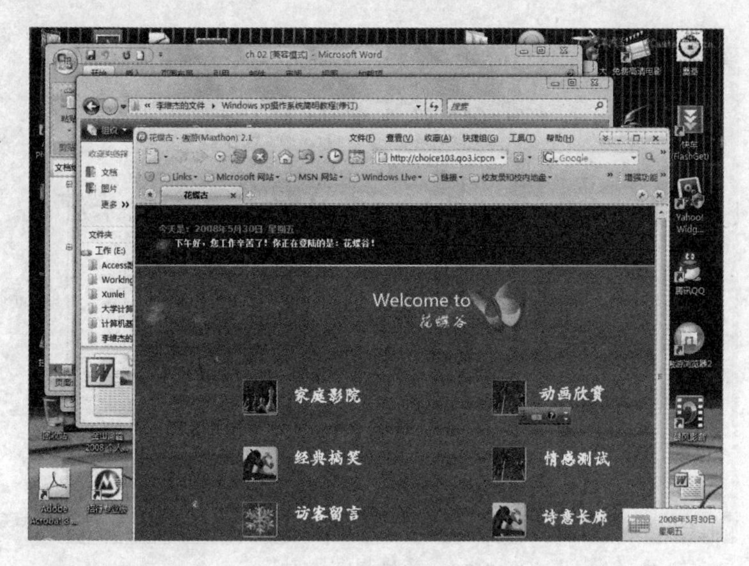

图 2-36　层叠窗口

2. 堆叠显示窗口

如果用户需要同时查看所有打开窗口中的内容(最小化的窗口除外)，则可以在【任务栏】属性菜单中选择【堆叠显示窗口】命令或者【并排显示窗口】命令，它们都可以实现该功能。如果用户选择了【堆叠显示窗口】命令，那么系统将适当地重新确定窗口的大小并尽可能沿水平方向排列窗口，如图 2-37 所示。

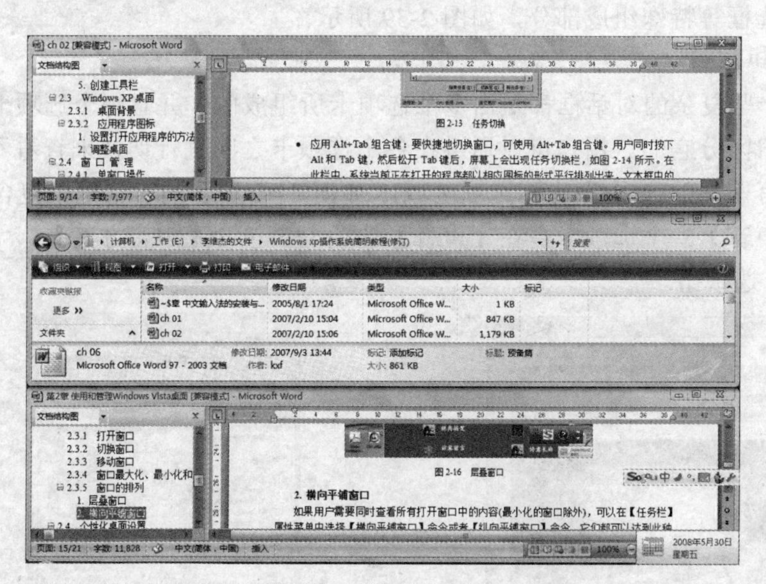

图 2-37　堆叠显示窗口

3. 并排窗口

在【任务栏】的属性菜单中选择【并排显示窗口】命令，系统将尽可能沿垂直方向并排显示所有打开的窗口，如图 2-38 所示。并排显示窗口不利于用户使用窗口的菜单栏和工具栏，但可以查看部分窗口信息。当用户需要同时在多个窗口之间操作时，可使用这种窗口排列方式。

图 2-38　并排显示窗口

2.3.6　对话框

对话框类似于窗口，它是用户与程序进行交流的接口。Windows Vista 中的对话框经过了重新设计，不仅使提示信息更加友好，而且色彩更丰富，字号也更大。但对话框与窗口又不同，只能最小化或关闭。此外，对话框还包含诸如选项卡、文本框、列表框、按钮、单选按钮和复选框等特殊组成部分，如图 2-39 所示。

1. 选项卡和标签

在系统中一些复杂的对话框都是由多个选项卡所组成的，并且每个选项卡上都注明了标签，便于用户区分它们。用户可以通过在各个选项卡之间进行切换来查看不同的内容。在选项卡上还有不同的选项组(也称选项区域)。如图 2-40 所示的对话框中包含了【播放】、【刻录】和【声音】3 个选项卡，在【声音】选项卡中包含【声音方案】、【程序事件】和【声音】3 个选项组。

图 2-39　对话框

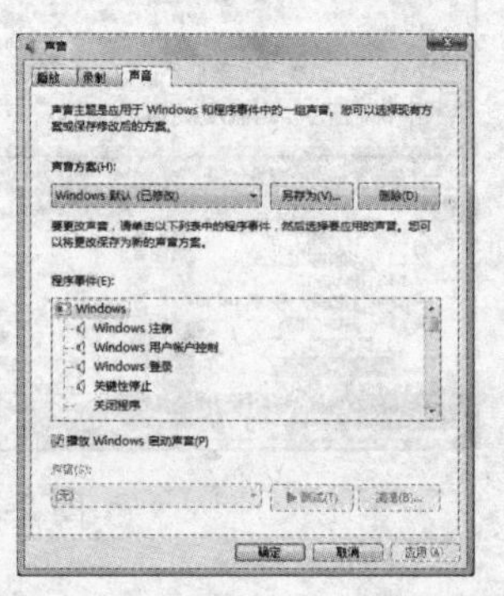

图 2-40　多选项卡对话框

2. 文本框

有的对话框中需要用户手动输入某项信息，以及对各种输入的信息进行修改和删除操作，这个操作场所就是文本框。有的文本框的右侧还带有向下的箭头(也称下拉列表框)，单击该箭头可以在展开列表框中查看最近输入过的内容。

3. 按钮

按钮是指对话框中外观为矩形并且带有文字的按钮，单击该按钮可以执行其相应的功能。常用的有【确定】按钮 确定 、【取消】按钮 取消 等。

4. 列表框

有的对话框在选项组下已经列出了许多选项，用户可以从中选择，但不能更改。如图 2-39 所示的对话框中的【主题】选项卡，系统自带了多个主题，用户不可以修改它们。

5. 单选按钮

单选按钮标记为一个透明的小圆形，其后面还带有相关的说明性文字。选中单选按钮后，在圆形中间会出现一个蓝色透明状圆点。通常在对话框中包含一组单选按钮，选中其中一个后，其他的单选按钮就不可再选中，即它具有唯一性。

6. 复选框

复选框标记为一个透明的小正方形，其后面也带有相关的说明性文字。当用户选中复选框后，在正方形中间会出现一个蓝色的标志。当出现一组复选框时，用户可以任意选择多个复选框。

7. 微调按钮

有的对话框中还有微调按钮，它是由向上和向下的两个箭头组成的。用户可以单击该箭头来增加或减少数值。

通过上面的介绍，用户只要掌握了对话框的每个组成部分，使用对话框时就非常方便了。对话框的操作类似于窗口的操作，需要指出的是对话框既不可以改变大小也没有排列方式。

2.4　个性化桌面设置

2.4.1　使用桌面主题

桌面主题是一系列桌面背景外加声音、图标以及其他可以帮助自定义桌面环境以及操作系统环境的元素的集合。用户可按以下步骤应用 Windows Vista 内置的桌面主题：

❶ 在桌面空白处右击，从快捷菜单中单击【个性化】命令，打开控制面板中的【个性化】控制台，如图 2-41 所示。

❷ 单击【主题】命令即可打开如图 2-42 所示的【主题设置】对话框，在【主题】列表中可以选择要使用的主题。如果用户希望使用保存在硬盘上的一个主题，可单击【浏览】按钮，然后在打开的【打开主题】对话框中使用保存在本地硬盘上的主题。

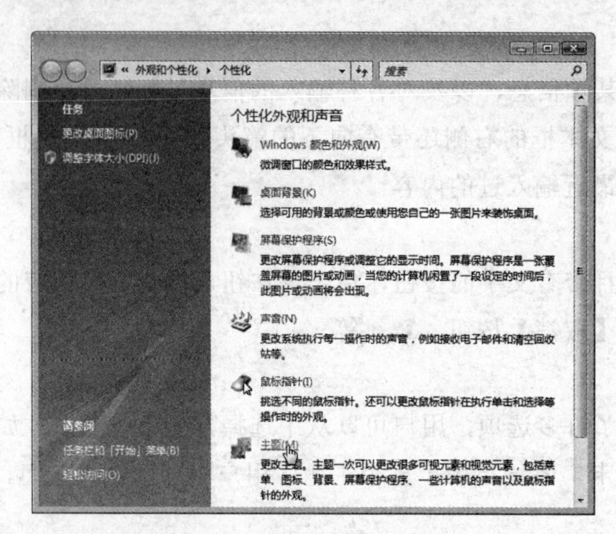

图 2-41 【个性化】控制台

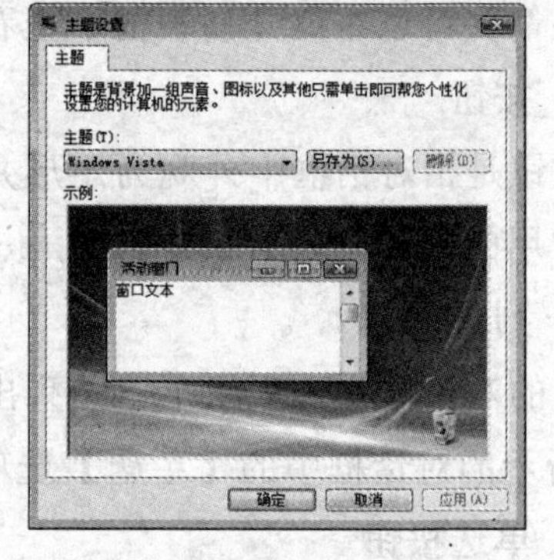

图 2-42 设置桌面主题

❸ 如果要恢复系统默认的主题，可在【主题】列表中选择 Windows Vista，然后单击【确定】按钮。

❹ 用户从其他位置安装的主题往往会占用大量的硬盘空间，要删除主题以及相关的文件，可在【主题设置】对话框中选择要删除的主题的名称，然后单击【删除】按钮。

2.4.2 设置桌面背景

Windows Vista 提供了多种不同系列的背景图片，并将这些图片按照其标记进行了分组。背景图片可以是.bmp、.gif、.jpg、.png 等格式的图形文件。可按以下步骤来设置桌面背景：

❶ 打开【个性化】控制台，单击【桌面背景】命令，打开【桌面背景】窗口，如图 2-43 左图所示。

❷ 在【图片位置】下拉列表中选择【Windows 墙纸】后，Windows Vista 会将所有桌面背景按照类别进行归类。单击想要作为背景使用的图片，或者单击【浏览】按钮，从本地硬盘或网络上找到自己所需的图片。

❸ 在【应该如何定位图片】下选择图片的显示方式：

- 适应屏幕：可以伸展或者压缩图像以符合屏幕的大小，适合照片或较大的图片。
- 平铺：可以将图片重复显示以覆盖整个屏幕，适合小图片或图标。
- 居中：可以将图片居中显示为桌面背景，其他没有被覆盖的位置将使用当前的桌面颜色填充。

❹ 设置完成后单击【确定】按钮，效果如图 2-43 右图所示。

图 2-43　设置桌面背景

2.4.3　设置 Windows 颜色和外观

Windows Vista 的颜色与外观设置与早期 Windows 版本相比变化较大，这是因为它在安装时会自动检测用户的图形卡等硬件设备，如果满足要求，则会自动开启 Aero 效果。用户也可以使用其他颜色和外观方案，可打开【个性化】控制台，在没有开启 Aero 效果的情况下，单击【Windows 颜色和外观】命令，打开【外观设置】对话框，如图 2-44 所示。

用户可在【配色方案】列表框中选择一种配色方案，然后在上面可以预览效果，如果满意，单击【应用】按钮即可。单击【高级】或【效果】按钮，用户可以进行更加复杂的设置。

提示：Aero 的美丽效果是以内存占用和显卡支持为基础的，如果用户觉得视觉效果不如实际性能重要，只需在【配色方案】列表框中选择其他配色方案即可关闭 Aero 效果。

如果用户已经开启了 Aero 效果，单击【Windows 颜色和外观】命令，可打开【Windows 颜色和外观】对话框，用户可单击不同的颜色样本块来更改 Aero 效果下【开始】菜单、窗口，以及任务栏的颜色效果，并可设置是否启动透明效果，如图 2-45 所示。

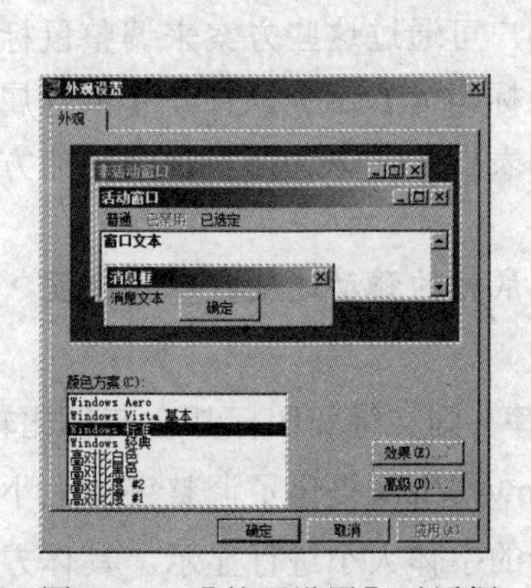

图 2-44　【外观设置】对话框

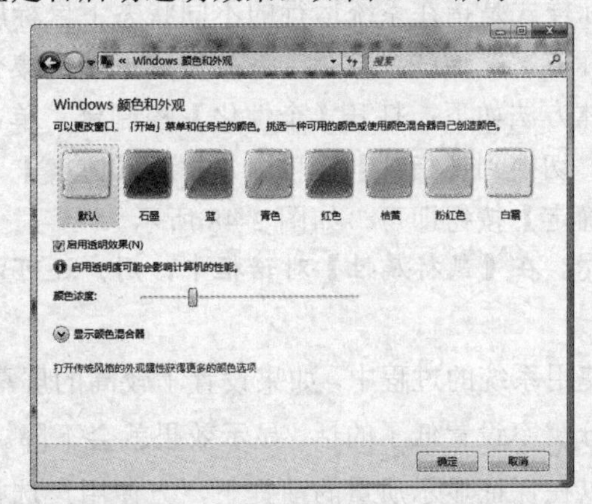

图 2-45　启用 Aero 前提下设置 Windows 颜色和外观

2.4.4 调节显示设置

显示设置包括分辨率、刷新率、颜色数等方面，用户可根据以下提示来完成设置：

❶ 打开【个性化】控制台，单击【显示设置】命令，打开【显示设置】对话框，如图 2-46 所示。利用【分辨率】下的滑块可调节分辨率。为了达到最好的显示效果，用户应根据自己的显示器尺寸和显卡性能来合理地进行设置。一般情况下，15 英寸可设置为 1024×768，17 英寸可设置为 1280×1024(此处针对的是宽屏显示器)。

❷ 在【颜色】下拉列表中可设置颜色位数，一般设置为 32 位。

❸ 单击【高级设置】按钮，则可以在打开的对话框中设置显示器的刷新频率以及其他高级设置，如图 2-47 所示。在设置刷新率时，用户也应该根据自己的显示器来合理设置。对于普通的 CRT 显示器来说，设置为 75Hz 以上才可以避免闪烁，LCD 显示器则可以适当降低刷新频率。

图 2-47 设置分辨率和颜色位数

图 2-48 设置刷新率和其他设置

2.4.5 选择鼠标样式和调整字体大小

鼠标样式是指在系统运行的不同状态下鼠标所显示的不同形状。Windows Vista 内置了许多鼠标方案，这些方案是一系列鼠标形状的集合，用户可通过这些方案来调整鼠标的样式，具体方法如下：打开【个性化】控制台，单击【鼠标指针】命令，打开【鼠标属性】对话框。切换到【指针】选项卡，打开【方案】下拉列表框，从中选择一种满意的方案后单击【确定】按钮即可，如图 2-48 所示。

提示：在【鼠标属性】对话框中，用户还可以设置鼠标的移动速度、双击速度、滚轮属性等。

在使用系统的过程中，如果设置了较高的屏幕分辨率，则文字和图标都会变得比较小，但如果分辨率设置低了的话，显示效果就会下降。Windows Vista 提供了调整字体大小的功能，可以在保证显示质量的前提下，方便用户选择适合的字体大小进行显示。具体方法如下：打开【个性化】控制台，单击左侧的【调整字体大小(DPI)】命令，打开【DPI 缩放比例】对话框，如图 2-49 所示。用户可以直接选中【更大比例-使文本更容易辨认】单选按钮，也可以单击【自定义 DPI】按钮来自定义字体大小，完成后单击【确定】按钮，重启计算机后设置即生效。

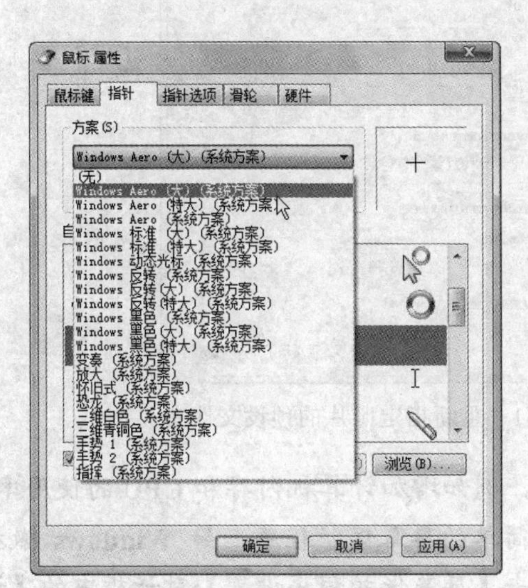

图 2-48　设置鼠标样式

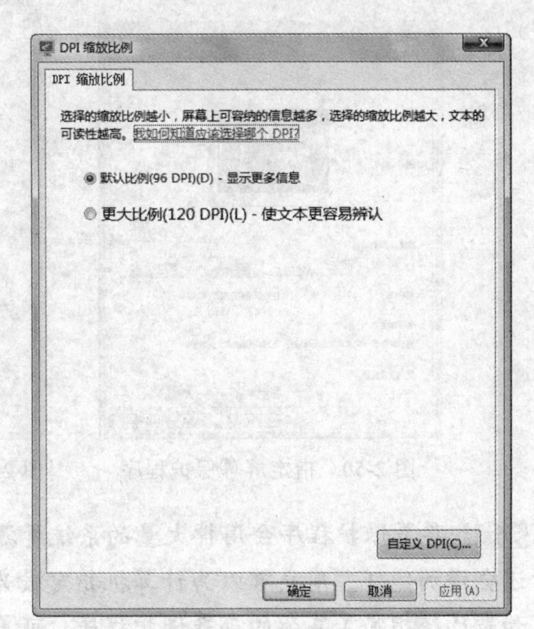

图 2-49　调整字体大小

提示：DPI 是“点数/每英寸”的英文缩写，Windows Vista 默认显示的字体的大小为 96DPI，即默认字体的分辨率为每英寸 96 像素。

2.4.6　设置屏幕保护程序

屏幕保护程序是指计算机在空闲了一段时间后运行的程序，使用带有密码的屏幕保护程序可以防止未经授权的用户访问计算机，以保护私人数据和企业的知识产权。用户可通过以下方法来为自己的计算机设置屏幕保护程序：

❶ 打开【个性化】控制台，单击【屏幕保护程序】命令打开【屏幕保护程序设置】对话框，如图 2-50 所示。

❷ 在【屏幕保护程序】下拉列表框中可以选择要使用的屏幕保护程序。如果要禁用屏幕保护程序，在下拉列表框中选择【无】即可。

❸ Windows Vista 新增了照片屏幕保护功能，使得可以将预设文件夹中的图片以幻灯片形式显示。预设文件夹默认是当前用户的图片文件夹。当然用户也可以重新指定。在【屏幕保护程序】下拉列表框中选择【照片】后，单击右侧的【设置】按钮，打开【照片屏幕保护程序设置】对话框，如图 2-51 所示。单击【浏览】按钮可重新指定图片或视频的位置。还可以指定照片的播放速度等。

❹ 返回【屏幕保护程序设置】对话框后，在【等待】文本框中可设置计算机在空闲多久后才激活屏幕保护程序，选中【在恢复时显示登录屏幕】复选框，最后单击【确定】按钮即可。

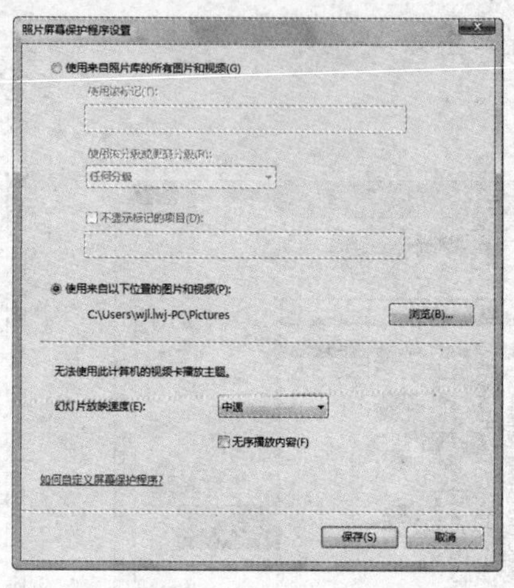

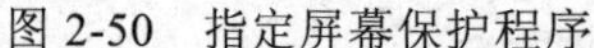
图 2-50　指定屏幕保护程序　　图 2-51　重新指定照片的预设文件夹

注意：屏幕保护程序会用掉大量的系统资源，例如增加计算机内存和 CPU 的使用率，同时还会增加能耗。用户可以为计算机指定较为简单的屏幕保护程序，如 Windows 徽标等。如果已经指定了复杂的屏幕保护程序，可单击【屏幕保护程序设置】对话框中的【设置】按钮，在打开的对话框中降低屏幕保护程序的复杂程度、速度等。

2.4.7　设置电源管理方案

Windows Vista 的电源管理比以往的任何 Windows 版本都强大，它提供了预设的电源管理方案以供用户选择。当然，您也可以自定义电源管理内容，以求在节能和性能之间找到平衡。

打开控制面板，依次单击【系统维护】|【电源选项】，可进入电源管理界面，如图 2-52 所示。Windows Vista 预置了【已平衡】、【节能程序】、【高性能】这 3 种电源方案，用户可以直接在窗口中进行选择或更改。

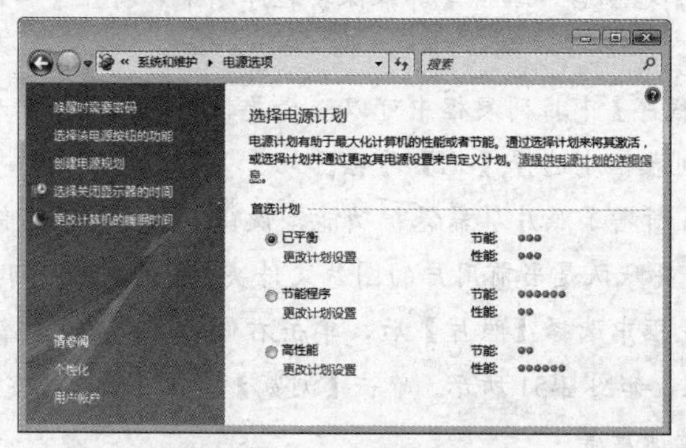

图 2-52　电源管理主界面

单击要修改电源方案下的【更改计划设置】链接，在打开的窗口中可更改自动关闭显示器和自动进入睡眠状态的时间，如图 2-53 所示。单击【更改高级电源设置】链接，可打开【电源选项】对话框，选择要修改的选项，然后进行设置即可，如图 2-54 所示。如果遇到灰色部分，可单击【更改当前不可用的设置】链接，即可对其进行设置。

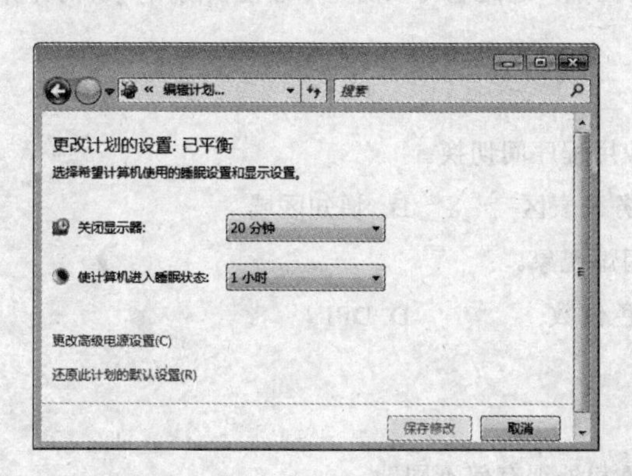

图 2-53　设置自动关闭显示器和自动进入睡眠状态的时间

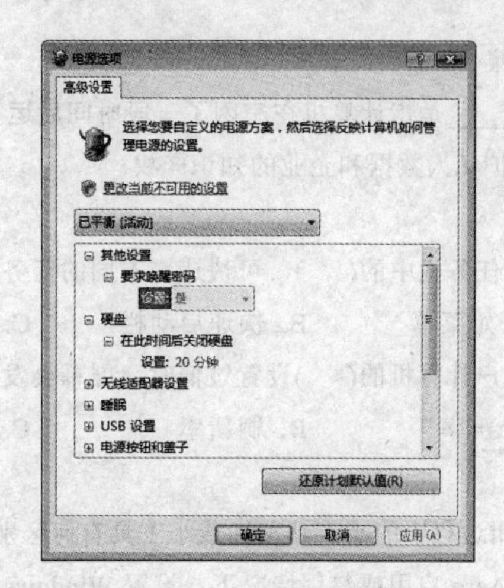

图 2-54　设置其他选项

用户也可以自己新建电源方案，但 Windows Vista 预置的电源方案已经比较全面，建议用户从中选择使用。

本 章 小 结

桌面是 Windows Vista 的工作平台，用户可通过桌面快速启动应用程序或打开桌面上存放的重要临时文件。Windows 的边栏还提供了大量的小工具，极大方便了用户。本章介绍了 Windows Vista 桌面的基础知识，以及窗口和对话框的基本操作，帮助大家熟悉这一最新的操作系统环境和基本设置方法，使它以更接近于用户需要的方式显示。下一章向大家介绍日常必不可少的中文输入法。

习　题

填空题

1. Windows Vista 是第一个使用计算机硬件性能来衡量界面效果的 Windows 操作系统，它提供了 4 种不同级别的用户界面，分别是________、________、________和________。如果用户的计算机硬件满足要求，Windows Vista 默认启用的是________。
2. Windows Vista 的桌面主要由 3 部分组成，分别是桌面图标、________和________。其中，桌面图标实际上是一些快捷方式，用于快速打开相应的________或________。
3. Windows Vista 的任务栏分为 4 个部分：【开始】按钮、________、任务列表区和________。
4. 在旧的 Windows 系统中，【开始】菜单中的所有程序都是采用分级方式组织的，而 Windows Vista 采用了类似________的形式将所有内容都显示在了一个菜单中。
5. Windows 边栏中的小工具既可以附加在边栏中，也可以从中分离出来，作为独立的________来运行。
6. ________是一系列桌面背景外加声音、图标以及其他可以帮助自定义桌面环境以及操作系统环境的元素的集合。

7. ________是指计算机在空闲了一段时间后运行的程序，通过它可以防止未经授权的用户访问计算机，以保护私人数据和企业的知识产权。

选择题

8. 通过任务栏中的(　　)，可快速在不同的任务和应用程序间切换。

　A. 开始菜单　　B. 快速启动栏　　C. 任务列表区　　D. 通知区域

9. 当用户计算机的(　　)设置过低时，屏幕会发生闪烁现象。

　A. 分辨率　　B. 刷新率　　C. 颜色位数　　D. DPI

简答题

10. 关闭边栏中的小工具和卸载小工具有何区别？

11. 在 Aero 启用或禁用情况下，设置 Windows 颜色和外观有何不同？

12. 窗口和对话框有何区别？

13. 什么是屏幕保护程序，如何进行设置？

上机操作题

14. 将桌面图标以大图标方式显示，然后将回收站图标移到屏幕右下角，最后对桌面图标进行对齐。

15. 向 Windows 边栏中在线添加英文词典小工具。

16. 为计算机设置屏幕保护程序，使用自己照片文件夹中的照片作为幻灯片进行显示。

第 3 章

中文输入法与字体

本章主要介绍 Windows Vista 中汉字输入的方法，以及如何向系统中添加字体。通过本章的学习，应该完成以下学习目标：

- 学会在 Windows Vista 下添加或删除输入法
- 学会选择和切换输入法
- 学会使用搜狗拼音输入法
- 学会安装和使用字体

3.1 使用中文输入法

中文输入法是进行中文信息处理的前提和基础。根据汉字编码方式的不同，可以将中文输入法分为以下 3 类：

- 音码：通过汉语拼音来实现输入。对于大多数用户来说，这是最容易学习和掌握的输入法。但是，这种输入法需要的击键和选字次数较多，输入速度较慢。
- 形码：通过字形拆分来实现输入。这种输入法在使用键盘输入的输入法中是最快的。但是，需要用户掌握拆分原则和字根，不易掌握。
- 音形结合码：利用汉字的语音特征和字形特征进行编码。这种输入法需要记忆部分输入规则，也存在部分重码。

这 3 类输入法具有各自的优点和缺陷，大家可以结合自身的特点尝试和选择最适合自己的输入法。这里介绍拼音输入法。

3.1.1 安装和删除 Windows Vista 自带的输入法

Windows Vista 自带了一些常用的输入法，如全拼输入法和双拼输入法等。用户可以根据自己的需要添加输入法，也可以将不经常使用的输入法删除。

例 3-1 练习安装和删除输入法。

❶ 在任务栏的通知区域右击输入法图标，从弹出菜单中选择【设置】，打开【文字服务和输入语言】对话框，如图 3-1 所示。

❷ 【已安装的服务】下的列表框中列出了当前 Windows Vista 下已经安装并可以使用的输入法。选中其中一种输入法，单击【删除】按钮即可将其删除。

❸ 如果要添加新的输入法，可单击【添加】按钮，打开【添加输入语言】对话框，如

图 3-2 所示。首先选择要使用的输入语言，如【中文(简体，中国)】，然后在该节点下选择具体要添加的输入法。

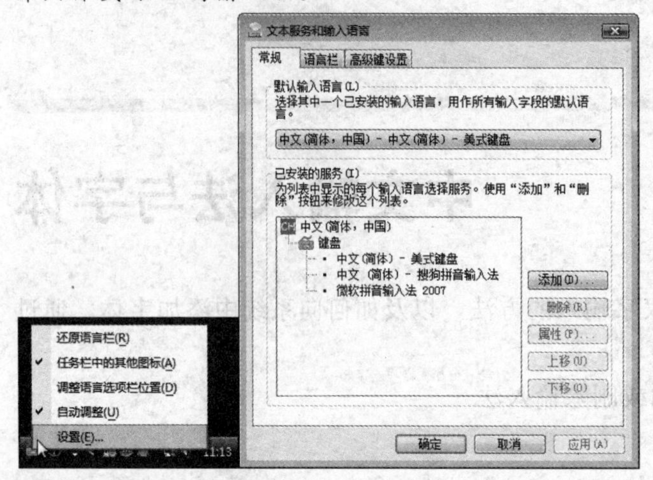

图 3-1　打开【文字服务和输入语言】对话框

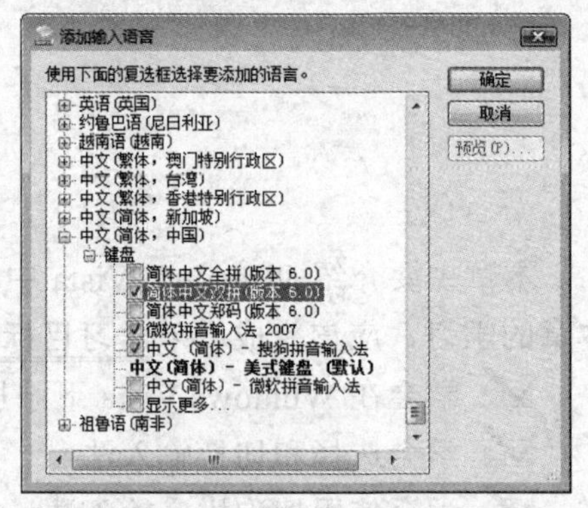

图 3-2　选择要添加的语言和输入法

❹ 单击【确定】按钮，返回【文字服务和输入语言】对话框，完成输入法的添加。

3.1.2　选择和切换输入法

在输入汉字之前，必须选择好输入法。由于不同输入法的输入方式各有不同，因此用户必须选择一种自己熟悉的输入法。

单击语言栏上的【输入法选择】图标按钮，弹出已安装的输入法列表。在输入法列表中，选择要使用的输入法，如图 3-3 所示。选择结束后，语言栏的显示效果如图 3-4 所示。

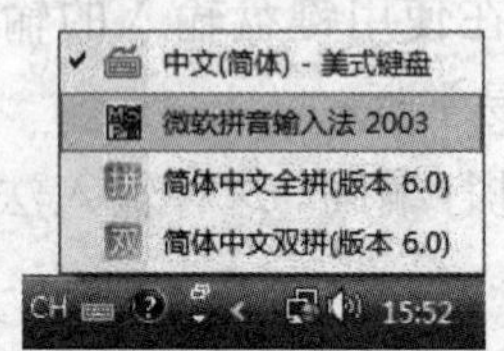

图 3-3　选择微软拼音输入法

图 3-4　选择输入法后语言栏的显示效果

在输入汉字时，用户可通过以下方法来切换正在使用的输入法：

- 单击任务栏中的【输入法选择】图标按钮，在弹出的输入法列表中选择需要的输入法。
- 按 Ctrl+Shift 快捷键，在输入法间进行切换。

3.2　使用全拼输入法

全拼输入法是最直接的拼音输入法，它要求用户首先输入该汉字的全部拼音字母，然后通过按数字键从提示行选出所要的汉字，例如“北”的汉语拼音为 bei，“京”为 jing。如果当前提示行没有所要的汉字，可按翻页键改变提示行内容继续寻找。

例如，这里我们在 Windows 中使用全拼输入法进行文字的输入，当我们在输入法窗口的外码输入区中输入了“ji”后(如图 3-5 所示)，则输入法窗口的选择区会显示出所有的可选汉字。如果其中包含所需的汉字，则可以通过汉字对应的数字键来完成输入；如果其中没有用户需要的汉字，则可以通过 Page Up 和 Page Down 键或–和=键来进行翻页选择，直到找到需要的汉字。

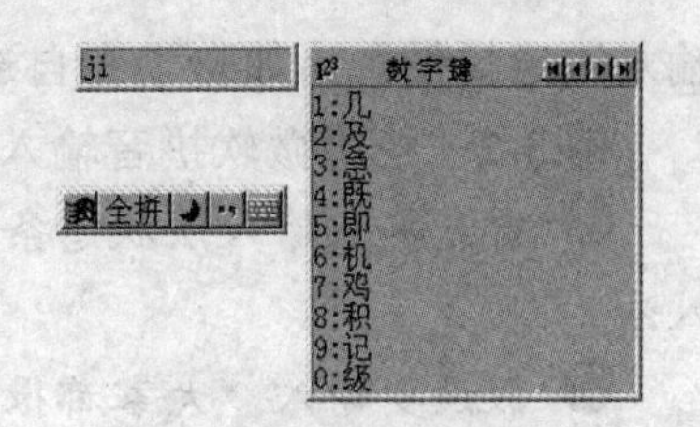

图 3-5　使用全拼输入法进行中文输入

3.3　使用微软拼音输入法

微软拼音输入法是一款遵循以用户为中心的设计理念而设计的多功能汉字输入工具。用户可以通过单击桌面右下角中的键盘图标，打开输入法选择菜单，选择【微软拼音输入法】命令来切换到微软拼音输入法，显示如图 3-6 所示的微软拼音输入法状态。

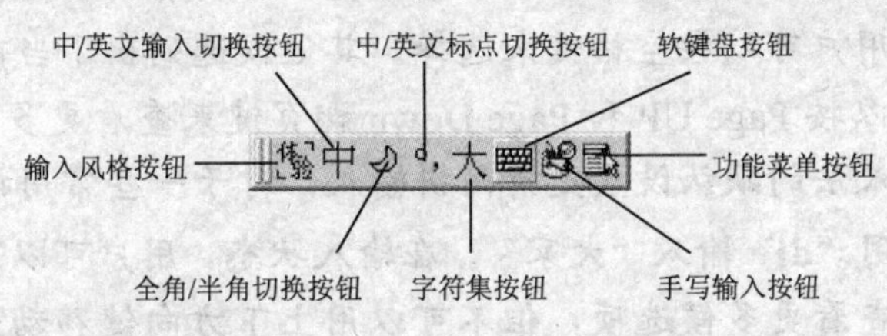

图 3-6　微软拼音输入法状态

3.3.1　设置微软拼音输入法

微软拼音输入法了提供详细的设置选项，以满足不同输入习惯用户的需要。打开微软拼音输入法的功能菜单，选择【输入选项】命令，打开【微软拼音输入法属性】对话框，如图 3-7 所示。在该对话框中，用户可以根据自己的输入习惯设置微软拼音输入法。

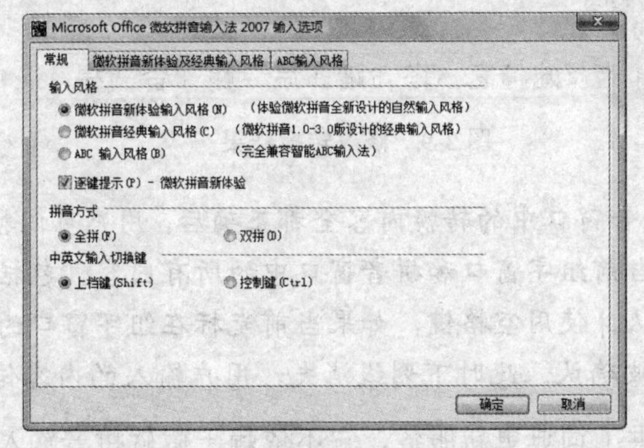

图 3-7　设置微软拼音输入法

3.3.2　输入汉字

微软拼音输入法基于语句的连续转换方式，使得用户可以不间断地输入整句话的拼音，而不必关心分词和候选，这样既保证了思维流畅性，又提高了输入效率。此外，微软拼音输入法还提供了诸如自学和自造词等多种功能。

例 3-2 使用微软拼音输入法快速输入汉字。

❶ 首先单击输入法状态条的【输入方式切换】按钮，将当前输入法切换到微软拼音输入法。

❷ 假设要输入“大家都很喜欢她”，请连续键入拼音，在输入过程中，将看到图 3-8 所示的效果。

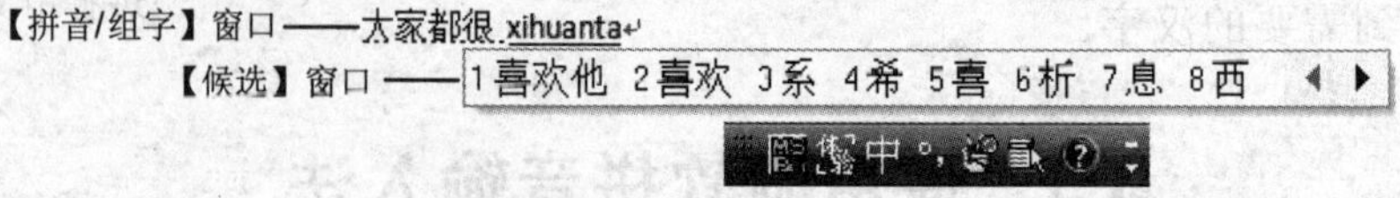

【拼音/组字】窗口——太家都很.xihuanta
【候选】窗口——1喜欢他 2喜欢 3系 4希 5喜 6析 7息 8西
中

图 3-8 使用微软拼音进行中文输入

❸ 在【拼音/组字】窗口中，虚线上的汉字是用户输入拼音的转换结果，下划线上的字母是正在键入的拼音，用户可以按左右方向键来定位光标，从而编辑拼音和汉字。

❹ 在【候选】窗口中，1 号候选用蓝色显示，是微软拼音输入法对当前拼音串转换结果的推测，如果正确，用户可以按空格键来选择。其他候选列出了当前拼音可能对应的全部汉字或词组，用户可以按 Page UP 和 Page Down 翻页键来查看更多的候选项。

注意：微软拼音输入法的默认设置支持简拼输入，对于一些常用词，用户可以只用它们的声母来输入，例如用“dj”输入“大家”。在输入状态，用户可以用加号、减号、Page UP 和 Page Down 键来查看更多候选项，但不可以用上下方向键移动光标。

❺ 微软拼音输入法的大多数自动转换都是正确的，但错误不能避免。对于那些错误转换，用户可以在输入过程中进行更正，挑选出正确的候选，也可以在输入整句话之后进行修改。例如要将步骤❷中的“他”修改成“她”，可以按左右方向键将光标移到“他”的前面，选择 2 号候选项，如图 3-9 所示。如果用户在一开始就键入错了拼音，则可以按 0 号键重新编辑拼音。

太家都很喜欢他
0 ta
1他 2她 3它 4塔 5踏 6塌 7鳎 8沓 9榻

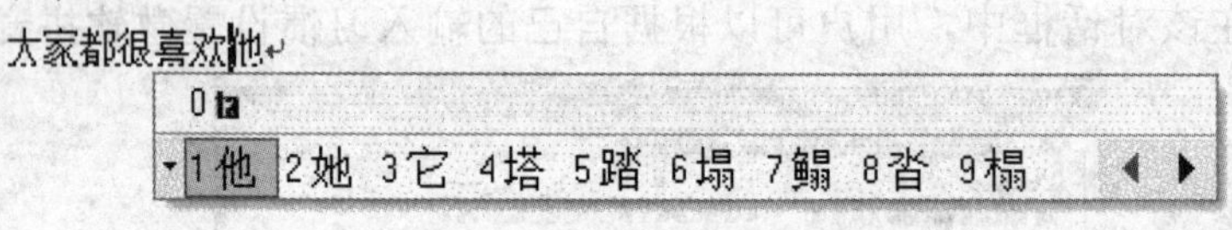

图 3-9 修改转换结果

❻ 当组字窗口和拼音窗口中的转换内容全都正确后，用户可以按空格键或者 Enter 键确认。使用 Enter 键，当前组字窗口和拼音窗口中的所有内容，包括转换后的汉字以及未经转换的拼音全都被确认。使用空格键，如果当前光标在组字窗口的最后并且没有拼音窗口，则组字窗口的内容被确认。此时下划线消失，用户输入的内容传递给了编辑器。

微软拼音输入法提供了词典更新服务，它不依赖于微软拼音输入法产品的发布，用户可以随时登录 Microsoft 网站，查看是否有新的词典更新，下载并安装您需要的更新，以保证您的输入法词典是最新的。

3.4　安装并使用搜狗输入法

除了 Windows Vista 系统自带的输入法外，许多第三方软件厂商还开发了各具特色的汉字输入法，比较知名的如万能五笔输入法、搜狗输入法、紫光输入法等。这些输入法一般都是独立的软件包，用户只需将它们安装到计算机中即可使用。

例 3-3　安装并练习使用搜狗输入法来输入汉字。

❶ 要使用搜狗拼音输入法，用户必须首先在机器上安装该软件。双击安装软件包，可启动安装向导，如图 3-10 所示。

❷ 单击【下一步】按钮，阅读许可协议，然后单击【我同意】按钮，如图 3-11 所示。

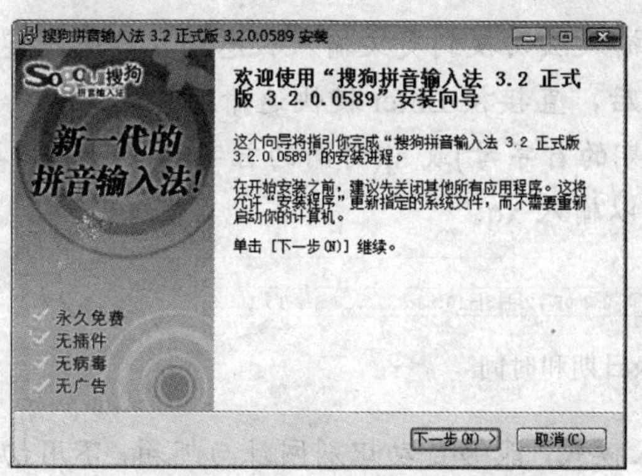

图 3-10　启动搜狗输入法的安装向导

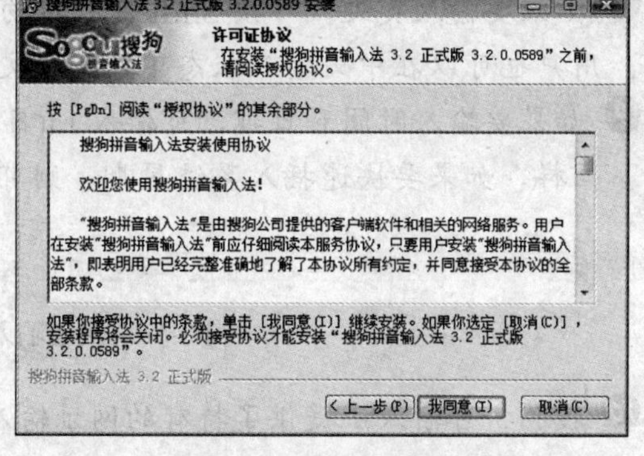

图 3-11　阅读许可协议

❸ 单击【浏览】按钮，选择搜狗拼音输入法的安装路径，也可以使用向导默认的安装路径，如图 3-12 所示。

❹ 单击【下一步】按钮，输入软件的名称，并设置是否创建快捷方式，如图 3-13 所示。单击【安装】按钮，即可将搜狗输入法安装到计算机上。

❺ 安装完后，在使用搜狗拼音输入法输入汉字前，首先需要将输入法切换到搜狗拼音输入法状态。用户可单击任务栏通知区域的输入法图标，从中选择【中文(简体-搜狗拼音输入法)】，也可以按 Ctrl+Shift 键进行输入法的快速切换。

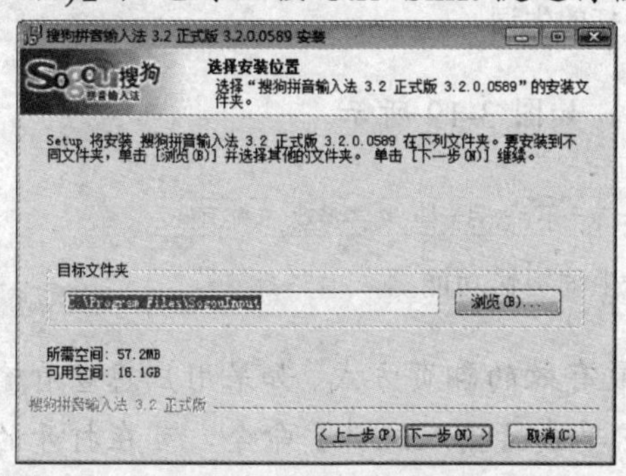

图 3-12　设置安装路径

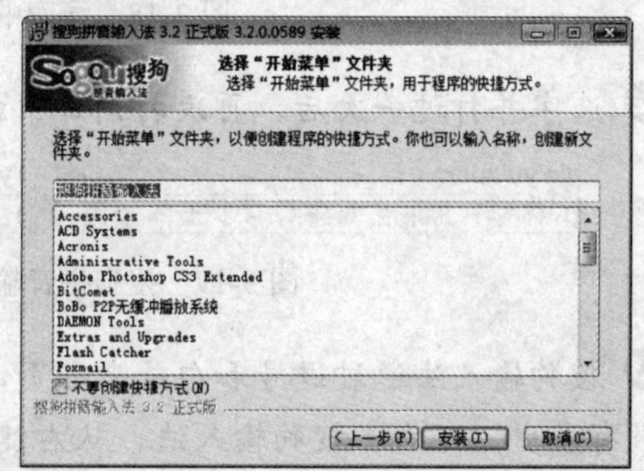

图 3-13　设置软件名称和是否创建快捷方式

❻ 如果要输入汉字，可输入它们的全拼。如果输入的是词语，则可以输入词语的首字母的简拼，如图 3-14 所示。

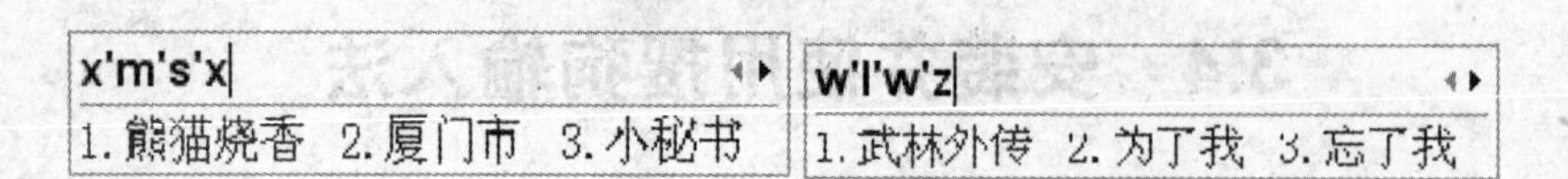

图 3-14 输入汉字

❼ 搜狗拼音输入法的词语联想功能十分强大，只需输入一个长词的前 4 个音节的首字母，即可在 2、3 位置的候选项看到这个长词，如图 3-15 所示。

z'h'r'm
1.中华人民 2.中华人民共和国 3.折合人民币
w'j'n'y
1.维吉尼亚 2.问君能有几多愁 3.我敬你一丈

图 3-15 搜狗拼音输入法的联想功能

❽ 如果要输入英文，可按 Shift 键将搜狗输入法切换到英文输入状态，直接输入英文即可。用户也可以在中文输入状态下输入英文后，直接按 Enter 键快速输入英文。

❾ 如果要输入时间和日期，可输入 rq(日期的首字母)或 sj(时间的首字母)，如图 3-16 所示。同样，如果要快速插入系统星期，则可以输入 xq。

图 3-16 快速输入日期和时间

❿ 搜狗拼音输入法提供了特有的网址输入模式，能够自动识别网址与邮箱，不用切换输入法即可输入，如图 3-17 所示。

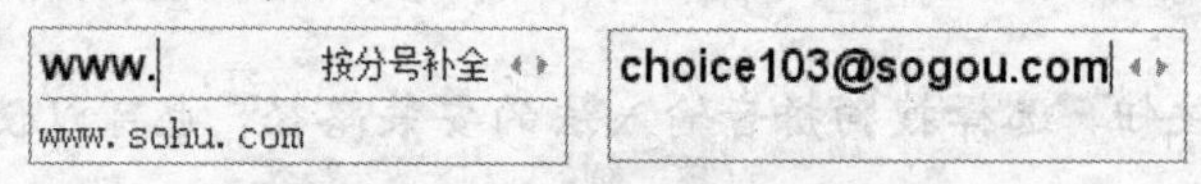

图 3-17 快速输入网址和邮箱

⓫ 搜狗词库虽然无所不包，但是仍会有生词出现，只要输入生词一次，搜狗就可以记住，打缩写也没有问题。例如，第一次打“林雨轩”，词库中没有，如图 3-18 所示。

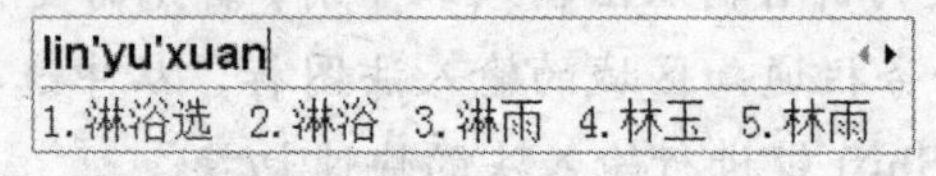

图 3-18 词库中没有要打的生词

⓬ 选字并打过一次后，再次打词库中就有了，如图 3-19 所示。

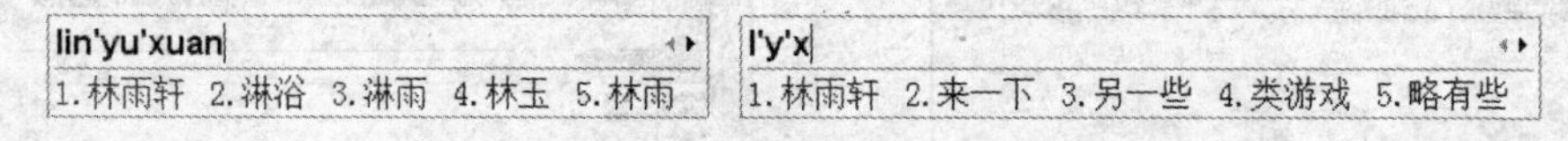

图 3-19 搜狗拼音输入法的生词记忆功能

⓭ 搜狗输入法通过逗号和句号来翻页，这是最有效的翻页方式。如果用户想查看输入的字数有多少，可右击搜狗输入法，从右键菜单中单击【输入统计】命令，可在打开的对话框中查看统计数字，如图 3-20 所示。

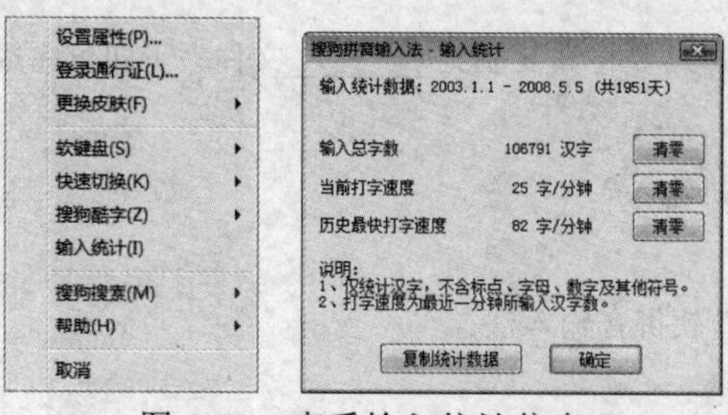

图 3-20　查看输入统计信息

3.5　安装和使用字体

虽然 Windows Vista 操作系统中自带了很多字体，但用户还是可以安装其他字体到 Windows Vista 中，然后在编写文档时使用安装的字体文件。打开【计算机】窗口，进入 C:\Windows\Fonts 路径，打开【Fonts】窗口，选择【文件】|【安装新字体】命令，打开【添加字体】对话框，导航到字体文件所在的位置，单击【确定】按钮，如图 3-21 所示。

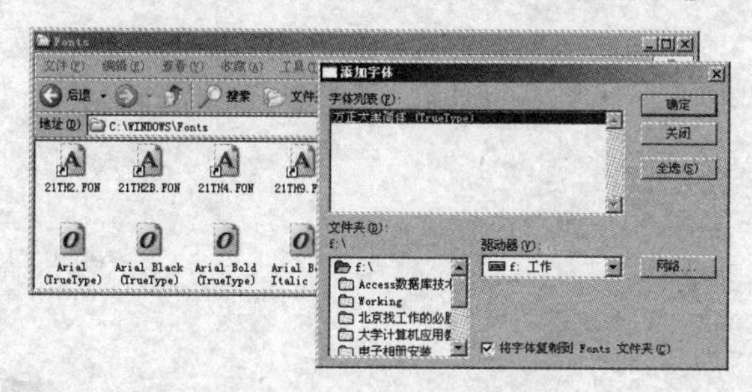

图 3-21　安装新字体

实际上，对于一些小的字体文件，只要将其复制到 C:\Windows\Fonts 文件夹下即可完成安装。

本 章 小 结

汉字输入是国人使用计算机的最基本操作，也是用户必备的技能之一。本章向读者介绍了当前最流行的汉字输入法，以及系统内置输入法的添加和删除方法。下一章向读者介绍文件和文件夹的基本操作。

习　题

填空题

1. 根据汉字编码方式的不同，可以将中文输入法分为音码、________和________。

2. 用户可通过快捷键________，实现输入法的快速切换。

3. 对于一些小的字体文件，用户只要将其复制到________文件夹下即可完成安装。

简答题

4. 什么是全拼输入？什么是简拼输入？

上机操作题

5. 删除 Windows Vista 内置的微软拼音输入法。

6. 使用搜狗输入法输入以下内容：

踏足雪域大地，没有人不登布达拉宫的。它是拉萨这座雪域之都乃至整个青藏高原的象征，不仅闻名全国更闻名于世界。这座古代建筑艺术之杰作，这座以极高的历史价值和旷世之宝闻名于世的宫殿，以其高贵威严的雄姿屹立在拉萨城内的红山之上。伫立布达拉宫广场翘首仰望，只见殿宇巍峨、金顶入云、曲径回廊重重叠叠。那拔地凌空的气势，那金碧辉煌的色调真如天上宫阙一般。

第 4 章

管理文件和文件夹

本章主要介绍在 Windows Vista 下如何有效地管理文件和文件夹。通过本章的学习，应该完成以下学习目标：

- 了解 Windows Vista 新的资源管理器
- 掌握文件和文件夹的基本操作(创建、复制、删除等)
- 学会设置文件夹的属性
- 了解虚拟文件夹的含义

4.1 资源管理器

Windows Vista 的资源管理器与以前版本相比有了较大的改变，在桌面上双击【计算机】图标，即可打开资源管理器，其基本组成如图 4-1 所示。

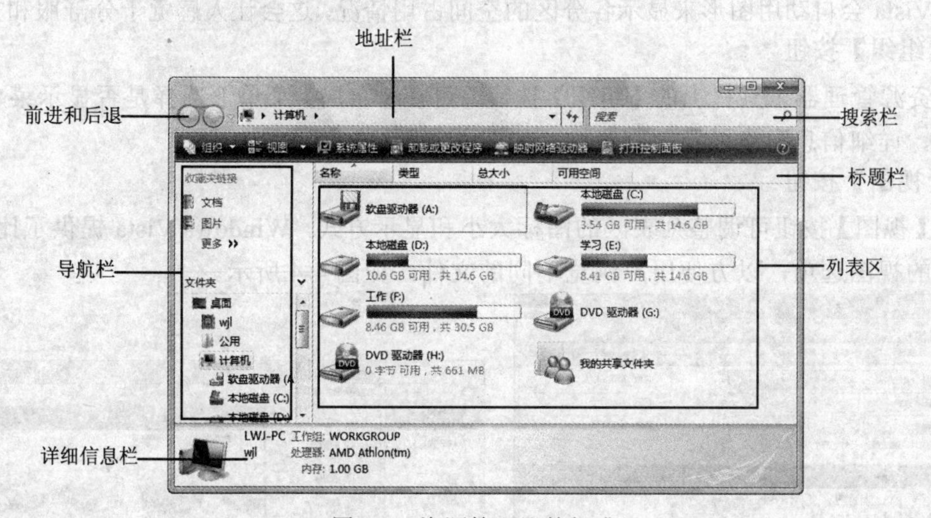

图 4-1 资源管理器的组成

1. 地址栏

传统的地址栏只能显示位置等信息，而 Windows Vista 的地址栏可以在功能按钮与地址信息间自由切换。当用户访问磁盘、文件夹时，地址栏里显示出很多按钮，每个按钮都是一个位置信息，单击就可以直接访问该位置，避免了用户在实际操作中反复使用【前进】和【后退】按钮。

另外，每个地址栏按钮后面还有一个箭头，单击该箭头可查看该位置的下级文件夹，并可直接单击到达此文件夹，如图 4-2 所示。

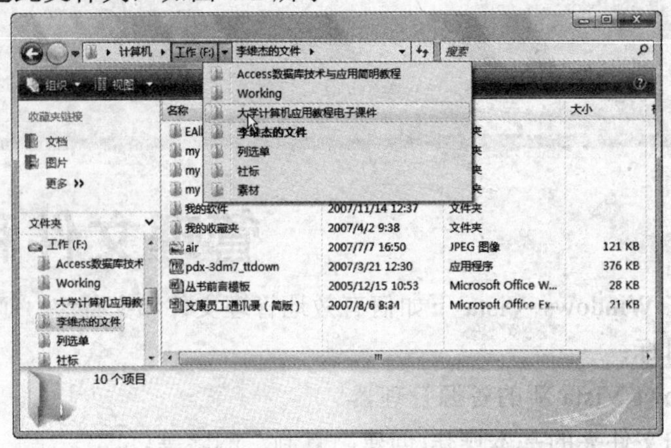

图 4-2 使用地址栏按钮后的箭头

2. 导航栏

资源管理器的左侧窗格是导航栏，它主要由两部分组成：上面是收藏夹链接，下方是文件夹。收藏夹链接包含了与当前用户有关的常用位置，如文档、音乐等，用户可以通过收藏夹链接快速访问它们。展开下方的文件夹，则可以在整个计算机乃至网络中进行导航。

3. 分区剩余空间显示

在使用资源管理器浏览计算机时，用户会发现，如果列表栏显示的是磁盘分区信息，则 Windows Vista 会自动用图形来显示各分区的空间占用情况，这会让人感觉十分舒服和方便。

4. 【组织】按钮

单击资源管理器工具栏上的【组织】按钮，可在【布局】菜单下选择是否显示菜单栏、导航窗格、详细信息窗格以及预览窗格，如图 4-3 所示。

5. 【视图】按钮

利用【视图】按钮可调整列表区的图标大小和显示方式，Windows Vista 提供了比以往版本更多的视图选项，以方便用户浏览不同的文件，如图 4-4 所示。

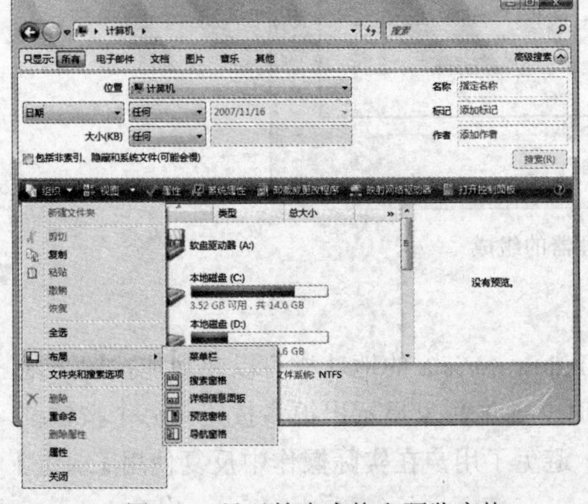

图 4-3 显示搜索窗格和预览窗格

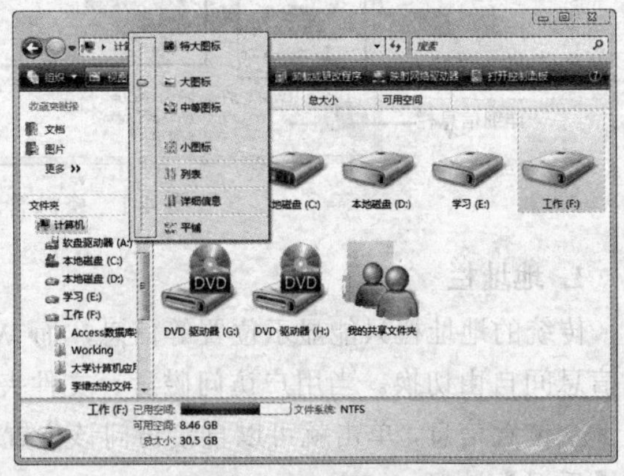

图 4-4 以大图标方式浏览

6. 其他动态按钮

当用户浏览不同的文件时，资源管理器工具栏上将自动显示与此文件相关的操作按钮，这种设置使得 Windows Vista 更具人性化。图 4-5 左图显示了在浏览图片时的工具栏按钮，右图则显示了浏览 Word 文档时的工具栏按钮。

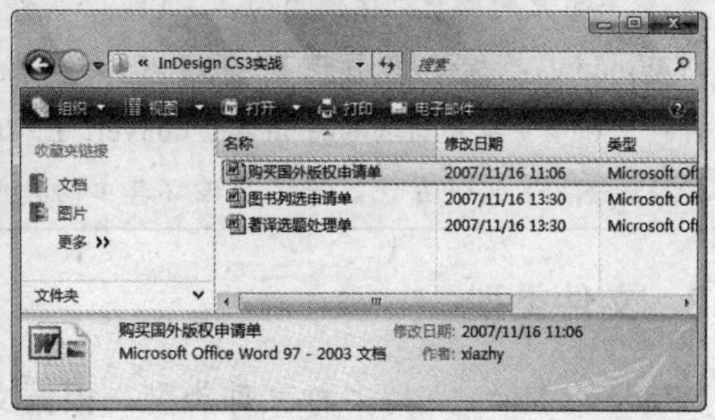

图 4-5　资源管理器的动态工具栏按钮

4.2　文件系统和文件类型

在介绍文件和文件夹之前，用户需要了解一下文件系统和文件类型的基本知识，这有助于读者加深对 Windows Vista 下文件和文件夹的理解。

4.2.1　文件系统

操作系统中负责管理和存储文件信息的软件机构被称为文件管理系统，简称文件系统。从系统的角度来看，文件系统是对文件存储器空间进行组织和分配，负责文件的存储并对存入的文件进行保护和检索的系统。具体地说，它负责为用户建立文件，存入、读出、修改、转储文件，控制文件的存取、撤销等。

文件系统基于磁盘分区，而不是整个硬盘或单个目录。刚买回来的硬盘并没有文件系统，用户需要对其进行分区并格式化后才可以管理文件。硬盘就像是一块空地，文件就像不同的材料。用户需要在空地上首先建立起仓库(文件系统)，才可以将材料运到仓库中进行保管。

迄今为止，共出现了 FAT、FAT 32 和 NTFS 这 3 种文件系统。FAT 又称 FAT16，这种文件系统主要存在于 DOS 和早期的 Windows 操作系统中，磁盘文件的分配是以簇为单位的，一个簇只能分配给一个文件使用，而不管文件占用簇容量的多少，这导致了硬盘空间的极大浪费。另外，FAT 只能支持 2GB 的最大分区。

FAT 32 是 FAT 的改进版，采用了 32 位的文件分配表，对磁盘的管理能力大大增强，且突破了 2GB 的最大磁盘分区限制。FAT 32 的每个分配单元容量都固定为 4KB，可以大大减少硬盘空间的浪费。目前，Windows 2000、XP、Vista 等系统都支持这种文件系统。

NTFS 文件系统是网络操作系统的磁盘分区格式，其安全性和稳定性极其出色，在使用过程中不易产生磁盘碎片，对硬盘的空间利用以及软件的运行速度都有好处。并且非法关机后也不像 FAT 和 FAT 32 那样需要进行磁盘扫描。NTFS 文件系统还支持文件加密，具有很好的磁盘压缩性能，最大支持高达 2TB 的大硬盘，支持文件和文件夹的权限设置等。

为了充分利用 Windows Vista 的高级安全特性，建议用户将磁盘上的所有分区都设置为 NTFS 文件系统类型。

> **如何将磁盘分区由 FAT 32 文件系统转换为 NTFS 文件系统？**
>
> 如果用户的磁盘分区使用的是 FAT 32 文件系统，则推荐您使用 convert 命令。按键盘上的 Windows 徽标键+R 打开【运行】对话框，输入“cmd”命令并按 Enter 键打开命令提示符窗口。在命令提示符窗口中输入“convert E: /FS:NTFS”并按 Enter 键，即可将磁盘分区 E 转换为 NTFS 文件系统，而不会破坏其中的数据。

4.2.2 文件类型

Windows Vista 支持多种文件类型，根据文件的用途大致可以分为以下 6 种：

- **程序文件**　程序文件是由相应的程序代码组成的，文件扩展名一般为.com 和.exe。在 Windows Vista 下，每一种应用程序都有其特定的图标，用户只需双击程序文件的图标即可启动该程序，同时打开该程序文件。
- **文本文件**　文本文件是由字符、字母和数字组成的。一般情况下，文本文件的扩展名为.txt，应用程序中的大多数 readme 文件都是文本文件。
- **图像文件**　图像文件是指存放图片信息的文件。图像文件的格式有很多种，例如 bmp、jpg、gif 等。在 Windows Vista 中，用户可以通过“画图”工具来绘制图像，或对图像进行一些简单处理。如果需要对图像进行复杂处理，则可以借助 Photoshop、CorelDraw 等专业的图像处理软件。
- **多媒体文件**　多媒体文件是指数字形式的声音和视频文件，Windows Vista 内置的 Windows Media Player 可以播放各种类型的音频、视频文件。
- **字体文件**　Windows Vista 系统自带了许多字体，这些字体都以字体文件的形式存放在 C:\Windows\Fonts 系统文件夹中。
- **数据文件**　数据文件中一般都存放了数字、名称、地址和其他数据库或电子表格等程序创建的信息。

提示：用户可以通过文件的扩展名来判断文件的类型。

4.3 创建和管理文件夹

文件夹是文件的容器，我们通常利用文件夹来分类存放各种文档和程序。例如 Windows Vista 内置了用户文件夹，并在其下设置了文档、图片、音乐和视频等子文件夹来管理不同类型的用户文档。

4.3.1 文件和文件夹的基本操作

1. 创建文件夹

打开 Windows 资源管理器，首先在导航栏选定要创建文件夹的位置。然后单击工具栏上的【组织】|【新建文件夹】命令，新文件夹将出现在选定的位置，输入新的文件名即

可，如图 4-6 所示。

2. 移动或复制文件和文件夹

要移动文件或复制文件和文件夹，可首先在 Windows 资源管理器中选中它们，然后右击鼠标，单击【剪切】(或按 Ctrl+X 组合键)或【复制】(或按 Ctrl+C 组合键)命令，再导航到要存储这些文件和文件夹的位置，右击后从快捷菜单中单击【粘贴】命令或直接按 Ctrl+V 组合键即可。

3. 重命名文件或文件夹

选中要重命名的文件或文件夹，右击后从快捷菜单中单击【重命名】命令，此时选中文件或文件夹的名称将呈现可编辑状态，如图 4-7 所示。输入名称，按下 Enter 键即可。

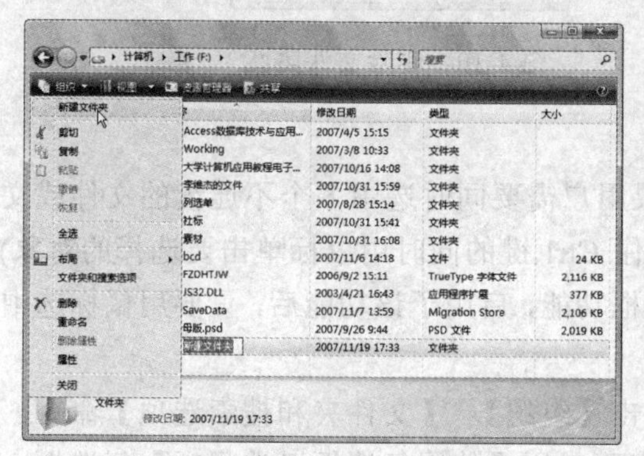

图 4-6　新建文件夹

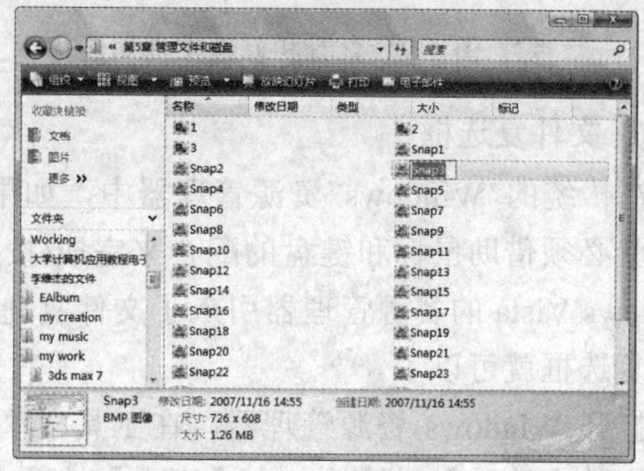

图 4-7　重命名文件

4. 删除文件和文件夹

要删除某个或某些文件、文件夹，可首先选中它们，然后按下 Delete 键，在打开的确认对话框中单击【是】按钮即可。被删除的文件或文件夹被放到了【回收站】中，如果要彻底删除它们，可在删除的同时按住 Shift 键。读者也可打开【回收站】，彻底删除这些文件或文件夹。

5. 查看和更改文件的属性

在 Windows 资源管理器中，可以显示文件的部分信息。例如选定一个 Word 文档，在详细信息栏可以查看和修改该文档的修改日期、作者、标记、标题等，如图 4-8 所示。如果要查看或修改文件的更多属性，可右击该文件，从快捷菜单中单击【属性】命令，在打开对话框的【详细信息】选项卡中完成对相应属性的修改，如图 4-9 所示。

图 4-8　在 Windows 资源管理器中查看文件属性

有时出于保护个人隐私的需要，想删除文件所含的部分属性，可单击【删除属性和个人信息】命令，打开【删除属性】对话框。用户可以在原文件基础上删除某些属性，此时需要选中【从此文件中删除以下属性】单选按钮，然后禁用要删除属性前面的复选框即可。用户也可以制作一个不含属性的文件副本，此时需要选中【使用所有删除的属性创建副本】单选按钮，如图 4-10 所示。

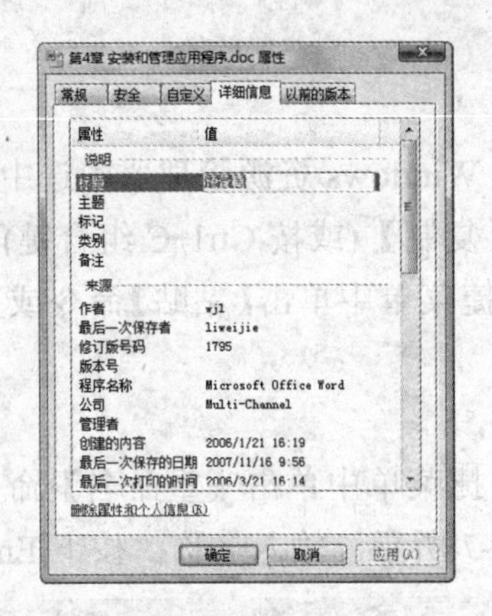

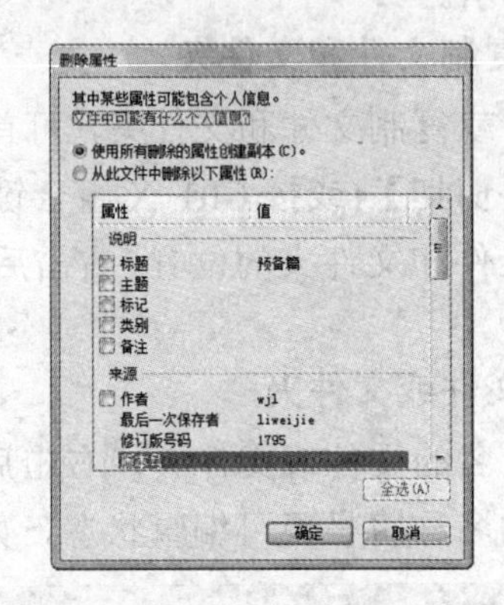

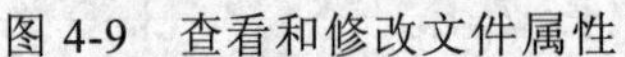

图 4-9　查看和修改文件属性　　　　图 4-10　删除文件属性

6. 文件复选框

在传统的 Windows 资源管理器中，如果用户需要同时选中多个不连续的文件或文件夹，就必须借助鼠标和键盘的配合来完成(按住 Ctrl 键的同时用鼠标单击要选择的对象)。Windows Vista 的资源管理器引入了文件复选框功能，启用了该功能后，只要用鼠标选中前面的复选框就可以了。

打开 Windows 资源管理器，在工具栏单击【组织】|【文件夹和搜索选项】命令，打开【文件夹选项】对话框。在【查看】选项卡下启用【使用复选框以选择项】复选框。此时，在 Windows 资源管理器中便可通过复选框来选中不连续的对象了，如图 4-11 所示。

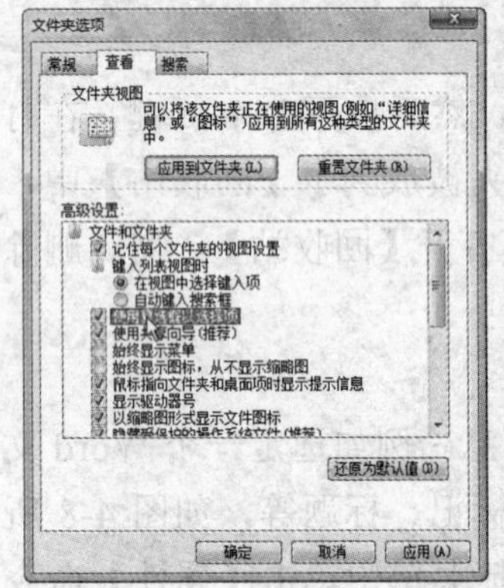

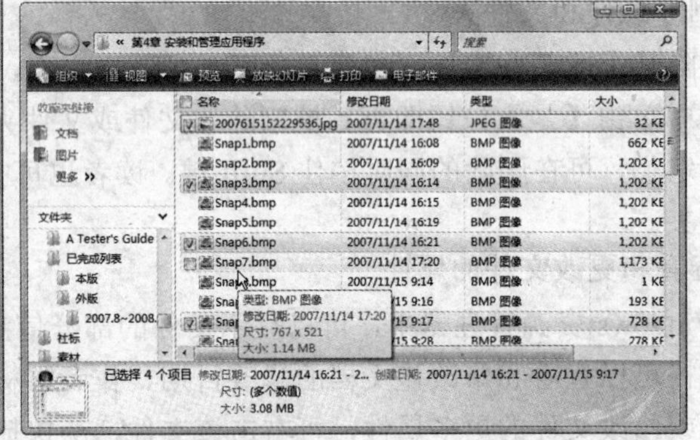

图 4-11　使用复选框选择不连续对象

7. 筛选和堆叠文件

文件的筛选和堆叠是 Windows Vista 新增的功能，它可以极大地方便用户对文件的查找与检索。筛选可以过滤用户不想查看的文件，堆叠则可以按一定的条件将文件归类。筛选和堆叠的结果将形成一个个虚拟的文件夹，存放在 Windows Vista 的搜索结果中。

筛选可以直接利用 Windows 资源管理器的标题栏来进行。在没有进行筛选和堆叠前，资源管理器只是将这些文件显示在列表窗格中，从地址栏可以查看它们的实际存放路径。单击标题栏的【名称】、【类型】、【大小】等可以对文件进行排序，用户当然也可以自定义筛选的组合条件。

单击【类型】右侧的箭头，打开一个下拉列表，其中列出了当前文件夹所包含的文件类型。选中对应类型前面的复选框，即可只查看这些类型的文件。不仅是类型，标题栏的所有文件属性都可以作为筛选条件，并且可以是多重筛选，如图 4-12 所示。

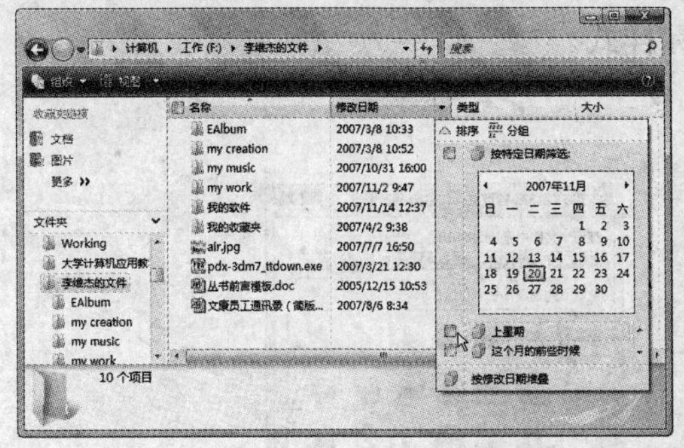

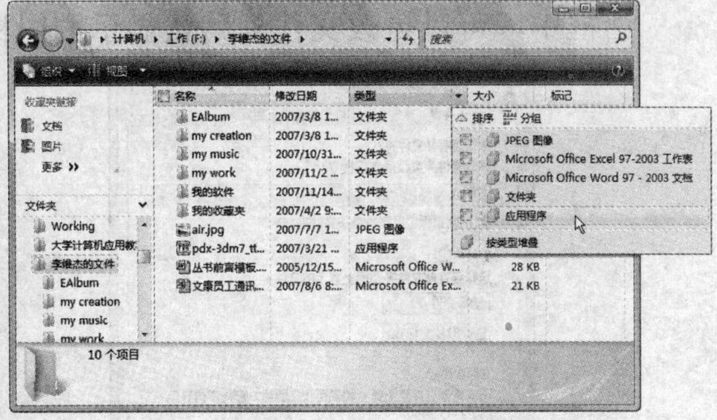

图 4-12　按不同属性对文件进行筛选

如果说筛选是条件过滤的话，那么堆叠就是按条件进行分类。堆叠也是利用资源管理器的标题栏，并且可以与筛选同时进行。例如，单击【类型】右侧的箭头，在下拉列表中单击【按类型堆叠】，此时所有列表区将出现按类型堆叠的蓝色文件夹，如图 4-13 所示。这些蓝色的文件夹称为虚拟文件夹，因为它们只是按指定条件生成的搜索结果，实际文件的存放位置并没有改变，请读者注意地址栏。

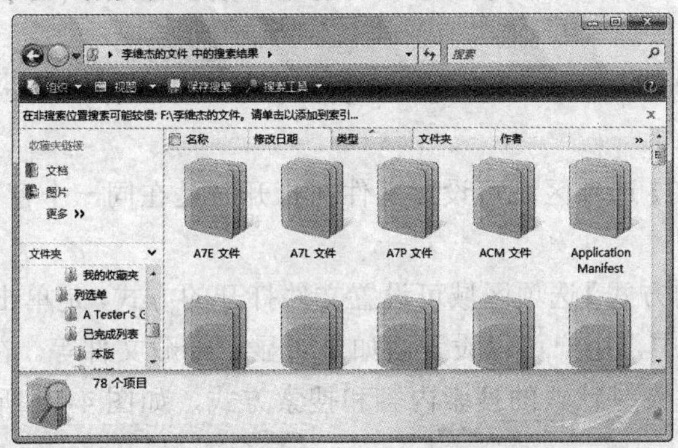

图 4-13　文件的堆叠结果

提示：在堆叠过程中，标题栏上方会出现“添加到索引”的提示信息，索引可以将指定访问对象的信息进行汇集，并生成索引表。这样在下次检索时便可大大加快速度。

在当前用户数据愈发海量的情况下，Windows Vista 的文件筛选和堆叠功能提供了更为合理和科学的组织方式，但这也是以消耗系统资源为代价的。

4.3.2　设置文件夹属性

在 Windows 资源管理器中右击文件夹，从快捷菜单中单击【属性】命令，进入文件夹的属性对话框，打开【自定义】选项卡，如图 4-14 所示。

- 在【您想要哪种文件夹】选项区域的【将此文件夹类型用作模板】下拉列表中可以更改当前文件夹的类型。这样就可以通过文件夹的这一属性，来直接打开其中运行文件所需的应用程序。
- 在【文件夹图片】选项区域单击【选择图片】按钮，可指定一幅图像作为文件夹的外观图案。单击【还原默认图标】按钮，则可以返回默认外观。

- 在【文件夹图标】选项区域单击【更改图标】按钮，在打开的如图 4-15 所示的对话框中，可以更改文件夹默认显示的图标样式。

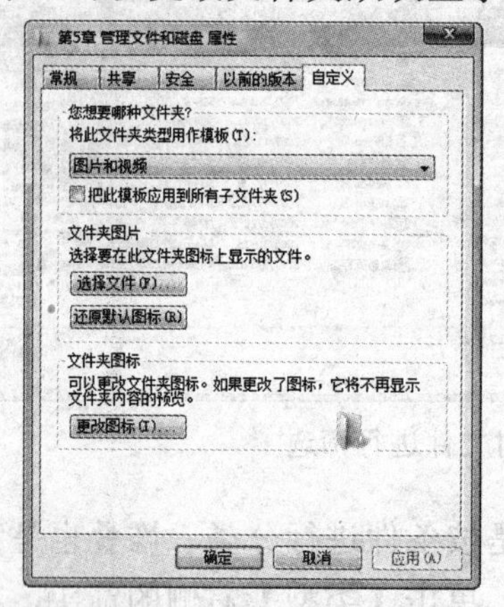

图 4-14　自定义文件夹属性

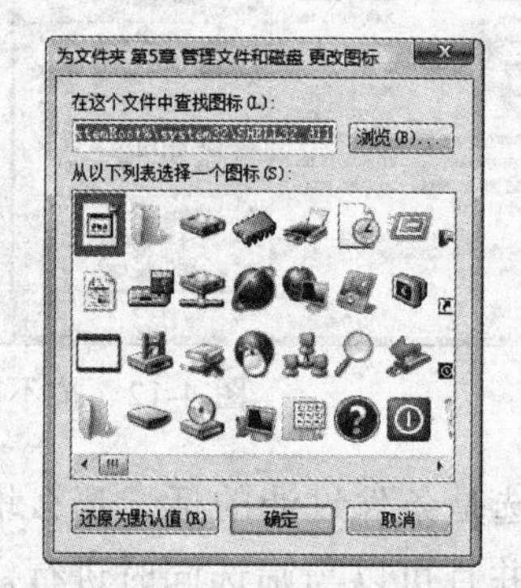

图 4-15　更改文件夹图标样式

要设置文件夹的更多属性，可在 Windows 资源管理器中单击【组织】|【文件夹和搜索选项】命令，打开【文件夹选项】对话框。在【常规】选项卡(图 4-16 所示)中，用户可完成以下任务：

- 在【任务】选项区域中可设置是否在资源管理器中显示 Windows 传统的用于文件夹的菜单栏。
- 在【浏览文件夹】选项区域可设置文件在打开时是在同一个窗口中还是在不同的窗口中。
- 在【打开项目的方式】选项区域可设置文件打开的方式，是单击打开还是双击打开。

在【查看】选项卡中，用户可以设置诸如是否显示隐藏文件等。在【搜索】选项卡中，用户可设置在搜索文件夹时默认的搜索内容和搜索方式，如图 4-17 所示。

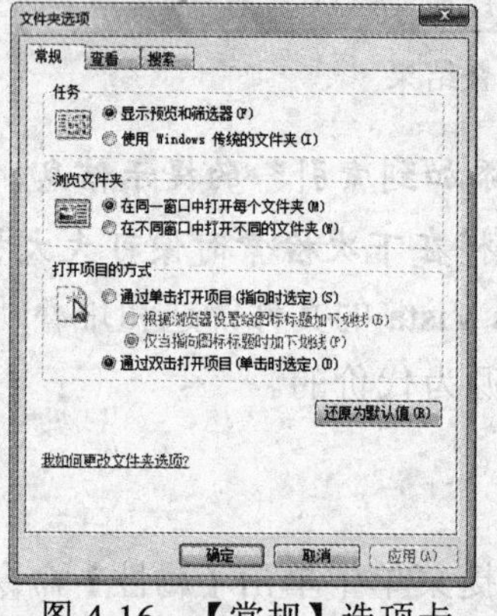

图 4-16　【常规】选项卡

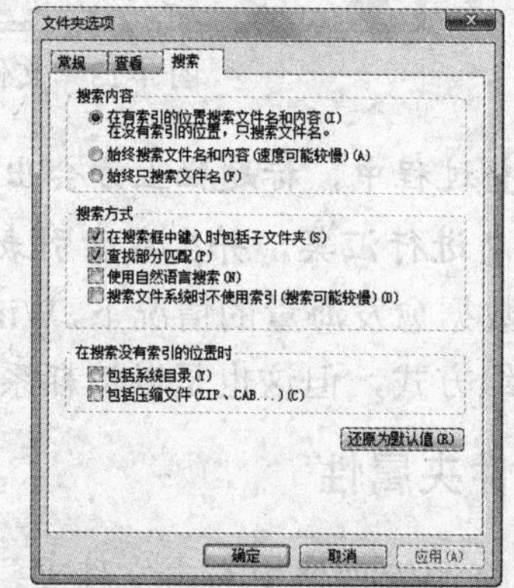

图 4-17　【搜索】选项卡

4.3.3　虚拟文件夹

虚拟文件夹是对计算机中的文件按指定条件进行汇集，并将结果进行存储的一种方式。用户在资源管理器中看到的这些文件夹并不是真实存在的，而仅仅是符合条件的搜索结果。由于使用时不必考虑真实文件的具体位置，因此可以大大提高用户的使用效率。

1. 系统预设的虚拟文件夹

在 Windows Vista 中，系统已经预设了一些虚拟文件夹。打开 Windows 资源管理器，在左侧导航栏单击【更多】|【搜索】命令，可以看到诸如“与我共享”、“最近的电子邮件”、“最近的更改”等虚拟文件夹，如图 4-18 所示。

双击任何一个虚拟文件夹，例如“最近的更改”，可以显示符合条件的所有文件。这些文件各有其自身的存储路径，“最近的更改”并不是一个真实的文件夹。要查看该虚拟文件夹的真实位置，可右击地址栏，从快捷菜单中单击【编辑地址】命令，可发现虚拟文件夹其实是存储搜索结果的一些特别文件，如图 4-19 所示。

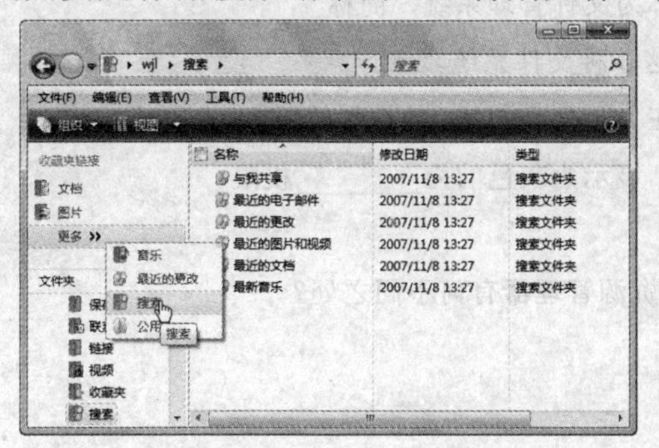

图 4-18　Windows Vista 预设的虚拟文件夹

图 4-19　虚拟文件夹的真实地址

2. 自定义虚拟文件夹

除了可以利用堆叠文件建立虚拟文件夹外，用户通过搜索文件也可以得到虚拟文件夹，因为搜索的结果要保存在虚拟文件夹中。打开【开始】菜单，在【搜索】文本框中输入 MP3，按下 Enter 键，得到如图 4-20 所示的搜索结果。将搜索结果另存为“我的 MP3”，保存类型默认为“搜索文件夹”。这样以后要听歌曲时，直接打开该虚拟文件夹即可。

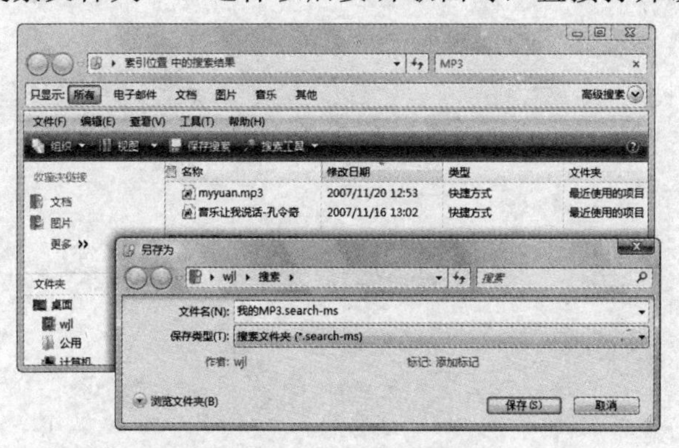

图 4-20　将搜索结果保存为虚拟文件夹

本 章 小 结

计算机最重要的作用便是存储和处理数据，而文件和文件夹则是存储数据和信息的容器。本章详细介绍了 Windows Vista 崭新的资源管理器，以及文件和文件夹的各种基本操作、管理方法，以及虚拟文件夹的基本概念。借助 NTFS 文件系统，Windows Vista 极大地增强了文件的安全性。下一章将向读者介绍如何安装和管理硬件设备。

习　题

填空题

1. Windows 资源管理器的________包含了与当前用户有关的常用位置，如文档、音乐等，用户可以通过收藏夹链接快速访问它们。
2. 操作系统中负责管理和存储文件信息的软件机构称为文件管理系统，简称________。
3. 迄今为止，共出现了 FAT、________和________这 3 种文件系统。
4. 筛选和堆叠的结果将形成一个个________，存放在 Windows Vista 的搜索结果中。
5. 在文件或文件夹属性对话框的【安全】选项卡上，显示为灰色的为________权限。

简答题

6. Windows Vista 下的资源管理器和传统的 Windows 资源管理器有何不同之处？
7. 什么是虚拟文件夹？它有什么作用？

上机操作题

8. 在 C 盘下创建一个文件夹，命名为“Photos”，用来保存自己的照片。

第 5 章

安装和管理应用程序

本章主要介绍如何在 Windows Vista 下安装和管理用户工作或学习所需的常用应用程序。通过本章的学习，应该完成以下学习目标：

- ✓ 了解影响应用程序安装和运行的因素
- ✓ 掌握应用程序的常见安装方法
- ✓ 掌握启动和退出应用程序的常用方法
- ✓ 学会有效地配置和管理安装后的应用程序

5.1 影响应用程序的因素

和老版本的 Windows 系统相比，Windows Vista 在应用程序的安装和管理上更加便捷。对于一般的应用程序，只要能在 Windows XP 下正常运行，就可以在 Windows Vista 下运行。但对于运行在系统底层的诸如反病毒软件、虚拟光驱等，则可能由于 Windows Vista 基础架构的改变而引发系统崩溃。因而建议用户安装各软件厂商最新的已经被认证为兼容 Windows Vista 的应用程序。

5.1.1 应用程序的安装和运行权限问题

安装应用程序的过程实际上就是将某些文件复制到本地硬盘上，向系统注册表中写入一些数据，再对一些系统选项进行更改的过程。只不过在安装应用程序的时候，这些操作都由应用程序的安装文件完成。

在旧版本的 Windows 系统中，只有被授予一定管理员特权的用户才可以执行一些系统任务，如安装或卸载某些应用程序，或更改某些系统设置等。而在 Windows Vista 中，如果用户使用了一个标准账户登录了 Windows Vista，那么该账户就只具有标准账户的权限。当此用户要安装某个应用程序时，安装程序将自动从用户那里获取标准用户的权限。如果安装程序要更改系统的某些重要设置，如向注册表写入数据，则 UAC 会要求用户提供管理员权限方可继续进行，如图 5-1 所示。

如果用户使用的是管理员账户，则由于受限于 UAC，该管理员账户的权限也较低。当安装程序试图进行一些超过用户权限的操作时，系统同样会提示用户是否继续进行，单击【继续】按钮即可完成安装。此外，在安装应用程序的时候，用户可以右击安装文件，从快捷菜单中单击【以管理员身份运行】命令，即可顺利完成安装，如图 5-2 所示。

应用程序在 Windows Vista 下运行时都需要从当前用户处获取安全上下文。默认情况下，UAC 会将所有用户转变为标准用户，即使该用户属于管理员组。大部分应用程序都可以在标准用户下运行，而一个应用程序到底是要标准权限还是管理员权限则取决于程序要进行的操作。

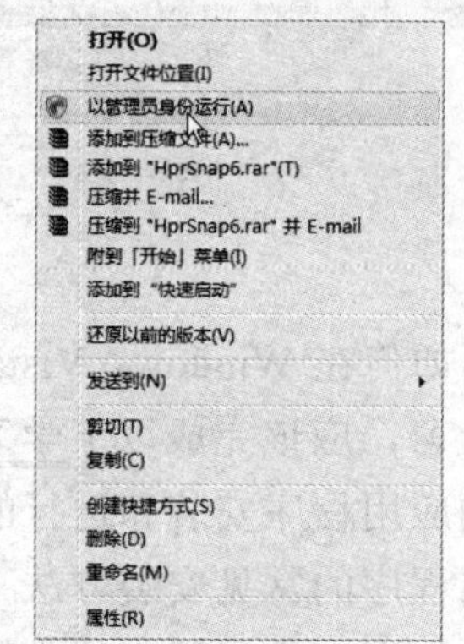

图 5-1　UAC 要求用户提供管理员权限　图 5-2　以管理员身份运行程序

需要管理员特权的应用程序可以称为管理员用户程序，而需要使用标准用户特权的应用则称为标准用户程序。对于管理员用户程序而言，需要提升权限，以便能够运行或执行某些重要任务。一旦运行在提升模式下，具有用户的管理员访问权限的应用程序将可以执行管理员特权的任务，包括对注册表和系统进行重要设置。标准用户程序不需要提升特权，在标准用户模式下，应用程序将只会修改注册表以及系统外的非重要设置。

5.1.2　应用程序的兼容性问题

当用户双击一个未带有 Windows Vista 认证的应用程序，UAC 将会提示"一个未识别的程序要访问您的计算机"。造成这种问题的原因是多方面的，Windows Vista 由于在系统架构上发生了很大变化，这导致一些原本在 Windows XP 下能正常运行的应用程序在 Windows Vista 下无法正常使用。不过，用户选择安装最新版本或者下载开发商的安装补丁后，基本上都可以正常工作。

那么如何才能知道自己所用的有兼容性问题的程序是否有新版本可用，或者有其他的解决方案呢？Windows Vista 提供了程序兼容性助手这一工具，可以帮助用户检测系统中存在的兼容性问题。需要注意的是：该工具不能手动启动，当用户运行存在兼容性问题的应用程序时，程序兼容性助手将自动提示该程序存在兼容性问题，并在下次运行时自动修复。如果兼容性问题比较严重，则程序兼容性助手可能会向您发出警告甚至阻止应用程序继续运行。

如果用户想知道哪些应用程序是专门针对 Windows Vista 开发的，或者想知道哪些软件可以在 Windows Vista 下正常运行。那么可以访问 http://www.windowsmarketplace.com 这个站点，上面分门别类地列出了各种和 Windows 操作系统兼容的常用商业软件、共享软件、游戏软件以及硬件产品，并提供了产品下载链接。

如果某个应用程序在 Windows Vista 下无法正常运行或根本不能运行，而软件厂商也没有提供最新的兼容 Windows Vista 的版本，也不要紧。用户可以启动 Windows Vista 的程序兼容性向导，让程序在模拟早期 Windows 版本的模式下运行。

例 5-1　以兼容模式运行抓图软件 HyperSnap。

❶ 打开【开始】菜单，单击【帮助和支持】以打开帮助和支持中心。在搜索框中输入“程序兼容性向导”，按下 Enter 键，打开程序兼容性向导，如图 5-3 所示。

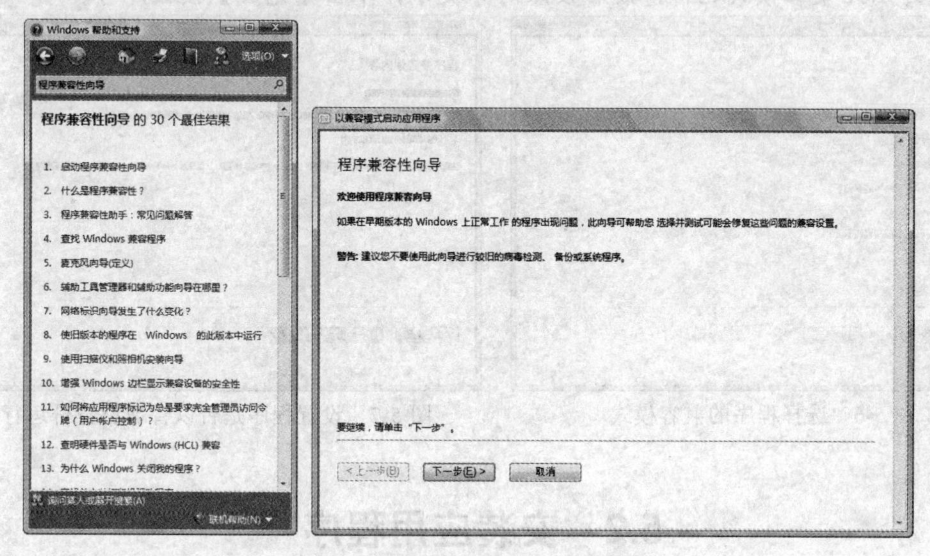

图 5-3　启动程序兼容性向导

❷ 单击【下一步】按钮，在打开的对话框中选择以何种方式找到要兼容运行的应用程序，这里选择【我想从程序列表选择】，如图 5-4 所示。

❸ 单击【下一步】按钮，在打开的程序列表中选择要兼容运行的应用程序，这里选择 HyperSnap，如图 5-5 所示。

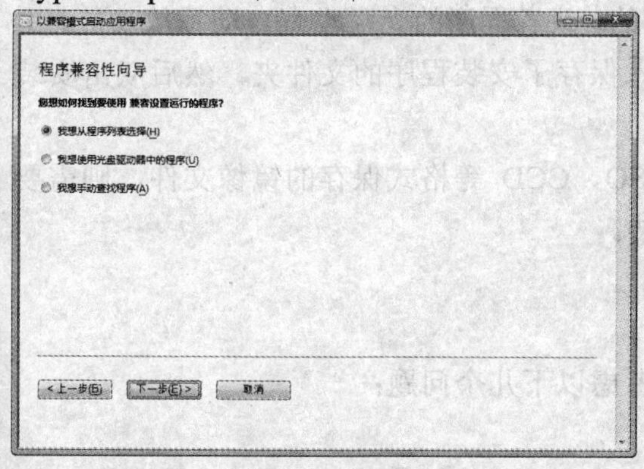

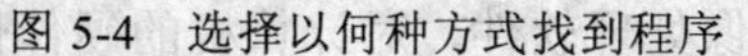

图 5-4　选择以何种方式找到程序

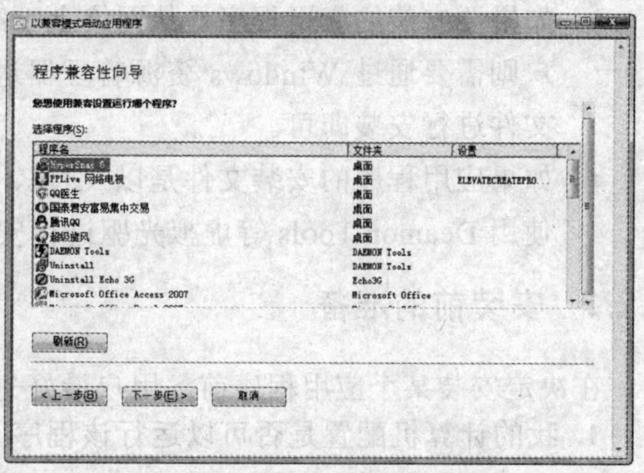

图 5-5　选择要兼容运行的程序

❹ 单击【下一步】按钮，在打开的操作系统列表中选择以前能够正常运行的操作系统，这里选择 Windows XP SP2，如图 5-6 所示。

❺ 单击【下一步】按钮，在打开的对话框中设置程序的显示，一般保持默认设置即可。单击【下一步】按钮，选择程序运行时是否需要管理员权限，由于 HyperSnap 只是一个抓图软件，不会对注册表和系统进行修改，所以这里禁用【以管理员身份运行此程序】复选

框，如图 5-7 所示。

❻ 单击【下一步】按钮，检查上面的设置是否正确，如果需要修改，可返回前面步骤。如果没有问题，单击【下一步】按钮，如果程序得以正常运行，则打开的对话框将提示用户是否始终以此兼容模式运行。最后按照向导提示，单击【完成】按钮即可。

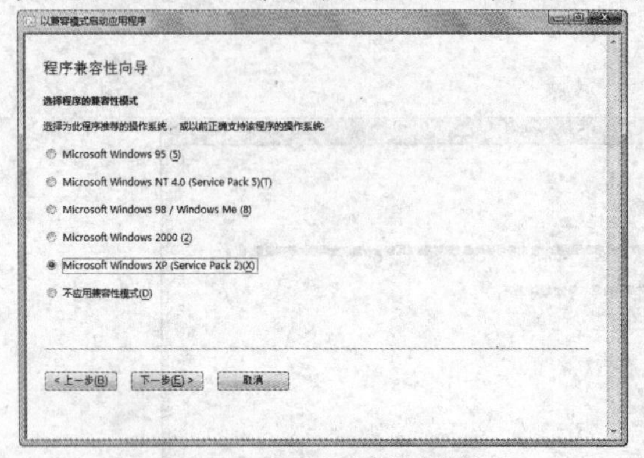

图 5-6　选择程序的兼容模式

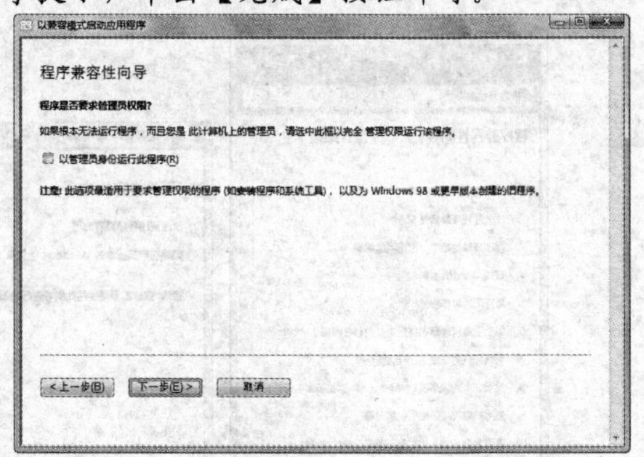

图 5-7　设置程序是否以管理员身份运行

5.2　安装应用程序

在 Windows 操作系统下，应用程序的安装已变得十分简单，当前存在的安装方式主要有以下几种：

- 如果要安装的应用程序存储在光盘上，那么将光盘放入光驱后，系统会自动运行光盘自带的自动播放程序，并显示一个窗口，在该窗口中用户可直接运行安装程序。
- 如果要安装的应用程序是从网络上下载的，或者程序的光盘没有自动播放功能，用户则需要通过 Windows 资源管理器进入保存了安装程序的文件夹，然后双击安装文件进行安装即可。
- 如果应用程序的安装文件是以 CUE、ISO、CCD 等格式保存的镜像文件，则需要使用 Deamon Tools 等虚拟光驱进行安装。

5.2.1　安装前的准备

在决定安装某个应用程序前，用户最好先考虑以下几个问题：

1. 我的计算机配置是否可以运行该程序

某些应用程序，尤其是大型的三维游戏和图形图像处理软件，对计算机的硬件性能要求较高。在安装这些程序之前，用户最好对自己的计算机性能有个基本了解，以便决定是否安装。Windows Vista 中新增了一个叫做“Windows 体验索引”的功能，用于对计算机硬件进行评分。

要想知道自己的计算机性能的评分，可在桌面上右击【计算机】图标，从快捷菜单中单击【属性】命令，在随后出现的窗口中央位置单击【Windows 体验索引】命令，然后在新打开的窗口中单击【为此计算机分级】按钮，随后系统将对计算机进行评测，并显示当前计算机每项硬件的得分以及基本分数，如图 5-8 所示。在安装软件时，用户就可以查看软件包装上显示的对系统的最低得分要求，然后和自己的系统得分进行比较，以判断该软件能否在自己的系统上安装和流畅运行。

2. 该程序是否和 Windows Vista 兼容

如果软件带有图 5-9 所示的标志，则说明该软件是专门针对 Windows Vista 设计的，或者和 Windows Vista 兼容。对于此类软件，用户可以放心安装。

图 5-8　评测计算机性能

图 5-9　Windows Vista 兼容标志

3. 程序是否有补丁需要安装

软件在发布后，随着时间的推移，为了更好地适应运行环境和提高性能，开发商都会对其不断进行升级，或提供一些补丁，以弥补安全上的漏洞或设计上的缺陷。在安装程序之前，用户最好到开发商的网站上查看是否有最新的版本或补丁，如果有，建议使用最新版本，或者安装后立即安装补丁。

4. 是否安装程序捆绑的软件

目前，许多软件在安装过程中都会捆绑一些第三方的软件。一般情况下，安装程序会提供选项，让用户决定是否安装它们。用户可根据自己的实际需要来决定是否安装被捆绑的软件。

5.2.2　应用程序的安装过程

目前，大部分应用程序的安装程序都使用了 InstallShield、Wise Install 或 Microsoft Install 技术。安装这类应用程序时，安装技术可以帮助追踪安装过程，使得用户可以随时卸载程序。而对于旧的较老的应用程序，其安装技术不能保证用户完整卸载该程序，建议用户不要使用此类应用程序。

在 Windows Vista 下安装应用程序时，必须使用管理员权限的账户登录或在需要提升权限的时候提供管理员凭据。同样，在卸载程序的时候也需要管理员权限。一般情况下，UAC 使用标准用户的权限来执行或维护应用程序。

无论是光盘自动安装、双击 setup.exe 文件安装，还是使用虚拟光驱安装，它们的安装过程都相似，下面以虚拟光驱方式来安装 Office 2007。

例 5-2　使用虚拟光驱安装 Office 2007。

❶ 首先用户应确保本机上有 Office 2007 安装文件的镜像文件和 Deamon Tools 虚拟光

驱程序。在桌面通知区域右击 Deamon Tools(截止到本书完稿，Deamon Tools v4.10 是可在 Windows Vista 下正常运行的最新版本)图标，从快捷菜单中单击【Visual CD/DVD-ROM】|【Drive 0:[H:]No media】|【Mount image】命令，打开【Select new image file(选择新的镜像文件)】对话框，选择安装程序的镜像文件，如图 5-10 所示。

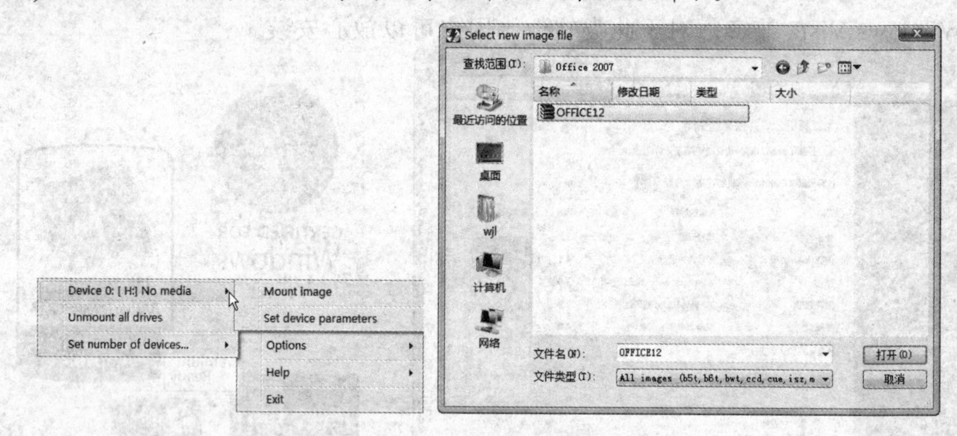

图 5-10　打开安装程序的虚拟镜像文件

❷ 单击【确定】按钮，打开如图 5-11 所示的自动播放对话框，单击【运行 SETUP.EXE】选项进行安装。随后系统会弹出【用户账户控制】对话框，由于安装 Office 2007 要对系统进行修改，因而这里需要用户确认或输入管理员凭据。

❸ 安装开始后，安装程序会要求用户输入产品的序列号。输入正确的安装序列号后，单击【继续】按钮。接受许可条款，选中【我接收此协议的条款】复选框，并单击【继续】按钮。

❹ 如果希望使用默认设置进行安装，可直接单击【立即安装】按钮。用户也可以单击【自定义】按钮，调整安装选项。如果机器上存在 Office 的以前版本，则会显示【升级】选项卡，如图 5-12 所示。在【安装选项】选项卡下，可以选择安装或不安装的组件，在【文件位置】选项卡下可以更改默认的安装路径，在【用户信息】选项卡下可输入用户的个人信息。

图 5-11　Office 2007 的自动播放对话框

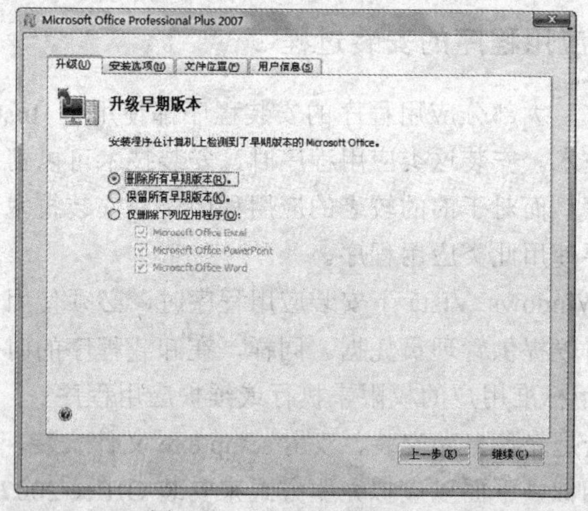

图 5-12　进行安装设置

❺ 设置完成后，单击窗口右下角的【继续】按钮，即可开始安装。安装结束后，建议

用户将镜像文件立即从虚拟光驱中卸载掉。在桌面通知区域右击 Deamon Tools 图标，从快捷菜单中单击【Visual CD/DVD-ROM】|【Unmount all drives】命令即可。

5.2.3　启动和退出应用程序

应用程序在安装时，安装程序一般都会在【开始】菜单和桌面上创建应用程序的快捷图标。打开【开始】菜单，在【所有程序】下找到要启动的应用程序单击，或者直接在桌面上双击应用程序的快捷图标，即可启动应用程序。除此之外，用户还可通过双击打开文件的方式启动应用程序，但前提是这些文件是应用程序所能处理的类型，并且与应用程序建立了关联。默认情况下，应用程序会自动与这些文件建立关联，而这些文件也显示与应用程序相关联的图标，如 Word、Excel 文档等。

如果应用程序没有自动建立与处理文件的关联，那么用户可通过手动方式来建立。打开 Windows 的资源管理器，右击文件图标，从快捷菜单中单击【打开方式】命令，打开【打开方式】对话框，如图 5-13 所示。在程序列表中选择用来打开该文件的应用程序，选中【始终使用选择的程序打开这种文件】复选框，单击【确定】按钮。以后双击此类文件即可启动应用程序。

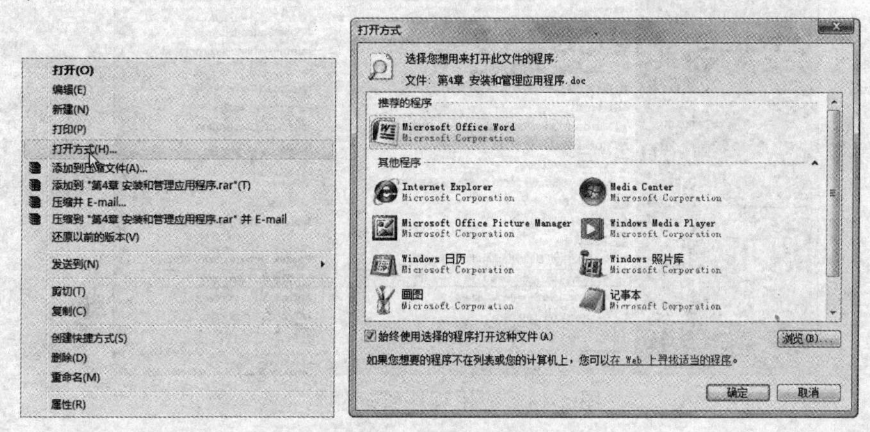

图 5-13　设置文件与应用程序关联

注意：与文件关联的程序必须能处理该文件，否则启动应用程序后打开的将是乱码或根本不能打开。

在完成应用程序的处理任务后，应关闭应用程序以释放它所占用的系统资源，以提高系统的效率。最简捷的方式就是单击程序窗口右上角的【关闭】按钮，程序会提示用户是否保存修改，确定后即可退出。用户还可以使用 Alt+F4 组合键快速退出当前活动的应用程序。

5.3　管理安装和运行的应用程序

在安装好需要的应用程序后，如何有效地管理这些程序呢？Windows Vista 为此提供了许多管理工具：

- **应用程序管理器**：可以查看已安装的应用程序，更改或修复应用程序，卸载不需要的应用程序等。

- **软件资源管理器：**可以帮助识别和管理自动运行的程序、当前运行的程序以及连接到网络的程序，还有 Windows Sockets 服务提供程序。
- **任务管理器：**提供了查看和管理当前运行的程序的选项，并可以查看资源使用情况和性能状况。
- **默认程序：**帮助追踪和配置本机的全局默认程序及针对特定用户的个人默认程序，同时可以配置多媒体的自动播放设置，以及文件和程序的关联情况。

5.3.1 管理已安装的应用程序

单击【开始】|【控制面板】命令，打开【控制面板】窗口。然后依次单击【程序】|【程序和功能】，即可打开 Windows Vista 的应用程序管理器，如图 5-14 所示。

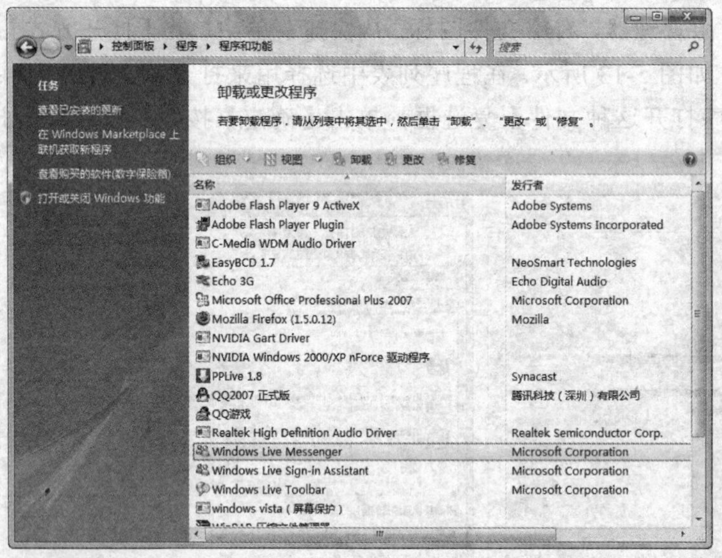

图 5-14　应用程序管理器

根据选中程序的不同，窗口的工具栏上会显示不同的功能按钮，图 5-14 中的功能按钮作用如下：

- **组织** 用于调整文件夹的显示内容，例如是否显示详细信息面板等。
- **视图** 用于调整应用程序的显示方式，最大可以显示 256×256 像素的图标，用户可以选择在不同显示方式间平滑切换。
- **卸载** 用于卸载该应用程序。
- **更改** 用于更改已安装的程序。例如在安装 Office 2007 时，如果用户最初只安装了 Word 2007 组件，现在需要使用 Excel 2007，那么可使用该功能添加 Excel 2007 组件，系统会要求插入安装光盘。
- **修复** 用于修复已经安装的程序。如果应用程序由于某种原因被损坏，或者无法正常工作，则可以使用该功能对程序进行修复。系统同样会要求插入安装光盘。

1. 按照一定规律显示应用程序

默认情况下，应用程序管理器将显示所有安装程序的详细信息，包括程序的名称、发行商、安装时间、程序大小等。如果用户需要了解每个程序的其他信息，可在任意一列的名称上右击，从快捷菜单中单击【其他】命令，打开【选择详细信息】对话框，如图 5-15 所示。该对话框中列出了描述程序的各种属性，只要选中希望显示的属性左侧的复选框，单击【确定】按钮即可。

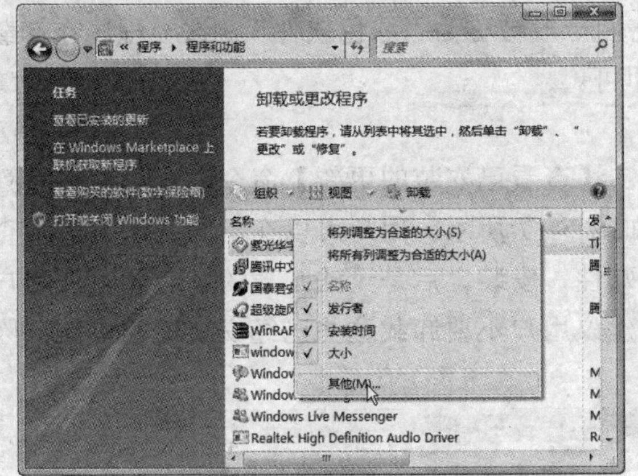
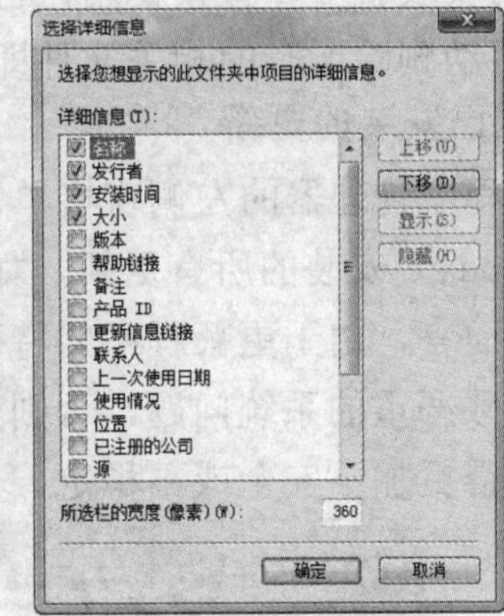

图 5-15　设置程序要显示的信息

当用户安装的应用程序较多时，可以按照一定的顺序在应用程序管理器中显示它们。例如，如果设置了每个程序都显示上一次使用日期信息，则单击【上一次使用日期】列，所有程序将按照使用日期来排列，最近使用的排在最前面。用户还可以按照一定规律来对程序进行筛选，例如，当用户想查看系统中占据磁盘空间 16MB 到 128MB 的应用程序都有哪些时，可以单击【大小】列名，从下拉菜单中指定条件，如图 5-16 所示。

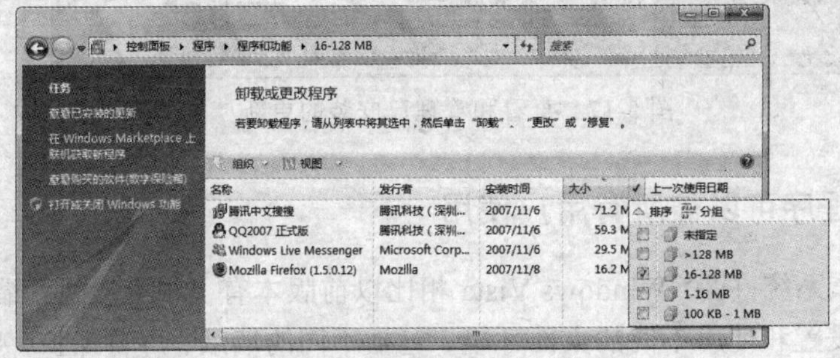

图 5-16　指定筛选条件

2. 更改或修复应用程序

如果应用程序提供了更改或修复的选项，那么当用户在应用程序管理器中选中它们的时候，工具栏上将显示这些按钮。须要注意的是：通常对应用程序进行更改或修复时，系统都要求我们提供程序的原始安装文件。有些应用程序在安装时便会将所需的安装文件缓存到硬盘中，这样就可以直接更改或修复了。

3. 卸载不需要的程序

在应用程序管理器中单击选中不需要的应用程序，单击工具栏上的【卸载】按钮，即可运行其卸载程序。在卸载程序的时候，用户须注意以下几点：

- 如果同时有两个甚至更多账户登录，但其他账户都属于非活动状态，那么此时在处于活动状态的账户下卸载应用程序，Windows Vista 将给出提示。因此，为了安全，建议在卸载应用程序时，将其他非活动账户完全注销。

- 大部分应用程序在卸载后依然会在系统中留下一些记录，其中有些是设计人员疏忽导致的，有些则是恶意的。
- 只有使用和 Windows 兼容的应用程序才可以使用这种方法来卸载。还有一些程序不用安装就可以直接使用，它们一般被称为“绿色软件”。这类程序在卸载时，直接手动删除所有的相关文件即可。

4. 管理已安装的更新

在应用程序管理器的左侧窗格单击【查看已安装的更新】命令，右侧窗格将列出通过 Windows Update 安装的所有更新，如图 5-17 所示。用户可以在不同视图方式下查看这些更新，一般而言，由于更新程序的特殊性，安装之后是无法卸载的。而且除非用户确认某个更新会导致严重的系统问题，否则建议用户不要卸载这些已经安装过的更新，因为这样会使系统变得更加不安全或不稳定。

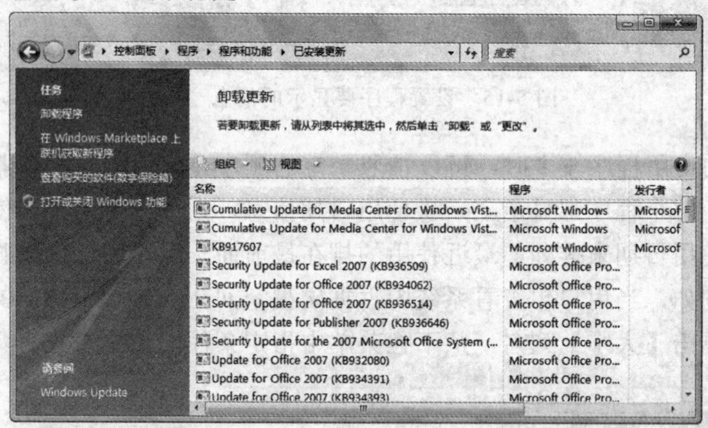

图 5-17　查看和管理已安装的更新

5.3.2　让应用程序可以被所有用户使用

在多用户操作系统方面，Windows Vista 相比以前版本有了很大改进，最典型的地方在于每个账户可以设置和使用不同的桌面环境。包括不同的墙纸、屏幕保护，以及 IE 收藏夹等。对于这些内容，无论如何设置，账户之间都不会相互影响。因为它们都使用自己独立的“用户配置文件”来保存自己的个性化信息。

正因为如此，如果在安装一个应用程序时，程序的安装文件将程序的快捷方式放置在了当前登录账户的配置文件夹中，那么其他账户登录后在桌面上就看不到这个应用程序，也就无法快速启动它。因此，在安装应用程序的过程中，会有提示是安装到“这台计算机”还是仅安装给“当前用户”。如果选择前者，安装程序会自动将程序的快捷方式保存在一个公用的配置文件夹中。如果选择后者，安装程序则将程序的快捷方式放置在当前用户的私人配置文件夹中，只有该用户可以看到。

如果用户希望应用程序可以被所有登录用户使用，而安装程序又没有提示选项，则用户可以这样来处理：使用自己的账户登录系统，找到目标程序的快捷方式，按 Ctrl+C 组合键将其复制；然后右击【开始】按钮，从快捷菜单中单击【浏览所有用户】命令，系统将自动使用资源管理器打开公用配置文件，并进入到公用配置文件的【开始菜单】文件夹，按下 Ctrl+V 组合键将复制的快捷方式粘贴到文件夹中，如图 5-18 所示。

如果希望应用程序的快捷方式出现在每个用户的桌面上，则可将复制的快捷方式粘贴到“%public%\desktop”文件夹。

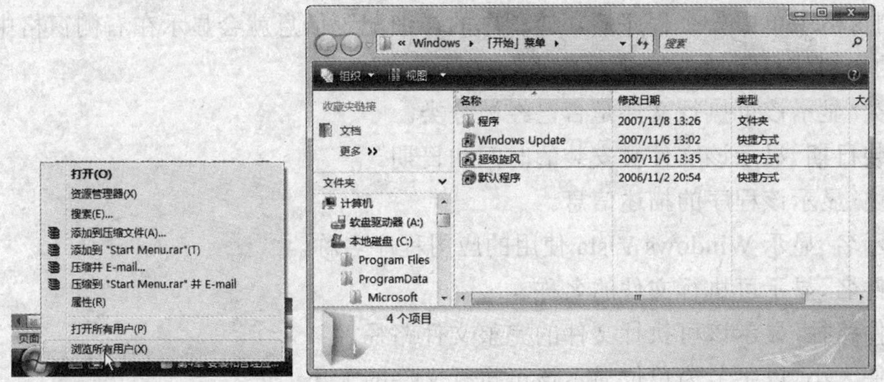

图 5-18　将程序的快捷方式复制到公共配置文件夹下

5.3.3　管理自动运行和正在运行的程序

现在很多应用程序都会在系统启动的时候自动运行。因此在安装了大量软件后，系统的启动速度和运行效率便会越来越低，用户可以将一些不常用的应用程序禁止其自动运行。在以前的 Windows 版本中，用户需要运行 msconfig.exe 程序来进行配置。Windows Vista 提供了一个更好的工具，就是“软件资源管理器”。它可以追踪系统中可能存在的恶意软件，专门检测和查杀灰色软件。

单击【开始】|【所有程序】|【Windows Defender】，打开 Windows Defender 窗口。单击【工具】|【软件资源管理器】，打开软件资源管理器，如图 5-19 所示。

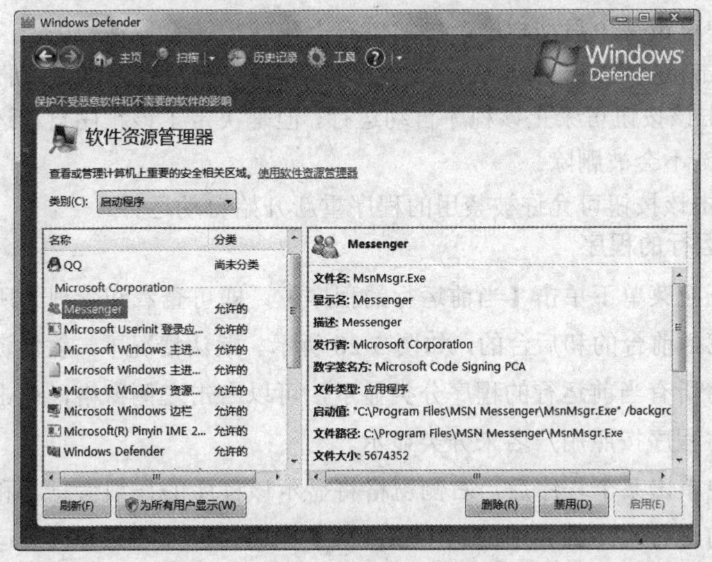

图 5-19　软件资源管理器

1. 管理启动程序

在【类别】下拉菜单下单击【启动程序】，即可查看当前被配置为自动运行的程序。默认情况下，启动程序是根据发行商归类的，用户也可以右击左侧窗格的列名称，从快捷菜单中单击【启动类型】命令，让程序按照启动类型归类。

在左侧窗格中单击一个程序后，该程序的详细配置信息就会显示在右侧窗格中，每个程序显示的详细信息包括：

- **分类** 显示该可执行文件是否已经被分类。
- **安装日期** 显示该文件被安装的时间和日期。
- **描述** 显示该程序的描述信息。
- **显示名** 显示 Windows Vista 使用的应用程序名称。
- **文件名** 显示可执行文件的名称。
- **文件路径** 显示该可执行文件的完整文件路径。
- **文件大小** 以字节为单位显示该可执行文件的大小。
- **文件类型** 显示【文件名】一栏列出的文件类型，例如该文件是应用程序文件还是应用程序扩展文件。
- **文件版本** 显示该可执行文件的版本信息和版本号。
- **位置** 显示该启动程序的快捷方式的保存位置或者注册表键值。
- **发行者** 显示发布该软件的公司名称。
- **与操作系统一起提供** 显示该可执行文件是否是操作系统的一部分。
- **启动类型** 显示该程序被配置为自动运行的方式，例如是位于当前用户的启动文件夹还是所有用户的启动文件夹。
- **启动值** 显示在启动时传递给该程序的选项或参数。
- **数字签名方** 显示该文件是否带有数字签名。

在程序列表中单击某个启动程序，可通过右下角的按钮管理该程序。

- **删除**：单击该按钮可删除决定了该程序自动运行的快捷方式或注册表键。
- **禁用**：单击该按钮可禁止该程序自动运行，但是决定了该程序自动运行的快捷方式或注册表键不会被删除。
- **启动**：单击该按钮可允许被禁用的程序重新开始自动运行。

2. 管理当前运行的程序

在【类别】下拉菜单下单击【当前运行的程序】，即可查看和管理为所有用户当前正在运行的进程，包括前台的和后台的，如图 5-20 所示。默认情况下，软件资源管理器会按照软件的发行商将所有当前运行的程序分类显示，可以右击左侧窗格，单击【用户名】命令，这样就可以将程序按照用户名来分类显示。

在左侧窗格中单击某个程序后，右侧窗格将显示该程序的详细信息。和启动程序的详细信息类似，当前运行程序的详细信息中还包括了程序的进程 ID 号以及运行该程序的用户名。单击右下角的【结束进程】按钮，可以结束当前运行的应用程序。单击【任务管理器】按钮，可打开任务管理器，如图 5-21 所示。

- 【应用程序】选项卡按照名称和状态列出了当前在前台运行的应用程序。如果某个程序停止响应了，可以在任务列表中选中它，然后单击【结束任务】按钮。
- 【进程】选项卡中列出了所有在后台以及前台运行的程序的进程，这些进程可以按照映像名称、用户名，以及资源的使用情况排列。要停止某个进程，请在进程列表中单击它，然后单击【结束进程】按钮。

注意：对于系统进程而言，用户最好不要轻易将其结束，否则会引起系统失败。另外，【进程】选项卡默认只显示当前登录用户以及操作系统运行的进程。要显示所有用户运行的进程，可单击【显示所有用户的进程】按钮。

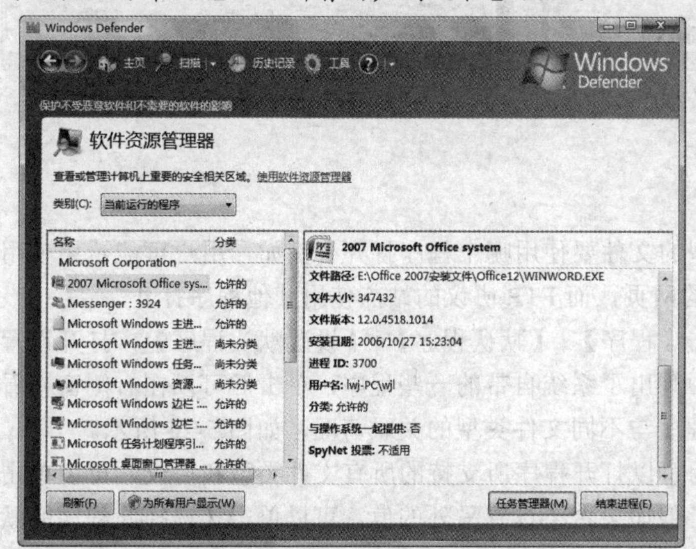

图 5-20　管理正在运行的程序

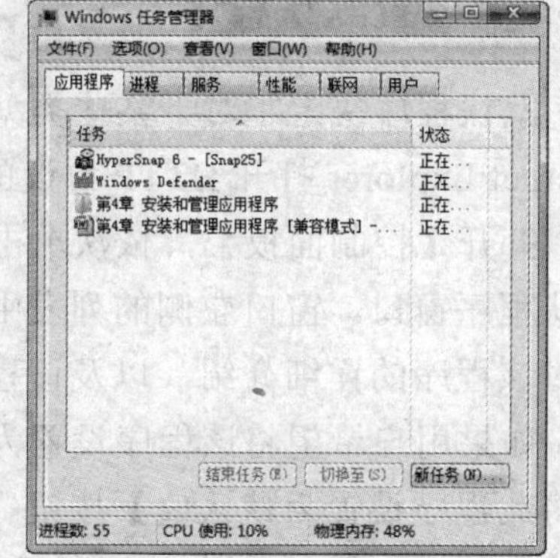

图 5-21　任务管理器

3. 管理网络连接的程序

在【类别】下拉菜单下单击【网络连接的程序】，即可查看所有连接到本地局域网、Internet 或者同时连接到这两个网络的程序。单击程序列表中的某个程序，右侧窗格将显示网络连接程序的详细信息，包括本地地址、外部地址、协议、状态等，如图 5-22 所示。单击【结束进程】按钮，可停止程序。单击【传入连接阻止】按钮，可以阻止该程序的传入连接。

4. 查看 Winsock 服务提供程序

Winsock 服务提供程序是执行 Windows 的低级别网络连接和通信服务的程序，以及在 Windows 上运行的程序。这些程序通常具有对操作系统中重要区域的访问权限。在【类别】下拉菜单下单击【Winsock 服务提供程序】，即可在右侧窗格中列出所有在本地提供 Winsock 服务的程序。单击其中某个，可在右侧窗格中查看该程序的配置信息，包括 LSP 类型和特殊路径等，如图 5-23 所示。

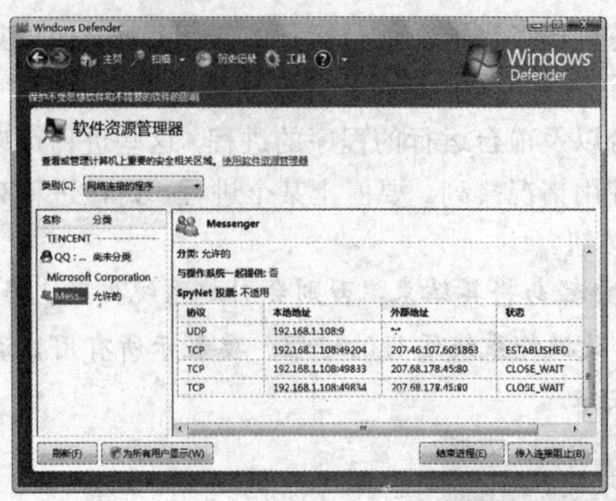

图 5-22　管理网络连接的程序

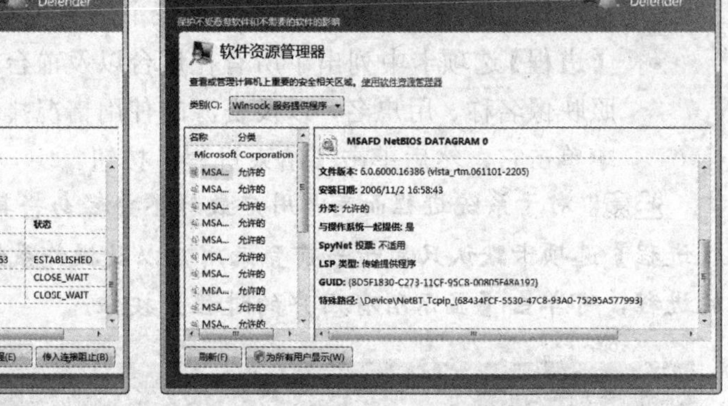

图 5-23　查看 Winsock 服务提供程序

5.3.4　设置默认程序

默认程序决定了对于某些类型的文件要使用哪个程序打开。例如，用户可能希望使用 Internet Explorer 打开 HTTP 协议的网页，而 FTP 协议的站点使用其他程序打开。

打开【控制面板】，依次单击【程序】|【默认程序】|【设置默认程序】，打开设置默认程序窗口。窗口左侧的列表中列出了系统自带的一些程序，单击后可以在右侧窗格看到对该程序的详细介绍，以及该程序与不同文件类型的关联情况，如图 5-24 所示。

如果用户希望将该程序设置为可以打开程序所支持的所有文件类型和协议，可以单击【将此程序设置为默认值】按钮。但如果希望设置另外的值，可以单击【选择此程序的默认值】按钮，然后在图 5-25 所示的窗口中进行设置。

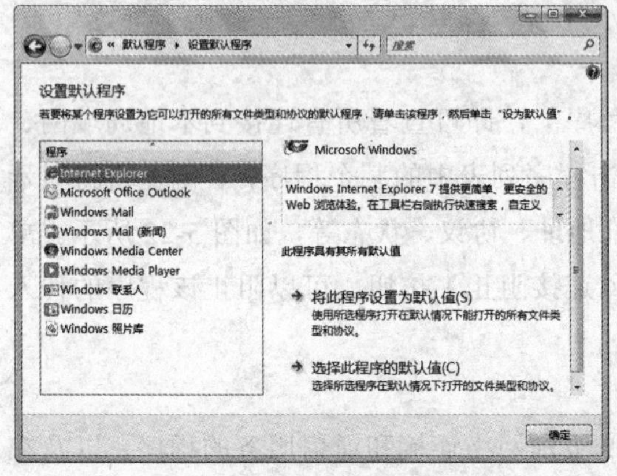

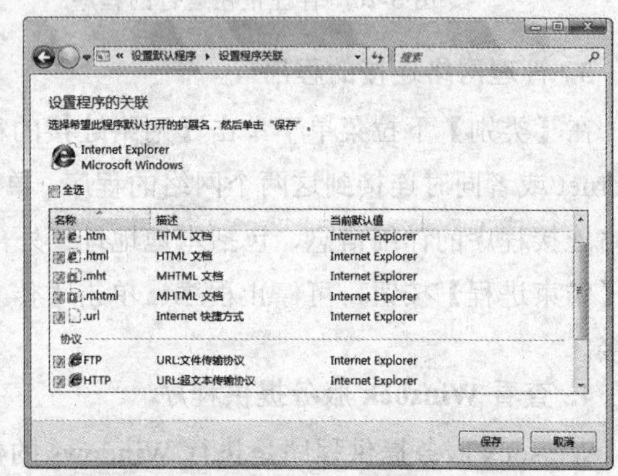

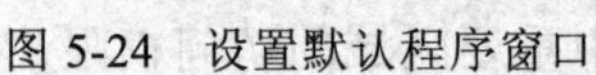
图 5-24　设置默认程序窗口

图 5-25　自定义程序的默认设置

图 5-25 中显示了该程序所支持的所有文件类型和协议类型，同时还显示了不同项目的描述，以及每个项目关联的程序。选中所有希望被该程序处理的类型，并禁用所有不希望被该程序处理的类型，单击【保存】按钮即可。

5.3.5　配置自动播放

在 Windows Vista 下，通过配置自动播放选项，可以决定 Windows 如何处理音频 CD、

DVD 影碟以及便携设备。例如是否希望光盘放入光驱后自动开始播放，以及是否希望 Windows Vista 自动能够将所有连接上的数码相机中的相片导入到计算机中等。

打开控制面板，单击【程序】|【默认程序】|【更改自动播放设置】，打开【自动播放】控制台，如图 5-26 所示。默认情况下，自动播放功能是启用的，如果用户不希望使用该功能，可禁用【为所有媒体和设备使用自动播放】复选框。

【自动播放】控制台针对不同的设备类型设置了不同的自动播放选项，用户可根据设备中保存的文件来决定具体的操作，而且系统所提供的选项也是和文件类型密切相关的。例如，对于音频和视频提供播放选项，但对于图形文件则提供导入计算机的选项。而且，选项列表中将列出系统中所有可以处理该文件的程序，以供用户选择。

设置完成后，单击【保存】按钮即可。

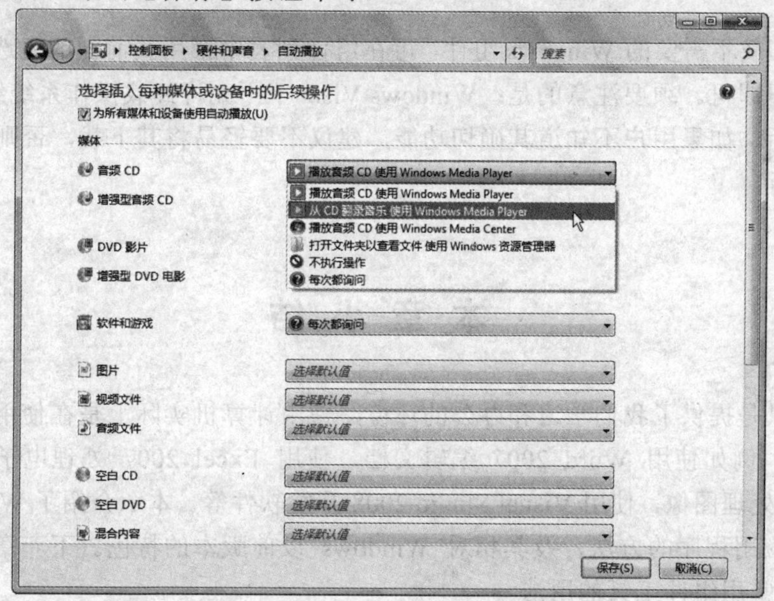

图 5-26　【自动播放】控制台

5.3.6　添加或删除 Windows 组件

Windows 组件是 Windows 系统本身所自带的程序，可用于增强操作系统的功能。例如 IIS(Internet 信息服务)组件包括了 Web 服务器、FTP 服务器、NNTP 服务器、SMTP 服务器，可分别用于浏览网页、文件传输、新闻服务和邮件传送等。

要添加和删除 Windows 组件，可打开控制面板，单击【程序】|【程序和功能】，打开应用程序管理器，在左侧窗格中单击【打开或关闭 Windows 功能】选项，打开【Windows 功能】对话框。在组件列表中找到要添加的组件，选中其前面的复选框，单击【确定】按钮，随后选中的 Windows 组件会自动安装，如图 5-27 所示。

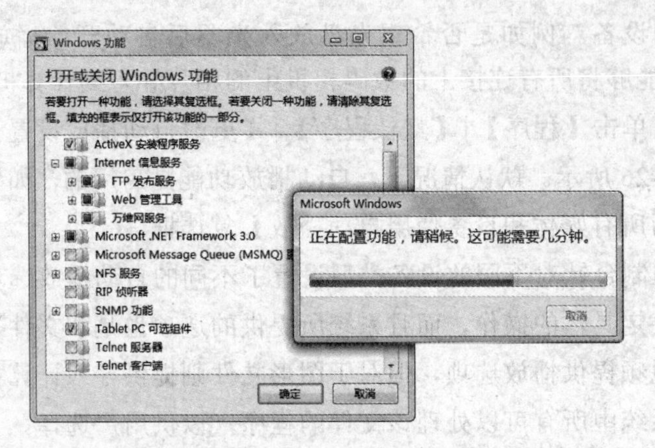

图 5-27　添加 Windows 组件

如果需要卸载不需要的 Windows 组件，可在组件列表中禁用其前面的复选框，然后单击【确定】按钮即可。须要注意的是：Windows Vista 下不允许卸载操作系统组件。另外，组件安装了以后，如果用户不知道其确切功能，建议不要轻易将其下载，否则可能会影响系统的正常运行。

本 章 小 结

操作系统只是提供了我们学习和办公的环境，使用计算机实际上是在使用应用程序来处理各种任务。例如使用 Word 2007 编辑文档，使用 Excel 2007 处理电子表格，使用 Photoshop CS3 处理图像，使用 Visual Studio 2008 开发软件等。本章介绍了 Windows Vista 下安装和管理应用程序的方法，及其相对 Windows 以前版本的特色。下一章向读者介绍 Windows Vista 常用组件工具的用法。

习　　题

填空题

1. 对于一般的应用程序而言，只要能在 Windows XP 下正常运行，就可以在 Windows Vista 下运行。但对于运行在系统底层的诸如________、________等，则可能由于 Windows Vista 基础架构的改变而引发系统崩溃。
2. 默认情况下，UAC 会将所有用户转变为________用户，即使该用户属于管理员组。
3. 如果某个应用程序在 Windows Vista 下无法正常运行或根本不能运行，而软件厂商也没有提供最新的兼容 Windows Vista 的版本，那么用户可以启动 Windows Vista 的________，让程序在模拟早期 Windows 版本的模式下运行。
4. 目前，大部分应用程序的安装程序都使用了 InstallShield、Wise Install 或________技术。

5. 在以前的 Windows 版本中，用户需要运行 msconfig.exe 程序来进行禁用程序的自动运行。Windows Vista 提供了一个更好的工具，就是________。

6. ________程序决定了对于某些类型的文件要使用哪个程序打开。

7. ________是 Windows 系统本身所自带的程序，可用于增强操作系统的功能。

简答题

8. 安装程序前，用户都需要考虑哪些问题？

9. 卸载程序时，用户需要注意些什么？

上机操作题

10. 使用管理员账户登录 Windows Vista，安装 QQ 2007，让该应用程序可以被所有用户可用。

11. 在软件资源管理器中查看自动启动和正在运行的程序，禁止一些不常用的程序的自动运行功能。

12. 在本机上添加 IIS 信息服务组件。

第 6 章

常用组件工具

本章主要介绍 Windows Vista 的一些常用组件工具的用法。通过本章的学习，应该完成以下学习目标：

- ☑ 学会使用记事本
- ☑ 学会使用写字板编辑文档
- ☑ 学会使用画图工具绘制简单的图形
- ☑ 学会使用截图工具进行简单的截图
- ☑ 掌握计算器的使用方法
- ☑ 学会使用 Windows 日历

6.1 记 事 本

Windows Vista 的记事本虽然只有新建、保存、打印、查找这几个功能，但它却拥有 Word 等文本处理软件所不可能拥有的优点：文件体积小，打开速度快。同样的文本文件用 Word 保存和用记事本保存的文件大小大不相同，因此，对于大小在 64KB 以下的纯文本建议采用记事本来保存。

单击【开始】|【所有程序】|【附件】|【记事本】命令，可打开记事本程序，如图 6-1 所示。

提示：在图 6-1 中，我们在记事本文件的开头输入了“.LOG”，这样以后每次打开这个文本文件时就会自动记录文本打开的时间。

记事本还有一个不可替代的功能，就是可以无格式保存文件。您可以把记事本编辑的文件保存为.html、.java、.asp 等任意格式，这也意味着记事本可以作为程序语言的编辑器。

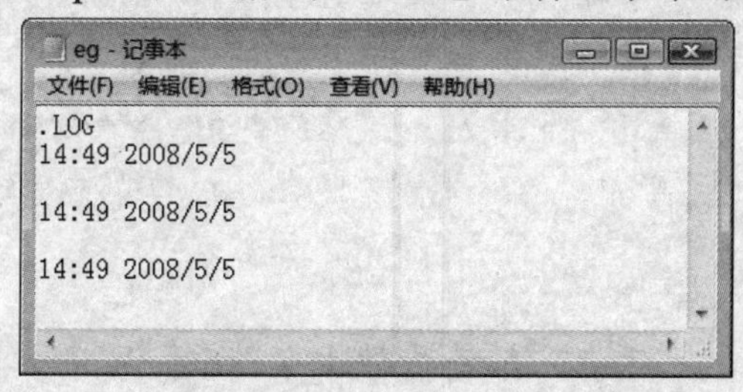

图 6-1　记事本工具

6.2 写 字 板

写字板的功能要比记事本强大，具有字体选择、颜色设置、文本格式设置、对象插入、打印页面设置、打印预览等功能。对于一般的文本编辑，写字板的功能已经完全能满足。

6.2.1 使用写字板编辑并保存文档

单击【开始】按钮，在打开的【开始】菜单中单击【所有程序】命令。在展开的菜单中，单击【附件】|【写字板】命令，打开写字板界面，如图 6-2 所示。

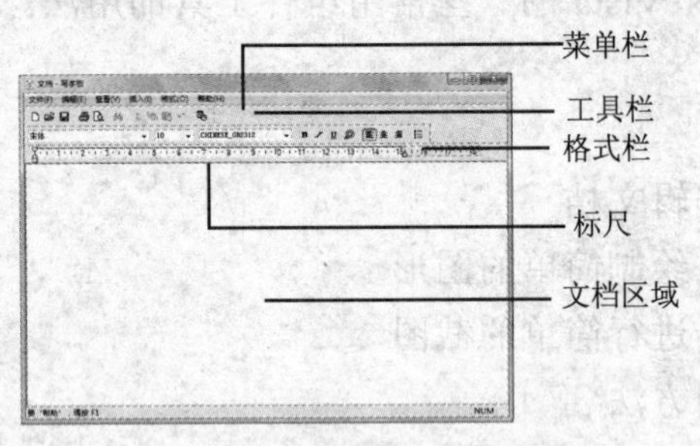

图 6-2 写字板的界面

- 菜单栏：提供写字板程序的各种操作命令，方便用户进行相关的操作。
- 工具栏：提供在文字编辑时需要的各种工具按钮，这些工具按钮可以完成文字编辑的大部分操作。
- 格式栏：提供各种格式化文本工具按钮，如设置文本字体、字号、颜色和对齐方式，通过这些格式的设置可以使文本变得更加美观。
- 标尺：利用标尺可以检查文本的布局和位置。
- 文档区域：用于输入文本内容、更改文本及进行相关对象设置的工作区域。

选择适合的输入法，在文档区域输入文本内容，如图 6-3 所示。完成后，用户可选择输入的字体，并设置它们的格式。图 6-4 中将标题内容的字体设置为“黑体”，字号为“20”，字形为“加粗”，并居中显示；文本内容的字体设置为“楷体”，字号为“20”，字形为“倾斜”，居左侧显示；并在文档的首行空了两格。

图 6-3 在写字板中输入文本

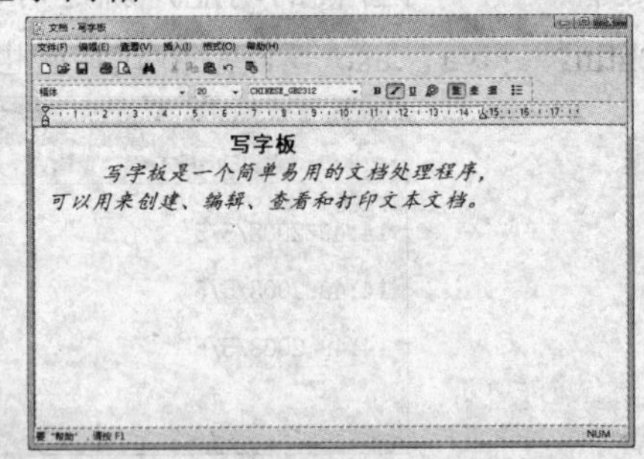

图 6-4 设置文本格式

在写字板窗口的菜单栏中，选择【文件】|【保存】命令，如图 6-5 左图所示。打开

图 6-5 右图所示的【另存为】对话框，在【文件名】文本框中输入文本的名称并设置保存路径，单击【保存】按钮即可保存编辑的写字板文档。

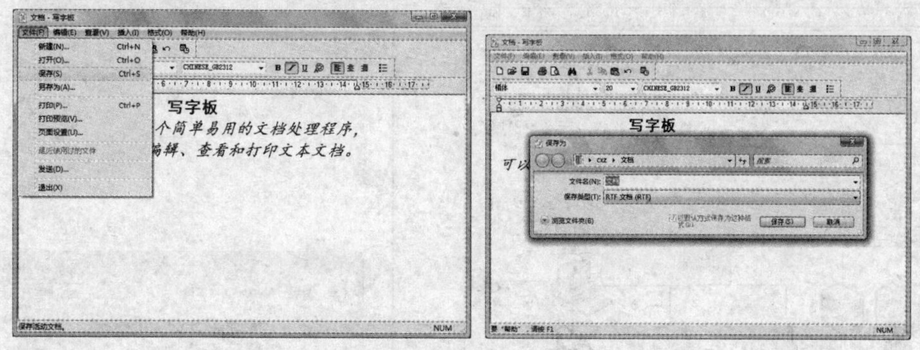

图 6-5　保存写字板文档

6.2.2　在写字板中插入并编辑对象

在写字板主界面选择【插入】|【对象】命令，打开【插入对象】对话框，如图 6-6 所示。可以看出，写字板中可以插入的文件格式是很多的，如 Photoshop 图像、Office 办公组件中的各种文件、位图、视频剪辑等。

选择【Microsoft Office Visio 绘图】选项，单击【确定】按钮，即可出现图 6-7 所示的 Visio 绘图界面。从图 6-7 可以看出，在写字板中插入 Visio 绘图其实就是调用 Microsoft Office Visio 绘图软件来绘制需要插入的图形。

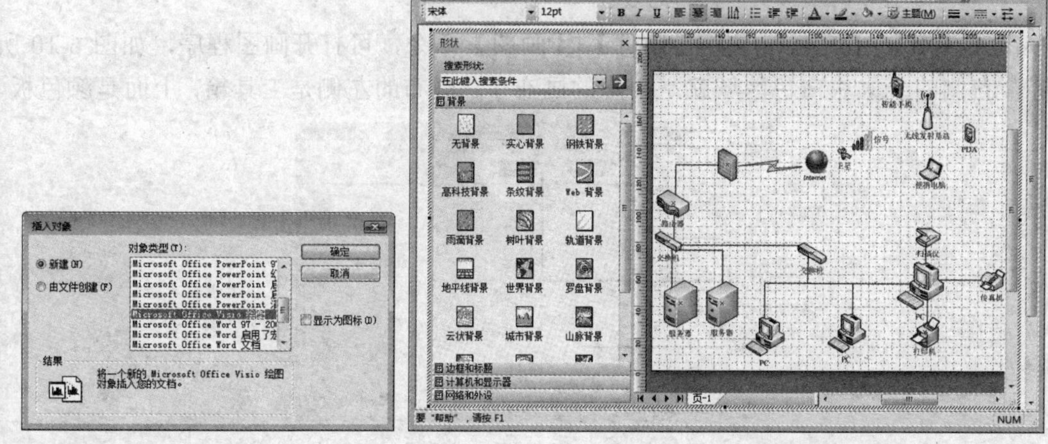

图 6-6　【插入对象】对话框　　　　图 6-7　编辑插入对象

绘制好图形后，在页面的空白处双击，即可回到文字编辑界面，如图 6-8 所示。图 6-8 中的矩形框就是插入图像的大小，拉动边界线可以扩大或缩小插入图像的大小。写字板的另一项功能就是特殊粘贴，选择【编辑】|【特殊粘贴】命令，用户可以向文本中粘贴特定格式的文件，如图 6-9 所示。

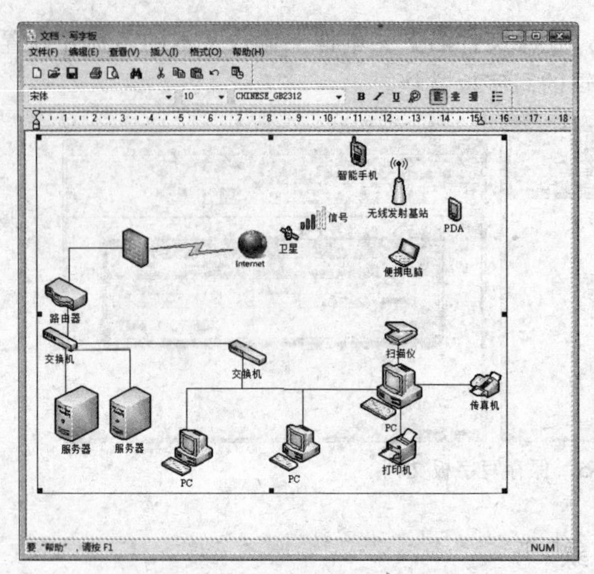

图 6-8　回到文字编辑界面

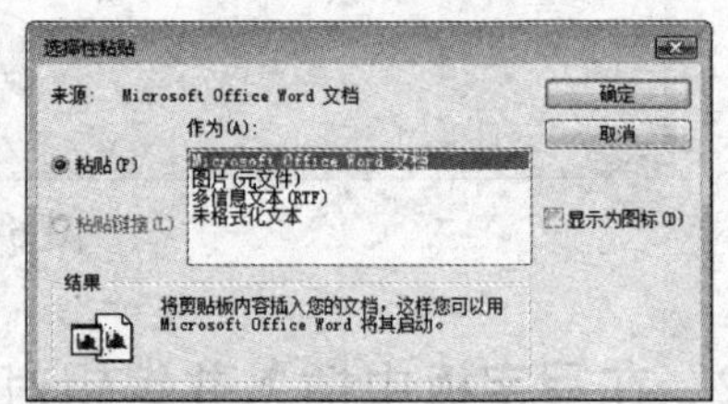

图 6-9　选择性粘贴

6.3　画 图 工 具

相对于 Photoshop、Illustrator 等专业的图像处理软件，Windows Vista 自带的画图工具虽然功能比较少，但对于一些简单的图像绘制和处理，还是可以胜任的。

6.3.1　了解画图工具

单击【开始】|【所有程序】|【附件】|【画图】命令，可打开画图程序，如图 6-10 所示。屏幕右侧的一大块白色区域就是用户的画布了。画布的左侧是工具箱，上面是颜色板。

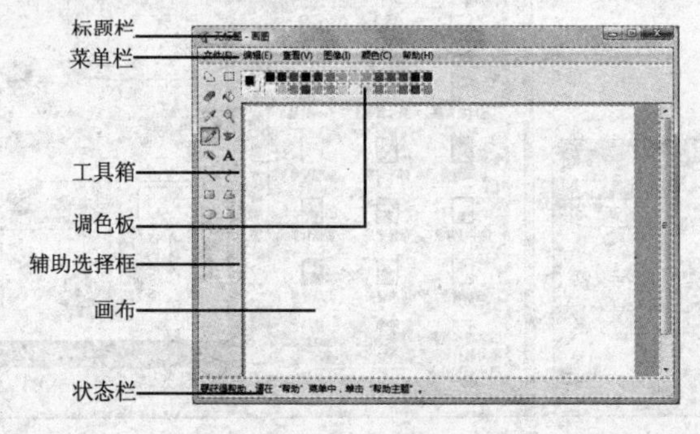

图 6-10　画图工具的界面

1．画布

画图程序窗口中的工作区部分称为画布。用户可以用鼠标拖曳画布的边角来改变画布的大小，画布的大小决定绘制图形的范围。画布的大小确定后，所能绘制的图形范围也就固定了，画布之外的区域便不能再进行操作。

2．调色板

调色板的左边是绘图时的前景色和背景色的显示，右边有 28 种颜色供用户选择。在调色板中，可以任意设置前景色和背景色，前景色被称为作图色，即所需要的画笔颜色，而背景色是画布的颜色。在调色板右边的颜色选择框中单击可以选取前景色，右击可以选取背景色。

3．工具箱

工具箱中有 16 种常用的工具。每选择一种工具时，下面的辅助选择框中会出现相关的信息。例如，选择【放大镜】工具，会显示放大的比例；选择【刷子】工具，会出现刷子大小及显示方式的选项，用户可进行选择。

画布的周围有 8 个控制点，但是只有右下角的一个控制点以及右边边线和下边边线中点的两个控制点可以使用。当用户需要改变画布的大小时，可将光标移动到右下角的控制点附近，当光标变为双向箭头样式时，通过拖动鼠标即可改变画布的大小，如图 6-11 所示。

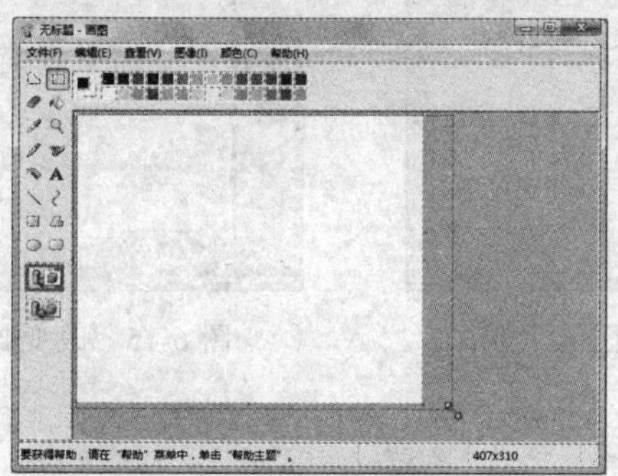

图 6-11　更改画布大小

6.3.2　绘制并保存图形

画图程序中的各种工具虽然很简单，但运用得当还是能够画出极美观的图像。

1．绘制曲线

在使用画图程序时，用户经常会使用曲线工具绘制图形。例如，使用曲线工具绘制春天的垂柳、弯曲的公路、高低起伏的波浪以及巍峨的山脉等。常见的曲线画法有两种，一种是一弯曲线，如图 6-12 所示；另一种是两个对弯曲线，如图 6-13 所示。

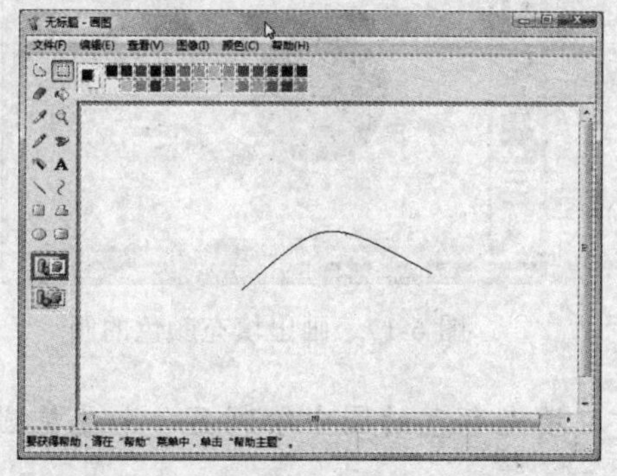

图 6-12　一弯曲线

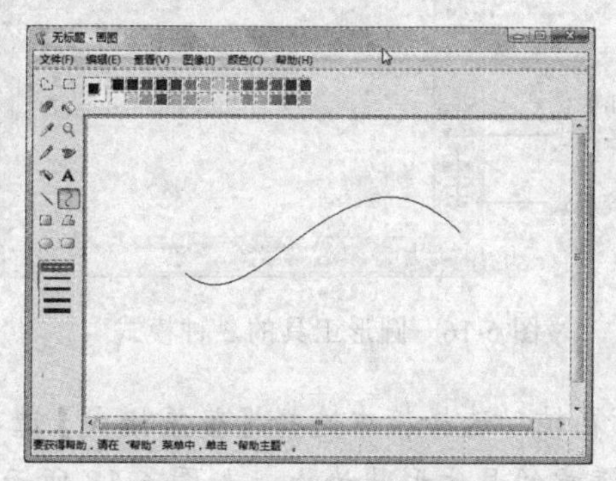

图 6-13　两个对弯曲线

画曲线时，必须拖动两次才能完成操作。若用户在绘制曲线时，忽然间曲线没有了。则可能是由于画一弯曲线时，只拖动了一次。要避免出现这种情况，可原地不动再单击一次，这时曲线就不会消失了。总之，用户要记住规律：画曲线必须拖动两次而且只能拖动两次。

曲线除了上述的用法之外，还可以在绘图区单击任意 3 点(假设 A、B、C)，这将自动形成一个封闭区域，如图 6-14 所示。封闭区域的大小与第三点 C 有关，当 C 点位置变高时，封闭区域也随之变大。封闭区域的大小和方向可以任意改变，用户在单击 C 点时暂时不要松开鼠标，然后按自己的要求改变封闭区域的大小和方向。图 6-15 就是对图 6-14 拖动形成的封闭区域。

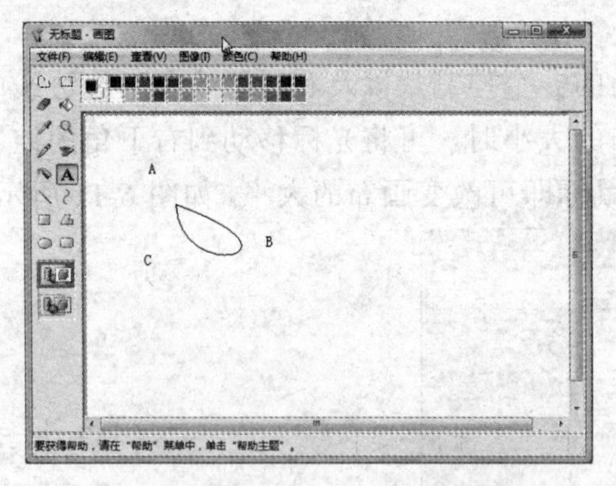

图 6-14　形成封闭区域

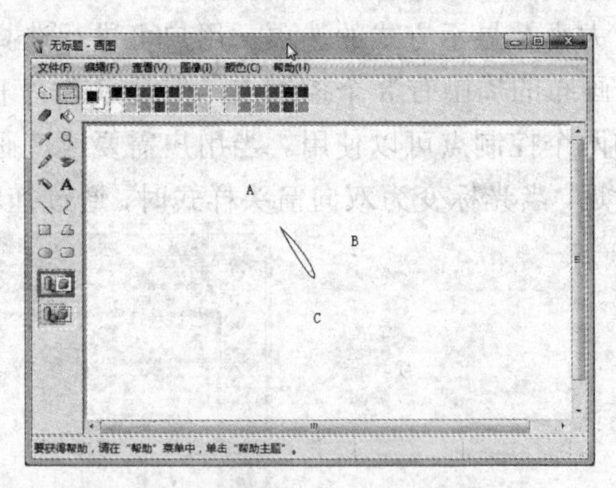

图 6-15　改变封闭区域大小和形状

2. 绘制圆形图形

画图程序中圆形工具共有 3 种模式：透明模式、覆盖模式和填充模式。单击圆形工具按钮，在辅助选项框中将显示 3 种模式的圆形工具，如图 6-16 所示。巧用这 3 种模式可以画出各种有趣的图形。

例 6-1　使用覆盖模式和填充模式圆形工具绘制一个如图 6-19 所示的月牙。

❶ 在工具箱中单击【圆形】工具按钮，然后在辅助选择框中选择【覆盖模式】选项，接着单击【填充】工具并选择■颜色，按住 Shift 键，在绘图区域画出如图 6-17 所示的圆。

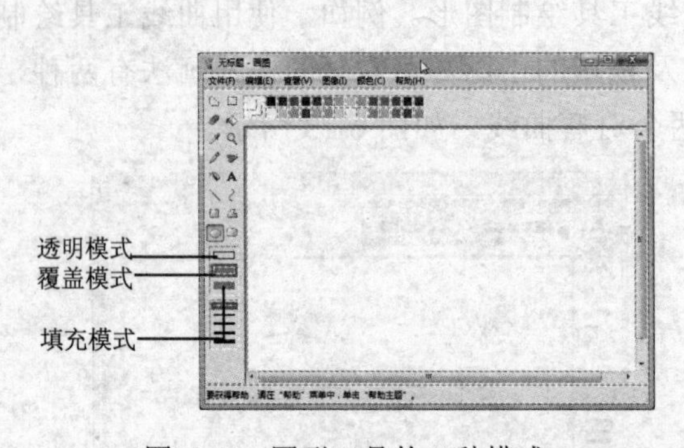

图 6-16　圆形工具的 3 种模式

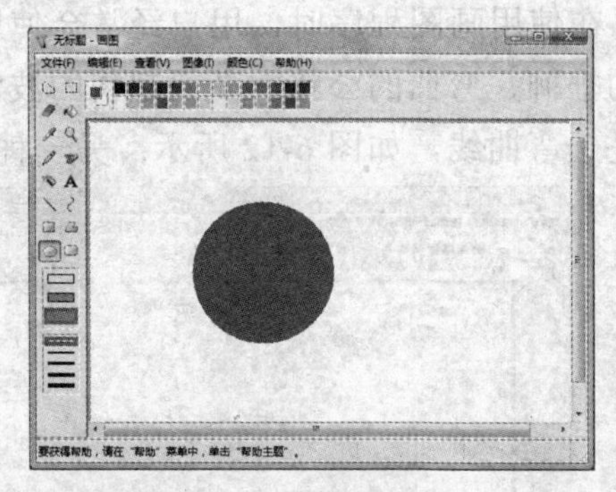

图 6-17　画出填充颜色的圆

❷ 在辅助选择框中选择【覆盖模式】选项，在填充颜色的圆中绘制另一个覆盖圆，直到留下满意的月牙形状为止，如图 6-18 所示。

❸ 单击【橡皮/彩色橡皮擦】工具按钮，在辅助选择框中选择一种橡皮样式，将月牙的多余部分擦除，最终的月牙效果如图 6-19 所示。

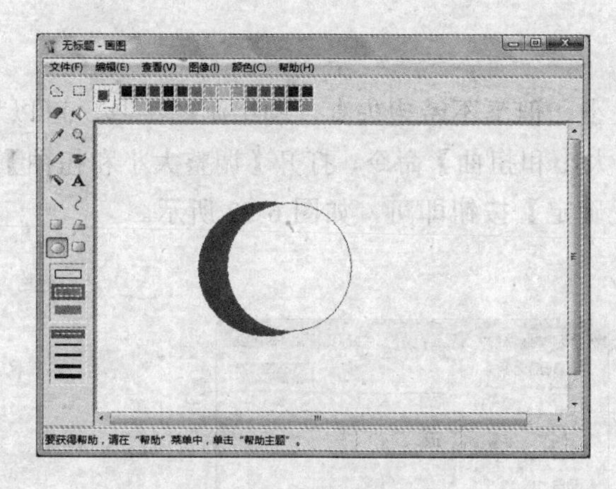

图 6-18　绘制覆盖的圆

图 6-19　月牙儿的效果

❹ 选择【文件】|【保存】命令，如图 6-20 左图所示。

❺ 打开【保存为】对话框，将文件保存为"月牙儿.bmp"，如图 6-20 右图所示。

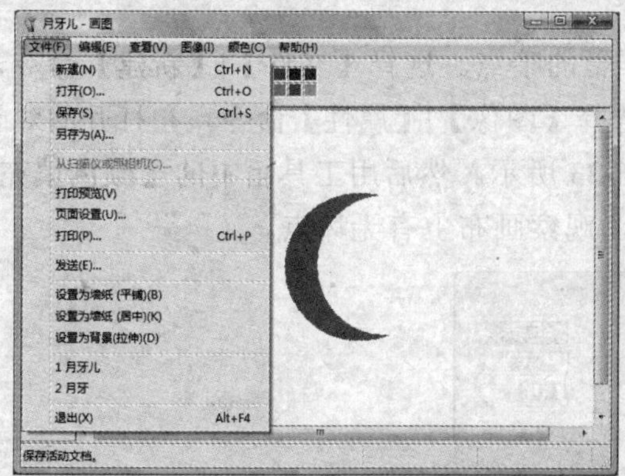

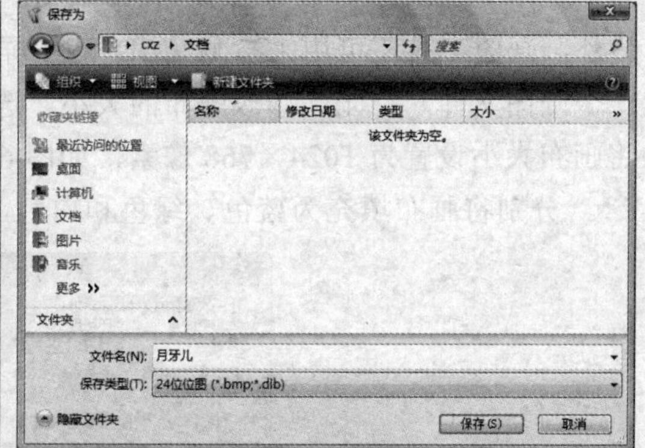

图 6-20　保存文件

注意：默认情况下，橡皮擦将所擦除的任何区域更改为白色，但用户也可以更改橡皮擦的颜色。例如将橡皮擦颜色设置为黄色，则所擦除的任何部分将变成黄色。

3. 保存图形

Windows Vista 的画图程序支持将用户绘制的图像保存为多种格式，默认保存为 BMP 格式。图形绘制完毕，选择【文件】|【保存】或【另存为】命令，或者按 Ctrl+S 键，可以打开【保存为】对话框，在该对话框的【保存类型】下拉列表框中选择文件的保存类型，如图 6-21 所示。

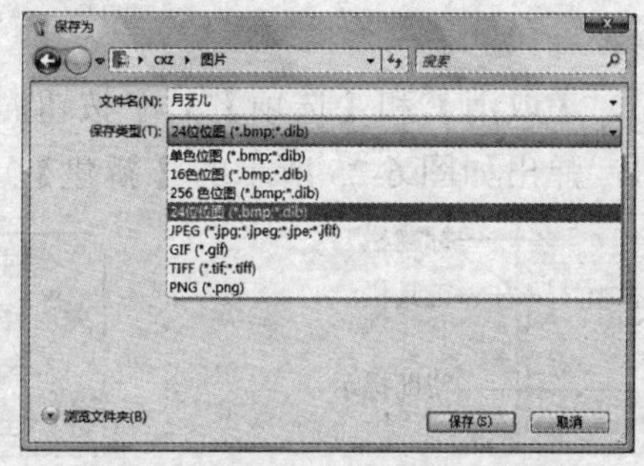

图 6-21　选择文件的保存类型

6.3.3 画图工具的高级用法

很多情况下，用户可能需要修改图像的大小，但又不希望失真。利用画图工具，可以很方便地实现这种效果。选择【图像】|【调整大小和扭曲】命令，打开【调整大小和扭曲】对话框。设置水平和垂直缩放的比例，单击【确定】按钮即可，如图 6-22 所示。

图 6-22 调整图像大小

另外，画图工具还可用来检测 LCD 液晶屏幕的暗点。选择【文件】|【新建】命令，新建一个画图文件。首先来修改画布的大小，选择【图像】|【属性】命令，在打开的对话框中将画布大小设置为 1024×768 像素，如图 6-23 所示。然后用工具箱中的【颜色填充】工具，分别将画布填充为蓝色、绿色和白色，观察画布上有无坏点。

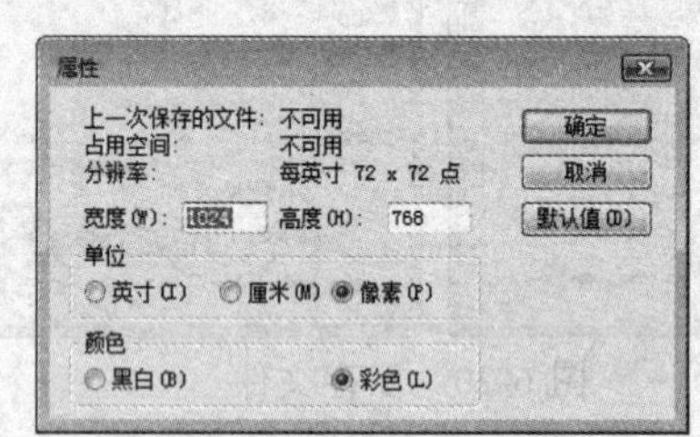

图 6-23 调整画布大小

6.4 截 图 工 具

截图工具是 Windows Vista 自带的一个小程序，用户通过它可以截取整个屏幕、对话框、窗口、按钮或区域等。单击【开始】|【所有程序】|【附件】|【截图工具】命令，可打开截图程序，如图 6-24 所示。

工具栏中提供了【新建】、【取消】和【选项】3 个按钮。【新建】按钮用来新建截图，单击该按钮右侧的▼按钮，弹出如图 6-25 所示的【新建】下拉菜单列表。

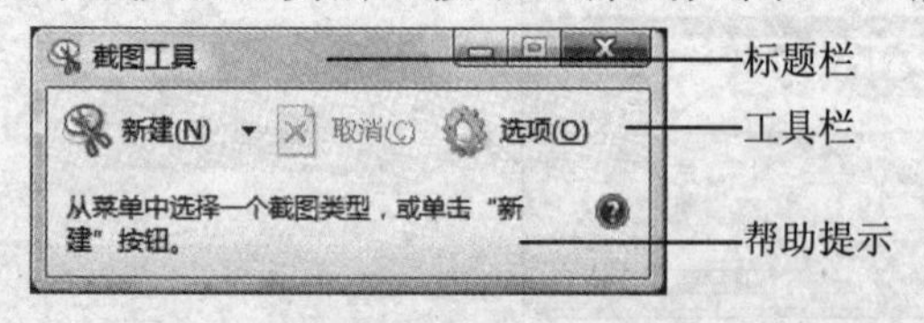

图 6-24 "截图工具"界面

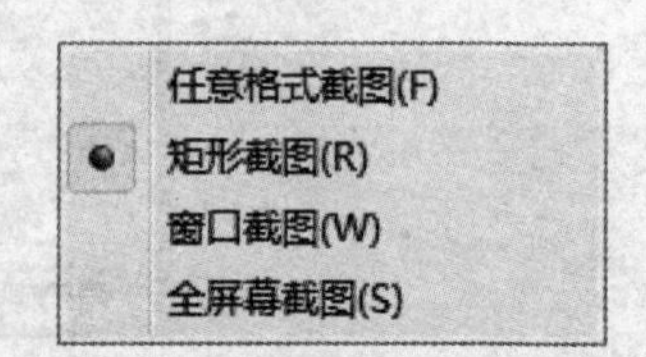

图 6-25 【新建】下拉菜单列表

- 任意格式截图：可以截取所绘制一条围绕对象的不规则线条(比如圆形或三角形)内的内容。
- 矩形截图：可以绘制一条精确的线，通过在对象的周围拖动光标构成一个矩形，从而截取矩形区域内的内容。
- 窗口截图：可以截取所选择的窗口，如希望捕获的浏览器窗口或对话框等。
- 全屏幕截图：可以截取整个屏幕。

默认情况下，【取消】按钮呈灰色不可选的状态。只有当用户截完图后，此按钮才能被使用，单击该按钮即可取消上次所截的图形。【选项】按钮用于提供截图的一些设置。

例 6-2　使用截图工具截取桌面 Windows 边栏中的时钟。

❶ 在打开的截图工具窗口中，单击【新建】按钮右侧的▼按钮。

❷ 在弹出的下拉菜单中选择【矩形截图】命令，如图 6-26 所示。

❸ 拖动鼠标截取时钟图片，截图的图片四周将显示红色笔墨线，如图 6-27 所示。

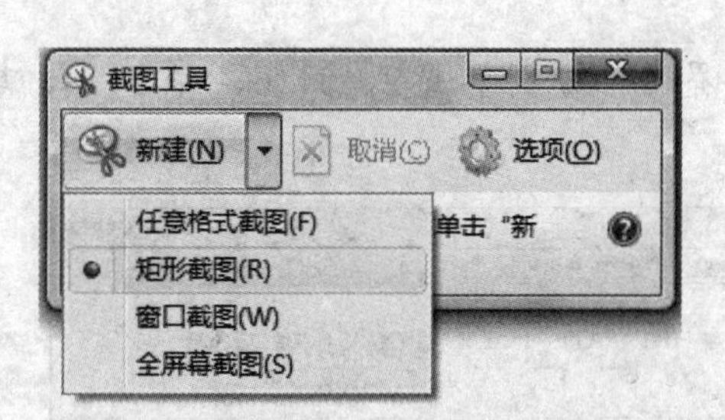

图 6-26　选择“矩形截图”命令

图 6-27　截取时钟图片

提示：如果用户想取消显示在图片四周的红色笔墨线，只需单击【选项】按钮，打开【截图工具选项】对话框，在对话框中取消选中【捕获截图后显示选项笔墨选项】复选框。设置完毕，用户只需重新截取图片即可。

❹ 在截取图片后的截图工具程序窗口中，选择【文件】|【另存为】命令，在打开的【另存为】对话框中，输入文件名“时钟图片”，设置图片保存类型为 JPEG 格式，单击【保存】按钮即可保存图片。

6.5　计　算　器

计算器是一个数学计算机工具软件，其功能类似于人们日常生活中使用过的小型计算器。用户可以使用计算器进行简单的数学运算，如加减乘除、平方、开方以及二进制等。单击【开始】|【所有程序】|【附件】|【计算器】命令，可打开计算器工具，如图 6-28 所示。

计算器程序分为“标准型”和“科学型”两种工作模式，而在“科学型”工作模式下的计算器功能更为完善。图 6-28 所示的界面就是标准型计算器。此工作模式下的计算器可以满足用户大部分简单计算的要求。例如，要计算“24*23”的值。可在“标准型”计算器中分别单击 2、4、*、2、3 按钮，单击“=”按钮，在数值框中即可显示算式的结果，如图 6-29 所示。

图 6-28 标准计算器程序界面

图 6-29 计算结果

科学型计算器具备判断运算顺序和进行复杂混合运算的功能，所以它适用于所有领域内的计算工作，包括从事专业的计算工作。在使用科学型计算器之前，需要将计算器设置为“科学型”工作模式。

例 6-3 使用科学型计算器计算算式“956-58*32+2^{10}”的二进制结果。

❶ 打开标准型计算器程序界面，在菜单栏上选择【查看】|【科学型】命令，设置为“科学型”工作模式，如图 6-30 所示。

❷ 打开如图 6-31 所示的科学型计算器界面，分别单击 9、5、6、-、5、8、*、3、2、+、x ^ y、10 按钮。

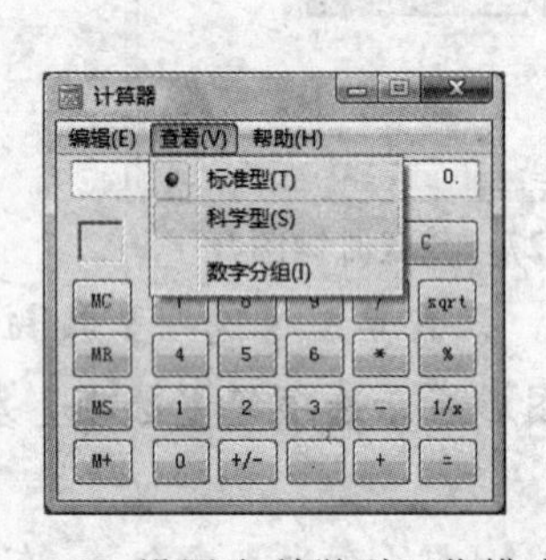

图 6-30 设置为科学型工作模式

图 6-31 科学型计算器界面

❸ 单击“=”按钮，在数值框中将显示十进制计算结果，如图 6-32 所示。

❹ 选中“二进制”单选按钮后，此时在数值框中显示二进制的计算结果，如图 6-33 所示。

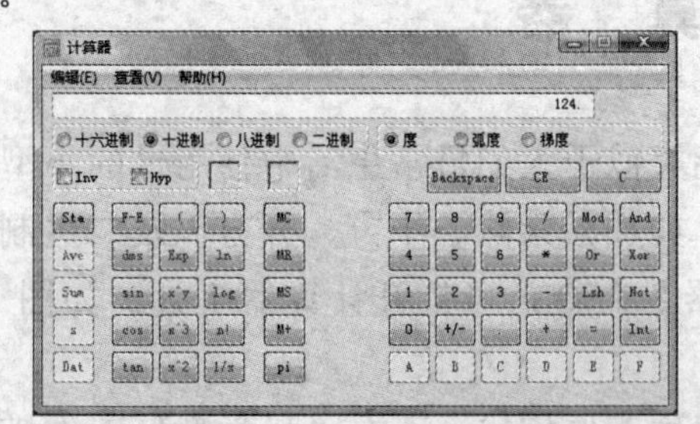

图 6-32 显示十进制计算结果

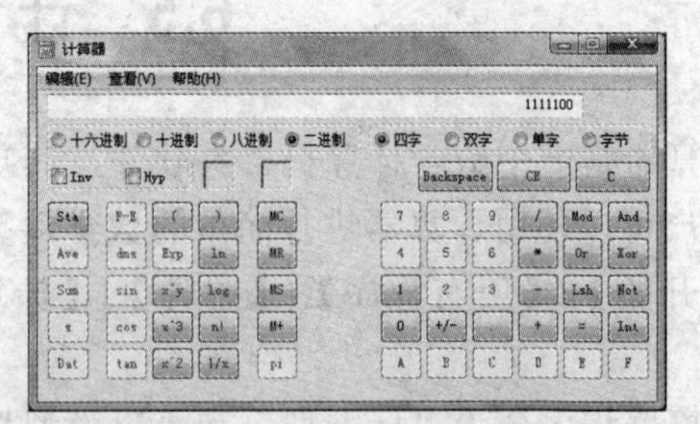

图 6-33 显示二进制计算结果

6.6　Windows 日 历

通过 Windows 日历，用户可事先安排好自己一个月、一天甚至是一段时间内的重要活动，只要 Windows 日历处于开启状态，在指定的提醒时间内，系统会自动弹出提醒窗口。

6.6.1　Windows 日历的界面

单击【开始】|【所有程序】|【Windows 日历】，可打开 Windows 日历，如图 6-34 所示。窗口的左侧是导航区，中间是日历，右侧是详细信息，顶部的工具栏列出了一些常用工具。

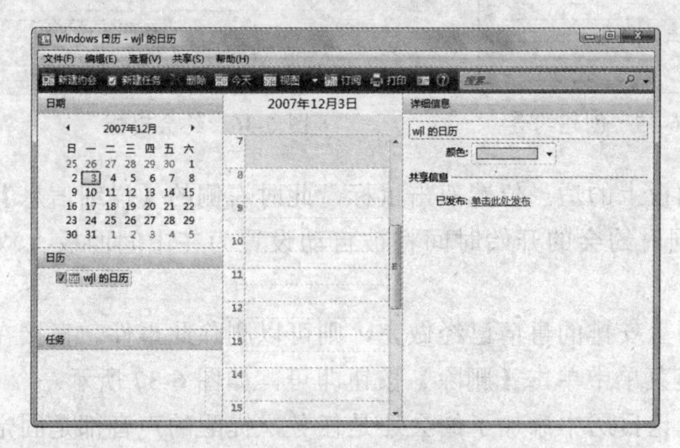

图 6-34　Windows 日历的程序界面

通过使用 Windows 日历程序，可以实现以下功能：

- 为需要在某天的某个时间进行的活动创建约会，Windows 日历可以在指定的时间利用计划任务发出提醒；
- 为需要在某几天或者很长一段时间内完成的活动创建任务，Windows 日历可以管理任务，并在一个指定的时间根据计划任务发出提醒；
- 通过网络下载别人共享的日历；
- 通过网络将自己的日历共享出去；
- 同时加载多个人的日历，以便综合每个人的日程安排，给大家安排需要合作完成的工作。

6.6.2　创建和使用约会

单击 Windows 日历顶部工具栏的【新建约会】按钮，即可在日历上创建一个事件。在【详细信息】窗格上输入与约会相关的信息，设置具体的时间和周期，如图 6-35 所示。设置完成后，该约会会自动保存。

当到了一个约会指定的提醒时间后，系统将弹出图 6-36 所示的对话框。双击主题可查看详细信息，单击【解除】按钮可以停止后续的提醒。如果希望过一段时间再收到提醒，可在对话框的底部的下拉菜单中选择时间间隔，然后单击【暂停】按钮。

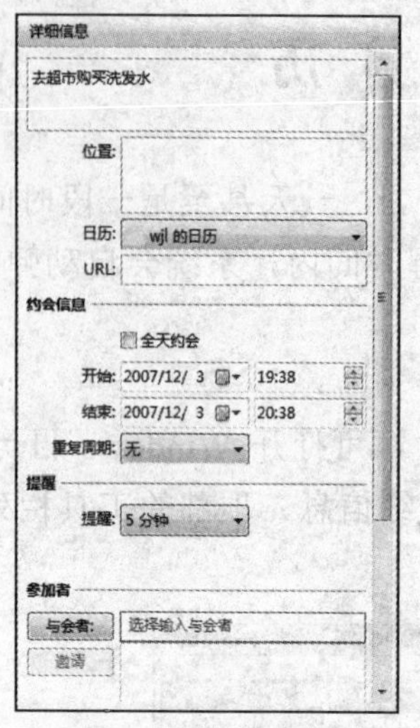

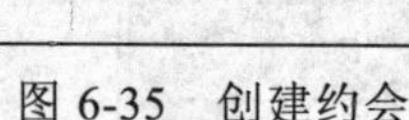

图 6-35 创建约会

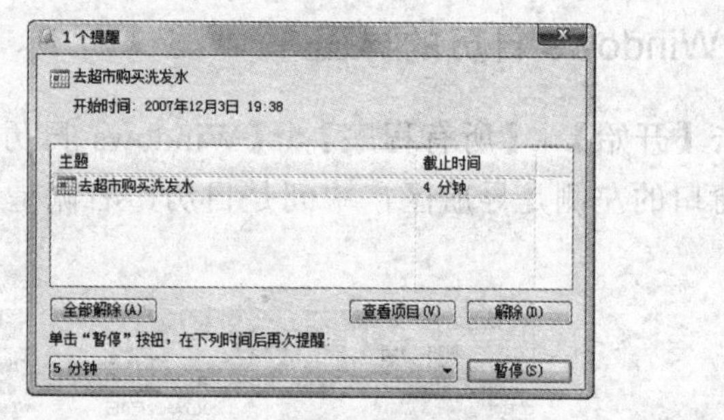

图 6-36 约会提醒

另外，在中间面板上的适当位置双击鼠标，此时右侧的【详细信息】窗格中将自动出现新建约会面板，同时约会的开始时间将被自动设置为在中间面板上双击鼠标时对应的时间。

如果预先在日历上安排的事情已经做完，则可以删除此事件。直接在日历窗格的任务标志上右击，从快捷菜单中单击【删除】按钮即可，如图 6-37 所示。

默认情况下，无论日历中添加了约会还是任务，提醒的声音都是固定的，也就是默认的系统响声。如果用户想使用自定义的声音，可打开【控制面板】窗口，依次单击【硬件和声音】|【更改系统声音】，打开【声音】对话框。在【程序事件】下找到并选中【默认响声】，然后直接在下方进行修改即可，如图 6-38 所示。用户也可以单击【浏览】按钮，使用自己的声音文件作为提醒声音，但必须是.wav 波形文件。

提示：当在 Windows 日历中添加了约会事件后，默认的视图不能完全显示约会详情。为了更加直观地看到约会的详细信息，可以通过工具栏的【视图】菜单下的命令进行调整，将【导航】窗格和【详细信息】窗格隐藏起来。

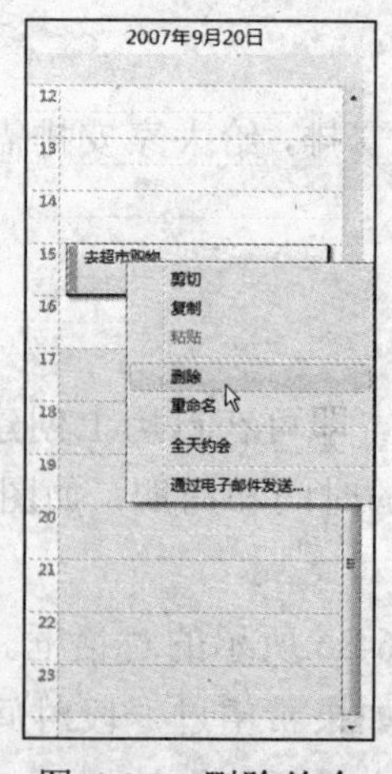

图 6-37 删除约会

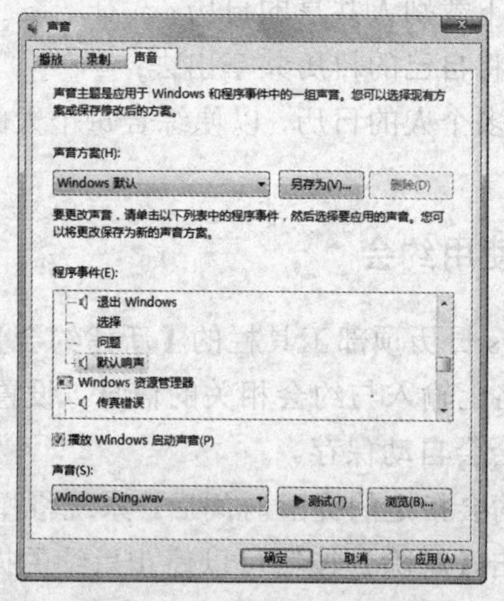

图 6-38 更改默认的提醒响声

6.6.3　创建和使用任务

和约会不同，任务是指在一个时间段内需要进行的活动。例如公司的财务人员需要在这几天整理财务报表，就可以添加一个任务；如果她需要在某天将整理好的报表交给总经理，那么就可以将这件事情添加为一个约会。

要想添加任务，可单击【新建任务】按钮，右侧的【详细信息】窗格会变成新建任务面板，用户可输入需要创建的任务和内容，如图 6-39 所示。

提示：任务过期后会默认改变标记的颜色，而约会则不会改变。

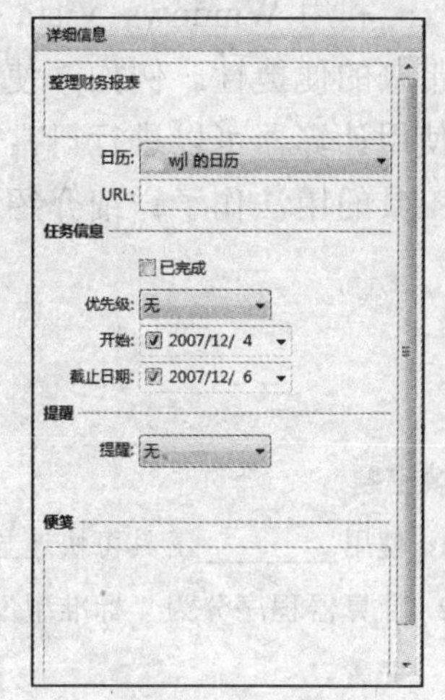

图 6-39　新建任务

6.6.4　订阅和共享日历

用户可以从网上下载大量别人共享出来的日历，例如一部热门电视剧的播出计划、中国传统的农历节日等。要想从网上订阅日历，可以直接单击【订阅】按钮，将自动打开【订阅日历】向导，如图 6-40 所示。如果用户知道要订阅的日历在网络上的地址，直接将日历文件的地址输入地址栏，并单击【下一步】按钮，即可完成订阅。

如果用户不知道日历文件的地址，可以单击【订阅日历】向导上的【Windows 日历网站】链接，IE 会自动打开微软运营的一个网站，在该网站上，用户可以搜索各种类型的日历，并单击相应的链接，将其加入到自己的 Windows 日历程序中。

如果用户希望将自己的日历发布出去，则只需在中间的时间面板的空白处单击，然后在右侧的【详细信息】窗格中单击【单击此处发布】链接，即可打开 Windows 日历的发布向导。设置好日历的发布名称、位置、是否自动将后期的更改发布出去，以及要发布日历的哪部分内容等信息，单击【发布】按钮，即可将日历发布出去，如图 6-41 所示。

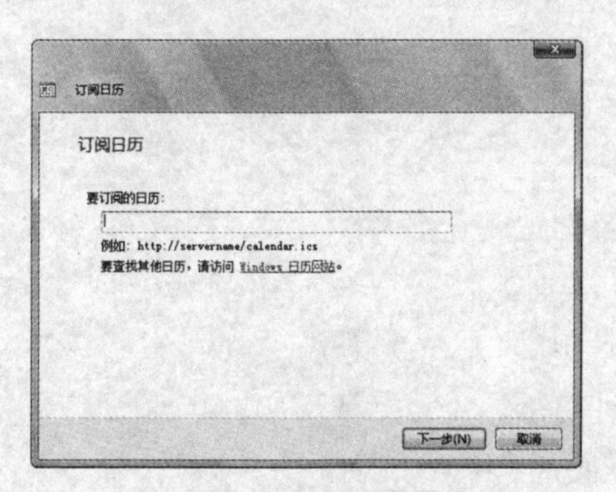

图 6-40　【订阅日历】向导

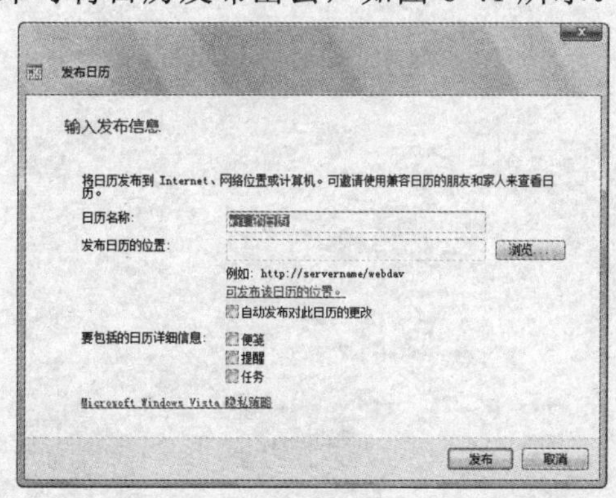

图 6-41　发布日历

本 章 小 结

利用 Windows Vista 提供的一些组件工具，用户可以更加轻松地享受计算机为生活所带来的便捷性。例如，使用记事本可以编写纯文本文件，使用画图可以绘制简单的图形，使用计算器可以进行日常的计算，使用日历可以进行日常的任务安排。本章对这些最常用工具的用法作了详细介绍，下一章向读者介绍 Windows Vista 的多媒体娱乐工具。

习 题

填空题

1. 使用________工具可快速显示和编辑扫描获得的图片。
2. 计算器程序分为“标准型”和“科学型”两种工作模式，而在________工作模式下的计算器功能更为完善。
3. 通过 Windows Vista 提供的________，用户可事先安排好自己一个月、一天甚至是一段时间内的重要活动。

简答题

6. 如何使用画图工具检测 LCD 液晶屏幕的坏点或暗点？
7. Windows 日历的约会和任务有何不同？

上机操作题

8. 使用画图工具将一幅图片调整为原来大小的 50%。
9. 使用 Windows 日历创建一个约会，提醒自己下周一上午 9：00 参加图书展会。

第 7 章

数字多媒体

本章主要介绍 Windows Vista 的多媒体娱乐功能，包括 Windows Media Player(WMP)、Windows 照片库、Windows Movie Maker、Windows DVD Maker 等工具的用法。通过本章的学习，应该完成以下学习目标：

- ☑ 学会使用 WMP 导入和播放音频、视频等媒体文件
- ☑ 学会使用 Windows 照片库管理数码相片
- ☑ 学会使用 Windows Movie Maker 和 Windows DVD Maker 制作视频

7.1 Windows Media Player

Windows Vista 中的 Windows Media Player 11 已经不仅仅局限于音频和视频文件的播放，而是成为一个多媒体处理平台。单击【开始】|【所有程序】|【Windows Media Player】，初次启动 Windows Media Player 时，会要求进行初始化设置，如图 7-1 所示。

选中【快速设置】单选按钮，单击【完成】按钮，对 Windows Media Player 完成快速设置后，即可启动 Windows Media Player 程序，如图 7-2 所示。

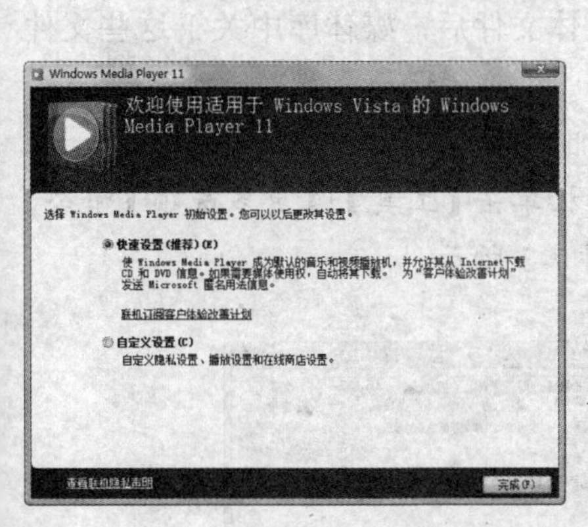

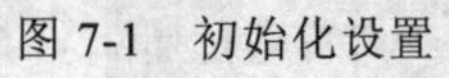

图 7-1 初始化设置

图 7-2 Windows Media Player 11 的程序界面

Windows Media Player 提供了 3 种不同的视图，图 7-2 显示的是完整视图，通过右下角的切换按钮和，可在最小化模式和全屏视图间进行切换。

提示：如果用户看不到导航窗格和列表窗格，可单击【布局选项】按钮下的【显

示导航窗格】和【显示列表窗格】命令将它们显示出来。

7.1.1 了解媒体库

在 Windows Media Player 以前的版本中，如果要播放音频和视频文件，通常是打开 Windows 资源管理器，找到并右击要播放的文件，从快捷菜单中单击【使用 Windows Media Player 播放】命令。现在，通过 Windows Media Player 11 的媒体库，用户可以更加方便地完成以上操作。

媒体库可以理解为一个保存了媒体信息的数据库，用户在将音频、视频以及各种图形文件导入到媒体库中的时候，Windows Media Player 会自动对所有导入的媒体文件进行分析，并从中获得文件的详细信息。Windows Media Player 将媒体文件作为“媒体”来管理，远比 Windows 资源管理器中将媒体文件作为“文件”管理要方便。

如果媒体文件都保存在某些特定的位置，例如 Windows Vista 的“音乐”文件夹，那么 Windows Media Player 会自动监视它们。如果发现文件夹中有没有导入到媒体库中的文件，就会自动将其导入。用户只需在系统提示时单击【确定】按钮即可，至于导入所需的时间，则取决于需要导入文件的数量以及文件的保存位置。

> **Windows Media Player 都会监视哪些文件夹以及文件夹类型？**
>
> 默认情况下，Windows Media Player 只能监视当前用户的私人文件夹(例如当前登录用户的音乐、视频、图片等文件夹)，以及系统中所有的公用文件夹。Windows Media Player 可以播放和监视的文件类型有.asf、.wma、.wmv、.avi 等。

但是通常情况下，用户习惯于将各种媒体文件保存在硬盘的不同位置，为了使 Windows Media Player 能监视到这些文件夹中媒体的变化，需要用户手动将它们添加到 Windows Media Player 的监视列表。简单说，就是当添加了新的媒体文件后，这些文件的信息会被很快收录到媒体库中；而当用户从硬盘上删除了某个媒体文件后，媒体库中关于这些文件的信息也很快会被删除。

例 7-1 手动向 Windows Media Player 监视列表添加文件夹。

❶ 启动 Windows Media Player，在窗口顶端的工具栏单击【工具】|【更多选项】命令，打开【选项】对话框，切换到【媒体库】选项卡，如图 7-3 所示。

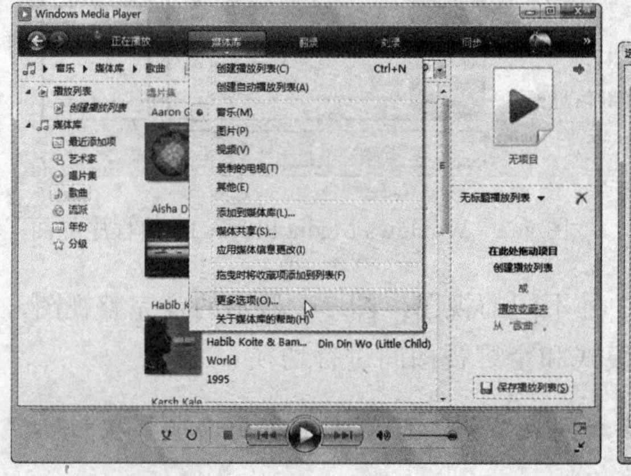

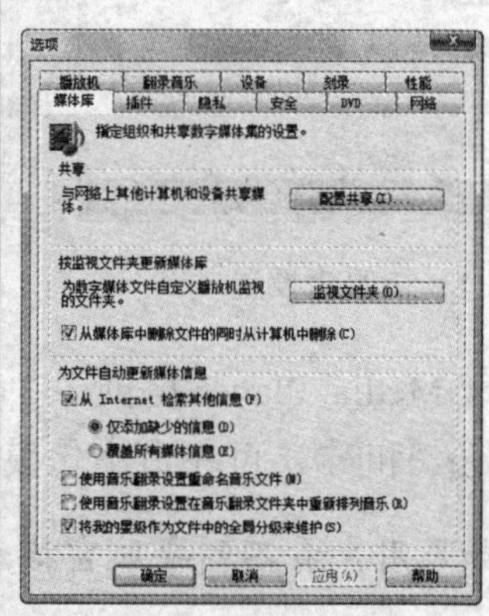

图 7-3 打开【选项】对话框

❷ 单击【监视文件夹】按钮，可打开如图 7-4 左图所示的【添加到媒体库】对话框。选中【我的文件夹以及我可以访问的其他用户的文件夹】单选按钮，然后单击【添加】按钮，在打开的对话框中将用于保存媒体文件的文件夹全部添加进去，如图 7-4 右图所示。用户还可以直接添加网络共享文件夹的路径，但需要访问者具有相关权限。

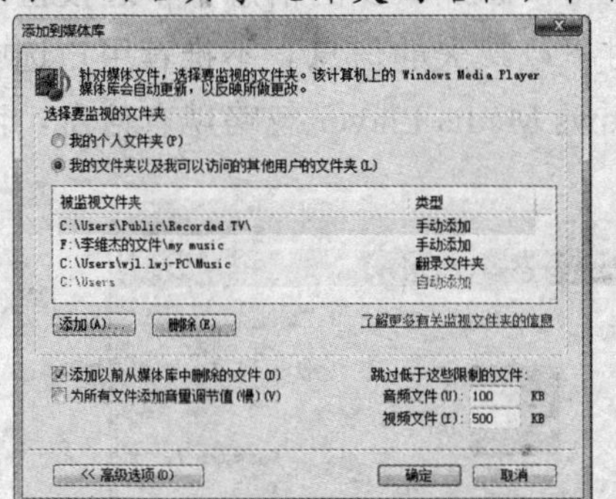

图 7-4　向监视列表添加文件夹

❸ 单击【确定】按钮，进度框显示正在将文件复制到媒体库中，完成后单击【关闭】按钮，如图 7-5 所示。

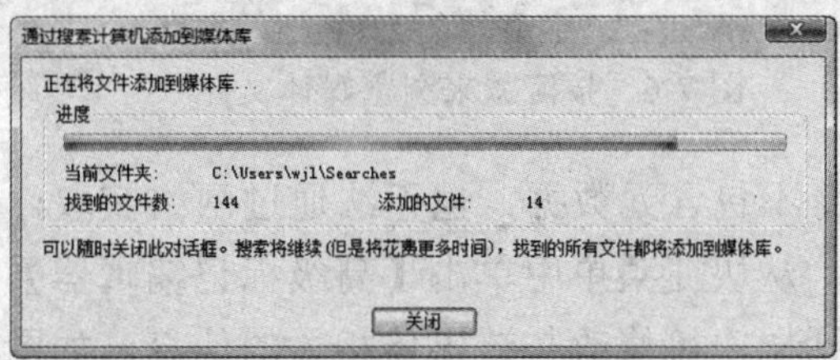

图 7-5　文件的添加进度

❹ 如果不再需要监视某个文件夹，可在【添加到媒体库】对话框中选中这些文件，然后单击【删除】按钮。

❺ 如果要添加的媒体文件具有不同的音量，那么 Windows Media Player 在播放不同视频文件时音量就有可能时大时小。此时可选中【为所有文件添加音量调节值】复选框。这样一来，在将文件导入到媒体库的时候，Windows Media Player 将自动判断音乐文件的音量等级，并将其调整到一个适中的状态。

7.1.2　浏览与搜索媒体文件

在 Windows Media Player 的导航窗格中，可以发现【媒体库】节点下还有【最近添加项】、【艺术家】、【唱片集】、【歌曲】、【流派】、【年份】、【分级】等节点。单击这些节点即可按照相应的类别来查看所有媒体文件。例如，如果希望按照流派来查看媒体库中的文件，可单击【流派】节点，结果如图 7-6 所示。同一流派的媒体文件被放在了一起。

这里，艺术家、唱片集、歌曲、流派、年份等这些文件本身带有的数据被称为“元数据”，元数据可理解为描述数据的数据，可用于索引。Windows Media Player 11 可以读取导入文件的元数据，从中获取歌曲名称、唱片名称、曲目编号等信息，然后直接将这些信息写入到媒体库中供用户使用。

在 Windows Media Player 中可以发现，并不是所有媒体文件的元数据都是完整的，例如不完整的歌曲，只包含了歌曲的名称和歌手等信息。此时，可以通过网络下载的方式来获取缺失的元数据。只需重新打开【选项】对话框的【媒体库】选项卡，选中【从 Internet 检索其他信息】复选框，推荐选中下面的【仅添加缺少的信息】单选按钮，以使 Windows Media Player 在保留歌曲原有信息的同时下载缺失的信息。不推荐用户选中【覆盖所有媒体信息】单选按钮，因为这样会让 Windows Media Player 忽略现有信息，而将所有信息都通过网络下载。

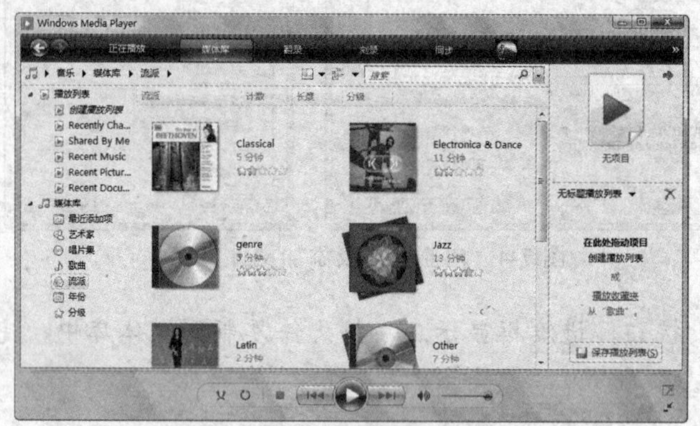

图 7-6　按流派来浏览媒体文件

如果有些媒体文件本身不包含元数据，也无法通过网络获取，则只能手动输入。在需要编辑的媒体文件上右击，从快捷菜单中单击【高级标记编辑器】命令，打开【高级标记编辑器】对话框，在该对话框中可修改与该媒体相关的信息，如图 7-7 所示。

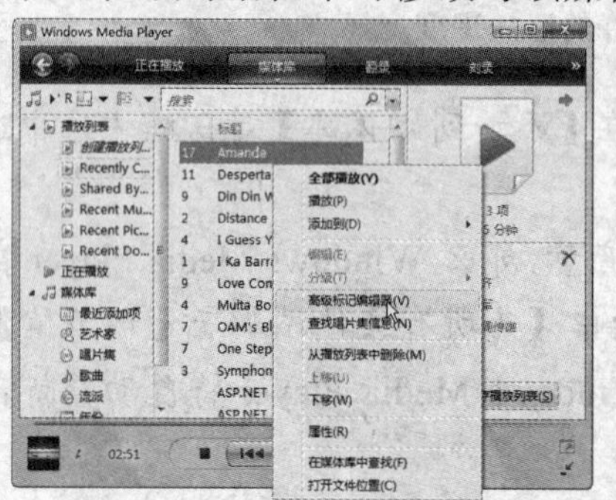
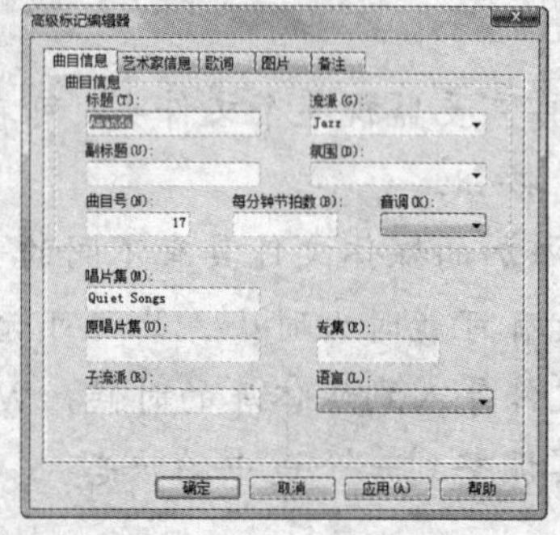

图 7-7　编辑媒体的元数据

当媒体库中包含太多的媒体文件时，如何从中快速找到自己所需的内容呢？Windows Media Player 提供了搜索功能。在搜索框中输入相应的关键字，Windows Media Player 会动态显示搜索结果，并随着用户的输入而结果越来越精确，如图 7-8 所示。

图 7-8　搜索媒体文件

7.1.3　播放媒体文件

Windows Media Player 默认处于音频模式，媒体库中只能显示音频文件。要播放音频文件，最简单的方法就是双击它。用户也可以右击音频文件，选择更多的播放方式，如图 7-9 所示。

- 播放：可以直接停止当前正在播放的内容，而转为播放选中的歌曲。
- 添加到“正在播放”：可以将选中的音频媒体添加到“正在播放”列表中。这样，等当前播放的内容结束后，即可播放新的内容。
- 添加到：可以将选中的媒体添加到某个播放列表中。
- 分级：设置媒体文件的等级信息，等级越高，表示越喜欢这个文件。对于喜欢的内容，可将其设置为较高的等级。
- 查找唱片集信息：如果被选中的歌曲信息有变化，那么可以使用该命令在网上更新歌曲信息。
- 粘贴唱片集画面：如果用户已经为选中的内容准备了唱片集画面，则可以首先将图片复制到剪贴板中，然后单击该命令，Windows Media Player 会自动使用剪贴板中的图片作为选中内容的封面。
- 更新唱片集信息：如果选中歌曲的信息不完整，例如缺少封面或者曲目信息，那么可以使用该命令从网络上更新。
- 删除：使用该命令可以将选中的歌曲从媒体库或者本地硬盘上删除。
- 打开文件位置：使用该命令可以自动打开 Windows 资源管理器窗口，并在里面显示被选中歌曲对应的文件。

如果要播放视频媒体，则需要将 Windows Media Player 切换到视频模式下。单击窗口左上方工具栏下的模式切换按钮，选择【视频】命令，如图 7-10 所示。

图 7-9　音频文件的播放选项　　图 7-10　将 Windows Media Player 切换到视频模式下

在播放视频文件时，Windows Media Player 还有一个专用的功能：全屏模式。在播放视频时，双击画面即可进入全屏模式。进入全屏模式后，屏幕上将只显示播放的视频内容，而自动隐藏其他窗口和 Windows Media Player 的播放控件。在全屏模式下，只要移动鼠标，屏幕下方就会显示播放控件。用户可以进行播放、暂停、静音等多种操作。

Windows Media Player 的全屏模式还具有锁定功能，用户可以设置一个 4 位数字的密码，将全屏模式锁定。而如果希望退出全屏模式，则需要提供正确的密码。要使用锁定功能，可单击屏幕右下角的【锁定】按钮，然后在右侧输入 4 位密码即可。

7.1.4 播放设置

在播放媒体文件时，通过设置 Windows Media Player 可以获得更好的播放效果。

1. 增强功能面板

默认情况下，Windows Media Player 的增强功能面板是关闭的。打开【正在播放】选项卡，依次单击【增强功能】|【显示增强功能】命令，Windows Media Player 中会显示一个增强功能面板，如图 7-11 所示。Windows Media Player 提供的增强功能有颜色选择器、图形均衡器等。单击按钮和，可在不同的增强功能间切换。

(1) 颜色选择器

图 7-11 中打开的便是颜色选择器，通过拖动上面的滑块可对应调整视频图像的颜色和饱和度。

(2) 图形均衡器

用于调整不同频率声音的增益，如图 7-12 所示。如果对音质的要求比较高，那么可以在此进行调节，以便得到不同风格的音质。用户也可以单击【默认】链接，从预设方案中选择自己喜欢的风格。

图 7-11 显示增强功能面板

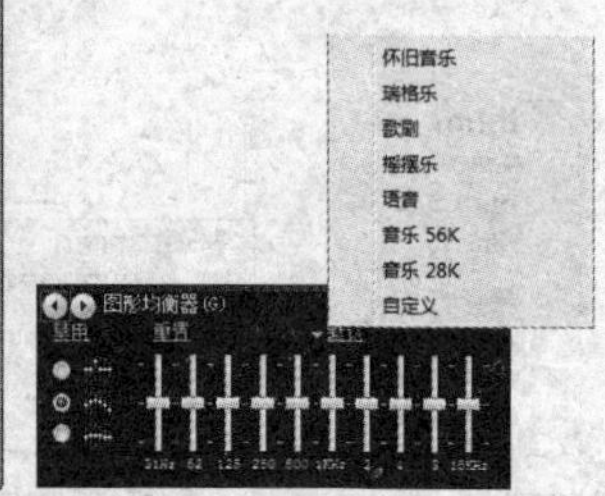

图 7-12 图形均衡器

(3) 播放速度设置

该功能可帮助用户快速跳过不喜欢的视频内容，甚至是伴音。如图 7-13 所示，向左拖动滑块可以减慢播放速度，向右则可以加快播放速度。这样一来，感兴趣的内容可以正常播放，甚至减慢速度仔细欣赏。不喜欢的则可以快速跳过。

(4) 安静模式

启用该功能后，Windows Media Player 会自动调整音频文件中最高音和最低音之间的差别。例如，如果有一段音频文件中的主要声音很小，但偶尔有一些比较大的声音出现，那么当播放较大的声音时，Windows Media Player 会自动降低这些声音的音量。【中等差别】和【微小差别】表示音量被降低的不同程度，如图 7-14 所示。

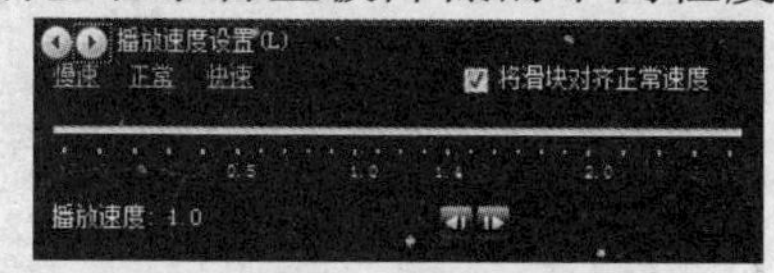

图 7-13　播放速度设置

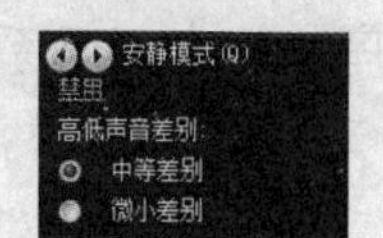

图 7-14　安静模式

(5) SRS WOW效果

启用该功能可以提升音频文件的播放效果。SRS 可以让音响发出更加立体的声音效果，而 WOW 可以在很小的音响上产生增强的低音效果。用户可以单击【标准扬声器】链接，然后选择适合自己的声音输出方案。除此之外，还可以通过拖动【TrueBass】和【WOW 效果】两个滑块对这两个功能进行微调，如图 7-15 所示。

(6) 视频设置

如图 7-16 所示，可设置视频图像的色调、亮度、饱和度和对比度。

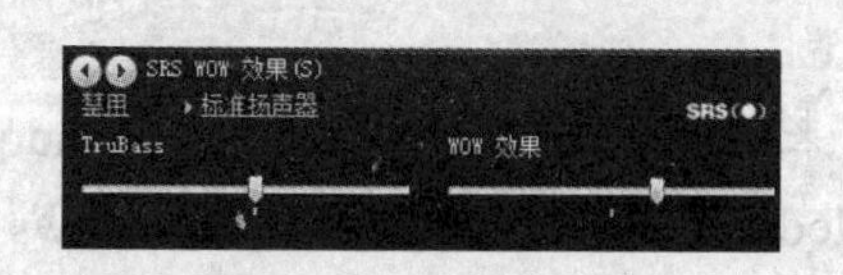

图 7-15　SRS WOW 效果

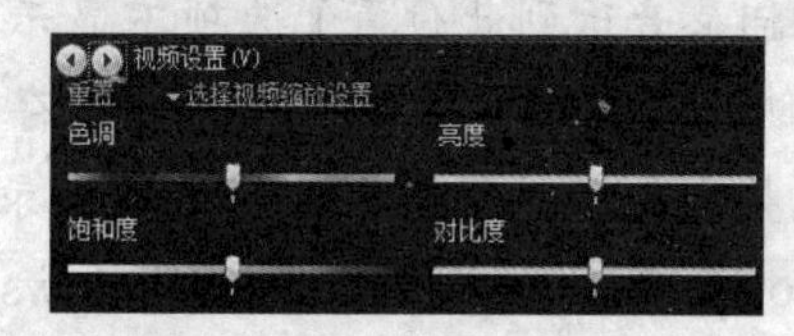

图 7-16　视频设置

(7) 交叉淡入淡出和音量自动调节

在听音乐的时候，启用【交叉淡入淡出】功能后，当前一首歌曲播放到结尾的时候声音会渐渐由大到小淡出，同时下一首歌的声音会由小到大淡入，直到完成两首歌的切换。拖动该功能下方的滑块，可以确定两首歌之间淡入淡出的时间，如图 7-17 所示。

启用【音量自动调节】功能后，如果当前正在播放的声音中有大有小，那么 Windows Media Player 会在播放的时候使用统一大小的音量。从而避免了在同样的系统音量设置下，一首歌的声音很大，而另一首歌的声音太小听不清楚。

2. 可视化效果

所谓可视化效果，实际上就是在屏幕上显示一些随着音乐节奏产生变化的图形效果。Windows Media Player 自带了许多可视化效果，在播放音频媒体时，单击【正在播放】|【可视化效果】下的选项，即可打开相应的可视化效果，如图 7-18 所示。

图 7-17　交叉淡入淡出和音量自动调节

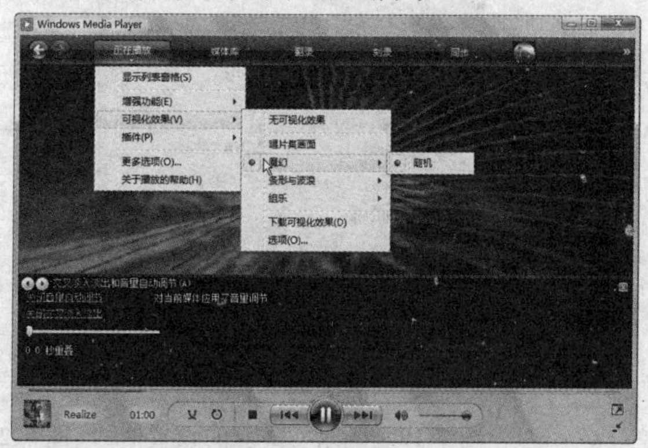

图 7-18　启用可视化效果

虽然可视化效果好看，但如果大部分时间让 Windows Media Player 在后台播放音乐，同时还运行其他程序，将会影响系统的性能。

7.1.5 翻录 CD

许多读者可能都有收藏 CD 的爱好，对于大量的 CD，可以选择将它们翻录到计算机中，并保存为数码格式的音乐文件。这样用户就可以随时播放自己的收藏，而不用担心每次播放 CD 对 CD 和光驱的损耗。

例 7-2 从 CD 上翻录音乐。

❶ 在进行翻录之前，用户需要首先根据自己的需求对 Windows Media Player 进行一些设置。当然，采用 Windows Media Player 默认的设置进行翻录也是不错的选择。运行 Windows Media Player，单击【翻录】|【更多选项】命令，打开【选项】对话框，然后切换到【翻录音乐】选项卡，如图 7-19 所示。

❷ 在【翻录音乐到此位置】选项下显示了翻录出来的音乐文件默认的保存位置，用户可以单击右侧的【更改】按钮选择其他保存位置。

❸ 在【格式】下拉菜单中可以选择翻录出来的音乐文件的压缩格式：Windows Media 音频、Windows Media Audio Pro、Windows Media 音频(可变比特率)、Windows Media 音频无损、MP3、WAV。除了最后的 WAV 格式外，其他的均为有损压缩。通常情况下，建议用户选择使用【Windows Media 音频(可变比特率)】压缩格式，因为这种格式的压缩率是动态变化的，可以在音乐内容丰富的时候自动使用较高的比特率，而在音乐内容不是那么丰富的时候使用较低的比特率。

❹ 选择好一种压缩格式后，选项卡的下方将出现调整压缩率的滑块。根据选择压缩格式的不同，滑块的可调整范围不同。这里建议用户不要启用【对音乐进行复制保护】复选框，因为选中后，翻录的歌曲就只能在该计算机上播放了。而且重装系统后，如果没有备份个人证书，这些文件也无法播放。设置好所有选项后单击【确定】按钮，就可以开始翻录了。

❺ 将 CD 放入光驱后，系统会弹出【自动播放】对话框，如图 7-20 所示。

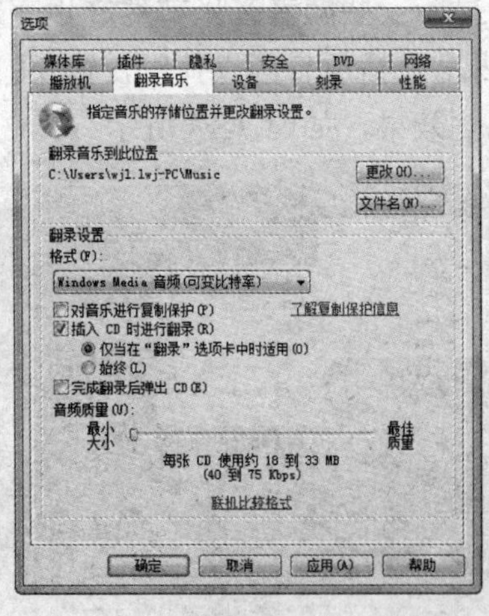

图 7-19　翻录 CD 前的设置

图 7-20　【自动播放】对话框

❻ 虽然【自动播放】对话框提供有进行翻录的选项，但建议用户通过 Windows Media Player 中的功能进行翻录。打开 Windows Media Player，在工具栏单击【翻录】按钮，切换到【翻录】选项卡。

❼ 如果计算机已经连接到 Internet，那么 Windows Media Player 会自动在网络上搜索当前 CD 的详细信息并显示出来。如果这些信息是正确的，直接单击窗口右下角的【开始翻录】按钮，即可进行翻录。

❽ 如果大部分信息是正确的,但少量信息有问题,则可以直接在有问题的信息上右击，从快捷菜单中单击【编辑】命令对其进行修改。

❾ 如果所有信息都是错误的，或者 Windows Media Player 根本没有找到相关内容，那么可以在 CD 封面图片上右击，从快捷菜单中单击【查找唱片集信息】命令。随后会自动打开一个窗口，其中显示了 Windows Media Player 查找到的唱片集信息。用户可以单击【编辑】按钮对信息进行编辑，也可以单击【搜索】按钮进行重新搜索。完成后，再进行翻录即可。

7.1.6 媒体库同步

许多时候，用户需要将媒体库中的音乐复制到 MP3 等便携设备上，但由于媒体库与这些便携设备上媒体播放的不统一，导致保持两者一致比较麻烦。例如，魅族 MiniPlayer 只能播放 355kbit/s 的 WMA VBR 格式的音乐，蓝魔 MP4 只能播放 AVI 格式的 16：9 宽屏视频。Windows Media Player 提供了与各种便携设备的同步功能，下面以一款 MP3 为例，介绍同步是如何完成的。

例 7-3　将硬盘上的媒体文件同步到 MP3 上。

❶ 将便携设备连接到计算机，启动 Windows Media Player，打开【同步】选项卡，窗口的右上方显示了当前连接的设备，以及设备的存储空间情况，如图 7-21 所示。

图 7-21　【同步】选项卡

❷ Windows Media Player 支持两种同步方式：自动同步和手动同步。如果用户不知道想要同步哪些内容，而只希望 Windows Media Player 能够自动用一些媒体文件装满自己的播放器，那么就可以选择自动同步方式。如果用户是有目的的，则可以用手动方式同步某种类型的、某个歌手的，或者某张唱片中的媒体文件。要使用自动同步，可单击【同步】|【可移动磁盘(便携设备名称)】|【设置同步】命令，打开【设备安装程序】对话框。

❸ 选中【自动同步此设备】复选框，然后将左侧要同步的播放列表添加到右侧列表框中，如图 7-22 所示。如果现有的列表不能满足需要，那么可以单击【新建自动播放列表】按钮来根据实际需要创建列表。

❸ 单击【完成】按钮，Windows Media Player 会自动开始同步过程。同步的速度取决于同步内容的多少以及是否需要对媒体文件进行再次压缩。

❹ 如果用户希望有目的地同步一些内容到播放器，则可以采用手动方式。在 Windows Media Player 的【同步】选项卡，将想要同步的文件拖动到窗口右侧的同步列表中，如图 7-23 所示。随着文件的添加，窗口右上角的设备图标下将会持续统计设备上的剩余空间。

❺ 单击【开始同步】按钮，Windows Media Player 将开始进行同步。对于比特率已经满足要求的文件，会被直接复制到播放器；而对于比特率高于设置的文件，则首先对其进行压缩，然后复制到播放器中。

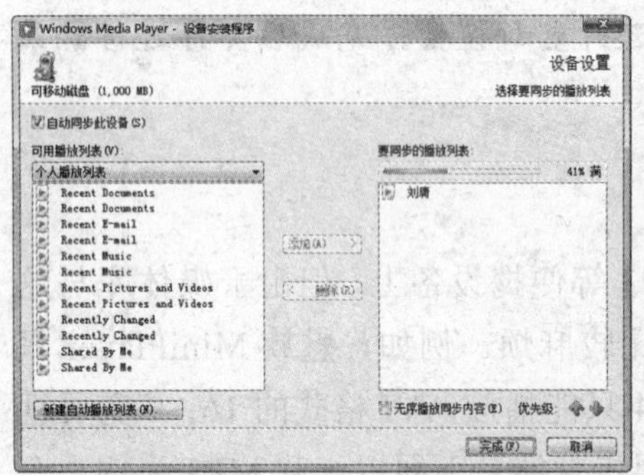

图 7-22 使用自动同步功能

图 7-23 手动设置同步

什么比特率？

比特率是指将声音由模拟格式转换为数字格式的采样率，采样率越高，还原后的音质就越好，但编码后的文件也越大。

除了上面所介绍的功能外，Windows Media Player 11 还支持媒体库共享和刻录功能。通过媒体库共享，可以让计算机成为一台多媒体文件服务器，供不同的终端(计算机或其他媒体播放器)来使用。刻录功能则允许用户将媒体影音文件刻录成音频 CD 光盘或文件光盘。关于这些功能的详细用法，本书由于篇幅所限不再介绍，读者可参阅相关书籍。

7.2 Windows 照片库

在 Windows Vista 中，Windows 照片库取代了传统的“Windows 图片和传真查看器”。它提供了更强大的功能，不仅可以对照片进行浏览，还可以进行分类、管理和简单的编辑处理。

单击【开始】|【所有程序】|【Windows 照片库】，可以直接启动程序。如果用户选择将照片导入到 Windows 照片库，也可以启动该程序，其界面如图 7-24 所示。

图 7-24　Windows 照片库界面

7.2.1　导入照片

当前，获取数字照片有多种方式，可以使用扫描仪来扫描传统照片，也可以直接从数码相机导入拍摄好的数码照片。由于数码相机已经广泛使用，所以下面以从数码相机导入照片为例进行介绍。要想将照片从数码相机导入到计算机，首先要确保数码相机的 USB 功能被设置为读卡器模式，通过 USB 连线连接到数码相机，数码相机会被识别为“可移动磁盘”。这样就可以像本地磁盘一样对文件复制、粘贴等。

如果是第一次将数码相机连接到计算机，Windows Vista 会首先安装该设备的驱动程序。这个过程是自动的，因为 Windows Vista 可以支持大量不同种类的外部设备。安装好驱动后，可以看到图 7-25 所示的【自动播放】对话框。

- 导入图片：可以打开 Windows 照片库并将照片导入到计算机。
- 观看图片：分两种方式。如果使用 Windows 方式，则使用 Windows 照片库显示数码相机中的图片，但不将照片导入到计算机中，而是继续保留在数码相机中；如果使用 Windows Media Center 方式，则打开 Windows Media Center 浏览照片，照片同样继续保留在数码相机中。
- 打开文件夹以查看文件：使用 Windows 资源管理器打开数码相机的存储卡，可以像操作本地磁盘上的文件一样操作存储卡中的照片。

图 7-25　【自动播放】对话框

如果用户的数码相机符合 ReadyBoost 功能的所需条件，【自动播放】对话框中会显示【加速我的系统】选项，单击该选项可以启用 Windows Vista 的 ReadyBoost 功能。如果用户希望每次连接数码相机后都采取同一个默认操作，可选中【始终为图片执行此操作】复选框。

单击【导入图片】命令，系统会对设备进行扫描，找出其中所有支持的图形和视频文件格式，并统计出文件数量，然后显示图 7-26 所示的对话框，要求用户对图片进行标记。

单击【选项】链接，可打开【导入设置】对话框。在该对话框中，可设置照片的来源，可选的有相机、CD 和 DVD，以及扫描仪。系统默认将照片保存到“图片”文件夹，可单击右侧的【浏览】按钮进行更改。通过【文件夹名】下拉列表框可设置导入后文件所在文件夹的命名规范，通过【文件名】下拉列表框可设置导入后照片文件的命名规范，如图 7-27 所示。在【其他选项】区域还可以根据实际需要设置导入时是否提示标记，导入后是否从相机中删除照片等。

图 7-26　设置导入照片的标记

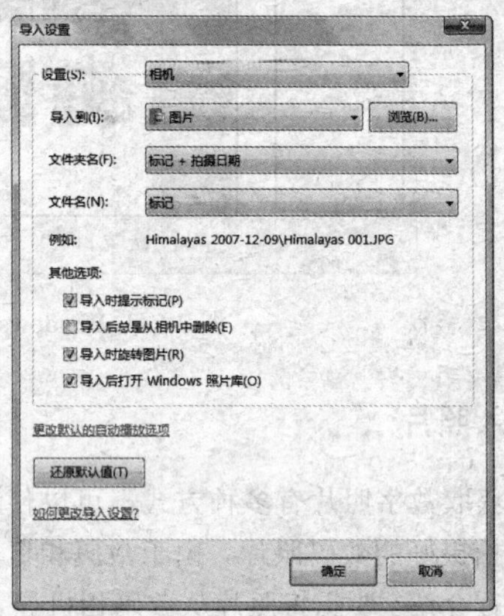

图 7-27　【导入设置】对话框

提示：标记可以理解为“主题”，是用于说明照片内容的描述词语，使用标记有利于照片的管理。例如，用户去庐山旅游并拍摄了许多照片，那么就可以用“庐山之行”作为这些照片的标记。

单击【导入】按钮，可以看到图 7-28 所示的进度窗口，这里可以预览到当前正在导入的照片的缩略图。导入完成后，系统会自动打开 Windows 照片库，显示之前导入的照片。

默认情况下，所有保存在“图片”文件夹下的文件都会被自动导入到 Windows 照片库中，对于保存在其他位置上的图片，可以通过以下方式导入到 Windows 照片库中。首先，启动该程序，然后单击【文件】|【将文件夹添加到图库中】命令，打开【将文件夹添加到图库中】对话框，选中要添加的文件夹，单击【确定】按钮即可，如图 7-29 所示。添加后的文件夹会自动出现在图库中，只要这些文件夹的路径和名称没有发生变化，就一直可以在 Windows 照片库中查看。

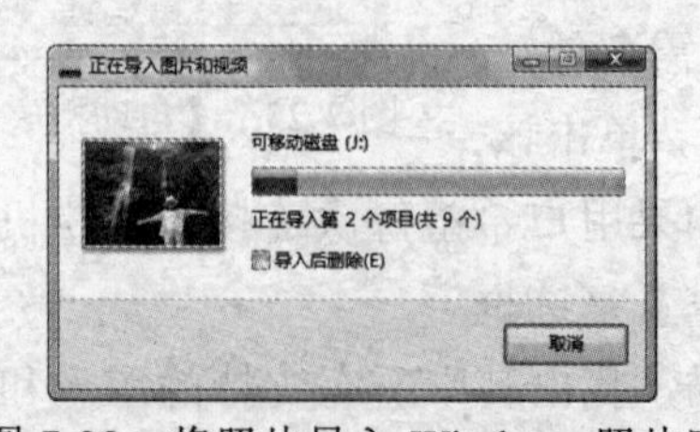

图 7-28　将照片导入 Windows 照片库

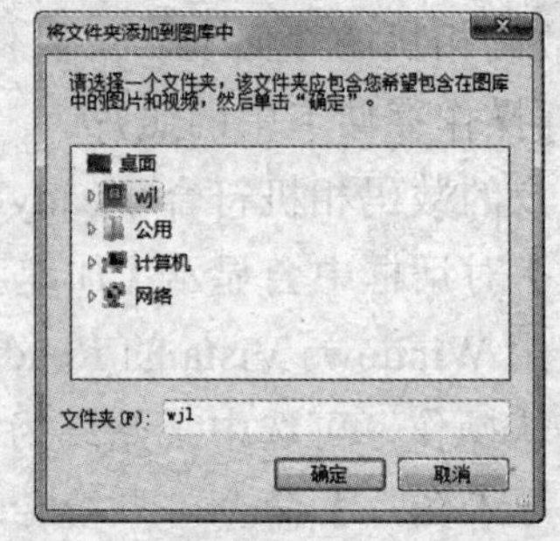

图 7-29　将其他位置的图片导入 Windows 照片库

7.2.2　浏览照片

在 Windows 照片库中浏览照片的方式有很多，但总的来说可以分为缩略图浏览和幻灯片浏览两种方式。

1. 缩略图浏览

启用 Windows 照片库程序后，该程序默认即处于缩略图模式下。用户可在导航窗格按照片的标记、拍摄日期、分级等不同方式进行浏览。即使是存储在本地磁盘上的其他位置的照片，也可以在导航窗格选中相应的文件夹，程序将自动以缩略图形式显示其中的照片。在中间的预览区选择某个图片，还可以观察到其预览效果，如图 7-30 所示。

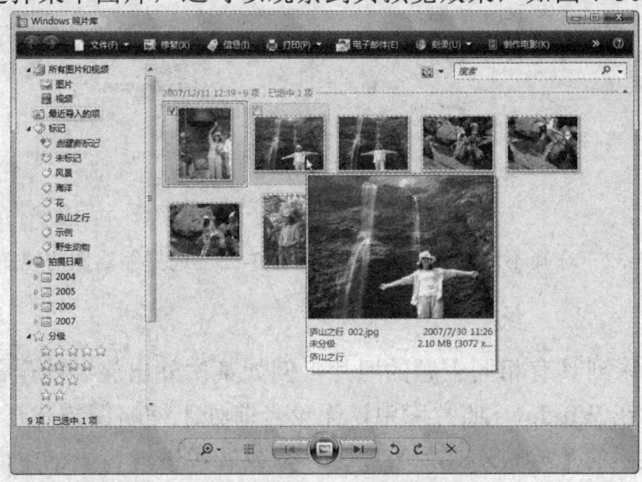

图 7-30　以缩略图形式查看照片

如果要查找某个照片，可在搜索框中输入关键字进行检索。双击某个图片，可查看其详细信息，如图 7-31 所示。通过下面的播放控制区，可放大、缩小或旋转照片，并可在不同的照片间进行切换。

图 7-31　完整查看照片信息

在缩略图模式下，Windows 照片库会将当前缩略图的分组依据以目录的形式显示出来。如果想要切换到其他的目录，则只需要改变分组方式即可。单击工具栏的【回到照片库】命令，然后在缩略图区域的空白处右击，从快捷菜单中单击【分组】下的命令即可，如图

7-32 所示。除了可以更换缩略图的分组方式外，用户还可以选择缩略图的显示方式。单击搜索框左侧的【选择缩略图视图】按钮，可在缩略图、带有文本的缩略图和平铺这 3 种视图方式间切换，如图 7-33 所示。

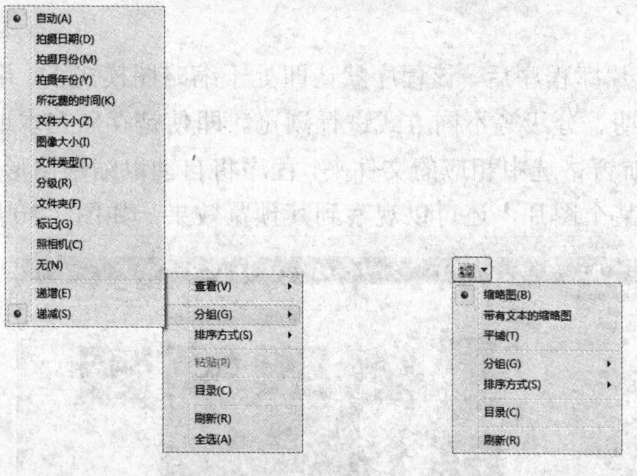

图 7-32　选择不同的分组方式　　　图 7-33　选择缩略图的视图方式

2. 幻灯片浏览

如果需要浏览一系列具有相同主题的照片，例如某次外出旅游的全部照片，那么可使用幻灯片浏览方式。在 Windows 照片库中，无论当前处于缩略图模式还是完整查看模式，都可以单击底部控制栏的【放映幻灯片】按钮，或者按下键盘上的 F11 键来启动幻灯片放映程序。启用该程序后，会自动进入全屏模式，开始播放当前文件夹中保存的所有图形和视频文件。通过屏幕底部的控制按钮，可设置放映主题，并在幻灯片间进行切换。

在幻灯片模式下浏览照片时，单击【主题】按钮，可选择不同的主题来播放幻灯片。单击【选项】按钮，可设置幻灯片的切换速度以及是否循环播放幻灯片，还可以决定在遇到视频文件的时候是否播放视频中的声音。

提示：Windows 照片库虽然是照片库程序，但对视频的浏览和放映效果也很出众。

7.2.3　管理照片的标记

在向 Windows 照片库中导入照片的时候，可以为这些照片指定统一的标记。如果这些照片的内容不一致，用户可以选择在 Windows 照片库中为照片指定更灵活的标记。首先启用 Windows 照片库，选中所有希望指定同一标记的照片，然后单击【信息】窗格中的【添加标记】链接，输入希望使用的标记即可。

可以给照片添加类似“庐山之行/大山”这样的标记，使用这样的标记，更有利于照片的管理。打开左侧导航窗格的标记节点，可以发现以关键字或词组形式指派的标记，可以使照片以层级结构的文件夹那样进行组织和管理，如图 7-34 所示。单击某个关键字标记，即可浏览该标记的所有照片。

如果用户需要删除某个标记，可在该标记上右击，从快捷菜单中单击【删除标记】命令即可。

图 7-34 使用标记来组织和管理照片

7.2.4 图像的简单编辑

虽然 Windows 照片库的照片编辑功能远远比不上 Photoshop 等专业的图像处理软件，但对于普通用户而言，这已经足够了。用户可以在【信息】窗格中修改文件名、拍摄日期、照片分级，添加标记或标题等，这些都是搜索照片的条件。还可以对照片的色彩、亮度、对比度、红眼等进行处理，以使数码相片达到最佳的效果。而且这些修复效果都是实时预览的，用户可以随时撤销，以恢复到原来的样子。

选中需要修复的照片，单击工具栏的【修复】按钮，可在打开的窗口中选择要进行的修复操作，如图 7-35 所示。Windows 照片库支持 5 种类型的修复，每完成一种类型的修复，该类型右侧将出现一个“√”标记，表示这个修复已经完成。单击窗口右下角的【撤销】按钮可以撤销最后一步的修复，单击【恢复】按钮可以恢复最后一次被撤销的操作。单击【撤销】或【恢复】按钮右侧的小箭头，弹出菜单中列出了所有可以被撤销或恢复的操作，只要单击即可返回或恢复到进行这一步时的照片状态。如果单击其中的【恢复为原始图片】命令，可将照片恢复到编辑前的最原始状态。

图 7-35 Windows 照片库提供的照片修复工具

1. 制作照片副本

在对照片进行编辑时，之所以能够将照片恢复为最原始的状态，是因为照片副本的存在。单击【文件】|【制作副本】命令，在打开的对话框中选择副本保存的位置和名称，单击【保存】按钮，如图 7-36 所示。事实上，只有保存了照片的副本后，【恢复为原始图片】命令才可用。

为了不让副本占据太多的硬盘空间，可以让 Windows 照片库每隔一段时间就自动删除副本文件。将 Windows 照片库切换到缩略图模式，单击【文件】|【选项】命令，打开【Windows 照片库选项】对话框。切换到【常规】选项卡，打开【在以下操作之后将原始图片移至回收站】下拉列表，指定一个时间，如图 7-37 所示。单击【确定】按钮，这样，每当一张照片的副本被创建超过这个指定的时间后，Windows 照片库就自动将其删除。

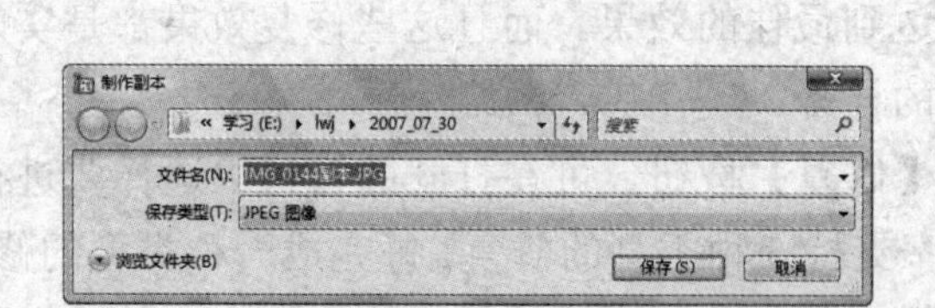

图 7-36　制作照片副本

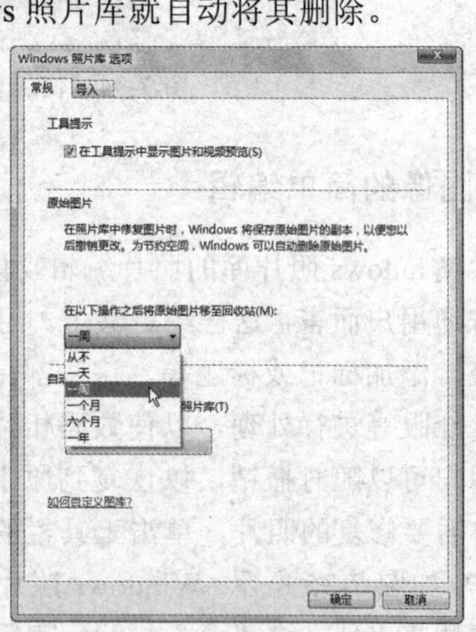

图 7-37　指定副本保留的时间

2. 旋转照片

有时为了获得更好的构图，我们在拍摄一些景色时可能会将相机顺时针或逆时针旋转 90 度拍摄。在 Windows 照片库中浏览这些照片时，可以单击工具栏的【顺时针旋转】按钮或【逆时针旋转】按钮，对照片进行旋转以方便浏览。对照片旋转后，照片会自动保存，这样下次浏览时就不用再进行旋转了。

3. 自动调整

当用户打算修复照片的曝光或色彩时，建议首先使用该功能。该功能会根据特定的算法自动调整照片的曝光和色彩。

4. 调整曝光

当照片由于闪光灯不足或忘记关闪光灯而导致画面太暗或光线太强时，可使用调整曝光功能。单击【调整曝光】按钮后，修复面板上会出现两个滑竿，拖动这两个滑竿，可分别调整图像的亮度和对比度，如图 7-38 所示。

5. 调整颜色

使用该功能，可以将照片的颜色调整成比较特殊的风格，例如黑白老照片，或者泛黄的旧照片等。单击【调整颜色】按钮，可调整图像的色温、色彩和饱和度，并尝试不同的排列组合，以找到最满意的效果，如图 7-39 所示。

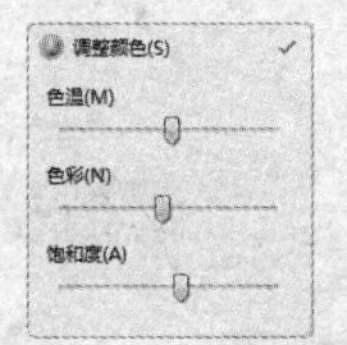

图 7-38　调整图像的曝光　　　　图 7-39　调整图像的颜色

6. 剪裁图片

当用户拍照时，可能会因为突发事件将一些不希望要的内容拍到了照片中，而我们又希望保留这张照片。此时，将照片导入到 Windows 照片库中后，可以用裁剪功能将不需要的内容剪掉。选中目标图片，打开修复面板，单击【剪裁图片】按钮，首先在【比例】下拉菜单中选择要使用的裁剪框的大小。此时，照片上会出现一个可以拖动的选择框，用户可以调整该框的大小。框内的照片亮度不变，也就是要保留的内容；而框外的内容变暗，即要被裁掉的内容，如图 7-40 左图所示。然后单击【应用】按钮即可，如图 7-40 右图所示。

图 7-40　裁剪图片

7. 消除红眼

在暗处使用闪光灯的时候很容易出现红眼，在 Windows 照片库中，处理起来也比较简单。单击【修复红眼】按钮，然后按住鼠标在出现红眼的眼睛上拖动，软件就会自动调整选中区域的颜色。

7.2.5　照片的共享

Windows Vista 可以单独设置媒体共享，可共享的媒体文件包括音乐、图片和视频。共享既可以在相应的程序中实现，也可以在【网络和共享中心】控制台来完成。

打开 Windows 照片库，单击【文件】|【与设备共享】命令，打开【媒体共享】对话框，如图 7-41 所示。选中【共享媒体的位置】复选框后，在列表框中选中网络中希望允许访问共享媒体的计算机，单击【允许】按钮。然后单击【确定】按钮，在打开的对话框中单击【设置】按钮，在打开的对话框中设置媒体共享的名称和要共享的类型、分级，最后单击【确定】按钮，如图 7-42 所示。

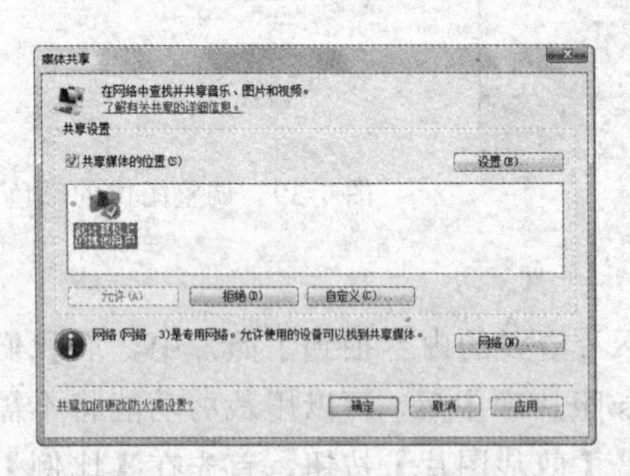

图 7-41　【媒体共享】对话框

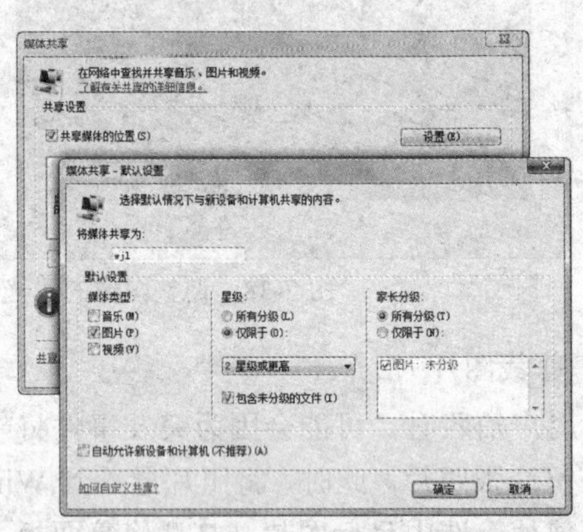

图 7-42　设置媒体共享的名称、类型等

在桌面上双击【网络】图标，从中可以看到被共享的媒体，如图 7-43 所示。双击共享媒体图标将自动打开 Windows Media Player，并连接到远程媒体开始播放。

用户也可以将数码照片打印出来或通过电子邮件进行传送。首先选中要打印的照片，然后单击工具栏顶部的【打印】|【打印】命令，打开【打印图片】对话框。选择要使用的打印机，要设置的纸张大小和打印质量，在右侧的布局列表中还可选择要使用的打印布局。在左下角的【每张图片的份数】微调框中可以设置打印的份数。如果希望打印的画面占满打印纸的全部面积，而不在四周留下白色的边框，可选中【适应边框打印】复选框，如图 7-44 所示。设置完成后，单击【打印】按钮即可。

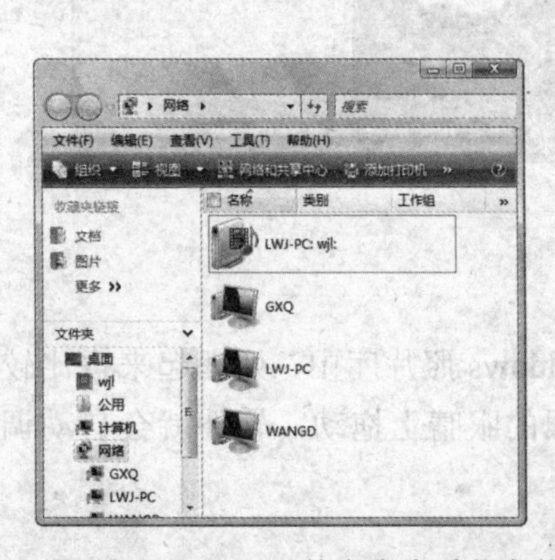

图 7-43　在【网络】文件夹中查看共享的照片

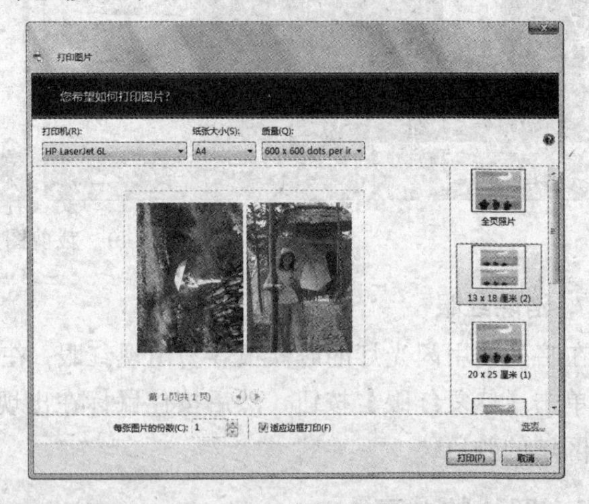

图 7-44　打印照片

当前的数码相机像素越来越高，因而拍摄出来的照片文件也越来越大。一般而言，一

台 800 万像素的数码相机，使用最高分辨率拍摄出来的照片大小在 3MB 以上。如果将如此大的文件通过电子邮件发送，速度会很慢。而且当对方电子邮箱容量有限时，还会影响到对方邮箱的使用。Windows 照片库为用户通过电子邮件发送照片提供了便利。

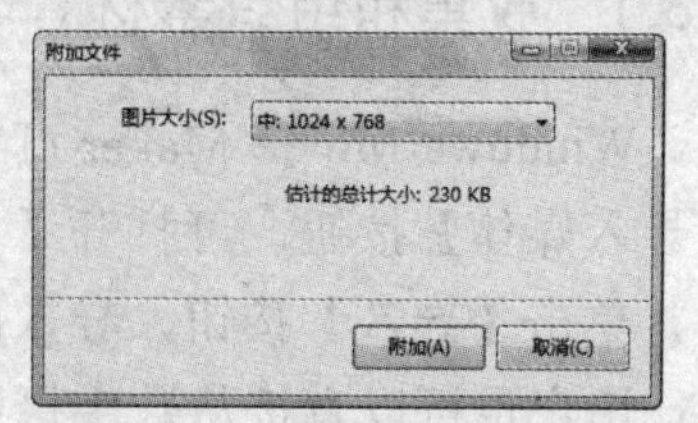

图 7-45　附加并设置照片大小

选中要通过电子邮件传送的照片后，单击工具栏中的【电子邮件】按钮，将打开【附加文件】对话框，可在【图片大小】下拉列表框中选择合适的分辨率大小。下方将按照当前设置，估计照片被缩小后的大小，如图 7-45 所示。设置好之后，单击【附加】按钮，稍等片刻，系统将自动打开默认的电子邮件客户端程序并新建一个电子邮件，其中附加了要传送的照片。

7.3　Windows Movie Maker

Windows Movie Maker 是一个小型的电影制作程序，可以将图片、音乐、视频导入到计算机中，安排故事情节，添加效果后，将最终结果输出成多种格式的电影文件。Windows Movie Maker 十分适合普通的用户制作数字媒体时使用。单击【开始】|【所有程序】|【Windows Movie Maker】，可启用该程序，其窗口组成如图 7-46 所示。

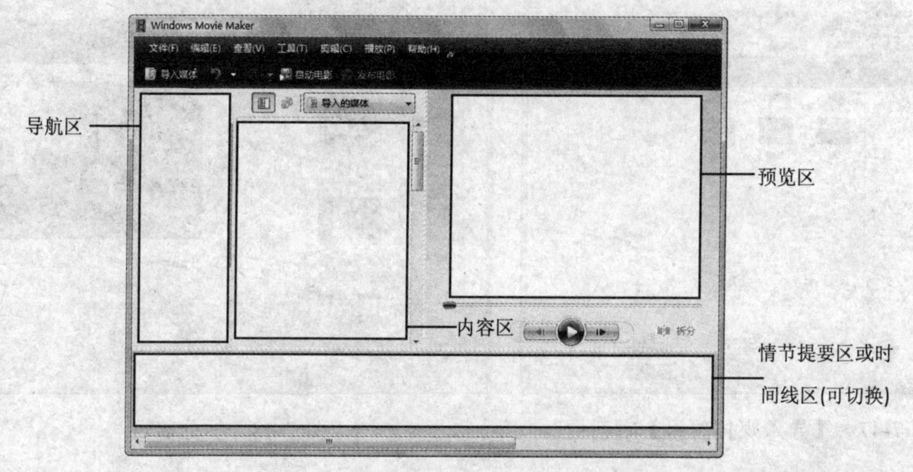

图 7-46　Windows Movie Maker 界面

提示：导航区和收藏区是同一个窗格，用户可通过【查看】菜单下的相应命令进行切换。内容区可分为导入的媒体、效果和过渡 3 种，可通过【导入的媒体】下拉列表框进行切换。情节提要区和时间线区也是可以互换的，单击【查看】菜单下的相应命令即可。

利用 Windows Movie Maker 创建电影的过程分为输入、处理和输出这 3 个主要阶段，具体如下：

❶ 获得和组织原材料(输入)。

❷ 在【情节提要】或【时间线】区安排原材料，同时添加视频过渡和视频效果、声音、标题等(处理)。

❸ 按照【情节提要】或【时间线】区中的排列顺序，将所有内容导出为完整的电影(输

出)。

7.3.1 收集和组织素材

Windows Movie Maker 可导入的媒体素材包括视频、图片和音乐。只需在工具栏单击【导入媒体】按钮，可打开【导入媒体项目】对话框。选中要导入的视频、图片或音乐文件，单击【导入】按钮，导入的素材被添加到【内容】区，如图 7-47 所示。

用户也可以直接从数字摄影机中将拍摄的视频导入到 Windows Movie Maker 中，但需要首先将 DV 连接到计算机的 1394 或 USB 接口，并将 DV 设置成播放状态。然后单击【导航】区的【从数字摄影机】选项，Windows Vista 会很快识别并自动打开导入向导。用户只需按照提示将视频导入即可。

注意：Windows Movie Maker 可支持大部分的媒体格式，如果在导入素材的过程中遇到不支持的媒体格式，则可利用第三方软件将其转换为 Windows Movie Maker 支持的格式后再导入。另外，一些视频媒体可能还需要相应的视频编码器才可以正确导入。

对于导入的素材，用户可在【内容】区对其重命名、删除等。对于视频和音频剪辑，用户还可以对其进行拆分和合并。假如用户需要将某段视频拆分成两段，可首先在【内容】区选中它，然后在【预览】区对其进行播放。当到达合适位置时单击【预览】区的【拆分】按钮，即可将剪辑分成两段，如图 7-48 所示。

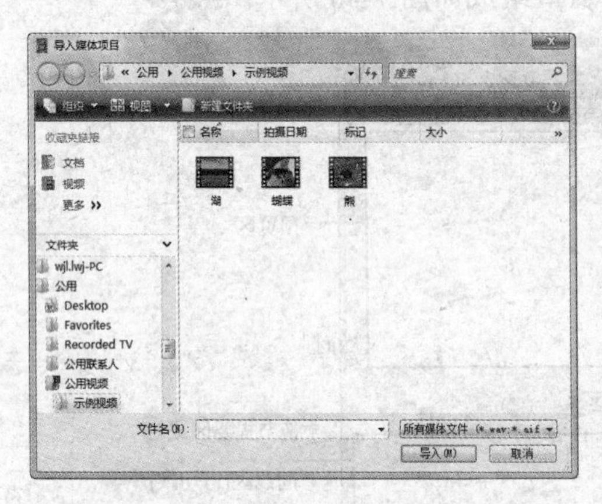

图 7-47 【导入媒体项目】对话框

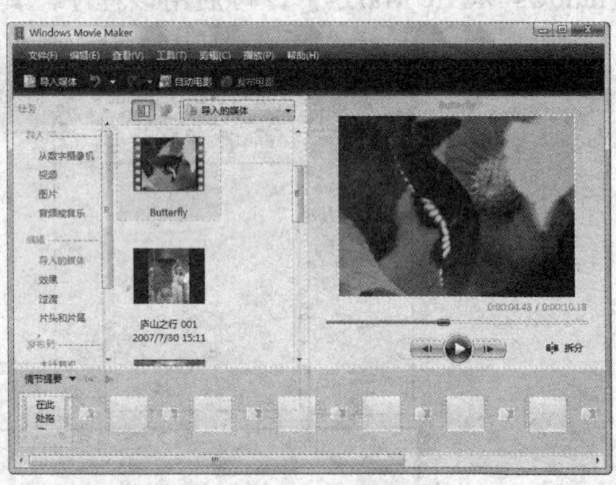

图 7-48 拆分剪辑

用户也可以将两个或两个以上的剪辑合并成一个剪辑，只需在【内容】区选中它们，然后右击，从快捷菜单中单击【合并】命令即可。

注意：拆分和合并并不影响媒体文件在计算机中的存储，它们只是 Windows Movie Maker 对剪辑的组织方式。即使将它们从【内容】区删除，也不会影响实际文件。

7.3.2 安排故事情节

和 Premiere 等其他视频编辑处理软件一样，在电影的制作过程中，情节的安排至关重要。所谓情节安排，就是将导入的剪辑按时间先后顺序拖入到【情节提要】区，如图 7-49 所示。当所有的剪辑被加入到【情节提要】区后，选定该区中的任一剪辑并单击【预览】区的【播放】按钮，即可初步预览整个电影的效果。

如果要将【情节提要】区的某个剪辑删除，可直接右击它，从快捷菜单中单击【删除】命令即可。如果要调整两个剪辑的先后播放顺序，直接用鼠标拖动改变其位置即可。

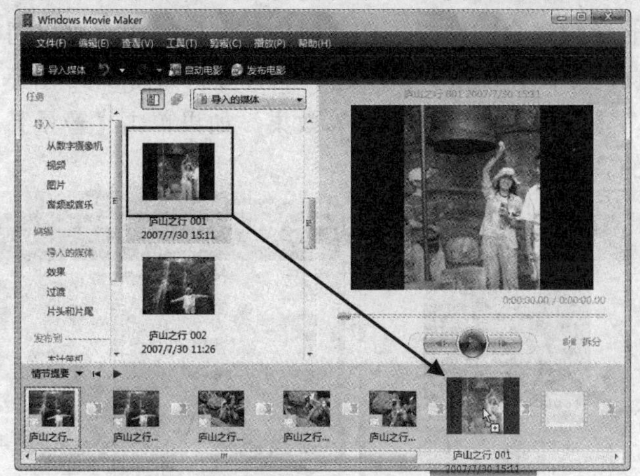

图 7-49　将剪辑拖入【情节提要】区

当用户将音乐添加到【情节提要】区时，系统将提示【情节提要】区被自动转换为【时间线】区，因为【情节提要】区只适合编辑和查看视频及图片剪辑。在【时间线】区可看到不同类型的剪辑按视频、音乐和片头重叠分类排放，如图 7-50 所示。片头重叠轨上的内容将叠加显示到视频轨，例如在视频轨上放一张图片，在片头轨上放一个片头文字，制作好的电影就会出现图片上面有字幕的效果。要调整剪辑的播放长度，可直接拖动剪辑的边框。

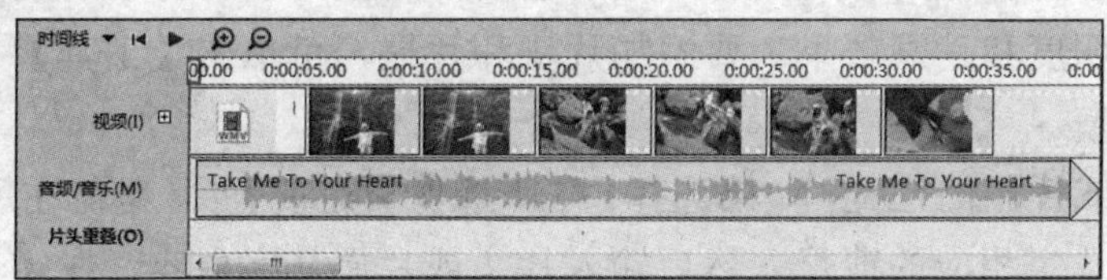

图 7-50　在【时间线】区查看和调节剪辑

7.3.3　设置效果或过渡

将各剪辑的播放顺序和时间安排好后，已经可以算是一个简单的小电影了，但这缺乏专业效果，而仅仅是素材的连接。Windows Movie Maker 还提供了丰富的效果和过渡，以增强电影的表现力。

效果可应用于单个的视频或图片剪辑，例如添加一个放大效果给图片，则图片在播放时就会由远而近逐步变大。过渡则用于两个相邻的剪辑之间，又称为“转场”。例如将一个“多星，五角”过渡添加到两个剪辑之间，则在播放完第一个剪辑后将通过多星、五角的方式过渡到第二个剪辑。要添加效果或过渡，可在【导航】区单击【效果】或【过渡】选项，然后在【内容】区拖动要使用的具体效果或过渡到【情节提要】区的相应剪辑处即可，如图 7-51 所示。

已添加了效果的剪辑上将显示一个五角星标记，将鼠标移到上面可查看具体的效果。如果要删除该效果，直接右击剪辑，从快捷菜单中单击【删除效果】命令即可。过渡则显示在剪辑之间，删除方法与此相似。

对于电影中的音效，通常在【时间线】区进行。因为电影中的音效通常是视频剪辑内含的音频和用户添加的音频融合的结果，在【时间线】区，用户可以清晰地查看视频内含的音频轨。展开视频轨，可查看视频剪辑中包含的音频，如图 7-52 所示。在音频剪辑上右击，可选择【静音】、【淡入】、【淡出】等效果，如果单击【音量】命令，则可在打开的对话框中调节音频的音量。

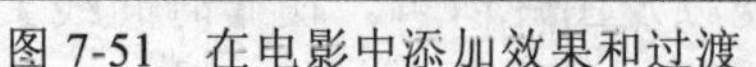
图 7-51　在电影中添加效果和过渡

图 7-52　处理电影中的音效

7.3.4　添加片头与片尾

一个完整的电影通常都具有片头和片尾，它们都是由文字和背景构成的，并配有相应的字体、大小、透明度和动画效果。要添加片头和片尾，可单击【工具】|【片头和片尾】命令，进入编辑环境。

首先选择片头或片尾的位置，如果选择【在所选剪辑之前】或【覆盖在所选剪辑之上】，则请先在时间线上选定相应的剪辑。然后输入片头或片尾文字内容，在【其他选项】下可更改效果。完成后单击【添加标题】按钮即可，如图 7-53 所示。

图 7-53　为电影添加片头和片尾

7.3.5　导出电影

电影的导出有多种格式，用户应根据自己的需要进行选择。直接单击工具栏的【发布电影】按钮，打开【发布电影】向导，如图 7-54 所示。首先选择自己需要的电影格式：选择导出到【DVD】则会自动调用 Windows DVD Maker 完成后期制作；导出到【可录制 CD】将刻录光盘；导出到【电子邮件】可以将电影附加到电子邮件中；导出到【数字摄影机】可以回写到 DV 中，这需要 DV 机支持 DV-IN 功能。

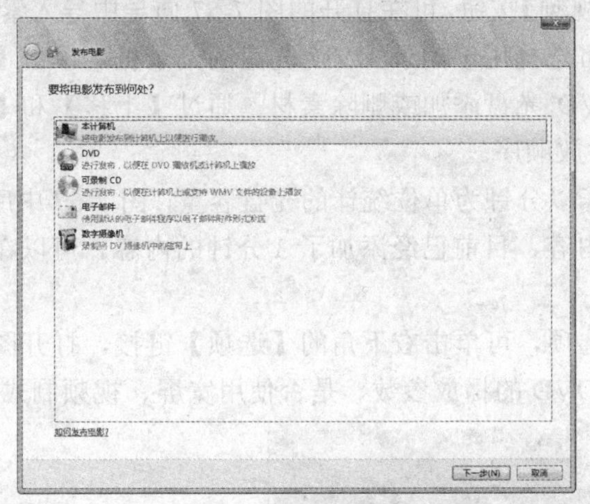

图 7-54　设置电影导出的格式

选择好格式后，单击【下一步】按钮，在打开的对话框中输入电影文件名和存储路径，如图 7-55 所示。单击【下一步】按钮，选择电影的质量和格式，如没有特殊要求，建议保持默认值，最后单击【发布】按钮即可。

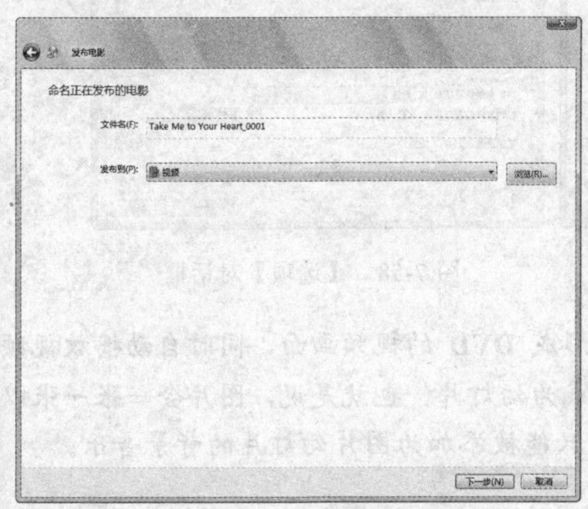

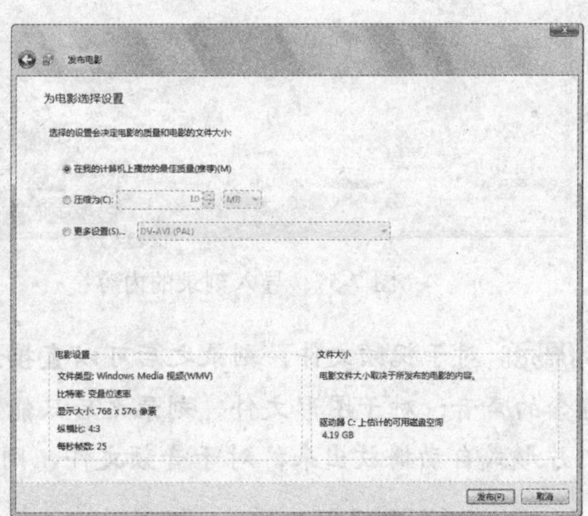

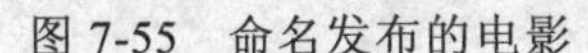

图 7-55　命名发布的电影　　　　图 7-56　选择电影的质量和格式

7.4　Windows DVD Maker

Windows DVD Maker 是一款十分实用的 DVD 制作工具，可以将用户的视频、音乐、照片等快速制作成可以在 DVD 机上播放的视频光盘。当然用户也可以先使用 Windows Movie Maker 制作好电影，然后再将它导入 Windows DVD Maker 中制作成 DVD 光盘。使用 Windows DVD Maker 的前提是用户的机器上必须安装有 DVD 刻录机。

7.4.1 导入素材

单击【开始】|【所有程序】|【Windows DVD Maker】，首先看到的是一个介绍性的页面，单击【选择照片和视频】按钮，可在打开的图 7-57 向导中导入素材。在右上角的【DVD 刻录机】下拉列表框中可选择用于刻录 DVD 光盘的刻录机。单击【添加项目】或【移除项目】按钮，可以向 DVD 光盘添加或删除素材。通过【上移】和【下移】按钮，可调整素材在 DVD 光盘上的播放顺序。

窗口的左下角显示了以分钟为单位统计的光盘容量，图 7-57 中所示的含义是：当前光盘可以容纳 150 分钟的内容，目前已经添加了 3 分钟的内容。可以在【光盘标题】文本框命名要刻录的光盘。

如果需要调整刻录选项，可单击右下角的【选项】链接，打开图 7-58 所示的【DVD 选项】对话框。可设置 DVD 的播放参数、是否使用宽屏、视频制式，以及刻录速度等。

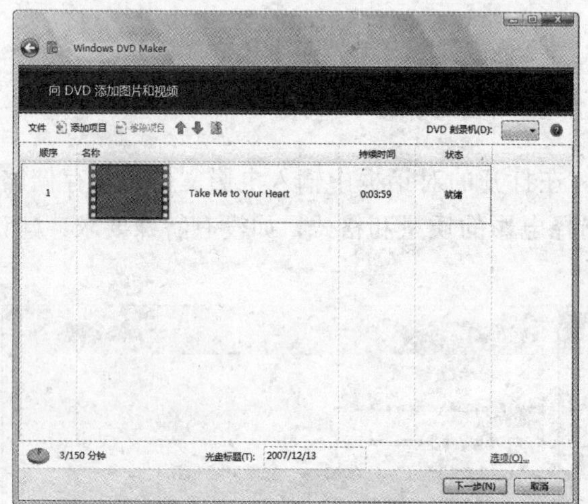

图 7-57 导入刻录的内容

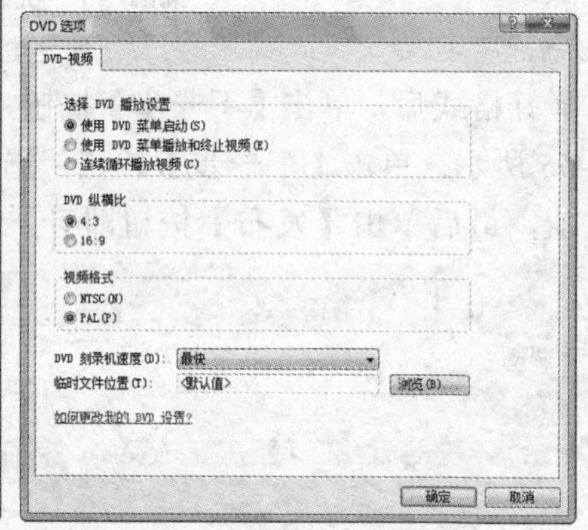

图 7-58 【选项】对话框

提示：对于视频文件，刻录之后可以直接形成 DVD 的视频画面，同时自动播放视频中包含的声音；对于图形文件，刻录之后只能成为幻灯片，也就是说，图片会一张一张以幻灯片形式自动播放出来；对于音频文件，则只能被添加为图片幻灯片的背景音乐。

7.4.2 光盘播放设置

DVD 影碟除了具有更清晰的画面和声音外，最吸引人的地方就是互动的菜单了。如果用户能在自己创建的 DVD 影碟中设置强大而界面美观的菜单，那么作品看起来就更加专业了。利用 Windows DVD Maker 可轻松实现上述功能。

在图 7-57 中单击【下一步】按钮，可打开自定义 DVD 菜单的窗口，如图 7-59 所示。这里内置了许多种菜单样式，用户可直接在右侧的样式中单击选择满意的一个，稍等片刻，中间的预览区将发生相应的变化。

如果需要调整菜单的文字，可单击窗口上方的【菜单文字】按钮，打开如图 7-60 所示的界面。在左侧部分可设置光盘的标题、播放按钮、场景按钮以及注释按钮和注释内容。满意后单击【更改文本】按钮即可。

图 7-59　选择要使用的内置菜单样式

图 7-60　设置菜单样式

如果需要对菜单的内容进行调整，可以单击窗口上方的【自定义菜单】按钮，并在图 7-61 所示的界面中完成以下设置：调整菜单上文字显示的字体和效果；指定菜单文字在显示之前播放的视频和显示时背景播放的视频；指定在菜单显示过程中播放的背景音乐；指定场景选择界面上的按钮的样式。更改满意后，单击右下角的【更改样式】按钮即可。

对于添加到 DVD 光盘中的图形，可以单击【放映幻灯片】按钮，更改幻灯片的放映方式，如图 7-62 所示。

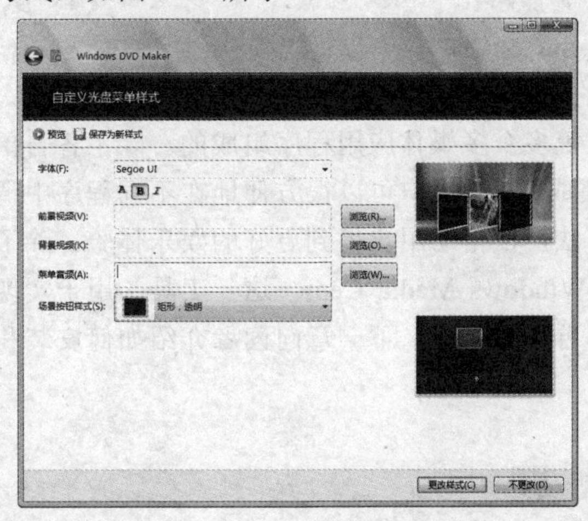

图 7-61　自定义菜单

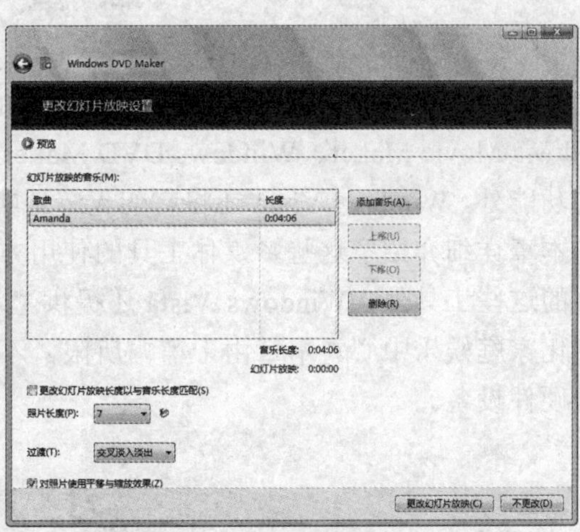

图 7-62　更改幻灯片的放映方式

单击【添加音乐】按钮，可在播放幻灯片时设置背景音乐。音乐列表的下方显示了音乐的总长度以及幻灯片放映的长度。用户可以通过【照片长度】右侧的下拉列表设置每张照片的持续显示时间。但这样往往会造成幻灯片的放映时间和背景音乐的播放时间不一致。为此，用户可以选中【更改幻灯片放映长度与音乐长度匹配】复选框，这样系统就会自动调整每张照片的显示时间，以便能配合音乐的播放。此外，通过【过渡】下拉列表框可设置照片之间的过渡效果。设置完成后单击【更改幻灯片放映】按钮即可。

7.4.3 预览和刻录

光盘播放设置完成后，可以单击窗口顶部的【预览】按钮，对 DVD 光盘进行预览，如图 7-63 所示。可以像操作 DVD 影碟那样使用所有的互动功能。如果预览后发现有些地方不满意，可以重新进行设置。满意后，单击窗口右下角的【刻录】按钮，即可开始刻录。

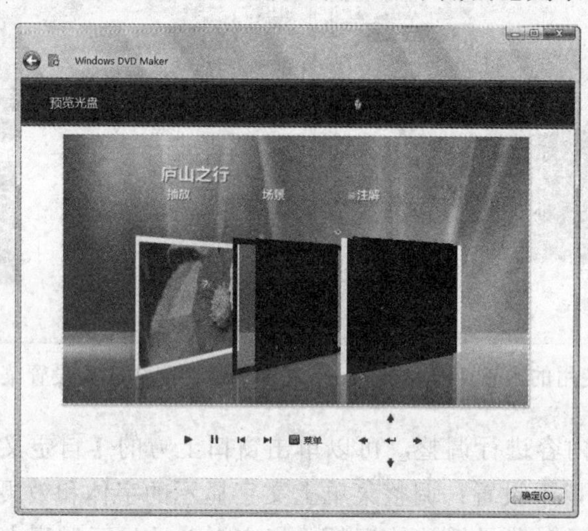

图 7-63 预览 DVD 影碟

本 章 小 结

Windows Vista 的多媒体功能是由其内置的 Windows Media Player、Windows 照片库、Windows Movie Maker、Windows DVD Maker 等多个多媒体应用程序组成的。除了各自单独的功能外，Windows Vista 还将它们无缝地集成起来，用户可以很方便地在不同程序中调用。本章详细介绍了这些多媒体工具的使用方法，以帮助用户得到更好的娱乐体验。除了介绍的这些工具外，Windows Vista 还提供了 Windows Media Center 这一工具，用于实现数字化家庭娱乐中心。本章由于篇幅所限，不再详细介绍。下一章向读者介绍如何安装和管理硬件设备。

习 题

填空题

1. Windows Media Player 将媒体文件作为________来管理，远比 Windows 资源管理器中将媒体文件作为“文件”管理要方便。
2. 媒体文件中的艺术家、唱片集、歌曲、流派、年份等这些文件本身带有的数据被称为________，它可理解为描述数据的数据。

3. 在 Windows Vista 中，_______取代了传统的“Windows 图片和传真查看器”。它提供了更强大的功能，不仅可以对照片进行浏览，还可以进行分类、管理和简单的编辑处理。

4. _______可以理解为“主题”，是用于说明照片内容的描述词语。

5. Windows Movie Maker 可导入的媒体素材包括_______、_______和_______。

6. _______可应用于单个的视频或图片剪辑，例如添加一个放大效果给图片，则图片在播放时就会由远而近逐步变大。_______则用于两个相邻的剪辑之间，又称为“转场”。

7. 使用 Windows DVD Maker 的前提是用户的机器上必须安装有_______。

选择题

8. 如果需要浏览一系列具有相同主题的照片，可使用(　　)浏览方式。

   A. 缩略图　　B. 幻灯片

9. 如果用户要编辑和制作电影，可使用(　　)。

   A. Windows 照片库　　B. Windows Movie Maker　　C. Windows DVD Maker

10. 当用户打算修复照片的曝光或色彩时，应首先使用(　　)工具。

   A. 自动调整　　B. 调整曝光　　C. 调整颜色　　D. 消除红眼

简答题

11. Windows Media Player 11 相对以前版本都有哪些明显变化?

12. 简述使用 Windows Movie Maker 制作电影的过程。

上机操作题

13. 使用数码相机拍摄照片并将这些照片导入到 Windows 照片库中，然后对这些照片设置标记，以便于组织和管理。

14. 使用 DV 拍摄一段视频，然后将其导入到 Windows Movie Maker 中进行编辑和处理，然后将制作好的电影导出到 Windows DVD Maker 中，进行处理后刻录到 DVD 光盘中。

3. Windows [illegible] ______ [illegible] Windows [illegible]
[illegible] ______ [illegible]

4. ______ [illegible]

5. Windows Movie Maker [illegible] ______

6. ______ [illegible]
[illegible] ______ [illegible]

7. 使用 Windows DVD Maker 的[illegible]

选择题

8. [illegible]（ ）[illegible]
A. [illegible] B. [illegible]

9. [illegible]（ ）。
A. Windows Media [illegible] B. Windows Movie Maker C. Windows DVD Maker

10. [illegible]（ ）。
A. [illegible] B. [illegible] C. [illegible] D. [illegible]

简答题

11. Windows Media Player [illegible]？

12. [illegible] Windows Movie Maker [illegible]？

上机练习题

1. [illegible] Windows [illegible]
[illegible]

2. [illegible] Windows Movie Maker [illegible] Windows DVD Maker [illegible] DVD [illegible]

第 8 章

安装和管理硬件设备

本章主要介绍常见的硬件设备类型，设备驱动程序的作用，如何安装和更新设备驱动程序，以及如何使用设备管理器管理硬件设备等内容。通过本章的学习，应该完成以下学习目标：

- ☑ 了解 Windows Vista 中常用的设备类型和安装方法
- ☑ 理解设备驱动程序的作用
- ☑ 学会安装和更新设备的驱动程序
- ☑ 了解设备管理器
- ☑ 学会启用或禁用某个设备

8.1 设备及其驱动程序

操作系统安装完毕后，还必须将计算机的所有硬件设备都安装配置好，系统才能发挥作用。这些设备包括可热插拔的和不可热插拔的两种。

对于数码相机、U 盘、移动硬盘、摄像头等，只需在开机状态下将设备连接到相应的接口，Windows Vista 就会检测到新设备的存在，并尝试安装系统自带的驱动程序。如果找不到驱动程序，或者 Windows Vista 自带的驱动程序无法让设备正常工作，那么就需要用户手动安装对应厂商提供的驱动程序了。

对于内存、硬盘、光驱、声卡、显卡等不支持热插拔的设备，需要在关机状态下，将设备连接至主板上对应的接口后，重新启动计算机。Windows Vista 会自动检测到新添加的设备，并自动搜索设备的驱动程序。如果找不到驱动程序，或者 Windows Vista 自带的驱动程序无法让设备正常工作，那么同样需要用户手动安装对应厂商提供的驱动程序。

8.1.1 什么是驱动程序

驱动程序是硬件设备和软件(包括操作系统和应用程序)之间沟通的桥梁，它们与系统紧密结合，并直接工作在系统底层。驱动程序与用户平常所使用的诸如 Office 2007、Internet Explorer 7.0、Photoshop CS 等应用程序不同，它们既没有自己的图形界面，也不能随时启动、关闭，而是在操作系统启动时自动加载，并作为操作系统的一部分运行，这个过程不需要用户干预。

Windows Vista 包含有大量设备的驱动程序，它们被保存在驱动程序存储区的文件仓库中，且每个设备驱动都是通过认证的，以证明它们完全兼容于 Windows Vista。如果用户在计算机上新安装了一个设备，那么 Windows Vista 会在驱动程序存储区自动寻找兼容的设备驱动并安装。

需要注意的是：操作系统并不是天生就具备有识别各种硬件的能力，因此，可以将驱动程序看成是硬件设备派驻在操作系统里的“外交使节”。由用户或应用程序发出请求，然后操作系统收到这些请求，进而向特定的驱动程序发出指令，再由驱动程序发出硬件设备所能理解的控制命令。因此，要使用硬件设备，就必须安装其驱动程序。

为什么操作系统从不提醒我们安装 CPU、内存、显示器等设备的驱动程序呢？

这是因为最初的计算机只包括 CPU、主板、内存、软驱、键盘、显示器等硬件，它们由计算机主板上的 BIOS 直接对它们提供支持。只要将它们连接到计算机中就可以使用，以便让用户在安装操作系统前，使计算机具备最基本的功能。

8.1.2 带签名的驱动程序

带有数字签名的驱动程序表示该驱动通过了 Windows 硬件设备质量实验室(WHQL)的严格测试，如果一个驱动没有来自 Microsoft 的数字签名，那么表示该驱动没有通过测试，或者该驱动在发布后遭到别人的篡改。未签名的驱动可能会导致操作系统停止响应甚至崩溃。

在安装驱动程序的时候，如果驱动程序已经带有 WHQL 数字签名，那么 Windows 会直接安装，不需要用户采取任何措施。如果要安装的驱动程序不带 WHQL 数字签名，那么 Windows Vista 会显示提示框，询问用户是否继续安装。

虽然 Microsoft 要求驱动程序最好带有数字签名的本意是好的，但现实情况是，并非所有硬件的驱动程序都已经通过了 WHQL 的测试并带有数字签名。对于没有数字签名的驱动程序，我们能否安装呢？

对于 32 位的 Windows Vista 系统，可以安装不带有数字签名的驱动程序；而对于 64 位的 Windows Vista 系统，则必须安装带有数字签名的驱动程序。要查看自己操作系统的版本，可在桌面上右击【计算机】图标，从快捷菜单中单击【属性】命令，在打开的对话框中查看【系统类型】部分显示的结果，如图 8-1 所示。

图 8-1　查看操作系统的版本

8.1.3　使用不带数字签名的驱动程序

带有 WHQL 数字签名的驱动程序是安全、稳定和可靠的，但这并不意味着不带签名的驱动程序都是不可靠的。对于以下情况，用户则只能安装不带数字签名的驱动：

- 某个设备，可能因为厂商不重视或其他原因，没有将自己的产品交 WHQL 测试，因此只能使用不带数字签名的驱动程序。
- 某个设备，使用 Windows Vista 自带的带有数字签名的驱动虽然可以正常工作，但无法充分发挥设备的性能(尤其是显卡和声卡)，而厂商只提供了不带数字签名的驱动程序。

为了充分发挥设备的性能，我们可以使用这类驱动程序，只要在打开的提示框上单击【始终安装此驱动程序软件】就可以了。如果用户在安装了该驱动后导致系统出现一些故障，则可以撤销对系统的更改，具体方法如下：

❶ 如果系统可以正常启动，请直接跳到第❸步。

❷ 如果系统已经无法正常启动了，那么可以在系统启动前按下 F8 键，选择进入安全模式。

❸ 在桌面上右击【计算机】图标，从快捷菜单中单击【管理】命令，在随后出现的计算机管理窗口的左侧树形列表中单击【设备管理器】。

❹ 在窗口中央的设备列表中展开出现问题的驱动程序所属的设备类型，并双击该设备，打开设备的属性对话框，打开【驱动程序】选项卡，如图 8-2 所示。然后执行以下操作之一：

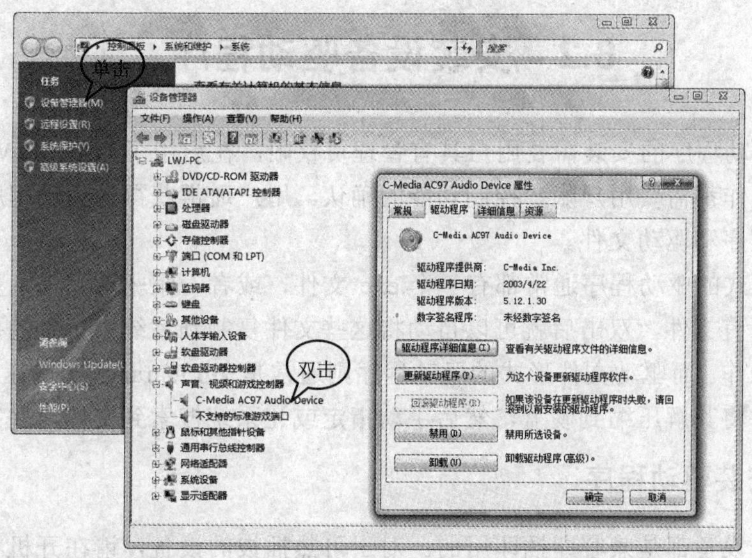

图 8-2　撤销未签名驱动程序对系统的更改

- 如果设备以前使用的系统自带驱动程序可以正常工作，但安装了设备制造商提供的不带签名的驱动程序后出现了问题，请单击【回滚驱动程序】按钮，就可以让设备重新使用以前的驱动程序。
- 如果设备没有使用系统自带的驱动程序，在安装了设备制造商提供的不带数字签名的驱动程序后出现了问题(此时【回滚驱动程序】按钮不可用)，请单击【卸载】按钮，将设备的驱动程序彻底删除。

❺ 重新启动计算机使更改生效。

8.1.4 Windows Vista 在驱动程序方面的改进

在老版本的 Windows 系统中，硬件设备的驱动程序是工作在系统内核模式下的，这种设计主要存在以下两点不足之处：

- 对于大部分硬件设备，尤其是不支持热插拔的设备而言，为了使新安装的设备能够正常工作，往往必须重新启动整个操作系统，才可以加载新设备的驱动程序。
- 一旦某个设备的驱动程序由于存在某种设计缺陷而崩溃，将会影响到整个系统。

在 Windows Vista 下，硬件设备的驱动程序已经改为工作在用户模式下，在安装应用程序时，用户可明显体验到如下改进：

- 一般非关键硬件设备的驱动程序，安装后立刻就可以生效，而不需要重新启动操作系统。不过一些关键设备的驱动程序安装好之后依然需要重新启动操作系统。
- 即使某个设备的驱动程序存在设计缺陷，也只能导致和这个设备相关的功能无法正常使用，而不会影响到整个系统。
- 工作在用户模式下的驱动程序可以进行更方便的调节，以实现以前无法实现的功能，例如工作在用户模式下的声卡驱动，可以针对不同的应用程序设置声音。我们通常习惯一边听歌一边浏览网页，如果网页带有声音的话就会形成干扰，现在可以专门针对网页浏览器进行静音，这在以前无法实现。

8.2 安装设备驱动程序

硬件设备驱动程序的安装需要用户具有管理员权限，在启用了 UAC 的 Windows Vista 系统中，这些操作都需要用户账户控制功能的确认。用户通常获得的驱动程序可以分为两种形式：安装程序和驱动文件。

安装程序形式的驱动程序通常都有一个.exe 文件，或者一张驱动光盘，里面包含了安装设备所需的所有文件，双击后就可以自动将这些文件复制到系统中正确的位置，并自动实现各种安装操作。而驱动文件形式的驱动程序则通常是.zip 或.rar 之类的压缩文件，需要使用解压缩软件将其解压缩到硬盘，然后手动指定或让系统搜索到文件，并完成安装。

8.2.1 手动安装驱动程序

目前大部分设备都是兼容即插即用的。对于可热插拔的设备，请在开机状态下将设备和计算机连接；对于不可热插拔的设备，请在关机状态下将设备和计算机连接。然后开机。

当 Windows Vista 发现了一个新的设备后，Windows Vista 首先会尝试自动读取设备的 BIOS 或固件内包含的即插即用标识信息，然后与 Windows Vista 自带的驱动程序安装文件进行比较。

如果能找到相符的并且带有数字签名的驱动程序，那么 Windows Vista 会在不需要用户干预的前提下安装正确的驱动程序，并对系统进行相应的必要设置。同时，Windows Vista 还会在通知区域使用气球图标来显示少许必要的提示信息，如图 8-3 所示。

如果经过搜索，Windows Vista 没有自带该设备的驱动程序，尤其是最新的设备，那么系统会自动显示如图 8-4 所示的提示框，通常单击【查找并安装驱动程序软件(推荐)】选项，因为只有这样才能手动安装设备驱动。随后 Windows Vista 会自动联网，在 Windows Update 网站上搜索由 Microsoft 提供的驱动程序。

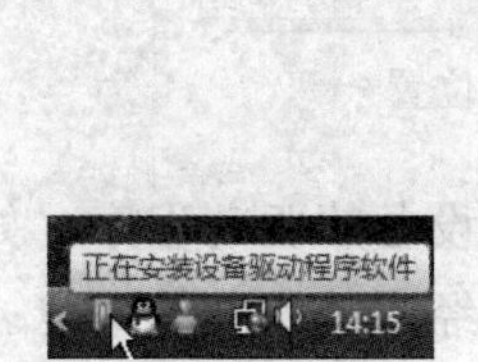

图 8-3　安装新设备时的提示信息　图 8-4　Windows Vista 提示发现新硬件

如果在微软的网站上也没有搜索到设备的驱动程序，Windows Vista 才会允许我们手动来安装驱动程序。出现图 8-5 所示的界面时，用户可以按照提示放入设备自带的光盘，并通过光盘的自动播放界面来安装驱动。用户也可以通过其他方式来指定保存在其他位置的设备的驱动。单击【我没有光盘。请显示其他选项】，可以看到图 8-6 所示的界面。

图 8-5　提供设备驱动光盘或手动指定驱动文件

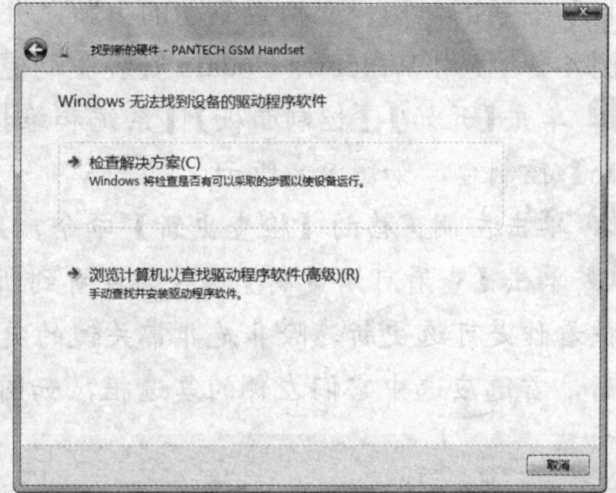

图 8-6　手动指定安装驱动

如果单击【检查解决方案】，安装向导依然会去微软网站上查找解决方案，但这样一般情况下是没有用的。请直接单击【浏览计算机以查找驱动程序软件(高级)】，打开如图 8-7 所示的对话框。单击【浏览】按钮，在打开的对话框中指定保存驱动文件的文件夹，并单击【下一步】按钮。

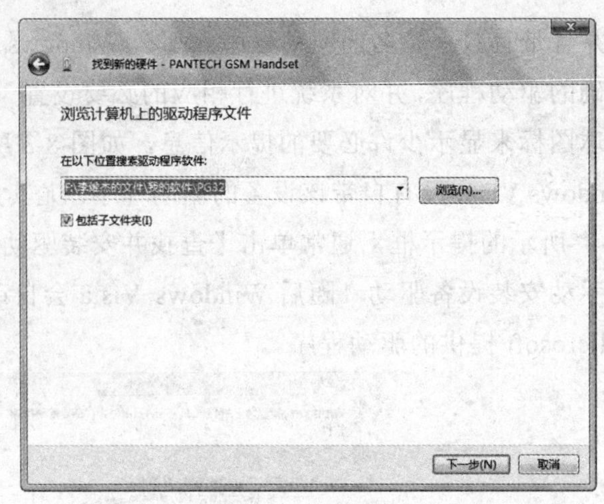

图 8-7　指定设备驱动程序所在位置

此时 Windows Vista 会自动在指定的文件夹中搜索设备的驱动程序，如果找到了就会自动完成剩余的安装和配置过程，并提示用户该设备已经成功安装的消息。

8.2.2　使用 Windows Update 更新驱动程序

和老版本的 Windows 系统不同，在升级或全新安装 Windows Vista 后，该系统会自动检测安装操作系统过程中没有安装的设备。如果一个设备因为 Windows Vista 没有找到可用的驱动而没有安装，那么系统内建的硬件诊断工具在大部分情况下会检测到该硬件，然后使用 Windows Update(前提是该程序已启用)自动从网上获取驱动程序，但驱动的更新并不是自动更新的，用户应检查驱动的更新，并安装找到的驱动。

例 4-1　使用 Windows Update 安装驱动更新。

❶ 单击【开始】|【控制面板】|【系统和维护】|【Windows Update】命令，打开【Windows Update】控制台，如图 8-8 所示。

❷ 单击左侧窗格的【检查更新】命令，系统将检查可用的更新。

❸ 单击【查看可用更新】命令，可看到所有可用的更新。默认情况下，设备驱动的更新都被看作是可选更新，除非是非常关键的更新，例如显卡、声卡驱动等。如果要安装可选更新，首选应选中它们左侧的复选框，如图 8-9 所示。

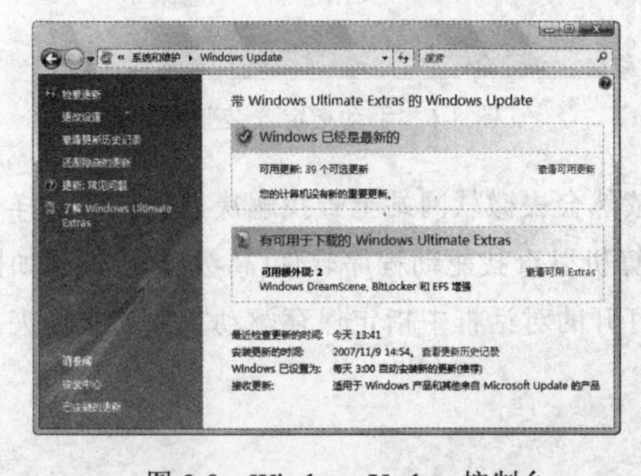

图 8-8　Windows Update 控制台

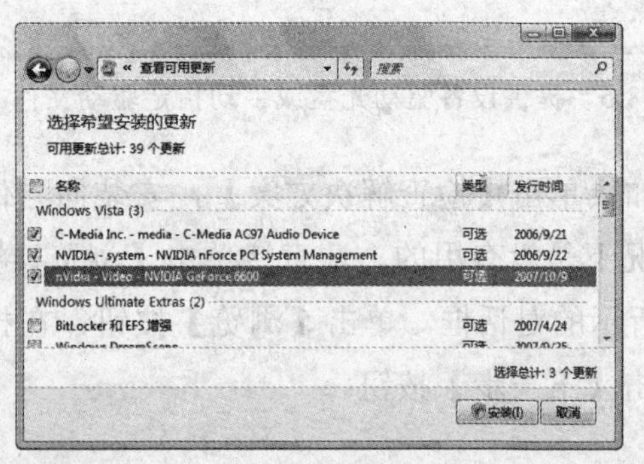

图 8-9　安装可选更新

❹ 单击【安装】按钮即可安装选中的更新。安装了设备更新后，Windows Vista 会用几分钟时间检测硬件，然后自动安装设备。如果 Windows Vista 检测到了设备，但无法自动安装设备，那么 Windows Vista 会启动驱动软件安装向导，帮助用户完成设备驱动的安装。

8.3　管理已安装的设备

利用设备管理器，用户可以查看自己的计算机中都安装了哪些设备，以及这些设备的状态。用户还可以在这里扫描新添加的硬件，卸载停用的设备的驱动程序等。

8.3.1　设备管理器

在桌面上右击【计算机】图标，从快捷菜单中单击【管理】命令，打开【计算机管理】窗口。单击左侧窗格中【系统工具】下的【设备管理器】选项，可打开设备管理器，如图 8-10 所示。系统中安装的所有设备都被列在里面，默认情况下，这些设备按照类型排列。单击设备类型前面的加号可以看到特定类型的所有设备。

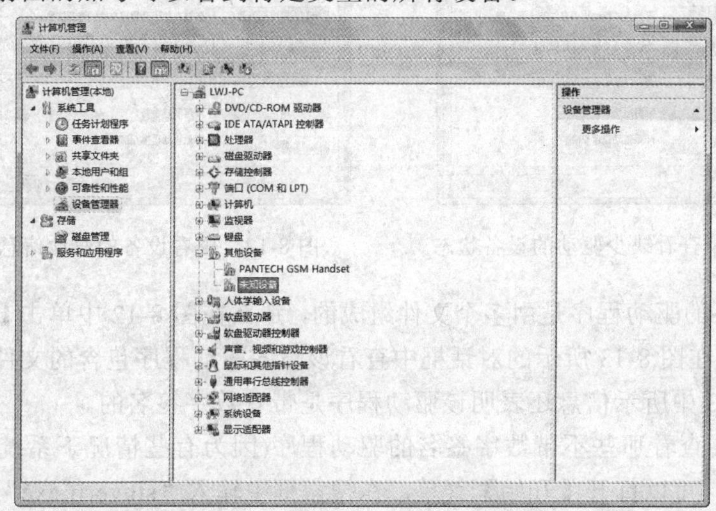

图 8-10　打开设备管理器

提示：如果某个设备有问题，那么该设备上就会显示一个警告符号。黄色的感叹号表示该设备有问题，红色的 X 号表示安装错误或因为某些原因被用户或管理员禁用。

用户可以使用【查看】菜单下的命令来更改设备的默认显示和排列方式，主要方式有：

- **依类型排序设备**：可以使用安装的设备的类型对设备进行排序，例如磁盘驱动器或打印机，设备名称会显示在类型下。这是默认的排序方式。
- **依连接排序设备**：通过连接类型排序设备，例如音频和视频解码器。
- **依类型排序资源** 显示按照类型被设备分配的资源的状态，资源的状态包括直接内存访问、输入/输出、中断请求以及内存。
- **依连接排序资源**：显示按照连接类型而非设备类型分配的资源的状态。
- **显示隐藏的设备**：显示非即插即用设备以及已经从计算机中卸载但其驱动还没有卸载的设备。

8.3.2 查看设备驱动的状态

在设备管理器中可以查看设备的工作状态，双击带有感叹号的设备，在随后出现的设备属性对话框中会显示该设备的状态。由于缺少驱动程序，所以设备状态一栏下方的【重新安装驱动程序】按钮可用，如图 8-11 所示。单击该按钮即可安装该设备的驱动程序。

如果设备是由于其他原因而无法正常工作，那么设备的属性对话框会显示相应的错误代码以及代号，同时【重新安装驱动程序】按钮变成【疑难解答】按钮，单击该按钮可打开 Windows Vista 的硬件设备疑难解答向导，用户可根据向导提示完成对设备的修复。

如果用户的设备工作正常，双击该设备，打开其属性对话框。在【驱动程序】选项卡中可以查看设备的名称、设备驱动程序的开发商，以及版本等相关信息，如图 8-12 所示。

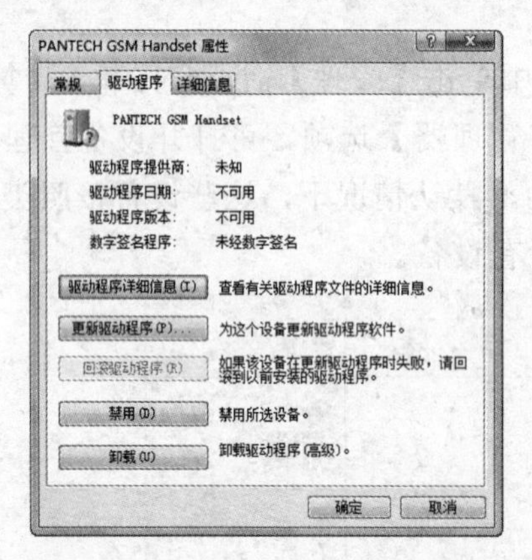

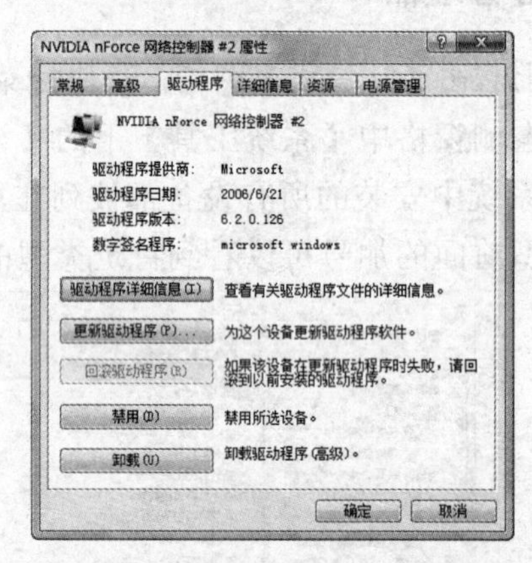

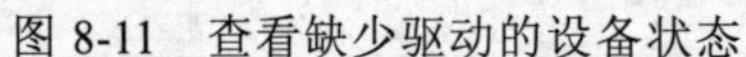
图 8-11　查看缺少驱动的设备状态　　　图 8-12　查看设备的驱动信息

有时一个设备的驱动程序是由多个文件组成的，那么在图 8-12 中单击【驱动程序详细信息】按钮，可以在图 8-13 所示的对话框中查看该设备驱动程序包含的文件，以及每个文件的状态。图 8-13 中所示信息还表明该驱动程序是带有数字签名的。

如果用户需要查看那些不带数字签名的驱动程序(因为有些情况下系统不能正常工作是由它们引起的)，可以打开【开始】菜单，在搜索框中输入“sigverif.exe”，然后在搜索结果中单击搜索到的应用程序，在随后出现的【签名验证结果】窗口中单击【开始】按钮，稍等片刻即可显示检查结果，如图 8-14 所示。

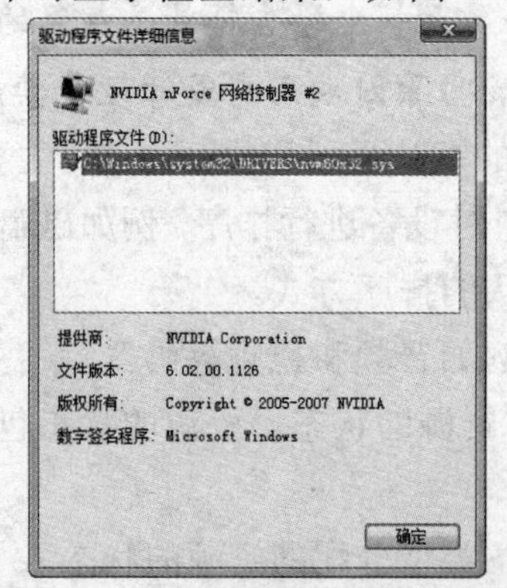

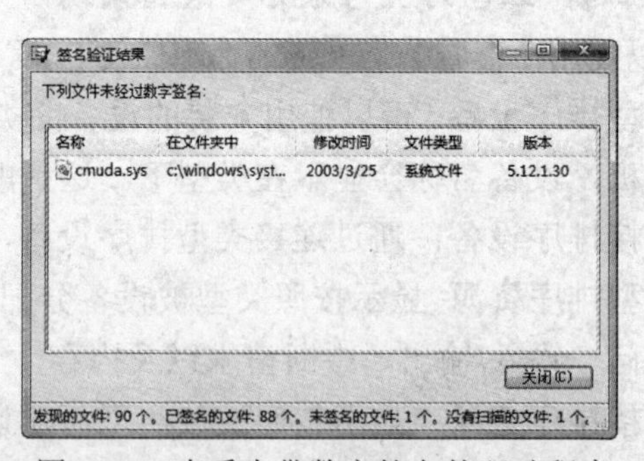

图 8-13　查看驱动程序包含的文件　　　图 8-14　查看未带数字签名的驱动程序

8.3.3　更新和卸载驱动程序

驱动程序和一般的应用程序一样，也需要经常升级。这些升级有些是为了解决老版本中存在的缺陷或漏洞，有些则是为了提供更加完善的功能。升级驱动程序的方法有两种：直接从硬件开发商的网站上下载最新版本并安装，或者通过设备管理器直接升级由微软提供的升级程序。对于前者，升级的方法和安装驱动程序相似，但需要注意的是，有些设备的驱动在升级之前需要卸载老版本的驱动程序。

如果希望通过设备管理器升级由微软提供的驱动程序，可以打开设备管理器，右击要升级驱动的硬件设备，从快捷菜单中单击【更新驱动程序软件】命令，然后按照提示从本机或网络上下载并安装最新的驱动程序即可。

如果用户希望在升级之前将老版本的驱动程序从本机上卸载，或者设备已经卸载，该设备的驱动却还在，希望将其卸载。那么可右击该设备，在快捷菜单中单击【卸载】命令，然后在打开的确认对话框中单击【确定】按钮，如图 8-15 所示。

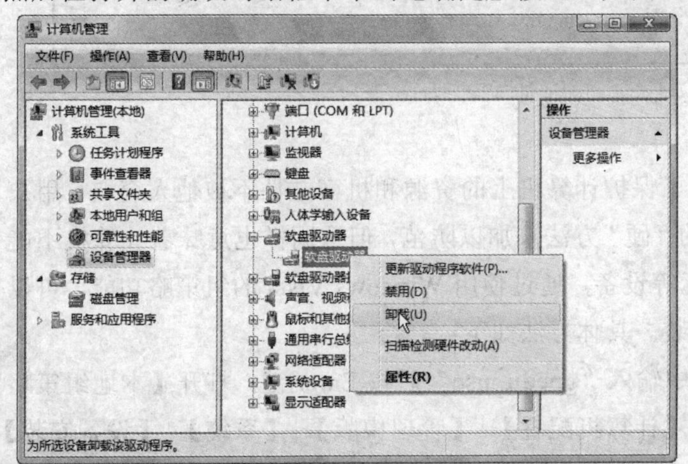

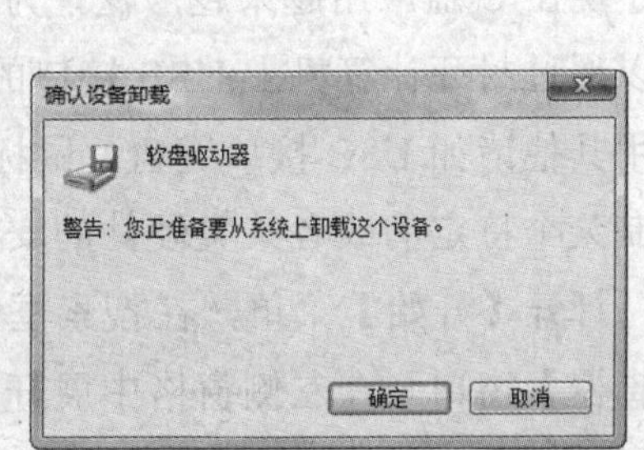

图 8-15　卸载设备的驱动程序

8.3.4　启用和禁用设备

如果用户暂时不使用某个设备，例如我们刚刚安装完操作系统后，由于怕感染病毒，希望装入防病毒软件后再启用网络，则可以暂时禁用网卡。方法如下：打开设备管理器，找到网卡设备并右击，在快捷菜单中单击【禁用】命令，稍等片刻后，设备的状态如图 8-16 左图所示。

当用户下次启动操作系统时，Windows Vista 会重新启用被禁用了的设备。如果用户想手动启用设备，可在设备管理器中右击该设备，在快捷菜单中单击【启用】命令，如图 8-16 右图所示。

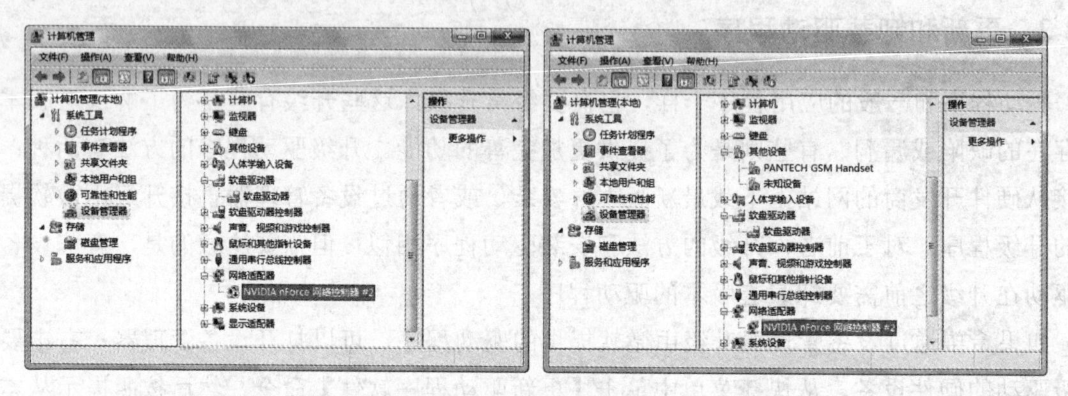

图 8-16　禁用和启用设备

禁用设备和卸载设备有何区别？

禁用设备是临时将设备关闭，并禁止 Windows Vista 继续使用它。因为被禁用的设备不能使用任何系统资源，因此也就可以确保它不会导致系统冲突。而卸载设备则是将硬件和相关的驱动全部删除。

8.3.5　禁止安装特定的设备

现在 U 盘应用越来越广泛，为了保护计算机上的资源和机密文件不被他人窃取，用户可以通过封死计算机上 USB 接口的“硬”方法来加以防范，但这同样也意味着计算机不能使用其他诸如 USB 接口键盘、鼠标等设备。通过使用 Windows Vista 的组策略功能，可以限制某个特定的或者某类硬件的安装。具体方法如下：

打开【开始】菜单，在搜索框中输入“gpedit.msc”后按 Enter 键，打开【本地组策略编辑器】窗口。在左侧窗格中展开【计算机配置】|【管理模版】|【系统】|【设备安装】|【设备安装限制】，双击右侧的相应策略，就可以根据实际情况对硬件设备的安装作出限制，如图 8-17 所示。

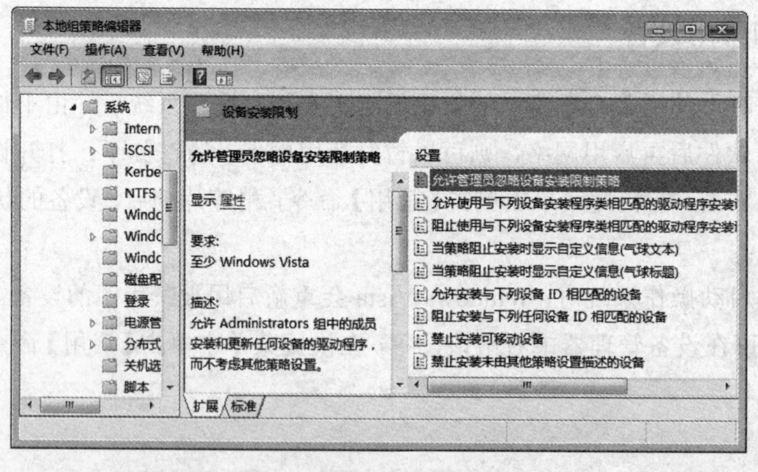

图 8-17　可以对设备的安装进行限制的策略

- 允许管理员忽略设备安装限制策略：该策略决定是否允许管理员账户不受设备安装限制的影响。如果启用该策略，那么不管其他策略如何设置，都只能影响非管理员账户，而不能影响管理员账户。
- 允许使用与下列设备安装程序类相匹配的驱动程序安装设备：该策略用于设定允许安装的设备类型。启动该策略，Windows Vista 将只安装设备类型在该策略中批准过的设备，其他设备则拒绝安装。
- 阻止使用与下列设备安装程序类相匹配的驱动程序安装设备：该策略用于设定禁止安装的设备类型，所有被添加到该策略中的设备都将被 Windows Vista 拒绝安装。
- 当策略阻止安装时显示自定义信息(气球文本)：该策略可以决定当有设备被禁止安装后，在 Windows Vista 的系统提示区显示什么样的气球提示信息。
- 当策略阻止安装时显示自定义信息(气球标题)：该策略可以决定当有设备被禁止安装后，在 Windows Vista 的系统提示区显示的气球图标使用什么样的标题。
- 允许安装与下列设备 ID 相匹配的设备：该策略可以决定允许 Windows Vista 安装具有哪些硬件 ID 的设备。
- 阻止安装与下列任何设备 ID 相匹配的设备：该策略可以决定禁止 Windows Vista 安装具有哪些硬件 ID 的设备。
- 禁止安装可移动设备：该策略可以决定是否禁止安装任何可移动设备，而且这条策略的优先级是最高的。只要启用了该策略，则不管其他策略如何设置，可移动设备都将无法被安装。
- 禁止安装未由其他策略设置描述的设备：该策略可以决定是否禁止安装没有被其他策略允许或禁止过的设备，该策略相当广泛。

什么是硬件 ID？

硬件 ID 是用于描述具体硬件的一个代号。同样的硬件，即使是同一个品牌和型号，甚至是同一个生产批次，它们的硬件 ID 也不同。

例 4-2　禁止在计算机上安装某个硬件设备，但管理员除外。

❶ 首先我们需要获取该硬件设备的 ID。打开设备管理器，找到并双击要查看设备类型和硬件 ID 的硬件设备，打开该设备的属性对话框。

❷ 打开【详细信息】选项卡，从【属性】下拉列表中选择【硬件 ID】，然后就可以在下方的【值】列表框中看到该设备的硬件 ID，如图 8-18 所示，复制该硬件 ID。

❸ 打开【本地组策略编辑器】窗口，并进入【设备安装限制】控制台。默认情况下，所有的策略都没有配置。

❹ 双击【阻止安装与下列任何设备 ID 相匹配的设备】策略，打开该策略的属性对话框。选中【已启用】单选按钮，然后单击【显示】按钮。在打开的【显示内容】对话框中单击【添加】按钮，将刚才复制的硬件 ID 添加进去，如图 8-19 所示。

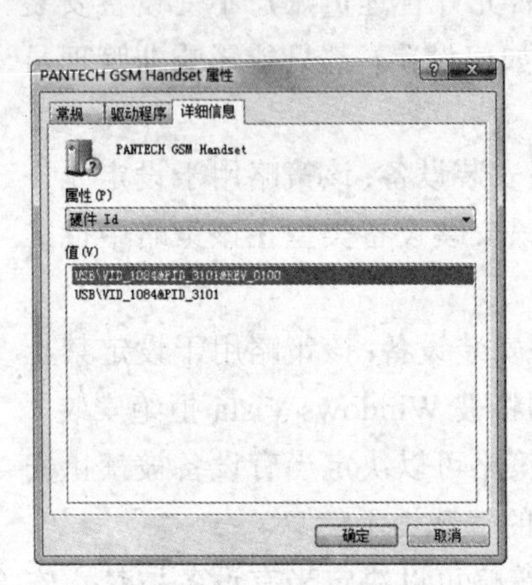

图 8-18　查看硬件设备的 ID

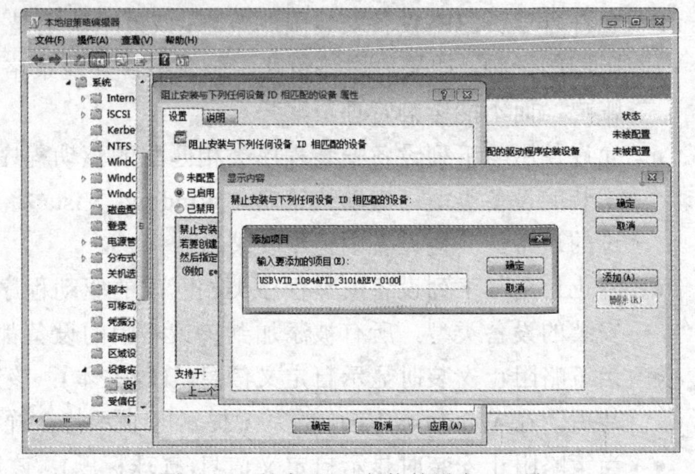

图 8-19　添加阻止安装的设备 ID 号

❺ 双击【允许管理员忽略设备安装限制策略】策略，在打开的对话框中启用该策略。这样刚才的设置便只对管理员外的其他普通账户起作用。当其他非管理员用户登录系统并尝试安装这个被禁止安装的设备时，通知区域的气球图标将提供禁止安装的提示信息。

8.3.6　控制可移动设备的读写

通过 Windows Vista 的组策略，我们可以限制任何类型设备的安装。但有时用户可能需要读取某些移动设备中的文件，但限于保密要求，又不希望机器中的文件被写入可移动设备。此时，可采用如下方法来设置：

首先，打开【本地组策略编辑器】窗口，并进入【设备安装限制】控制台，然后禁用所有相关的策略，或者从策略中将设备的硬件 ID 号删除。然后重新在【本地组策略编辑器】窗口单击【计算机配置】|【管理模板】|【系统】|【可移动存储访问】，右侧窗格列出了所有可设置的移动存储访问策略，如图 8-20 所示。

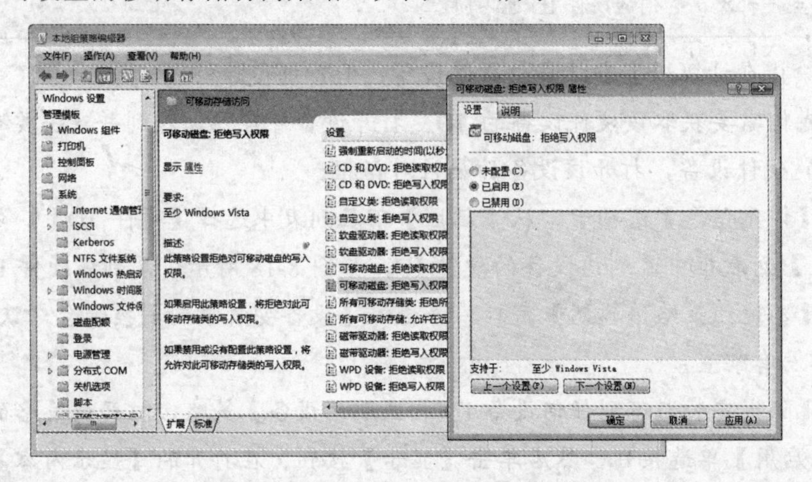

图 8-20　拒绝向可移动设备中写入信息

双击【可移动磁盘：拒绝写入权限】策略，在随后出现的策略属性对话框中，启用该策略。读者在这里还可以设置可移动设备的其他策略。设置好之后，当将任何类型的可移动设备连接到计算机后就会发现：如果是单纯地读取设备里的文件，那么没有任何问题；但如果打算向其中写入文件，那么系统会提示用户权限不够等信息。

本 章 小 结

Windows Vista 安装完以后，如果要完全发挥它的性能，就必须将计算机所必需的各种设备驱动安装完毕，例如显卡、网卡等设备。当某个设备不再使用或已经从计算机上去掉后，用户还需要及时将它的驱动卸载掉，以避免系统发生错误。Windows Vista 相对之前版本，提供了更多优秀的设备驱动程序，并在设备的管理方面有了很大提升，提供了许多策略以供选择。本章对 Windows Vista 下设备及其驱动的安装、设置和管理方法进行了详细介绍，帮助读者更好地配置它们。下一章向读者介绍磁盘和注册表的管理、维护。

习　　题

填空题

1. 计算机中的硬件设备分为两类，分别是________和________。
2. ________是硬件设备和软件(包括操作系统和应用程序)之间沟通的桥梁，它们与系统紧密结合，并直接工作在系统底层。
3. 在安装驱动程序的时候，如果驱动程序已经带有________数字签名，那么 Windows 会直接安装，不需要用户采取任何措施。
4. 利用________，用户可以查看自己的计算机中都安装了哪些设备，以及这些设备的状态。
5. 通过使用 Windows Vista 的________功能，可以限制某个特定的或者某类硬件的安装。

选择题

6. 下列设备中，属于可热插拔的是(　　)。

   A. 硬盘　　B. 声卡　　C. 显卡　　D. MP3

7. 如果用户希望禁止可移动设备的写入，那么应启用以下哪个策略？(　　)

   A. 阻止使用与下列设备安装程序类相匹配的驱动程序安装设备

   B. 阻止安装与下列设备 ID 相匹配的设备

   C. 禁止安装可移动设备

   D. 可移动磁盘：拒绝写入权限

简答题

8. Windows Vista 在驱动程序方面都有何改进？
9. 对于不带数字签名的驱动程序，我们是否可以使用？
10. 卸载和禁用驱动程序有何区别？

上机操作题

11. 打开计算机的设备管理器，查看计算机中各种设备的状态，并更新它们的驱动程序。

第 9 章

磁盘管理与注册表维护

本章主要介绍如何有效地管理磁盘，并对注册表进行维护。通过本章的学习，应该完成以下学习目标：

- ☑ 掌握活动分区、引导分区、系统分区等常用术语的含义
- ☑ 学会创建磁盘分区
- ☑ 了解注册表的作用和结构
- ☑ 学会备份和还原注册表
- ☑ 学会为注册表设置访问权限

9.1 管理和维护磁盘

通常计算机上都装有多种类型的驱动器，包括物理硬盘和可移动存储介质。一般情况下，安装到系统中的第一块硬盘会被标记为磁盘 0，如果还安装了其他硬盘，则标记为磁盘 1、磁盘 2 等，依此类推。图 9-1 所示的计算机资源管理器中列出了本机所有的可用存储设备。

- 硬盘：列出了本机所有可用的本地磁盘。
- 可移动存储设备：列出了本机所有的可移动存储设备，包括 CD、DVD、闪盘等。
- 网络位置：列出了所有可用的网络驱动器。使用网络驱动器可以快速访问其他计算机上共享的文件夹。可以单击工具栏上的【映射网络驱动器】按钮，打开映射网络驱动器向导来连接网络驱动器。要断开网络驱动器，可单击【断开网络驱动器】按钮，在打开的对话框中断开即可。

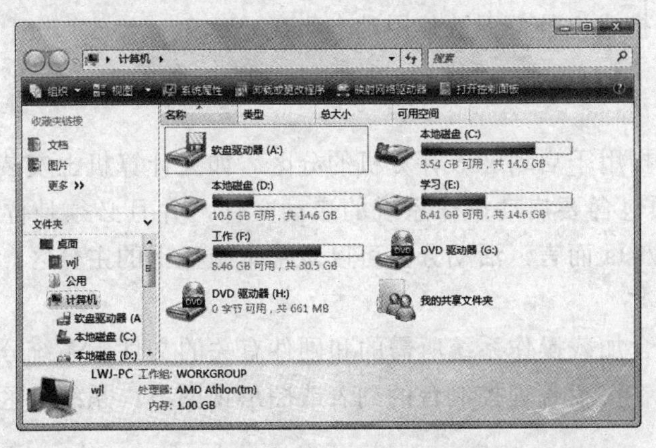

图 9-1　本机可用的存储设备

9.1.1 基本磁盘和动态磁盘

在 Windows Vista 下，基本磁盘可以划分为一个或多个分区。分区是硬盘上的一块逻辑区域，可以显示为一个单独的磁盘。要使用分区，必须先对磁盘进行格式化，并指派驱动器号。格式化后的分区称为卷。

在基本磁盘上，Windows Vista 支持主分区和扩展分区。主分区是硬盘上一块可以直接访问并存储文件的区域。每个基本硬盘最多可以有 4 个主分区。用户可以通过在主分区上创建文件系统的方式让该分区可以被用户访问。在允许创建的 4 个主分区的任何一个上，用户还可以创建扩展分区。和主分区不同，扩展分区无法直接访问。必须在扩展分区上创建一个或多个逻辑驱动器才能在上面保存文件。例如，可以在一个扩展分区中创建逻辑驱动器 F、G、H 等。

随着人们获取和访问信息量的不断增大，人们需要更大并且更可靠的硬盘。计算机厂商开始通过将计算机硬盘配置为动态磁盘的方法来满足用户的需要。例如，某台计算机上的硬盘为 360GB，这实际上是把 3 块 120GB 的硬盘当作了一块硬盘来使用，Windows Vista 下实现这一功能的方法就是动态磁盘技术。

动态磁盘是指包含一个或多个动态卷，可以被配置为简单、跨区或带区卷的物理硬盘。和基本磁盘不同，动态磁盘上可以拥有无数的卷。其中一个可以被扩展或者当作系统卷使用。

动态磁盘的一个重要优势在于它可以通过 Windows Vista 的跨区和带区功能将多个物理硬盘的空间结合在一起使用。使用跨区或带区卷时，只需创建一个动态卷，然后将其扩展到多个硬盘即可，随后就可以使用这些硬盘的全部或部分可用空间。

跨区和带区的不同之处在于数据的写入方式：对于跨区卷，Windows Vista 将其看作是一个单一的分区，写入到跨区卷的数据实际上会随机写入到整个分区中；对于带区卷，Windows Vista 则将数据拆分写入到每个组成该卷的硬盘上。大部分情况下，带区卷可以拥有更高的读/写速度，因为读/写操作实际上是由多块硬盘同时负责的。

跨区或带区卷无法在基本磁盘上创建，必须先将基本磁盘升级为动态磁盘。虽然在同一台计算机上可以同时使用基本磁盘和动态磁盘，但用于创建同一个卷的硬盘必须使用相同的类型。最后，动态磁盘无法在可移动存储介质上创建，这意味着笔记本电脑、平板电脑以及其他类型的便携式电脑都无法使用动态磁盘。

9.1.2 活动分区、引导分区和系统分区

活动分区或卷是指用于启动 x86 计算机的分区。如果计算机上安装了多个操作系统，那么活动分区中必须包含要启动操作系统的启动文件，并且必须是位于基本磁盘上的分区。对于 Windows Vista 而言，活动分区可以是基本磁盘上的主分区，也可以是动态磁盘上的简单卷。

系统分区或卷包含加载操作系统所需的和硬件有关的文件。系统分区或卷不能位于跨区或带区卷上，而且在磁盘管理控制台的列表或图形视图下，系统分区上会有“系统”字样的标注。

引导分区或卷中包含操作系统的相关文件。在大部分系统上，系统分区和引导分区是

同一个分区或卷。虽然看起来系统和引导的含义反了，但这是已经形成的约定。

页面文件分区或卷上包含了被操作系统使用的页面文件。由于计算机将内存分页到多个磁盘，因此根据虚拟内存的不同设置，计算机上可能会出现多个标有“页面文件”字样的分区或卷。

故障转移分区或卷是系统在崩溃后保存转储文件的地方，转储文件可以用于诊断导致系统故障的问题。

每台计算机都有一个活动分区/卷、一个系统分区/卷、一个引导分区/卷和一个故障转移分区/卷，只有页面文件可以出现在多个分区或卷上。

9.1.3　认识磁盘管理控制台

磁盘管理控制台提供了管理磁盘、分区、卷、逻辑驱动器以及相关文件系统的所有工具。在桌面上右击【计算机】图标，在快捷菜单中单击【管理】命令启动计算机管理控制台。单击左侧窗格中的【磁盘管理】选项，启动磁盘管理控制台，如图 9-2 所示。启动磁盘管理器后，会自动连接到本机。如果需要处理其他计算机上的磁盘，请右击左侧控制台树的【计算机管理】节点，从快捷菜单中单击【连接到另一台计算机】命令。

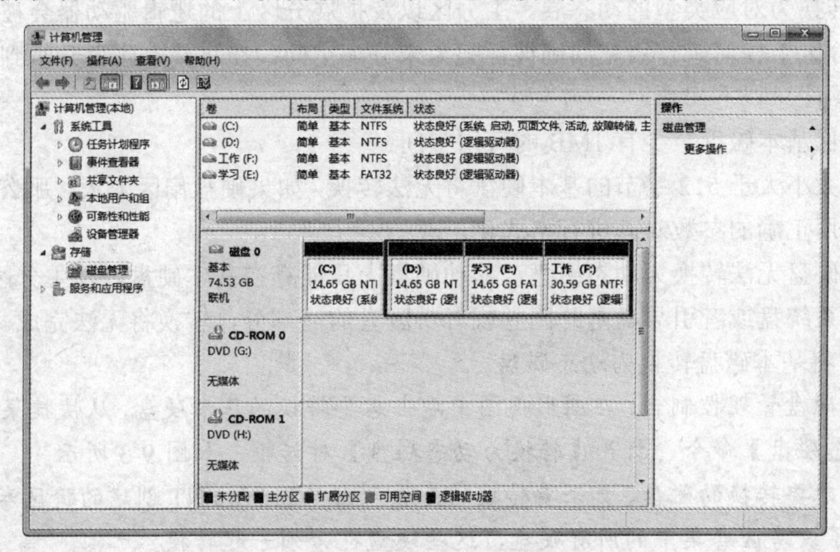

图 9-2　磁盘管理控制台

磁盘管理控制台的上部窗格显示了卷列表，下部窗格则显示了图形视图。

- 卷列表：列出了本机所有驱动器的详细状态，单击任何一个列名，例如【布局】或【状态】后即可基于单击选项对所有磁盘信息排序。
- 图形视图：提供了所有可用物理和逻辑驱动器的大致信息。对于物理硬盘，显示的信息包括磁盘编号以及设备类型，例如基本、可移动或 CD-ROM。还有磁盘空间以及磁盘设备的状态，例如联机或脱机。另外，对物理磁盘上的每个分区还提供了额外的信息，例如驱动器号以及卷标、文件系统，以及本地磁盘的状态等。

9.1.4 安装和初始化新的物理硬盘

在 Windows Vista 下给计算机添加新的硬盘十分容易，用户只要按照说明将硬盘装入计算机后，登录 Windows Vista 并启动磁盘管理控制台即可。如果新硬盘被成功初始化，便意味着该硬盘上已经带有磁盘签名，可以进行读/写操作了。如果新硬盘没有被初始化，那么磁盘管理控制台会在启动并检测到新硬盘后启动【硬盘初始化和转换】向导。按照向导提示可完成新硬盘的初始化。

用户也可以使用磁盘管理控制台来查看和设置新硬盘。在磁盘列表视图下，新添加的硬盘会带有红色感叹号标记，而且磁盘的状态会显示为“没有初始化”。右击该磁盘图标，从快捷菜单中单击【初始化磁盘】命令，在打开的对话框中确认选择的硬盘无误后单击【确定】按钮，即可开始磁盘的初始化工作。

9.1.5 将基本磁盘转换为动态磁盘

将基本磁盘转换为动态磁盘时，根据相应的类型，分区会被自动升级为卷。任何在 Windows NT 操作系统(Windows Vista 也是基于 NT 技术的操作系统)下创建的跨区或带区卷集将会被转换为对应类型的动态卷。主分区以及扩展分区上的逻辑驱动器会被转换为简单卷，扩展分区上任何未使用空间则被标记为未分配空间。在将基本磁盘升级到动态磁盘前，用户还须注意以下问题：

- 应确保基本磁盘至少有 1MB 的可用空间；
- 扇区大小大于 512 字节的基本硬盘将无法转换，如果硬盘扇区太大，那么请在转换前使用正确的参数对其进行格式化；
- 移动硬盘无法转换为动态磁盘，移动硬盘上只能存在基本硬盘以及主分区；
- 如果系统盘或者引导盘是跨区卷或者带区卷的一部分，转换将无法完成。

例 9-1 将基本磁盘转换为动态磁盘。

❶ 打开磁盘管理控制台，在图形视图中右击想要转换的基本硬盘，从快捷菜单中单击【转换为动态磁盘】命令，打开【转换为动态磁盘】对话框，如图 9-3 所示。

❷ 选中想要转换的磁盘，如果要转换的是原来由 Windows NT 创建的跨区卷，则请确保已经选中了该跨区卷集中的所有硬盘，这些硬盘也必须一起转换。

❸ 如果要转换的硬盘上没有格式化过的卷，则单击【确定】按钮即可开始转换。如果存在格式化的卷，则单击【确定】按钮将打开【要转换的磁盘】对话框，单击【详细信息】按钮，可查看所选硬盘上的卷，如图 9-4 所示。

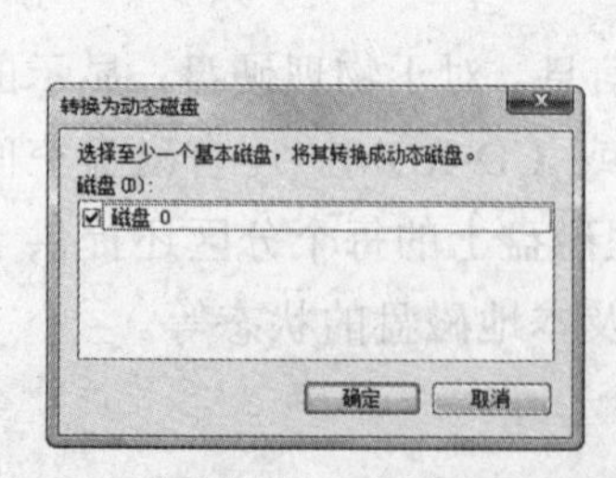

图 9-3 【转换为动态磁盘】对话框

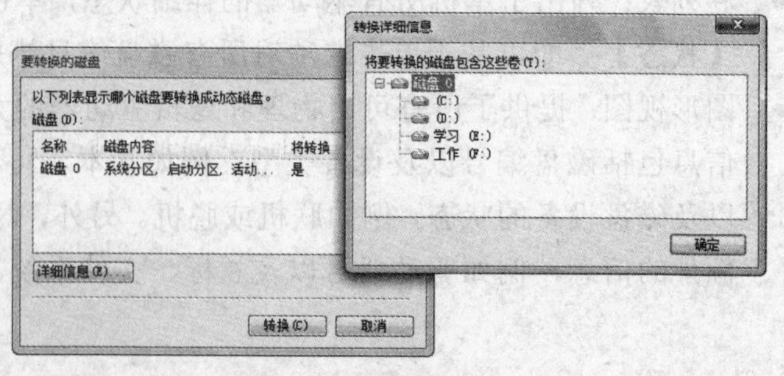

图 9-4 查看磁盘上的详细卷

❹ 如果要开始转换，单击【要转换的磁盘】对话框的【转换】按钮。随后，磁盘管理控制台将提示，一旦转换，将无法引导所选硬盘上的老版本的 Windows 系统。这意味着原硬盘上的文件系统会被卸载。如果硬盘中包含引导盘、系统盘或者其他正在使用的盘，那么磁盘管理控制台会要求重新启动计算机，然后才可以开始转换。

用户也可以将动态磁盘转换回基本磁盘，但需要用户首先删除动态磁盘上的所有卷(删除卷将会删除卷上的所有数据和信息，因此最好先对其进行备份)。然后在磁盘管理控制台中右击要转换的动态磁盘，单击【转换为基本磁盘】命令即可。然后用户就可以在该磁盘上重新创建分区和逻辑驱动器了。

9.1.6　创建分区、逻辑驱动器和简单卷

在物理硬盘上存储数据之前，必须通过分区和指派驱动器号来准备好硬盘，另外还需格式化才能获得需要的分区或卷。基本磁盘最多可以有 4 个主分区或者 3 个主分区和一个扩展分区。扩展分区中可以创建一个或多个逻辑驱动器，因此硬盘上可以有无限数量的卷。给硬盘分区后，必须给每个分区或者卷指派驱动器号。驱动器号可以是字母或者路径，需要驱动器号来访问硬盘上每个分区中的文件系统。一般来说，从 A 到 Z 的字母都可以用作驱动器号，但是 A 通常分配给计算机的软驱。

对于基本磁盘，创建的前 3 个卷都会被自动选择为主分区。如果用户试图在基本磁盘上创建第 4 个卷，那么剩余的可用空间会被自动用于创建一个扩展分区，同时按照用户指定大小在该扩展分区中创建第一个逻辑驱动器。

例 9-2　在基本磁盘上创建分区、逻辑驱动器以及简单卷。

❶ 打开磁盘管理控制台，在图形视图中右击未分配空间(即新安装上的硬盘)，从快捷菜单中单击【新建简单卷】命令，启动新建简单卷向导，阅读屏幕说明。

❷ 单击【下一步】按钮，指定以 MB 为单位的卷的大小，如图 9-5 所示。

❸ 单击【下一步】按钮，确定是给该卷指派一个驱动器号还是驱动器路径，如图 9-6 所示。

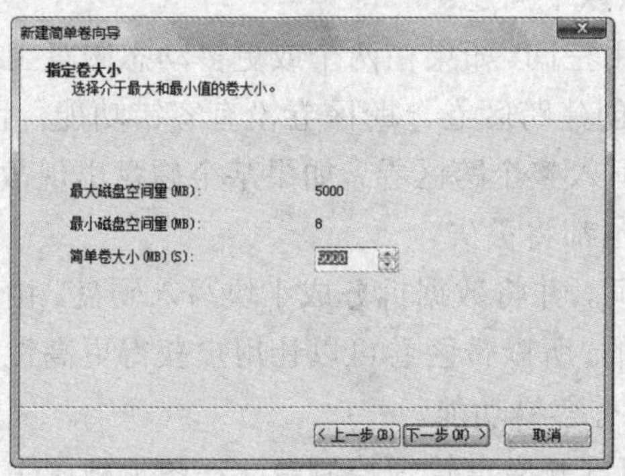

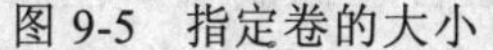
图 9-5　指定卷的大小

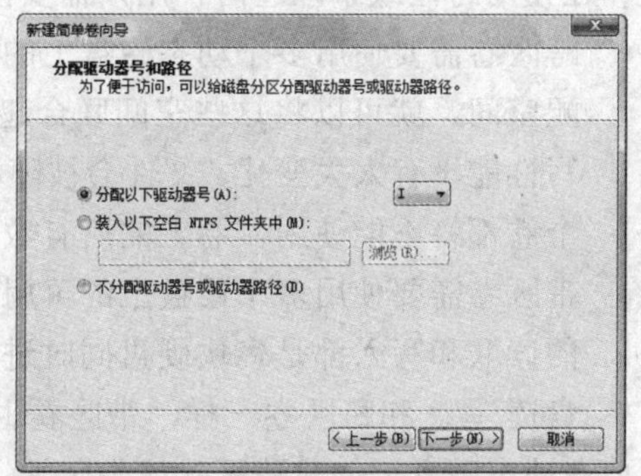

图 9-6　指定卷的驱动器号或驱动器路径

- 分配以下驱动器号：为创建的卷分配一个驱动器号，可以从右侧下拉列表中进行选择。默认情况下，Windows Vista 会选择除了保留的和已经使用的最靠前的字母作为新建卷的驱动器号。
- 装入以下空白 NTFS 文件夹中：将卷装载到空白 NTFS 文件夹中。用户需要指定现

有文件夹的路径，或直接单击【浏览】按钮进行选择。

- 不分配驱动器号或驱动器路径：如果希望创建磁盘分区，但暂时不为其分配驱动器号或驱动器路径，那么可以选中该单选按钮。

❹ 单击【下一步】按钮，指定是否以及如何格式化该卷，如图 9-7 所示。

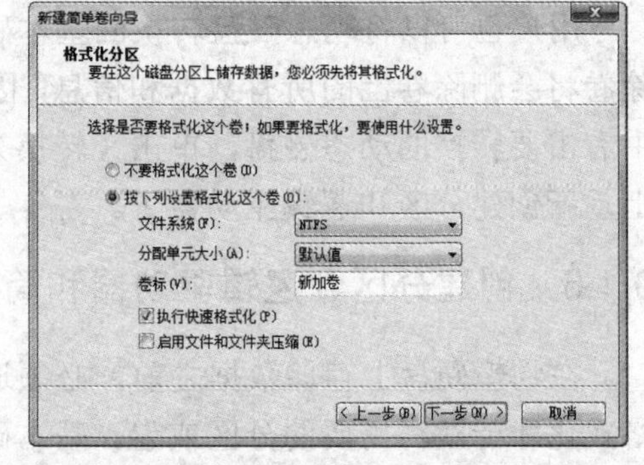

图 9-7　对创建的分区进行格式化

- 文件系统：设置新建的卷使用 FAT、FAT32 或 NTFS 中的哪种文件系统，默认选中的是 NTFS。
- 分配单元大小：设置文件系统的簇大小。簇是指硬盘上可以分派用于保存文件的最小单元，默认簇的大小取决于卷的大小以及格式化簇所用的文件系统。要使用自定义设置，用户可以指定分配单元的大小。如果要使用很多小文件，建议将值设置得小一些，这样小文件才不会浪费过多的硬盘空间。
- 卷标：设置该分区的文字标识。卷标是卷的名称，默认使用“新加卷”，用户也可以进行更改，具体可参阅 9.1.9 节内容。
- 执行快速格式化：让 Windows Vista 只格式化卷，但不检查错误。对于比较大的分区，这样做有利于节省时间。但建议还是检查一下错误，以便于磁盘管理控制台在硬盘上找到并标记坏的扇区，并将其锁定。
- 启动文件和文件夹压缩：可以打开磁盘压缩功能。该压缩功能只能用于 NTFS 文件系统的卷。在 NTFS 卷下，压缩操作对于用户来说是透明的。压缩文件可以像一般文件那样访问。

❺ 单击【下一步】按钮，完成新建卷后，单击【完成】按钮，即可使用新建的分区。

对于跨区和带区卷，用户可以创建一个单一的动态卷。但该卷的空间可以扩展到多个硬盘。在使用跨区或带区卷时，用户需要注意以下问题：

- 跨区卷需要使用多个动态磁盘上的可用空间。如果在两个或更多动态磁盘上有未分配空间，就可以将这些空间联合起来创建跨区卷。跨区卷没有容错功能，而且读/写性能没有太大变化。文件会被随机写入整个跨区卷，如果某个硬盘出现故障，整个卷都将不能使用，卷上的所有数据也都将丢失。
- 带区卷需要使用多个硬盘上的可用空间，并将数据拆分成小块写入硬盘。由于数据的读取和写入都是多块硬盘同时进行的，所以带区卷可以让用户获得更高性能的磁盘读/写。和跨区卷一样，带区卷也没有容错功能。

要在动态磁盘上创建跨区卷或带区卷，可打开磁盘管理控制台，在图形视图中右击未分配区域，从快捷菜单中单击【新建跨区卷】或【新建带区卷】命令。阅读详细的信息后，单击【下一步】按钮，在接下来的对话框中选择将要成为该卷一部分的动态磁盘，并设置希望使用的磁盘空间大小。接下来的操作和例 9-2 相似。

9.1.7　压缩和扩展卷

Windows Vista 新增了压缩卷和扩展卷的功能。压缩卷就是把分区的剩余空间分割出来，从而产生空闲的磁盘分区，但不影响硬盘中的数据。扩展卷则是将未分配的磁盘空间转换并添加到现有的卷中。例如动态磁盘上的跨区卷，可用的扩展空间就可以来自任何一块动态磁盘，而并非只能用该卷最初创建时的那块硬盘。这样一来就可以将多块动态磁盘上的空闲空间联合到一起来增加现有卷的大小。

注意：简单卷和跨区卷只有在被格式化为 NTFS 文件系统后才可以被扩展。另外，带区卷、系统卷、引导卷，以及使用 FAT 或 FAT 32 文件系统格式化的卷无法扩展。

例 9-3　练习压缩和扩展卷。

❶ 在磁盘管理控制台中右击想要压缩的卷，从快捷菜单中单击【压缩卷】命令，打开【压缩卷】对话框，输入要压缩的空间大小，如图 9-8 所示。

- 压缩前的总计大小：以 MB 为单位列出了卷的总大小，这是该卷被格式化后的大小。
- 可用压缩空间大小：列出了通过压缩可以获得的最大空间。该值不能代表所选卷上目前可用的空间，只代表可移动且没有为任何数据、主文件分配表、卷快照、页面文件以及临时文件保留的空间的大小。
- 输入压缩空间量：列出了将从该卷删除出去的空间大小。为了不影响硬盘的性能，请确保在压缩后原卷上有不少于 10%的可用空间。

❷ 单击【压缩】按钮开始压缩卷。压缩完成后，图形视图中将出现一个未分配的磁盘空间，如图 9-9 所示。用户可在该磁盘上创建分区。

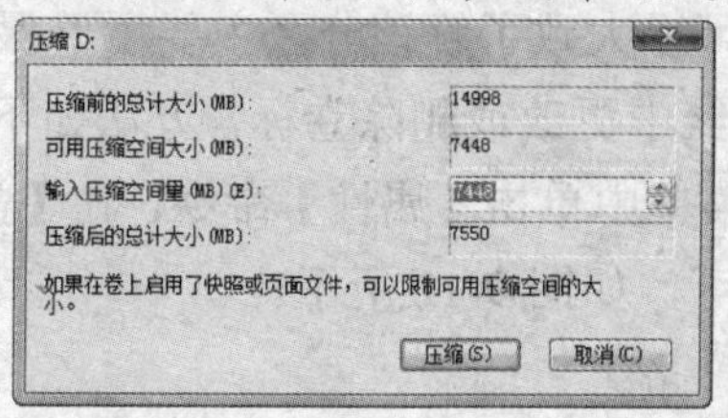

图 9-8　【压缩卷】对话框

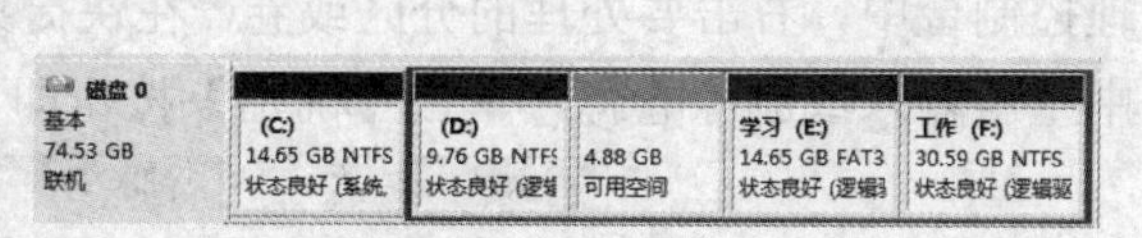

图 9-9　压缩卷后得到的未分配空间

❸ 如果要扩展某个卷的大小。可右击它并从快捷菜单中单击【扩展卷】命令，阅读说明信息后单击【下一步】按钮，在【选择磁盘】对话框中选择希望用于扩展卷的可用空间所在的硬盘，如图 9-10 所示。

❹ 对于动态磁盘，用户还可以指定用于扩展目标卷且位于其他硬盘的额外空间。单击【下一步】按钮，确认后单击【完成】按钮，即可将空闲空间扩展到目标卷上。

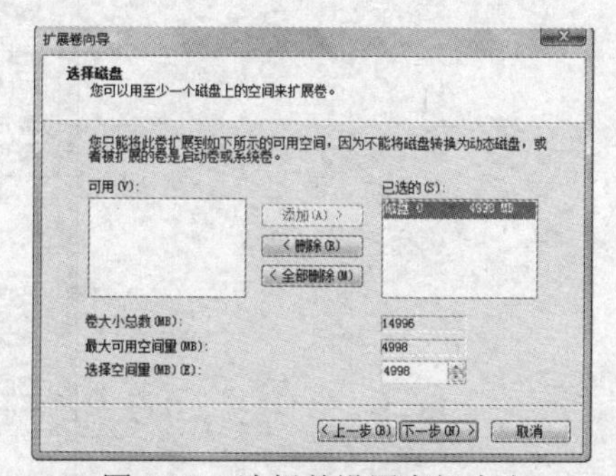

图 9-10　选择并设置空间大小

9.1.8　更改或删除驱动器号和路径

硬盘上的每个主分区、逻辑驱动器或者卷都可以分配到一个驱动器号或者一个或多个驱动器路径。一旦被分配，系统每次启动后都会使用相同的驱动器号或路径，除非被标记为系统盘或引导盘，否则用户可以随时更改驱动器号和路径。具体方法如下：在磁盘管理控制台右击想要配置的分区或卷，单击【更改驱动器号和路径】命令，打开如图 9-11 所示的对话框，可在其中完成以下任务：

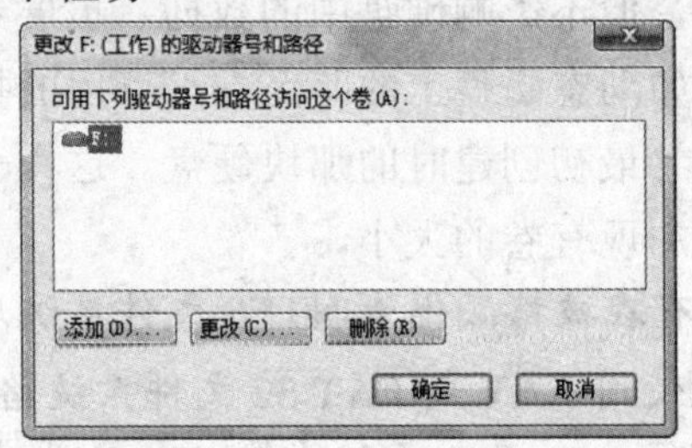

图 9-11　分配、更改或删除驱动器号和路径

- 添加新驱动器路径：单击【添加】按钮，在打开对话框中选中【装入以下空白 NTFS 文件夹中】单选按钮，然后输入现有文件夹的路径，或者单击【浏览】按钮搜索或创建文件夹。
- 删除驱动器路径：选中想要删除的路径，单击【删除】按钮。
- 更改驱动器号：单击【更改】按钮，在打开对话框中选中【分配以下驱动器号】单选按钮，然后在后面的下拉列表中选择一个可用的驱动器号即可。
- 删除驱动器号：选中想要删除的驱动器号，单击【删除】按钮。

9.1.9　更改或删除卷标

卷标是用于描述分区或卷的文字，通过卷标我们可以大致了解该分区主要用于保存的文件类型。可在磁盘管理控制台或 Windows 资源管理器中更改或删除卷标，方法如下：在磁盘管理控制台中，右击要处理的分区或卷，在快捷菜单中单击【属性】命令，在【常规】选项卡中重新输入或删除卷标，单击【确定】按钮即可，如图 9-12 所示。

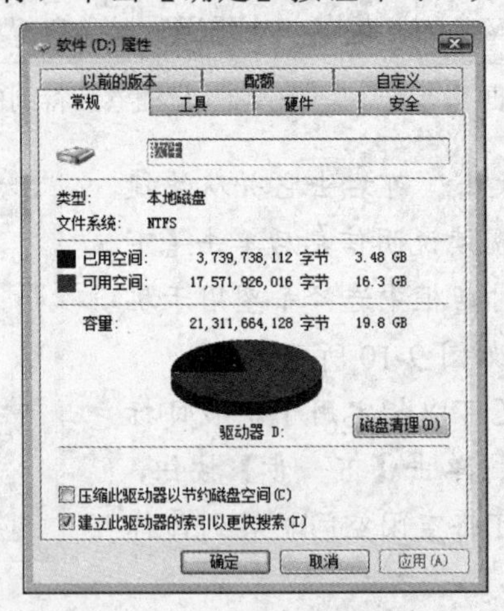

图 9-12　更改或删除卷标

9.1.10　删除分区、卷或逻辑驱动器

如果用户需要更改分配好的分区的现有配置，则需要删除该分区、逻辑驱动器或卷。

由于删除是不可逆的，因此在操作前应该首先备份数据并在真正删除前对重要数据进行校验。另外，如果计算机上有跨区和带区卷，那么在删除卷的时候更要小心，因为一旦将属于某个卷集中的单个卷删除了，整个卷都将被破坏，其中保存的数据也会丢失。用户可以按如下方法来删除主分区、卷或者逻辑驱动器：

在磁盘管理控制台中，右击要删除的分区、卷或驱动器，然后从快捷菜单中单击【资源管理器】命令，这将调用 Windows 资源管理器打开该分区。首先将保存的重要文件或数据都转移到其他位置，或者确保现有的备份已经包含这些文件的最新版本。然后再次右击要删除的分区、卷或驱动器，单击【删除分区】、【删除卷】或【删除逻辑驱动器】命令，在打开的对话框中进行确认即可。

删除扩展分区比直接删除主分区或者逻辑驱动器要麻烦一些。要删除扩展分区，首先应按照前面的方法将所有逻辑驱动器都删除，然后再删除扩展分区。

9.1.11　扫描磁盘和整理磁盘碎片

使用磁盘查错工具，用户可以扫描计算机的启动硬盘并修复错误，以免因系统文件和启动磁盘的损坏而导致系统无法启动或不能正常工作。

例 9-4　使用磁盘查错程序检查磁盘。

❶ 在桌面上双击【计算机】图标，在打开的 Windows 资源管理器中右击要进行查错的磁盘，从快捷菜单中单击【属性】命令，打开当前磁盘的属性对话框。

❷ 打开【工具】选项卡，如图 9-13 所示。在【查错】选项区域单击【开始检查】按钮，打开如图 9-14 所示的【检查磁盘】对话框。

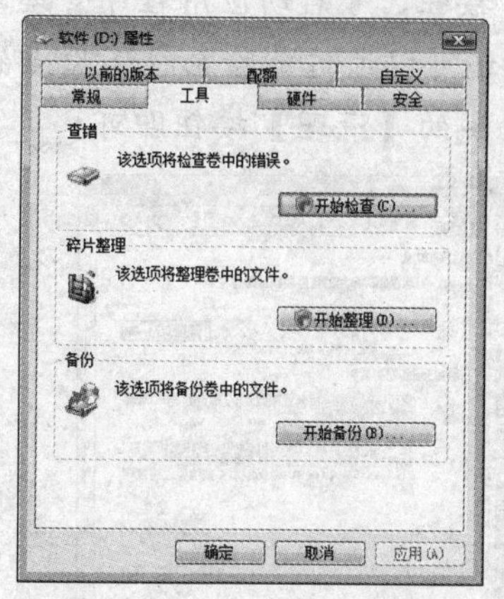

图 9-13　【工具】选项卡

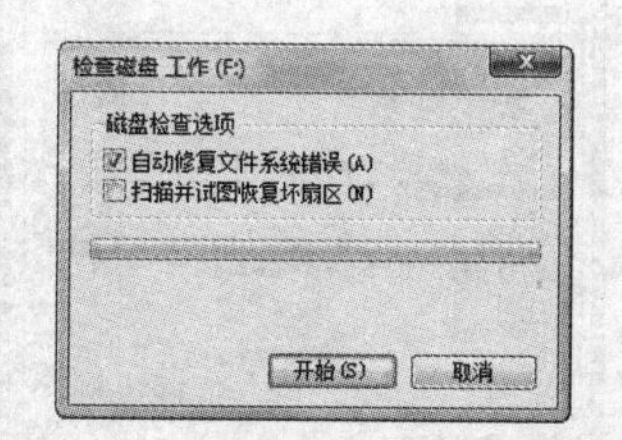

图 9-14　【检查磁盘】对话框

❸ 如果用户只希望检查磁盘的文件，文件夹中存在的逻辑性损坏等情况，那么可选中【自动修复文件系统错误】复选框。如果用户还要检查磁盘表面的物理性损坏，并尽可能地将损坏扇区的数据移走，那么请选中【扫描并试图恢复坏扇区】复选框。

❹ 单击【开始】按钮，即可使用系统提供的磁盘扫描程序对损坏磁盘进行一般性的检查与修复。如果用户选中了【扫描并试图恢复坏扇区】复选框，由于要将损坏扇区的数据移动到磁盘上的可用空间处，所以持续的时间可能较长。完成扫描后，单击【关闭】按钮关闭对话框。

用户使用一段计算机后，由于进行了大量的磁盘读写，会使磁盘上存留许多临时文件或已经没用的程序。这些残留文件和程序不但占用磁盘空间，而且会影响系统性能。因此建议用户定期对磁盘进行清理，清除掉没用的临时文件和程序，以释放磁盘空间。

例 9-5 清理磁盘。

❶ 单击【开始】|【所有程序】|【附件】|【系统工具】|【磁盘清理】，打开【磁盘清理选项】对话框，由于 Windows Vista 面向不同用户有不同的配置，所以用户可以选择是清理所有用户的文件还是仅清理自己的文件。这里单击【此计算机上所有用户的文件】，打开【驱动器选择】对话框，选择要进行清理的磁盘，如图 9-15 所示。

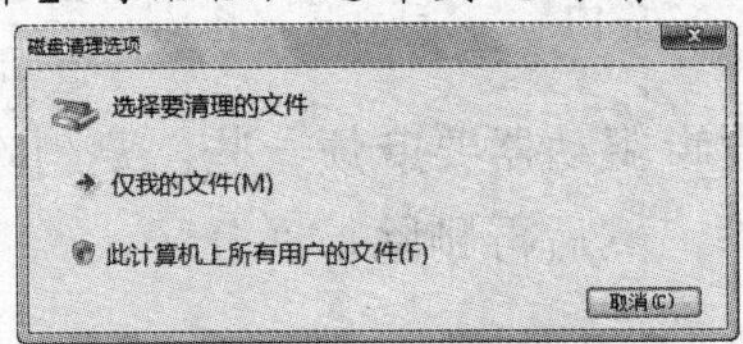

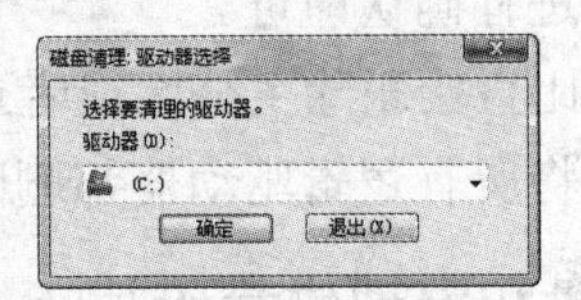

图 9-15 选择要进行清理的驱动器

❷ 单击【确定】按钮，打开当前驱动器的磁盘清理窗口，如图 9-16 所示。在【要删除的文件】列表框中列出了当前驱动器上所有可删除的无用文件，用户可通过前面的复选框来决定是否清除它们。在【描述】区域，用户还可以了解被选中文件的有关信息。单击【确定】按钮即可将它们清除掉。

❸ 如果用户需要删除某个不用的 Windows 组件，可以在磁盘清理窗口中打开【其他选项】选项卡，如图 9-17 所示。

❹ 在【程序和功能】选项区域单击【清理】按钮，可启动应用程序管理器，可以对应用程序、Windows 组件进行添加、删除等。用户还可以通过删除系统还原点的方式来释放磁盘空间，单击【系统还原和卷影复制】选项区域的【清理】按钮即可。

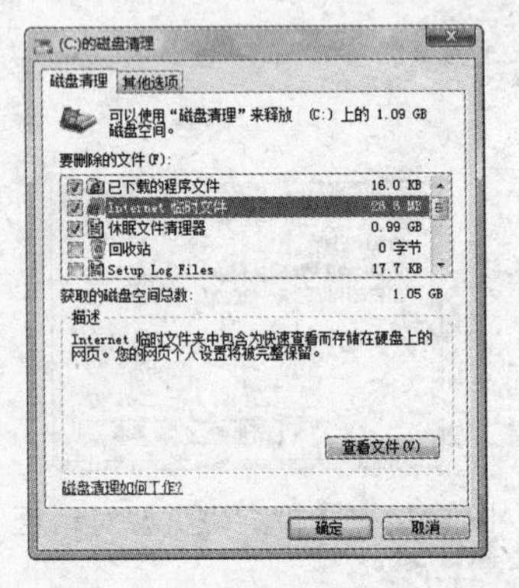

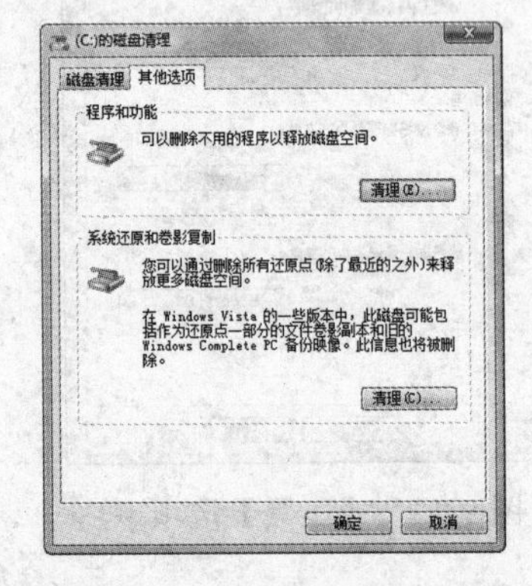

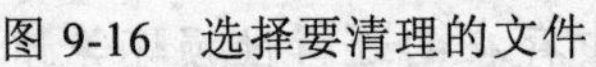
图 9-16 选择要清理的文件　　图 9-17 【其他选项】选项卡

提高磁盘性能的另外一个工具是磁盘碎片整理程序。磁盘碎片其实是一些文件碎片，是由于文件被分割保存在磁盘的不同位置，而不是保存在磁盘连续的簇中形成的。由于文件的各部分存储比较分散，导致对文件的读写速度降低，影响磁盘的使用性能。

磁盘碎片整理程序的工作原理就是将碎片文件和文件夹的不同部分移动到卷上的同一个位置，使得文件和文件夹拥有一个独立的连续存储空间。这样系统就可以高效地访问文件或文件夹了。在进行磁盘碎片整理之前，用户可以使用磁盘碎片整理程序中的分析功能得到磁盘空间的使用情况，并根据这些信息来决定是否需要进行碎片整理。

例 9-6　对磁盘进行碎片整理。

❶ 单击【开始】|【所有程序】|【附件】|【系统工具】|【磁盘碎片整理程序】，打开如图 9-18 所示的【磁盘碎片整理程序】窗口。

❷ 用户可按计划定时对磁盘碎片进行整理。Windows Vista 默认已经启动该计划，如果用户需要修改计划，可单击【修改计划】按钮，在打开的对话框中对整理的频率和具体时间进行设置，如图 9-19 所示。

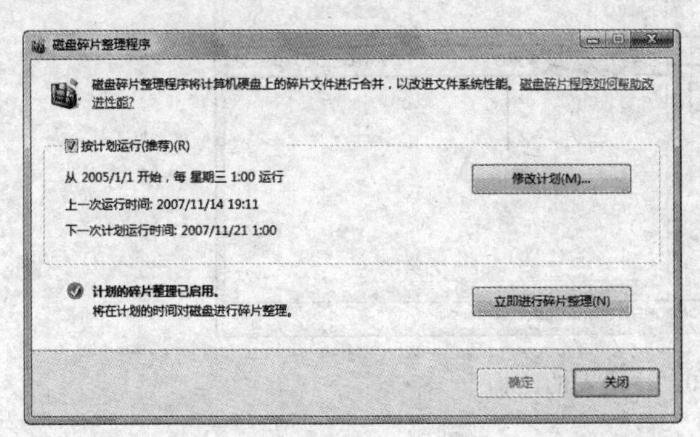

图 9-18　【磁盘碎片整理程序】窗口

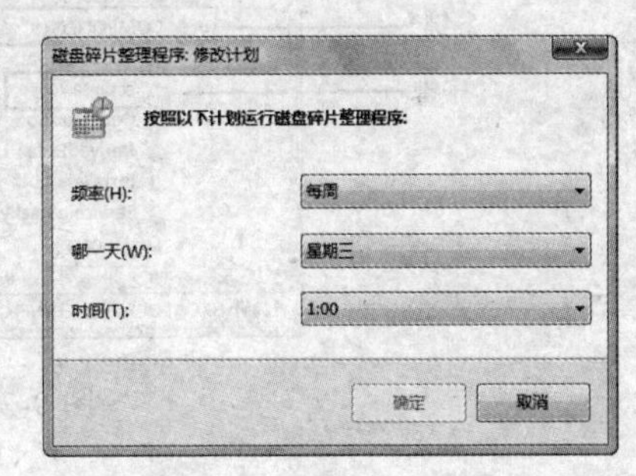

图 9-19　修改磁盘碎片整理计划

❸ 如果要立刻进行碎片整理，单击【立即进行碎片整理】按钮即可。在磁盘碎片整理过程中，用户可单击【取消】按钮来暂时终止整理工作。

9.2　管理和维护注册表

注册表是 Windows 的核心部件，它是一个巨大的树状分层的数据库，包含了 Windows 所有的内部数据。包含的信息有：应用程序和计算机系统的全部配置信息，系统和应用程序的初始化信息，应用程序和文档文件的关联关系，硬件设备的说明、状态和属性，以及各种状态信息和数据等。注册表中的各种参数直接控制着 Windows 的启动、硬件驱动程序的装载以及一些应用程序的运行，从而在整个 Windows 系统中起着核心作用。

按照内容层次可以将注册表中的信息分成 3 类：

- 软、硬件的有关配置和状态信息，注册表中保存有应用程序和资源管理器外壳的初始条件、首选项和卸载数据。
- 联网计算机的整个系统的设置和各种许可、文件扩展名与应用程序的关联关系，硬件部件的描述、状态和属性。
- 性能记录和其他底层的系统状态信息，以及其他一些数据。

如果注册表受到了破坏，那么轻则使 Windows 在启动的过程出现异常，重则可能会导致整个系统完全瘫痪。因此注册表就像计算机的“中枢神经”。掌握注册表的使用和维护对于每个 Windows 用户来说都至关重要。

9.2.1 注册表的结构

由于注册表是一个二进制的树型结构的数据库文件，因而用户无法直接存取注册表，但可以通过 Windows Vista 提供的注册表编辑器来编辑注册表。按 Windows 徽标键+R 打开【运行】对话框，输入“Regedit”并按 Enter 键，即可打开注册表编辑器，如图 9-20 所示。

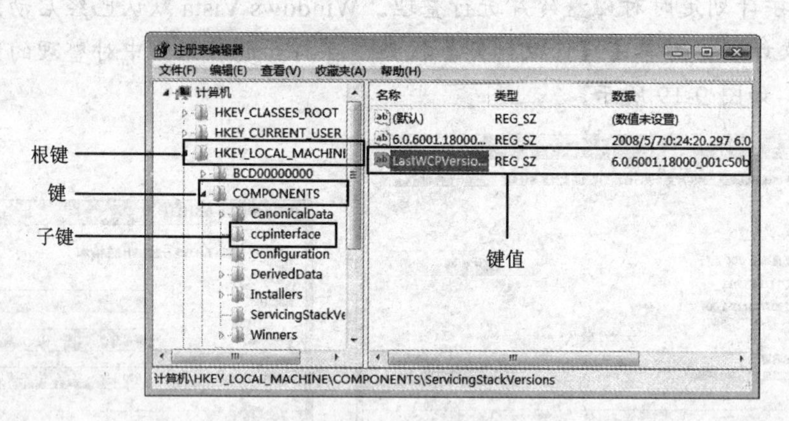

图 9-20　注册表的结构

注册表的结构和用户使用的磁盘文件系统的目录结构非常类似，所有的数据都是通过一种树状结构以键和子键的方式组织起来。每个键都包含了一组特定的信息，每个键的键名都是与它所包含的信息相关联的。如果某个键包含了子键，则在注册表编辑器窗口中代表该键的文件夹左侧将有一个 ▷ 符号，以表示在这个文件夹中还有更多的内容。如果这个文件夹被用户打开了，符号 ▷ 就变成 ◢。用户可以像打开文件夹一样层层地打开注册表树，当然用户有时并不清楚要找的键位于哪个目录分支下面，此时就得搜索相应的关键字。

- 根键：在注册表结构中，根键是包含键、子键和键值的主要节点。
- 键：根键下的主要分支，可以包含子键和键值。例如 SOFTWARE 是 HKEY_LOCAL_MACHKINE 的子键。
- 子键：键中的键，在注册表结构中，子键附属于根键和键。
- 键值：出现在注册表编辑器右侧窗格中的数据字符串，定义了当前所选项的值。键值包含 3 个部分，键名、类型和数据。键值用来保存影响系统的实际数据。

9.2.2 备份和还原注册表

为了防止注册表出错而引发意外，建议用户定期地备份注册表，以便在发生意外时将最新备份的注册表还原，以将损失减少到最小。

要备份注册表，可在注册表编辑器主界面选择【文件】|【导出】命令，打开【导出注册表文件】对话框，如图 9-21 所示。在【文件名】文本框中输入文件名，将【导出范围】设置为【全部】，然后选择文件的存储路径，最后单击【确定】按钮即可。

要还原注册表，可在注册表编辑器主界面选择【文件】|【导入】命令，打开【导入注册表文件】对话框，如图 9-22 所示。导航并选择备份的注册表文件，单击【确定】按钮即可。

图 9-21　备份注册表

图 9-22　还原注册表

9.2.3　设置注册表访问权限

Windows Vista 是多用户操作系统，为了维护注册表的安全，建议用户对注册表设置针对不同用户账户的访问权限。例如，以计算机管理员身份登录的用户账户可以修改注册表，而普通账户或来宾账户则不可以访问注册表。

例 9-7　设置注册表的访问权限。

❶ 打开注册表编辑器，选择要设置访问权限的注册表键 HKEY_USERS。选择【编辑】|【权限】命令，打开【HKEY_USERS 的权限】对话框，如图 9-23 所示。

❷ 在【组或用户名】列表框中选择要设置访问权限的组或用户名称，然后在下方的【权限】列表框中对权限进行设置。

❸ 如果列表框中没有要设置访问权限的用户或组的名称，可以单击【添加】按钮，打开【选择用户或组】对话框，如图 9-24 所示。在下方的文本框中输入用户或组的名称，然后单击【检查名称】按钮对该账户或组进行检测，验证其是否存在。用户也可以单击【高级】按钮，在打开的对话框中单击【立即查找】按钮，列出系统中所有的用户账户和组，并进行选择，如图 9-25 所示。

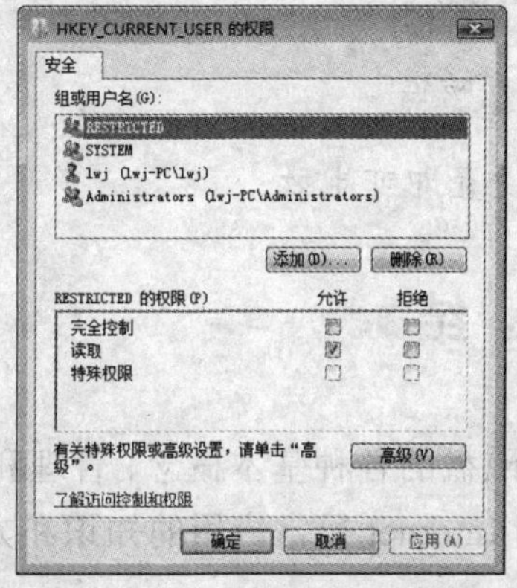

图 9-23　【权限】对话框

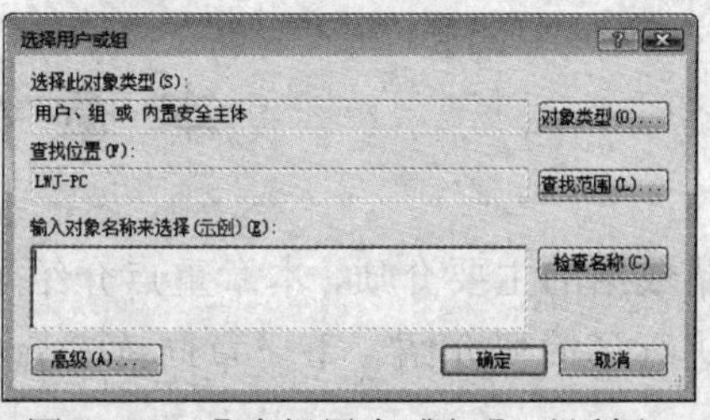

图 9-24　【选择用户或组】对话框

❹ 添加好要设置的用户账户或组后，即可在【权限】对话框中对该账户进行设置了。如果要对该组或用户账户设置特别权限或进行高级设置，可单击【权限】对话框的【高级】按钮，打开【高级安全设置】对话框，如图 9-26 所示。

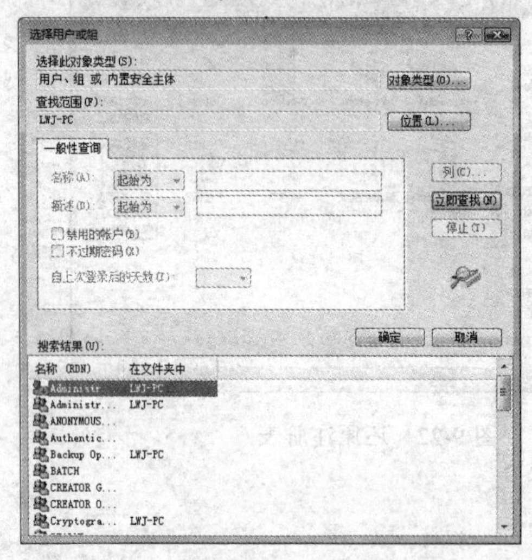

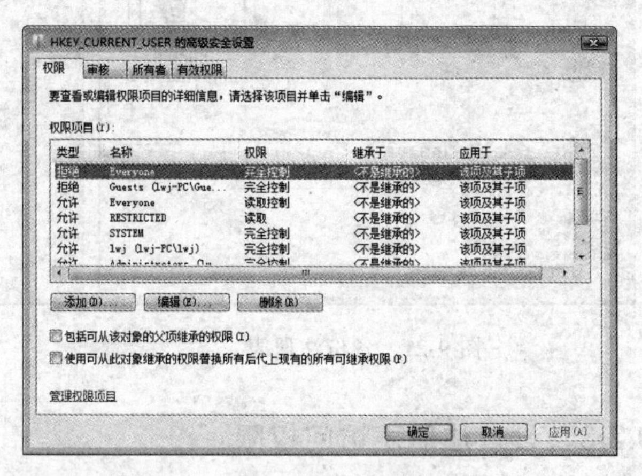

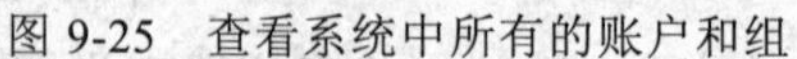
图 9-25　查看系统中所有的账户和组　　　　图 9-26　【高级安全设置】对话框

❺ 选择要设置的用户账户或组，单击【编辑】按钮，可打开【权限项目】对话框。【权限】列表中显示了该账户或组允许或拒绝访问的权限项目，如图 9-27 所示。用户设置完成后，单击【确定】按钮即可在【高级安全设置】对话框中看到所作修改的结果。

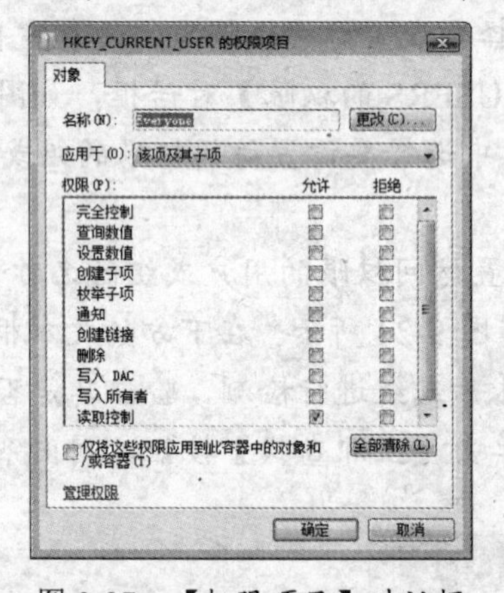

图 9-27　【权限项目】对话框

❻ 单击【应用】按钮，然后重新启动计算机设置即可生效。

本 章 小 结

磁盘是存储数据的主要介质，本章重点介绍了磁盘的各种基本概念、管理和维护方法，然后对注册表进行了简要介绍。下一章向读者介绍 Internet 日常应用的知识和方法。

习　题

填空题

1. 一般情况下，安装到系统中的第一块硬盘会被标记为________。
2. 在基本磁盘上，Windows Vista 支持主分区和________分区。主分区是硬盘上一块可以直接访问并存储文件的区域。每个基本硬盘最多可以有________个主分区。
3. 在物理硬盘上存储数据之前，必须通过分区和指派驱动器号来准备好硬盘，另外还需________才能获得需要的分区或卷。
4. ________就是把分区的剩余空间分割出来，从而产生空闲的磁盘分区，但不影响硬盘中的数据。
5. 磁盘碎片其实是一些________，是由于文件被分割保存在磁盘的不同位置，而不是保存在磁盘连续的簇中形成的。
6. 注册表是 Windows 的核心部件，它是一个巨大的________数据库，包含了 Windows 的所有内部数据。
7. Windows Vista 预置了 3 种电源方案以供用户选择：________、________和________。

选择题

8. 下列分区类型中，包含要启动操作系统的启动文件，并且必须是位于基本磁盘的是(　　)。

   A. 活动分区　　B. 引导分区　　C. 系统分区　　D. 故障转移分区

9. 用户可通过(　　)来查看分区上主要保存的文件类型。

   A. 驱动器号　　B. 卷标　　C. 驱动器路径　　D. 磁盘类型

简答题

10. 什么是基本磁盘？什么是动态磁盘？两者之间如何转换以及转换时需要注意什么？

上机操作题

11. 在机器上新添加一块硬盘，将其转换为动态磁盘，并在上面创建磁盘分区和卷。
12. 备份系统的注册表。
13. 设置注册表的访问权限，仅允许管理员组访问注册表。

第 10 章

Internet 接入与应用

本章主要介绍 Windows Vista 下如何连接到 Internet，以及浏览网上信息、收发电子邮件等 Internet 应用。通过本章的学习，应该完成以下学习目标：

- ☑ 掌握 ADSL、小区宽带等常见的 Internet 接入技术
- ☑ 了解 Internet Explorer 7.0 的主要特色
- ☑ 学会使用 Internet Explorer 7.0 浏览网页
- ☑ 掌握在 Internet 上搜索信息的方法和技巧
- ☑ 学会使用和整理收藏夹
- ☑ 学会使用历史记录
- ☑ 学会订阅、管理和查看 RSS
- ☑ 学会保护个人的上网隐私
- ☑ 学会使用 Windows 联系人工具
- ☑ 学会使用 Windows Mail 来收发电子邮件
- ☑ 了解 Windows 会议室

10.1　Internet 接入技术

普通用户接入 Internet 的方式大致有两种：ADSL 宽带拨号和小区宽带。单位则是通过多机连接形成局域网，并通过路由器或代理服务器连接到 Internet，这样既可以实现局域网的功能，同时也可以上网。

10.1.1　认识网络和共享中心

Windows Vista 的网络功能得到了很大的改进，在底层对网络协议和核心组件几乎进行了完全重写，对 IPv4 和 IPv6 提供了完整的支持。此外，Windows Vista 的网络功能设置界面相对以前版本发生了很大改变。在任务栏的通知区域单击网络图标，单击弹出窗口的【网络和共享中心】命令，打开【网络和共享中心】控制台，用户可在这里设置和配置网络连接，如图 10-1 所示。【网络和共享中心】控制台主要包括以下 3 个区域：

- **网络映射图摘要**　以图形的方式显示网络配置和连接情况。如果网络设备之间用线条连接了起来，这表示网络状态正常。如果在网络的配置或连接上存在问题，那么相应的位置就会出现警告图标。黄色的表示配置可能存在问题，红色的叉则表示到

特定网络设备的连接中断。图 10-1 表明机器成功连接到局域网和 Internet。

- **网络详细信息** 列出了当前网络的名称以及概述。网络名后面的括号里显示了该网络的类型，例如域网络、专用网络或公用网络。【访问】栏显示了计算机是否以及如何连接到网络，例如仅本地、本地和 Internet 或者仅 Internet。【连接】栏显示了正在用于连接到当前网络的本地连接的名称。
- **共享和发现** 提供了用于配置计算机共享和发现设置的选项，并列出了每个选项当前的状态。要管理某个选项，可单击该选项右侧的箭头将其展开，然后进行调整，并单击【应用】按钮即可。

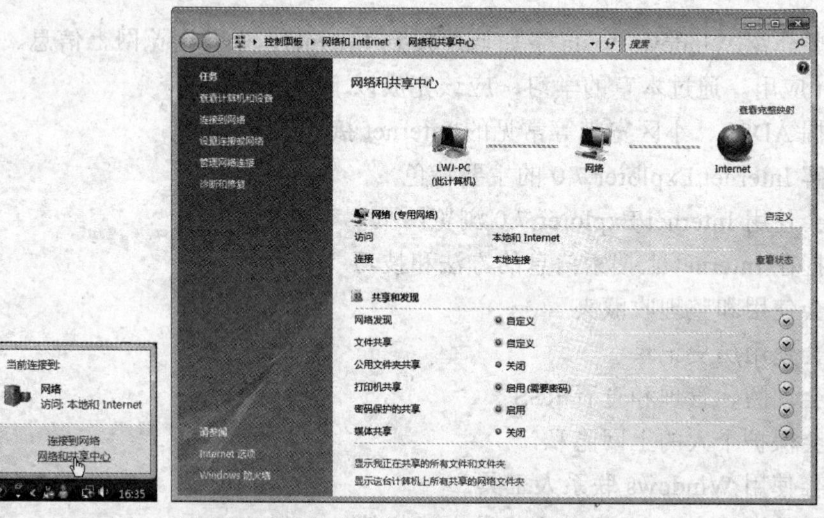

图 10-1 打开【网络和共享中心】控制台

10.1.2 ADSL 接入上网

ADSL 是 DSL(Digital Subscriber Line，数字用户环路)家族中最常用、最成熟的技术。它是运行在原有普通电话线上的一种高速宽带技术。所谓非对称，主要体现在上行速率(即用户向 Internet 上传数据的速率，最高 1Mbps)和下行速率(即用户从 Internet 下载信息的速率，最高 8Mbps)的非对称性上。在普通电话线上传输数据的速率，可以达到普通拨号调制解调器的 140 倍。

要使用 ADSL 接入 Internet，必须首先拥有 ISP(Internet 网络服务提供商)提供的上网账户、密码以及相关的硬件设备，如网卡、ADSL Modem 等。

例 10-1 使用 ADSL 连接 Internet。

❶ 打开【网络和共享中心】控制台，在左侧的任务导航栏中单击【设置连接或网络】，在打开的图 10-2 中选择一个连接选项。

❷ 选中【连接到 Internet】选项，单击【下一步】按钮，在打开的图 10-3 中设置如何连接。选中【显示此计算机未设置使用的连接选项】，图 10-3 中将显示其他连接方式，如拨号连接。

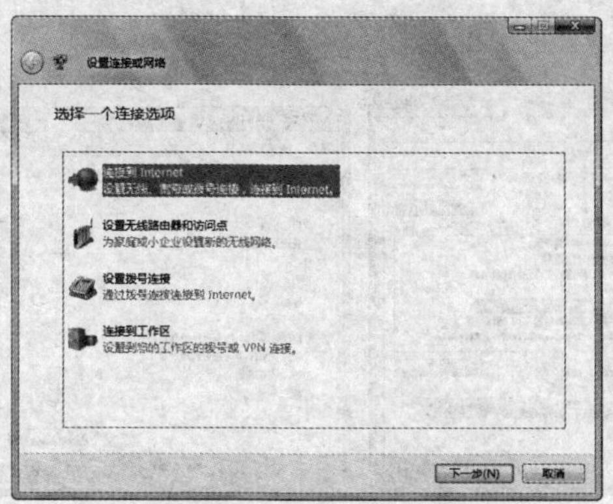

图 10-2　选择连接选项

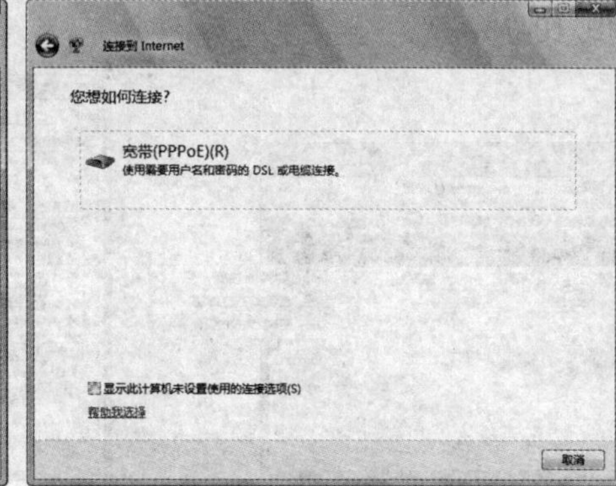

图 10-3　选择如何连接

❸ 单击【宽带(PPoPE)(R)】选项，在打开的窗口中输入 ISP 分配的用户名和密码，并根据需要选择是否保存密码，并设置连接的名称。如果 Windows Vista 中设置了多个账户，请选中【允许其他人使用此连接】复选框，如图 10-4 所示。

❹ 单击【连接】按钮，系统将测试并进行连接，如图 10-5 所示。连接完成后，用户即可通过设置的连接名连接到 Internet。

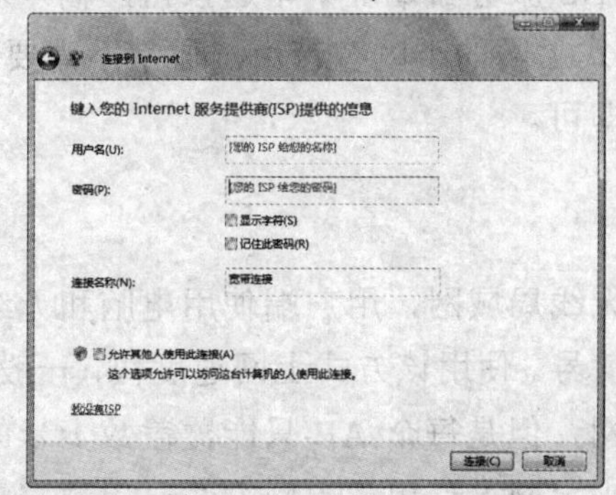

图 10-4　输入 ISP 提供的信息

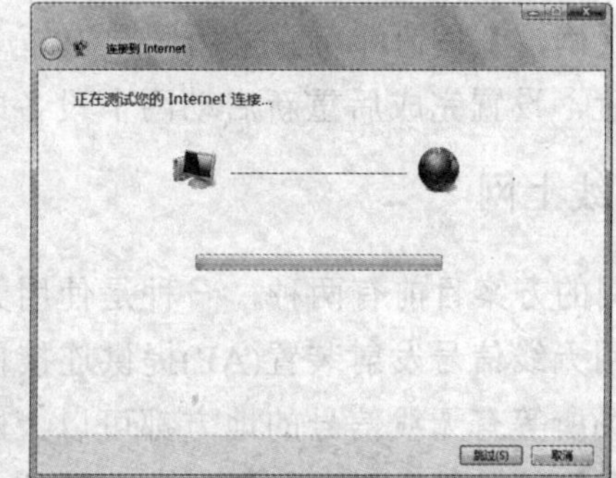

图 10-5　测试并连接 Internet

10.1.3　小区宽带上网

小区宽带上网是目前比较流行的上网方式。用户一般只需要网卡，并使用双绞线直接连接到 ISP 提供的网络接口即可接入 Internet。这种上网方式分为两种类型：DHCP(动态 IP 地址分配)方式和固定 IP 方式。

如果采用的是 DHCP 方式，那么在用户开通宽带的时候将获取一个账户名和密码。在配置好网络后，必须在 ISP 提供的页面上输入用户名和密码才可以访问 Internet，因此这种方式又称为页面登录的小区宽带。

例 10-2　DHCP 小区宽带上网设置。

❶ 打开【网络和共享中心】控制台，在左侧的任务导航栏中单击【管理网络连接】，打开的窗口中将显示用户的网卡连接状况，如图 10-6 所示。

❷ 选中已连接好网线的本地连接，单击【查看此连接的设置】命令，可在打开的对话框中选中【Internet 协议版本 4(TCP/IPv4)】选项。然后单击【属性】按钮，在打开的对话框中选中【自动获得 IP 地址】和【自动获得 DNS 服务器地址】单选按钮，单击【确定】

按钮，如图 10-7 所示。

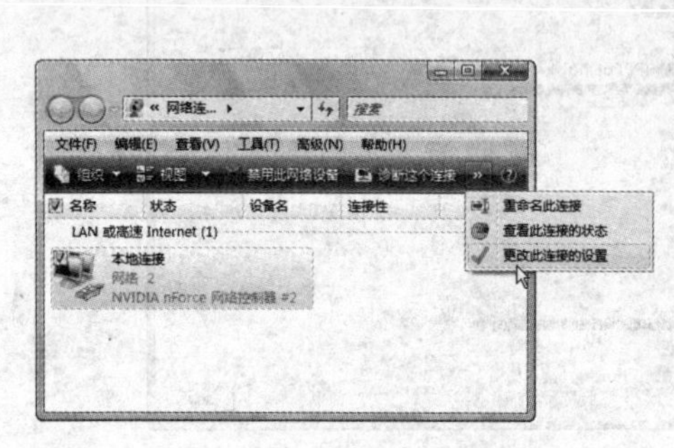

图 10-6　显示网卡连接

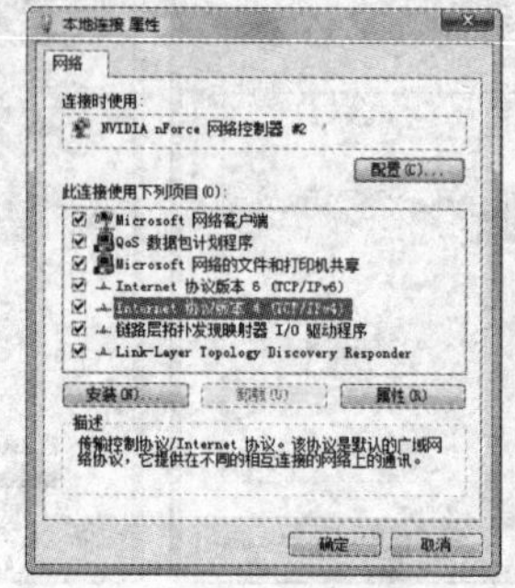

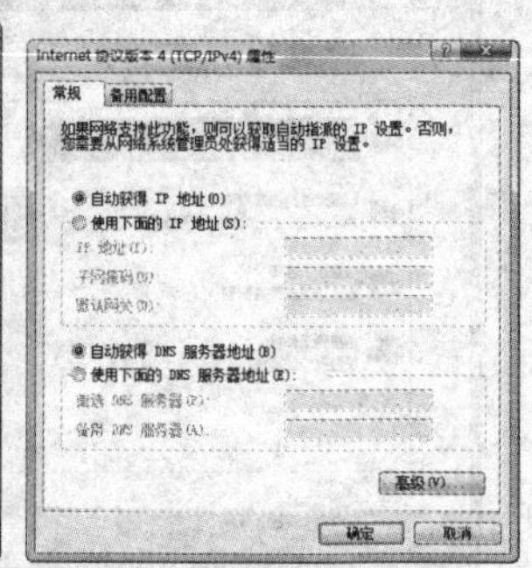

图 10-7　设置连接属性

❸ 重新启动网卡设备，然后打开 IE 浏览器，进入 ISP 服务页面。根据页面提示，输入相应的用户名和密码，即可进行连接并上网。

对于采用固定 IP 方式的小区宽带连接，ISP 通常会提供相应的 IP 地址、网关、DNS 服务器地址等。用户必须牢记这些信息，然后同例 10-2 一样，打开网络连接的属性对话框。选中【使用下面的 IP 地址】和【使用下面的 DNS 服务器地址】单选按钮，输入对应的信息后，单击【确定】按钮即可。采用固定 IP 方式上网的小区宽带用户通常不需要进入 ISP 网站进行设置，设置完成后重新启动网卡设备即可。

10.1.4　无线上网

无线上网的方案目前有两种，一种是使用无线局域网，用户端使用电脑和无线网卡，服务器端使用无线信号发射装置(AP)提供连接信号。使用该方式上网速度快，一般在机场、车站和娱乐场所等有无线信号的地方都可以上网，但是每个 AP 只能覆盖数十米的空间范围。另一种是直接使用手机卡，通过移动通信来上网。使用该上网方式，用户端需使用无线 Modem，服务器端则是由中国移动或中国联通等服务商提供接入服务。这种方式的优点是没有地域限制，只要有手机信号，在当地开通无线上网业务即可，其缺点是速度比较慢。

提示：关于多机互联接入 Internet 的上网方式，我们在下一章介绍组建局域网时介绍。

10.2　浏 览 网 页

Windows Vista 捆绑了 Internet Explorer 7.0(简称 IE 7.0)，新版本对前一版浏览器做了重大革新，新增了仿冒网站筛选、保护模式浏览等安全选择，以及加载项禁用模式等安全措施，同时也改进了界面与使用功能。许多网页设计人员在设计网页时，与 Internet Explorer 的兼容是其首要考虑的，这使得 IE 7.0 成为当前最流行的浏览器之一。

10.2.1　Internet Explorer 7.0 的新界面

IE 7.0 相对以前版本，界面有了较大变化。图 10-8 所示就是一个典型的 IE 7.0 窗口，其主要界面元素的作用如下：

- 【前进】/【后退】按钮：可在打开的网页之间切换。按钮旁边有小箭头，单击后将弹出一个显示了浏览历史的菜单，可以从中快速切换到要浏览的页面。

- 地址栏：显示了当前正在访问页面的地址，用户也可以在此输入新的网页，按下 Enter 键即可将其打开。单击右侧的【刷新】和【停止】按钮，可分别重新载入当前页面和停止页面载入。
- 搜索框：如果要搜索互联网，可以直接将关键字输入搜索框中并按下 Enter 键，即可调用 Windows Live 进行搜索(用户可以修改默认的搜索引擎)。
- 【收藏中心】按钮：单击可显示收藏夹内容，同时还可以显示历史记录或订阅的 RSS 信息。
- 【快速导航】按钮：单击该按钮，当前打开的所有选项卡都会以缩略图的形式显示出来，用户可以方便地在多个打开的选项卡中找到所需的页面。
- 选项卡标签：每个新建的选项卡都会在这里显示为一个选项卡标签，单击该标签即可切换到该选项卡包含的页面。
- 【新建选项卡】：单击该按钮可以新建一个空白选项卡。
- 常用工具栏：显示了一些浏览网页时的常用工具。
- 缩放工具：可以将页面放大或缩小显示，以适应用户需要。

图 10-8 IE 7.0 的界面

10.2.2 使用选项卡浏览网页

IE 7.0 以前的版本都是单文档应用程序，每个新打开页面都要使用一个单独文件，当用户打开了许多页面时，这些窗口以图标方式显示在任务栏上，显得杂乱无章，而且切换起来比较麻烦。IE 7.0 在这方面进行了改进，它是一个多文档应用程序，可在一个窗口中以选项卡形式显示多个页面。

用户可以单击不同的选项卡标签在不同页面间进行切换，处于当前的选项卡标签右侧有一个【关闭】按钮，单击即可关闭此页。也可以利用【快速导航】下拉列表在不同的选项卡间进行切换。还可以直接单击【快速导航】按钮，进入直观的导航页，如图 10-9 所示。当需要切换到某个网页上时，用户可以在该网页的缩略图上单击，即可放大显示该网页。

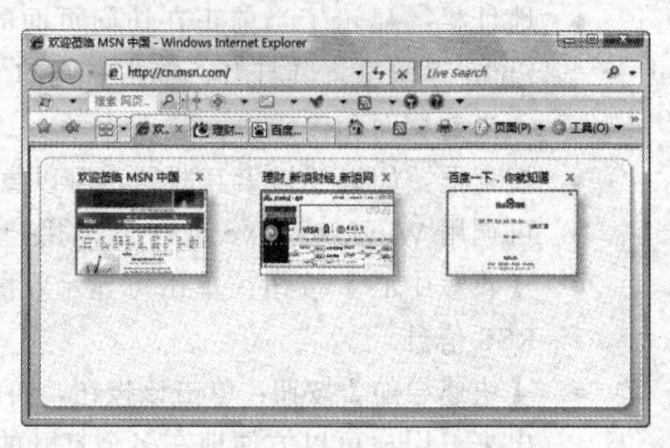

图 10-9　快速导航网页

要在窗口中新建选项卡以浏览网页，可单击【新建选项卡】按钮，然后在新选项卡的地址栏中输入要打开的新网页网址即可。读者在单击网页上的超链接时，右击该超链接，在快捷菜单中可选择是在新窗口中还是在新选项卡中打开链接，如图 10-10 所示。要关闭某个选项卡，可直接单击该选项卡上的【关闭】按钮。

提示：IE 7.0 保留了原有版本的网址自动完成功能。用户只需在地址栏输入网页地址中的前几个字符，地址栏下拉列表将自动列出一系列以输入字符开头的网址，从中单击要访问网站的网址即可打开该 Web 页，如图 10-11 所示。再次访问曾经访问过的站点时，也可以展开地址栏下拉列表，从中单击相应的网址即可。

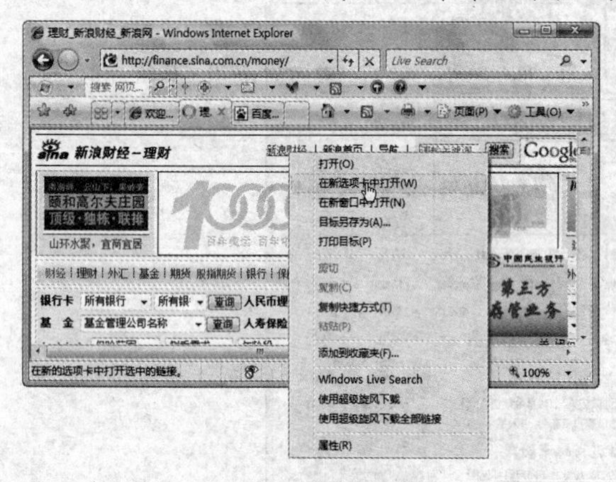

图 10-10　选择网页链接的打开方式

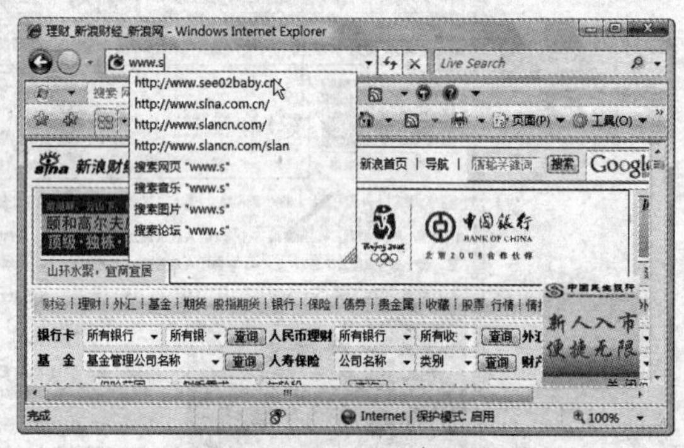

图 10-11　IE 的网址记忆功能

当用户单击页面中的某个新链接或打开某个新页面时，IE 7 默认都使用新的窗口来打开。可通过更改 IE 7 的属性设置，来使 IE 7.0 默认以新选项卡形式打开链接或新页面。在常用工具栏单击【设置】|【Internet 选项】命令，打开【Internet 选项】对话框。在【常规】选项卡的【选项卡】选项区域单击【设置】按钮，在打开的对话框中选中【始终在新选项卡中打开弹出窗口】单选按钮，单击【确定】按钮即可，如图 10-12 所示。

当用户不小心错连了某个站点，或者正在连接某个网页时，由于下载速度的原因迟迟不能打开该网页，而想放弃对该网页的访问时，可单击【停止】按钮以强制停止网页的传输。此时，在 IE 窗口中将显示网页传输中断后的结果。

当用户访问过某些网页后，IE 会自动将这些网页的信息以 Cookie 的形式保存在 Windows 目录下，这样当需要重复访问该网页时，就不必重新从网站上下载数据以提高访问速度，但这样可能会造成网页的内容不能及时更新。此时，单击【刷新】按钮，就可以将网页的内容重新下载一次。

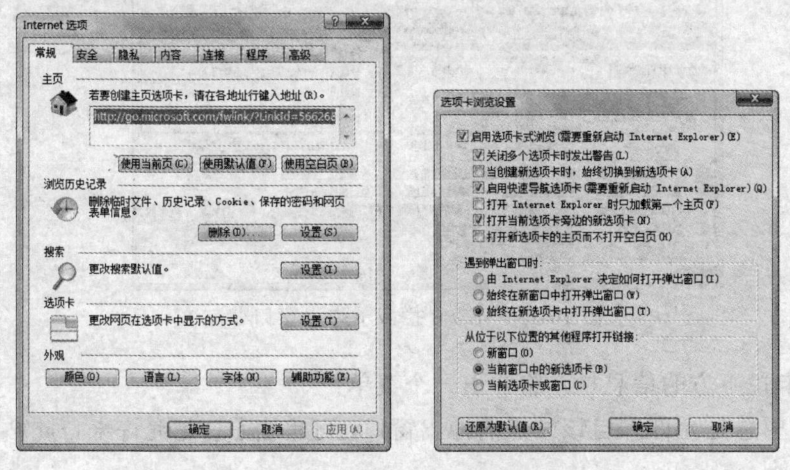

图 10-12　设置始终以选项卡形式打开新页面

10.2.3　缩放页面

在浏览网页时如果觉得页面显示的文字太小，在 7.0 之前的 IE 版本中，是通过【查看】菜单下的【文字大小】命令来更改显示的文字大小。但这种方法对大多数使用 CSS 定义字号的网页无效，而且无法缩放页面上显示的图片。

IE 7.0 的右下角有一个缩放工具，单击该按钮，可将网页内容以原始大小的 125%、150%、200%、400%的比例放大，也可按 75%、50%的比例缩小，如图 10-13 所示。如果默认的缩放等级不能满足要求，可单击图 10-13 中的【自定义】命令，在打开的【自定义缩放】对话框中输入缩放比例，单击【确定】按钮即可，如图 10-14 所示。

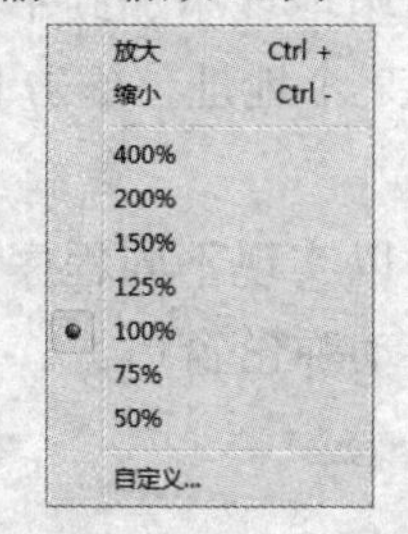

图 10-13　IE 7.0 的网页缩放功能

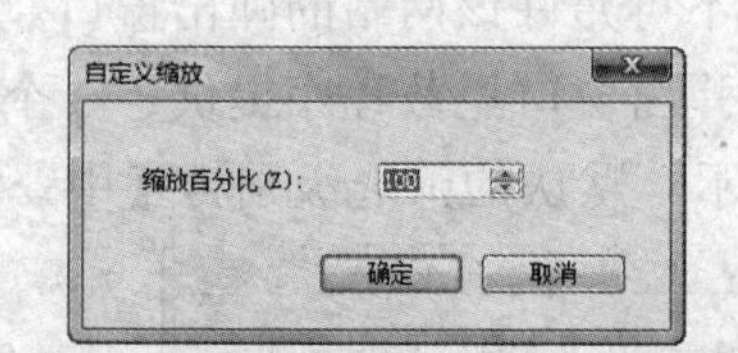

图 10-14　自定义缩放大小

提示：按 Ctrl+可以放大页面，按 Ctrl-可以缩小页面。

10.2.4　拦截弹出窗口

现在很多网站为了做广告，往往会在用户浏览网页时弹出大量的广告窗口，这不仅严重影响了用户的正常浏览，而且这些窗口还很有可能包含恶意代码。IE 7.0 可以很好地拦截大部分弹出窗口，当 IE 7.0 拦截了来自一个网站的弹出窗口后，浏览器会发出声音，同时选项卡栏的下方会显示一个黄色的信息栏，另外在状态栏还会有一个代表阻止了弹出窗口的图标，如图 10-15 所示。

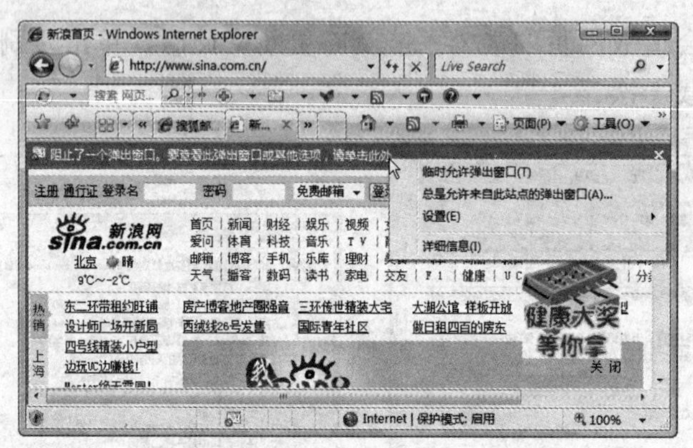

图 10-15　IE 7.0 拦截了弹出窗口

单击选项卡栏下方的信息栏，将弹出一个菜单：

- 如果希望总是允许来自该站点的弹出窗口，可单击【总是允许来自此站点的弹出窗口】命令；
- 如果不知道弹出窗口的内容是否需要，而希望先查看网页内容，可单击【临时允许弹出窗口】命令。用户日后再次来到该网站的时候，IE 7.0 还会拦截该窗口并再次询问。
- 如果希望关闭 IE 7.0 的弹出窗口拦截功能，可单击【设置】|【关闭弹出窗口阻止程序】命令。
- 如果希望 IE 7.0 拦截弹出窗口，但不再显示信息栏，可取消【设置】|【显示弹出窗口的信息栏】的选择状态。
- 如果希望 IE 总是允许某些网站的弹出窗口，可单击【设置】|【更多设置】命令，打开【弹出窗口阻止程序设置】对话框。在【要允许的网站地址】文本框中输入目标网站的地址，然后单击【添加】按钮，即可将该网站地址添加到下方的【允许的站点】列表框中，如图 10-16 所示。在列表框中选中某个地址，单击【删除】按钮，IE 7.0 将不再允许该网站的弹出窗口。
- IE 7.0 的弹出窗口拦截程序提供了 3 个级别的筛选，以实现不同程序的拦截，如图 10-17 所示。默认的筛选级别为【中：阻止大多数自动弹出窗口】。

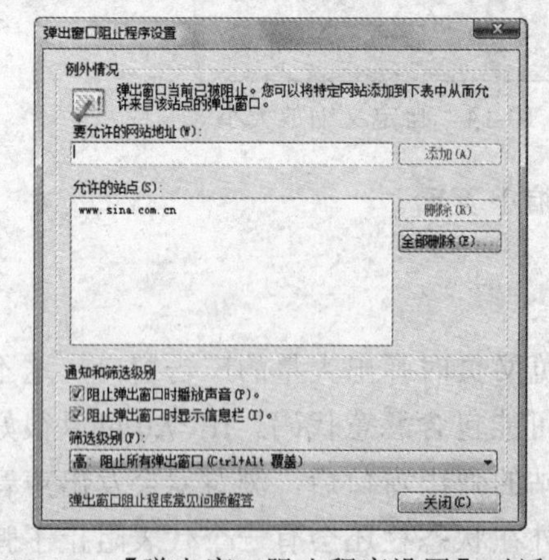

图 10-16　【弹出窗口阻止程序设置】对话框

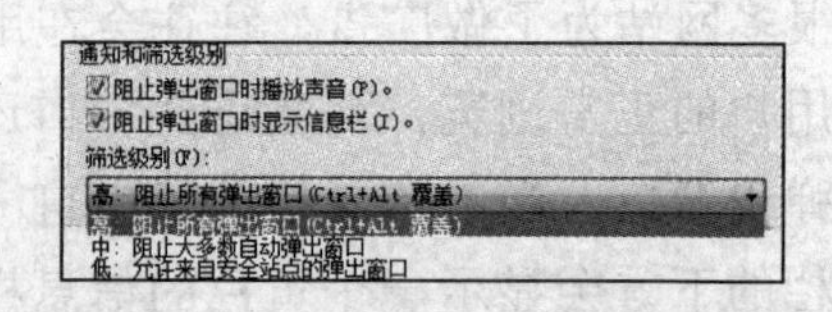

图 10-17　设置弹出窗口的筛选级别

10.2.5 访问 FTP 服务器

网页使用的是 HTTP 协议，不过 Internet 上大量的站点和服务还使用了其他协议，FTP(文件传输协议)就是其中最重要的协议之一。HTTP 协议主要用于显示网页上的文字、图形等页面元素，而 FTP 协议则用于文件传输。要访问 FTP 服务器，可打开 IE 7.0，在地址栏中输入 FTP 服务器地址并按 Enter 键，该 FTP 服务器的内容将显示在 IE 窗口中，如图 10-18 所示。找到需要下载的文件后，右击从快捷菜单中单击【目标另存为】命令，即可将目标文件保存到本地硬盘。

除了可以通过 IE 访问 FTP 服务器外，用户还可以直接在 Windows 资源管理器中查看 FTP 服务器的内容。在 Windows 资源管理器的地址栏输入 FTP 服务器的完整地址并按 Enter 键。登录到 FTP 服务器后，就可以像操作本地文件那样复制、删除 FTP 服务器上的远程文件，如图 10-19 所示。这种方式受限于网络速度，因而更多地用于在企业或者学校局域网内部进行的文件交换。

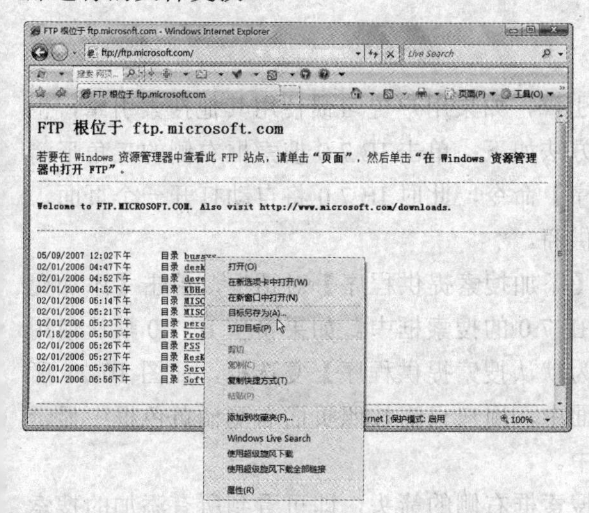

图 10-18 使用 IE 7.0 访问 FTP 服务器

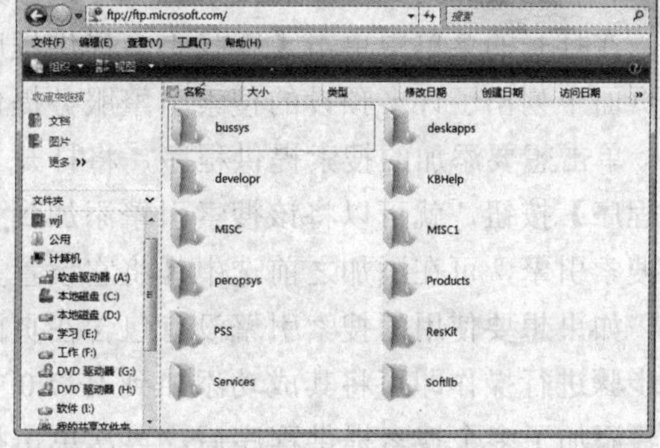

图 10-19 使用资源管理器访问 FTP 服务器

对于匿名 FTP 服务器，用户不需要输入用户名和密码就可以直接访问它们。但对于许多的私有 FTP 服务器，要访问它们就必须拥有相应的用户名和密码。

10.3 使用和管理 IE 7.0 搜索工具

Internet 上有用的信息很多，因而如何在海量信息中寻求自己需要的就显得愈发重要。在 IE 的以前版本中，用户需要首先访问熟悉的搜索引擎网站，然后通过该搜索引擎网站进行搜索。IE 7.0 自带有搜索功能，用户可以在搜索框中输入要搜索的关键字，然后按下 Enter 键，搜索结果即显示在窗口中，如图 10-20 所示。

如果希望在当前显示的页面内搜索某些内容，可按 Ctrl+F 键调出【查找】对话框，输入要搜索的关键字后按下 Enter 键，IE 7.0 将用不同的颜色在页面上突出显示输入的关键字。

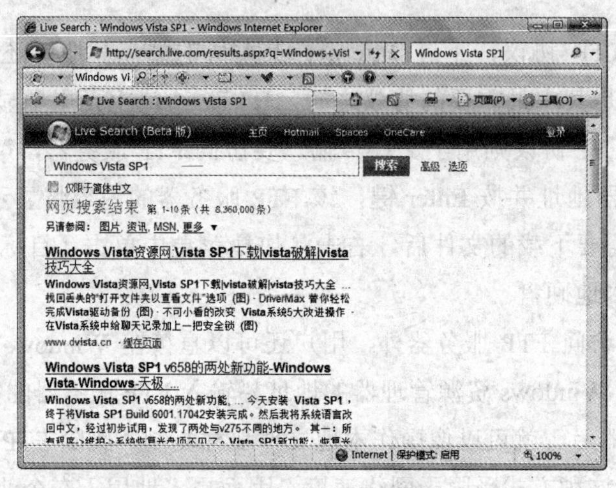

图 10-20 快速搜索网页

10.3.1 添加和切换搜索提供程序

IE 7.0 默认使用的是 Windows Live 搜索引擎，如果用户更习惯使用其他搜索引擎，也可以将它们添加到 IE 7.0 的搜索框中。具体方法如下：单击 IE 7.0 搜索框右侧的三角形箭头，在打开的菜单中单击【查找更多提供程序】命令，此时 IE 7.0 将自动打开一个页面，该页面中列出了许多预设的搜索引擎服务提供商。

单击想要添加的搜索提供程序，将打开【添加搜索提供程序】对话框，单击【添加提供程序】按钮，就可以将该搜索引擎添加到 IE 7.0 的搜索框中。如果希望 IE 7.0 默认使用该搜索引擎，可在添加之前选中【将它设置为默认搜索提供程序】复选框，如图 10-21 所示。如果想要使用的搜索引擎没有包含在页面中，用户只需按照页面右侧橘黄色框中显示的步骤进行操作即可将其成功添加到 IE 7.0 中。

添加了多个搜索提供程序后，再次单击搜索框右侧的箭头，即可看到所有添加的搜索引擎，如图 10-22 所示。在搜索框中输入关键字后，可从该菜单中选择要使用的搜索引擎。如果用户没有选择，则使用设置的默认搜索引擎进行搜索。

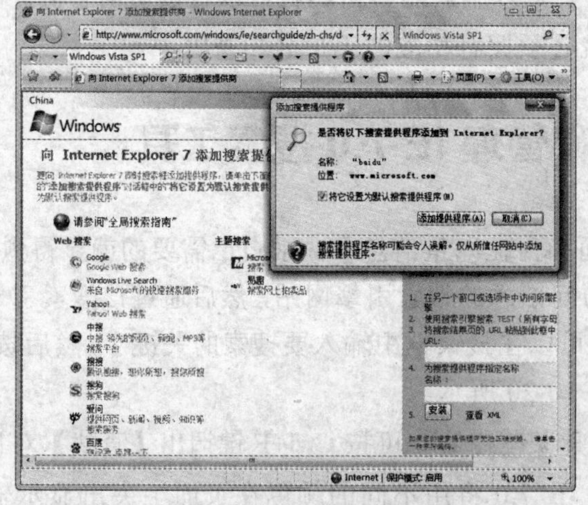

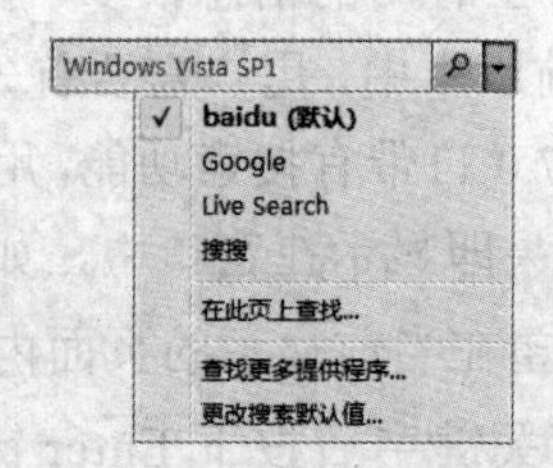

图 10-21 向 IE 7.0 添加新的搜索引擎 图 10-22 在不同的搜索引擎间切换

10.3.2　管理搜索提供程序

在添加了大量搜索提供程序后，如果要对这些程序进行管理，可以单击 IE 7.0 窗口右侧的箭头，在弹出菜单中单击【更改搜索默认值】命令，打开【更改搜索默认值】对话框，如图 10-23 所示。

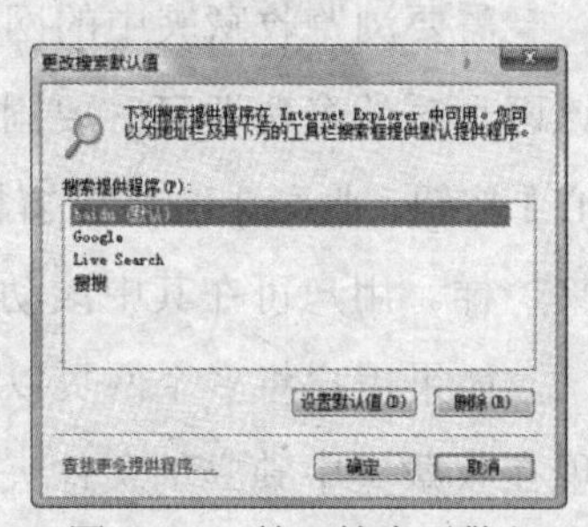

图 10-23　管理搜索引擎程

如果要删除一个已经添加的搜索提供程序，则只需在图 10-23 所示的列表中选中它，然后单击【删除】按钮即可。如果需要将某个搜索提供程序设置为默认值，则只需将其选中后单击【设置默认值】按钮。

10.4　使用和整理收藏夹

当用户在网上发现自己需要的网页时，可以将其添加到收藏夹中，这样就可以随时通过收藏夹来访问它，而不用担心忘记了该网页的网址。

10.4.1　添加网页到收藏夹

要将某个网页添加到收藏夹中，可首先打开该网页，然后单击【添加到收藏夹】|【添加到收藏夹】命令，打开【添加收藏】对话框。在【名称】文本框中输入网页的名称，在【创建位置】下拉列表框中选择网页收藏的位置。将网页按不同分类收藏在不同的文件夹中，可便于收藏夹中内容的组织和管理，最后单击【添加】按钮，如图 10-24 所示。

很多人可能经常需要同时打开多个网页，此时可以考虑将整个选项卡组中的网页一并添加到收藏夹中。只需在 IE 7.0 的一个窗口中同时打开这些页面，然后单击【添加到收藏夹】|【将选项卡组添加到收藏夹】命令，将打开【收藏中心】对话框。为选项卡组指定名称并选择保存位置，单击【添加】按钮即可，如图 10-25 所示。

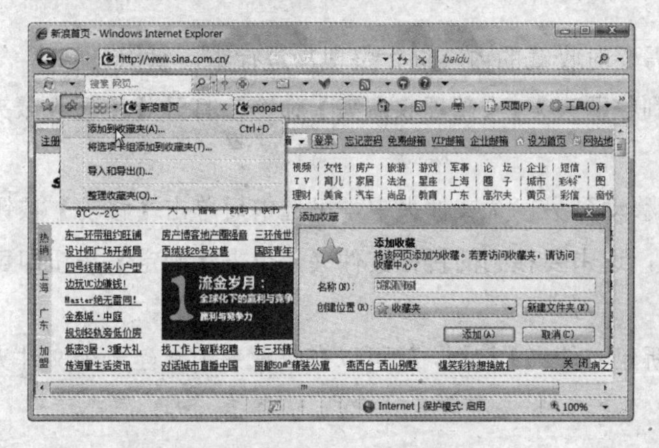

图 10-24　将网页添加到收藏夹中

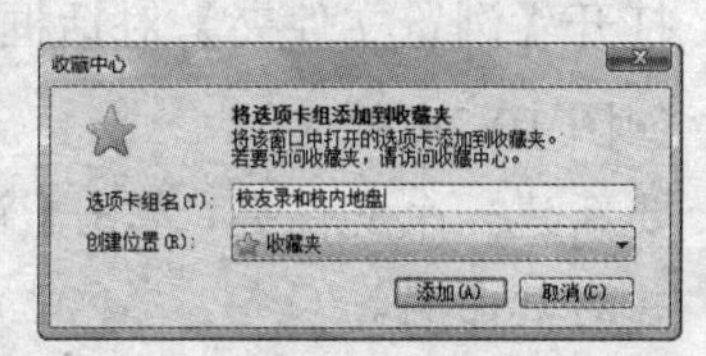

图 10-25　将多个网页添加到收藏夹中

10.4.2 使用收藏夹

需要浏览收藏夹中的网页时，可单击【收藏中心】按钮，在收藏中心面板中单击收藏该网页时的名称即可。要固定显示收藏夹中的内容，可单击收藏中心面板的【固定收藏中心】按钮，收藏中心将以窗格形式固定显示在浏览器窗口的左侧，和传统 IE 浏览器的收藏夹一样。用户可在其中滚动查看所要打开的网页，如图 10-26 所示。

如果用户将多个网页以选项组的形式添加到了收藏夹中，那么这些网页的链接将会出现在收藏夹中独立的文件夹里，打开该文件夹后即可看到该选项卡组中每个页面的地址，单击即可将其单独打开。如果用户希望打开这一组内容，可右击文件夹，从快捷菜单中单击【在选项卡组中打开】命令，如图 10-27 所示。但同时打开多个页面，可能会影响系统的性能，甚至导致 IE 7.0 运行不稳定，因而建议用户少用。

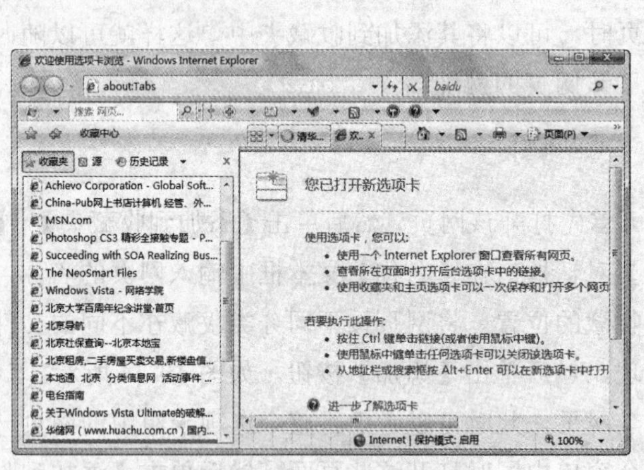

图 10-26　打开收藏中心

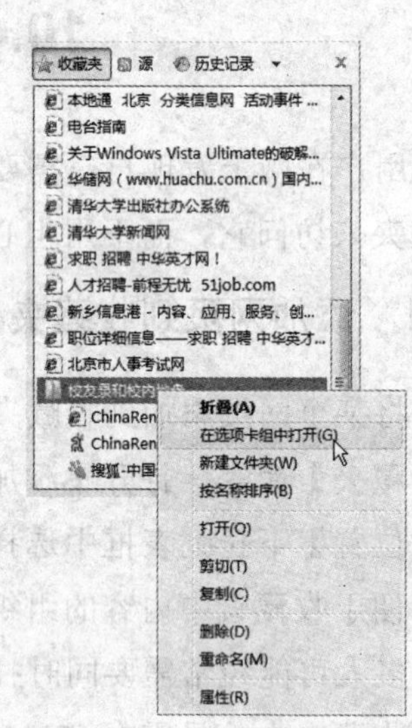

图 10-27　打开一个收藏的选项卡组

10.4.3 整理收藏夹

当收藏的网页不断增加时，就需要对收藏的内容进行整理，进行重新组织，删除一些不再经常访问的网页。单击【添加到收藏夹】|【整理收藏夹】命令，打开【整理收藏夹】对话框，如图 10-28 所示。

- 要将某个网页从一个文件夹移动到另一个文件夹中，可选中后单击【移动】按钮，打开【浏览文件夹】对话框，选中要移到的目标文件夹，单击【确定】按钮即可，如图 10-29 所示。
- 要新建一个文件夹，单击【新建文件夹】按钮，就可以在收藏夹中新建一个文件夹，并对其命名。

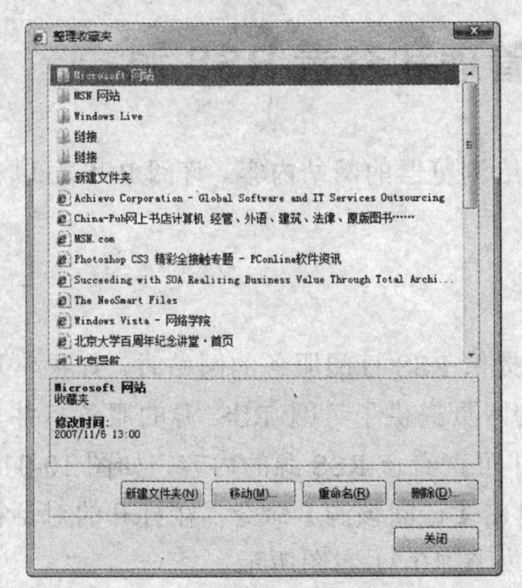

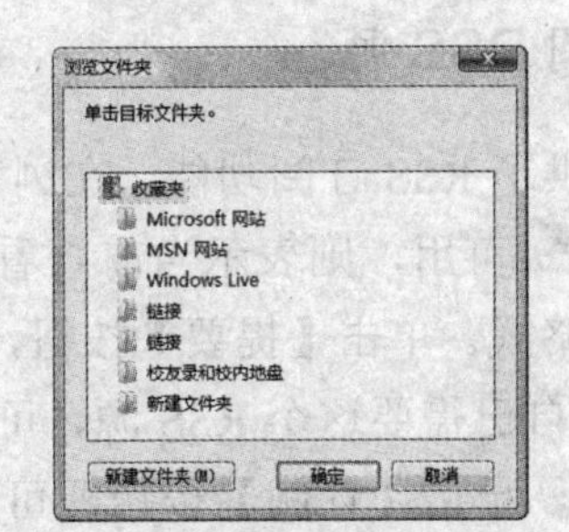

图 10-28　【整理收藏夹】对话框　　　图 10-29　【浏览文件夹】对话框

- 要修改某个文件夹的名称，可选中该文件夹，单击【重命名】按钮，对其重新命名即可。
- 要删除收藏的某个网页或文件夹，可选中后，单击【删除】按钮即可。

10.4.4　导入和导出收藏夹

在重装系统时，用户可以使用 Windows Vista 的轻松传送功能将旧系统的收藏夹导入到新的系统中。不过我们还是可以利用导入和导出功能交换自己的收藏夹内容。单击【添加到收藏夹】|【导入和导出】命令，可打开【导入/导出向导】。单击【下一步】按钮，可看到如图 10-30 所示的对话框。用户可按照向导提示导入或导出收藏夹的内容。

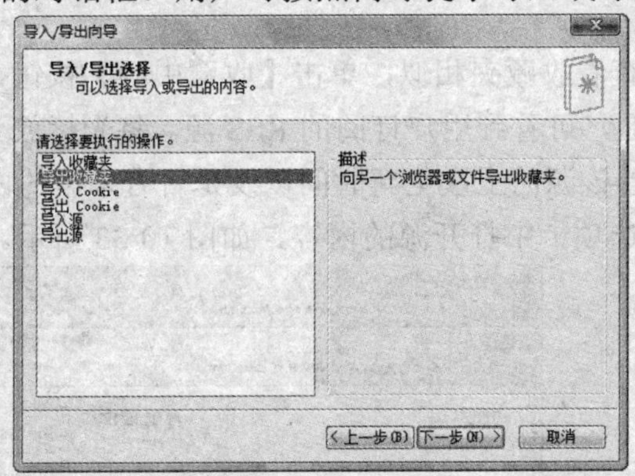

图 10-30　IE 7.0 的【导入/导出向导】

利用 IE 7.0 的导入和导出功能，不仅可以导入或导出收藏夹，还可以导入或导出 Cookie 或者 RSS 源。

10.5　订阅、管理和查看 RSS 源

RSS 又称为阅读源或提要，是自动发给浏览器的网站内容。订阅 RSS 可以在不访问网站的情况下获取该网站的更新信息。

10.5.1　订阅 RSS 源

IE 7.0 提供了 RSS 订阅功能，在浏览提供 RSS 订阅服务的网站时，如果常用工具栏的【提要】按钮可用，则表示当前查看的网页提供了订阅 RSS 源的服务，并且是可以被 IE 7.0 支持的格式。单击【提要】按钮，即可查看该 RSS 源的内容，如图 10-31 左图所示。如果用户觉得自己需要这个 RSS 源，可单击【订阅该源】命令，在打开的对话框中指定名称和保存位置，单击【订阅】按钮即可，如图 10-31 右图所示。

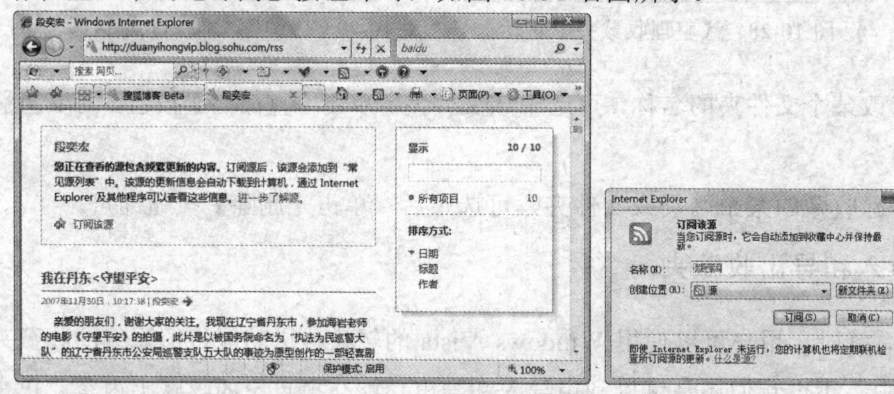

图 10-31　订阅 RSS 源

10.5.2　查看 RSS 源

RSS 源的查看方式和查看收藏夹相似，单击【收藏中心】按钮，打开收藏中心面板。单击面板顶部的【源】按钮，可看到用户订阅的 RSS 源。将光标放到每个源对应的项目上后，从弹出信息中可以查看该源的上次更新时间以及是否有未读的内容，如图 10-32 所示。单击这个源，即可在当前选项卡中打开源的内容，如图 10-33 所示。

图 10-32　查看 RSS 源信息

图 10-33　RSS 源查看界面

图 10-33 中页面的最左侧是源的内容区域，右侧是工具栏。工具栏包含了查看源时经常用到的工具，而且这个工具是浮动在页面上的，无论向上还是向下滚动整个页面，工具栏都会显示在页面的右上角，随时供用户使用。

- 筛选框：输入关键字后可以对所有源内容的标题进行筛选，只显示标题中包含关键字的内容。如果一个订阅的源里更新了很多内容，那么利用这个功能就能快速定位自己感兴趣的内容。这里的筛选是动态进行的，随着关键字的完整输入，筛选后的结果也会越来越精确。
- 排序方式：可以确定所有内容的排列方式，例如可以按照发表时间为顺序排列，或者按照标题、作者等信息进行排列。

10.5.3　调整 RSS 订阅

如果需要调整某个订阅的 RSS 源，例如更名、设置源的更新频率等，可首先在 IE 7.0 中打开该源，然后单击工具栏中的【查看源属性】命令，将打开【源属性】对话框，如图 10-34 所示。

在【名称】文本框中，用户可重新命名订阅的源。默认情况下，IE 7.0 每天会更新订阅的源。如果该源的更新比较频繁(例如新闻网站)，则可以调整更新频率。在【更新计划】选项区域选中【使用默认计划】单选按钮，然后单击右侧的【设置】按钮，打开【源设置】对话框。选中【自动检查源的更新】复选框，IE 7.0 将按照下面下拉列表框中设置的频率周期地检查这个源，如图 10-35 所示。如果希望 IE 7.0 在检测到网页上包含尚未订阅的源后用声音发出通知，可选中【找到网页源时播放声音】复选框。

有些 RSS 源可能会包含一些附件，例如新闻图片等。默认情况下，为了减少对网络带宽的占用，IE 7.0 在检测到源的内容有更新后，只会自动下载更新的文字内容，而其他附件不会下载。选中【源属性】对话框中的【自动下载附加文件】复选框，即可让 IE 7.0 自动下载所有的附加文件。

默认情况下，IE 7.0 会保留每个源最新的 200 项内容。如果订阅的源更新频繁，可选中【源属性】对话框中的【保留最多项】单选按钮，IE 7.0 将为这个源保留 2500 项内容。还可以选中【仅保留最近的项】单选按钮，然后在下面指定一个数量。

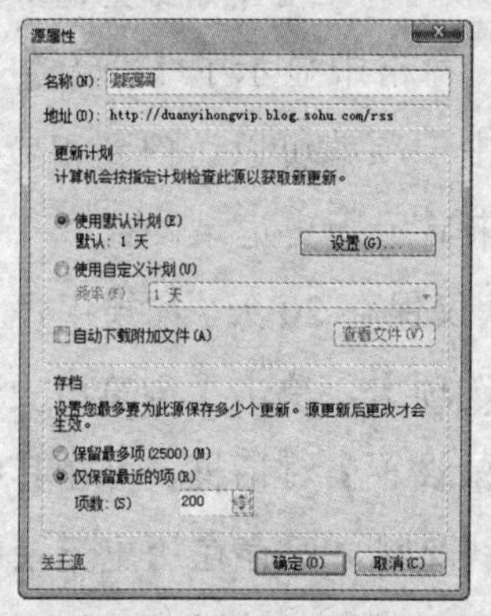

图 10-34　【源属性】对话框

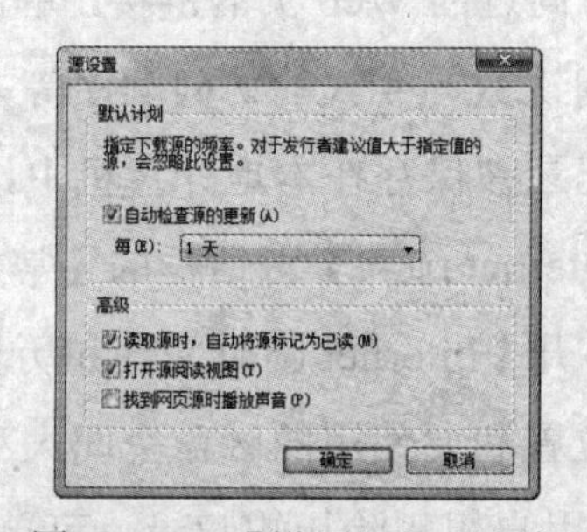

图 10-35　【设置源】对话框

提示：前面介绍的方法只对当前查看的源有效，如果希望对所有订阅的源统一修改默

认设置，那么可单击 IE 7.0 常用工具栏的【工具】|【Internet 选项】命令，打开【Internet 选项】对话框。在【内容】选项卡下单击【源】下的【设置】按钮，在打开对话框中进行设置即可。

10.6 设置主页和使用历史记录

10.6.1 设置主页

主页是指每次打开 IE 时自动打开的 Web 页，IE 7.0 默认的主页是空白页，用户可以对其进行修改，将自己经常访问的网页设置为主页。具体方法如下：启动 IE 7.0，单击【工具】|【Internet 选项】命令，打开【Internet 选项】对话框；在【常规】选项卡的【主页】选项区域输入要设置为主页的网站地址，单击【应用】按钮即可，如图 10-36 所示。下次启动 IE 7.0 时，将默认打开该网站。

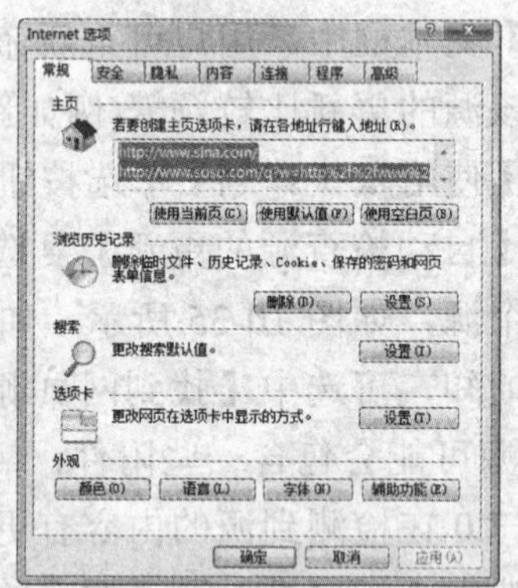

图 10-36 设置 IE 7.0 主页

10.6.2 使用历史记录

如果要查看最近访问过的 Web 页，可单击【收藏中心】|【历史记录】命令，选择显示方式，图 10-37 所示的是【按日期】显示方式，窗格中显示了【今天】、【星期一】、【上星期】用户访问过的 Web 页的链接，单击其中一项就可以访问到相应的网页。用户也可以按站点、访问次数、今天的访问顺序等方式来显示历史记录。

用户的历史记录被保存在本地计算机中，默认仅保存 20 天。如果用户希望改变默认的天数，可打开【Internet 选项】对话框的【常规】选项卡，单击【浏览历史记录】区域中的【设置】按钮，打开【Internet 临时文件和历史记录设置】对话框。可在其中设置保存历史记录的文件夹的位置和要使用的磁盘空间大小，以及网页保存在历史记录中的天数，如图 10-38 所示。如果用户想删除历史记录，可单击【浏览历史记录】区域中的【删除】按钮。

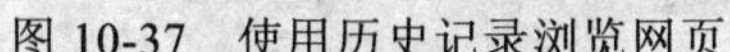

图 10-37　使用历史记录浏览网页

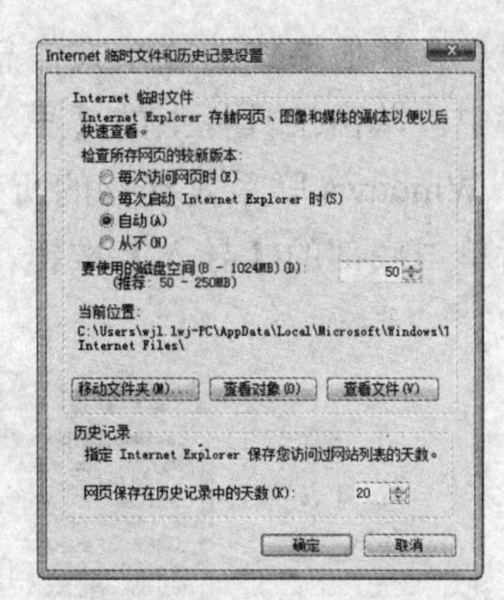

图 10-38　设置历史记录

10.7　使用 Windows 联系人

Windows 联系人的前身是 Windows 通讯簿，相信有很多用户都用过，它包括了很多个人信息，包括名称、地址、电子邮件、电话等。联系人可以在很多 Windows Vista 应用程序中直接调用，例如可以直接对 Windows 联系人发送电子邮件、发出会议邀请等。默认情况下，Windows Vista 会自动生成当前账户的联系人信息，并将联系人存储在专用的联系人文件夹中。

10.7.1　添加联系人

单击【开始】|【所有程序】|【Windows 联系人】，可启动 Windows 联系人程序，如图 10-39 所示。这实际上是一个具有特殊功能的 Windows 资源管理器窗口，而每个联系人的信息就是里面保存的一个扩展名为.contant 的文件，用户可以像操作一般文件那样操作联系人信息(如复制、剪切、粘贴、删除等)。

要添加新的联系人，可单击工具栏的【新建联系人】按钮，在打开的【属性】对话框中输入联系人的名称、电子邮件等各种信息。单击右上角的图片，可更换联系人头像，如图 10-40 所示。设置完成后，单击【确定】按钮，该联系人将显示在 Windows 联系人程序的窗口中。

图 10-39　Windows 联系人程序

图 10-40　手动添加联系人

如果用户有其他格式的联系人信息文件，那么最简单的方法就是将它导入到 Windows 联系人程序中。单击工具栏上的【导入】按钮，可打开【导入 Windows 联系人】对话框，这里列出了 Windows 联系人支持的所有文件格式，如图 10-41 所示。选择需要导入的文件格式，然后单击底部的【导入】按钮，在打开的对话框中选择文件的保存位置，即可完成导入操作。

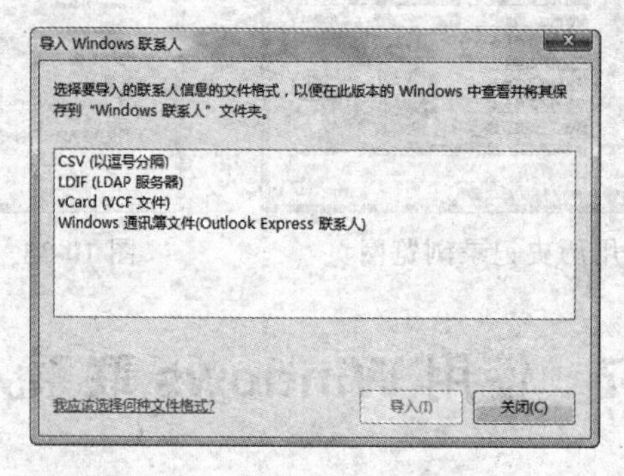

图 10-41　导入 Windows 联系人

10.7.2　添加联系人组

如果联系人中具有相同属性的比较多，则可以考虑创建联系人组。例如，可以创建诸如同学、同事、家人、朋友等这样的组，以便针对某组的联系人进行某项操作，如在假日时给朋友组发送一份假日祝福，则该组中的所有人都可以收到。

要创建联系人组，可单击 Windows 联系人工具栏中的【新建联系人组】按钮，打开【属性】对话框。在【联系人组】选项卡中输入要创建的组名，单击【添加到联系人组】按钮，打开【将成员添加到联系人组】对话框，从已有的联系人中选中准备加入到组的成员，然后单击【添加】按钮，即可将成员添加到该联系人组中，如图 10-42 所示。

创建好联系人组后，如果需要修改，例如向其中添加新成员或删除某个成员。可在 Windows 联系人程序中双击该组名，打开其属性对话框。如果要添加新成员，可单击【新建联系人】按钮，像创建联系人一样向该组添加成员。如果要删除某个成员，可在列表中选中该联系人成员，然后单击【删除选定的联系人】按钮即可。

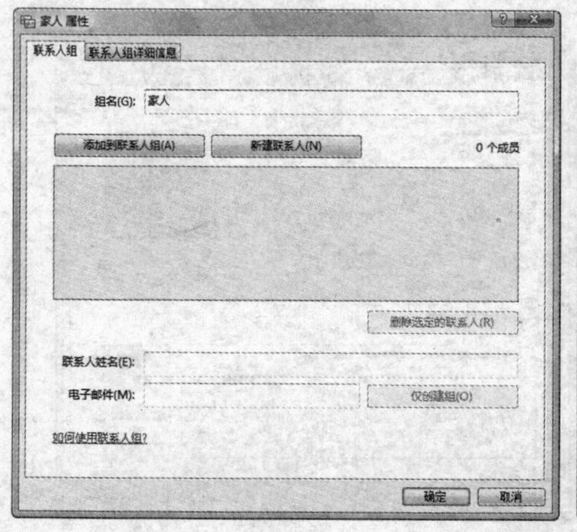

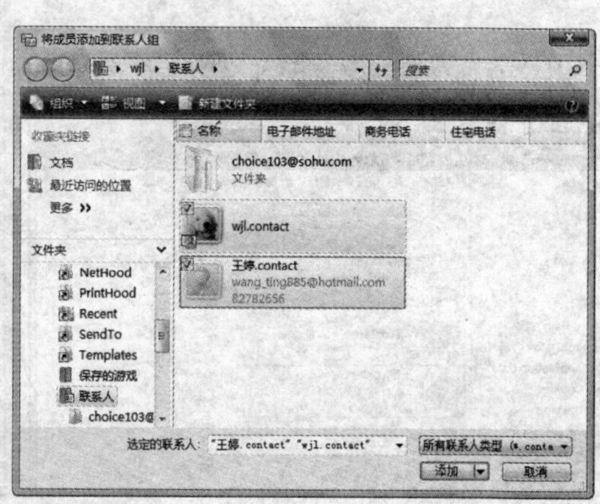

图 10-42　创建联系人组

10.7.3 导出 Windows 联系人

联系人创建好后，每次使用时都需要打开联系人文件夹。为了方便与其他用户共享，可以将其导出为不同的格式。打开 Windows 联系人程序，单击工具栏上的【导出】按钮，打开【导出 Windows 联系人】向导，如图 10-43 所示。选择要导出联系人的格式后，单击【导出】按钮，打开【浏览文件夹】命令，选择存储文件的位置，如图 10-44 所示，单击【确定】按钮。

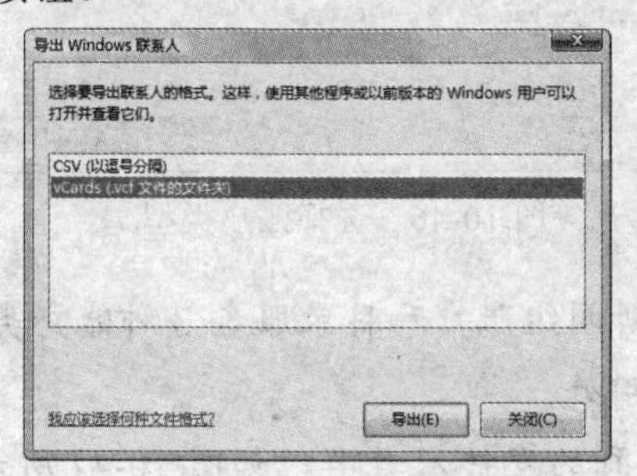

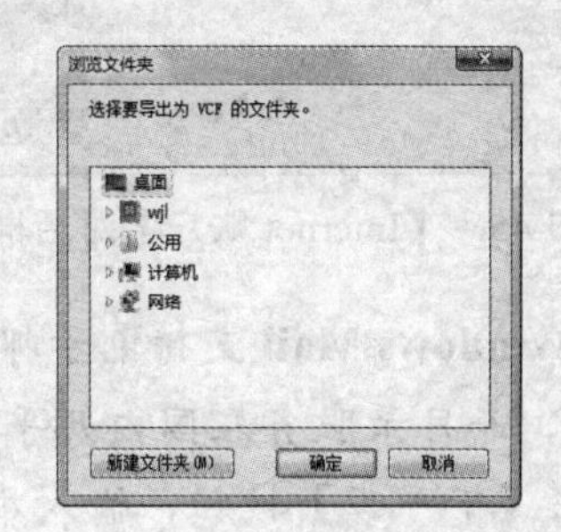

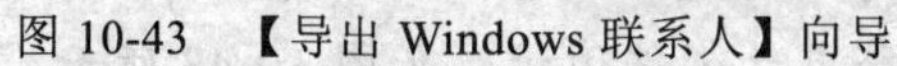

图 10-43 【导出 Windows 联系人】向导　　图 10-44 选择导出文件的保存位置

导出后的 Windows 联系人将以各自的名称命名，双击即可查看该联系人的详细信息。

提示：如果用户在导出向导中选择的是 CSV 格式，则需要使用 Excel 电子表格程序来打开它。另外，导出后的联系人可查看而不可修改，每个联系人可以像卡片一样与他人分享或导入。

10.8 使用 Windows Mail 收发电子邮件

Windows Mail 是 Windows Vista 内置的一个电子邮件和新闻组管理程序，可以很方便地被各种应用程序调用。

10.8.1 创建 Windows Mail 账户

默认情况下，Windows Mail 就是 Windows Vista 中默认的电子邮件客户端程序。单击【开始】|【所有程序】|【Windows Mail】，可启用该程序。如果是第一次启用 Windows Mail 且没有添加邮件账户，或者还有其他账户需要添加，那么可按以下方法来创建 Windows Mail 账户。

例 10-3 添加 Windows Mail 邮件账户。

❶ 单击【工具】|【账户】命令，打开【Internet 账户】对话框，如图 10-45 所示，这里列出了当前已经添加的所有账户。

❷ 单击【添加】按钮，在打开的【选择账户类型】对话框中选择【电子邮件账户】选项，如图 10-46 所示。

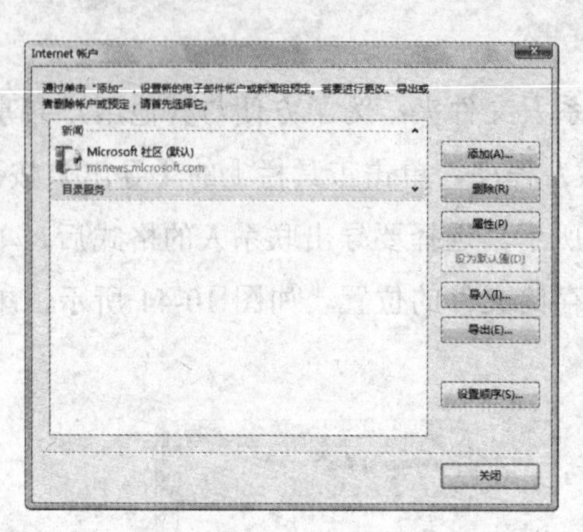

图 10-45 【Internet 账户】对话框

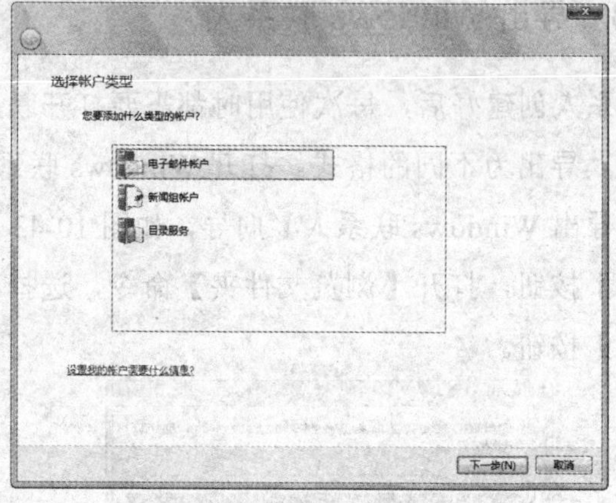

图 10-46 选择账户类型

提示：Windows Mail 支持电子邮件账户、新闻组账户和目录服务 3 种账户类型。新闻组稍后介绍，而目录服务在国内几乎没有什么用处。

❸ 单击【下一步】按钮，输入希望对方看到的发件人姓名，如图 10-47 所示。

❹ 单击【下一步】按钮，输入自己的完整电子邮件地址，如图 10-48 所示。

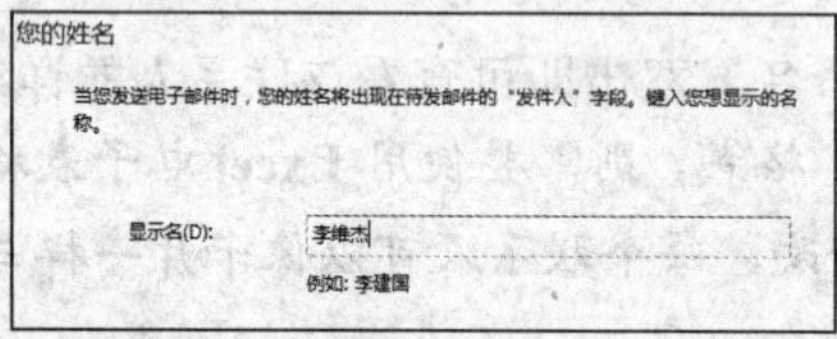

图 10-47 输入要显示的发件人姓名

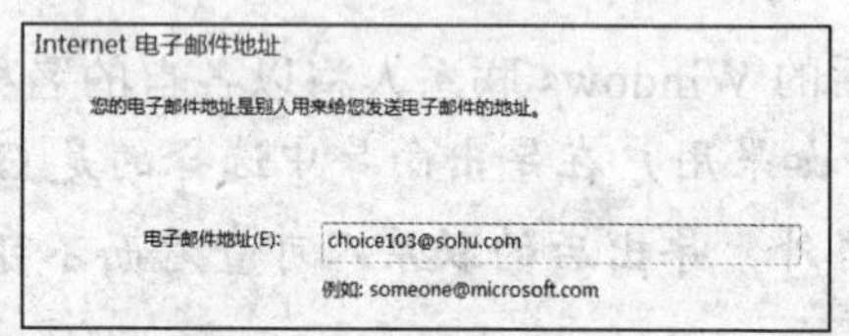

图 10-48 输入邮件地址

❺ 单击【下一步】按钮，进入电子邮件服务器设置对话框，输入电子邮件服务器的信息，如图 10-49 所示。

❻ 单击【下一步】按钮，在打开的对话框中输入电子邮件用户名和密码，如图 10-50 所示。

❼ 单击【下一步】按钮，在打开的对话框中单击【完成】按钮，即可将该账户添加到 Windows Mail 中。

❽ 添加完账户后，单击【工具】|【发送和接收】|【发送和接收全部邮件】命令，Windows Mail 将自动连接所有电子邮件账户，并收发所有邮件。

图 10-49 设置电子邮件服务器

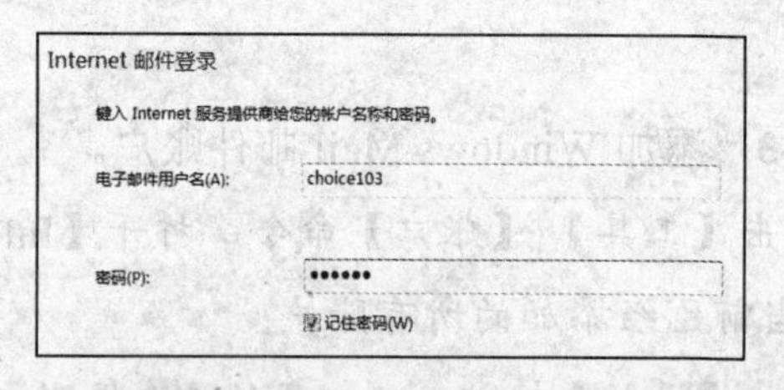

图 10-50 输入邮件用户名和密码

注意：图 10-49 底部有一个【待发服务器要求身份验证】复选框，在添加邮件账户之前用户最好能了解清楚，自己的电子邮箱服务器是否需要身份验证(也称为 SMTP 身份验

证)。如果有要求而这里没有选中该复选框，则会导致邮箱无法接收和发送。

10.8.2 修改 Windows Mail 账户信息

打开 Windows Mail，单击【工具】|【账户】命令，打开【Internet 账户】对话框。如果用户只创建了一个邮件账户，则此账户为默认账户。如果用户有多个邮件账户，可在【邮件】列表中选中一个账户，单击【设为默认值】按钮将其指定为默认账户。

要修改某个账户，可选中后单击【属性】按钮，打开如图 10-51 所示的【属性】对话框，在【常规】选项卡下可修改用来指代邮件服务器的名称。下面介绍其他一些重要设置。

1. 启用 SMTP 身份验证

如果邮箱服务器需要在发送邮件的时候进行 SMTP 身份验证，而添加邮箱账号的时候没有选择相应的选项，那么可以在添加好账号之后打开该邮箱账号的【属性】对话框。在【服务器】选项卡下选中【我的服务器要求身份验证】复选框，如图 10-52 所示。然后单击右侧的【设置】按钮，打开【发送邮件服务器】对话框。

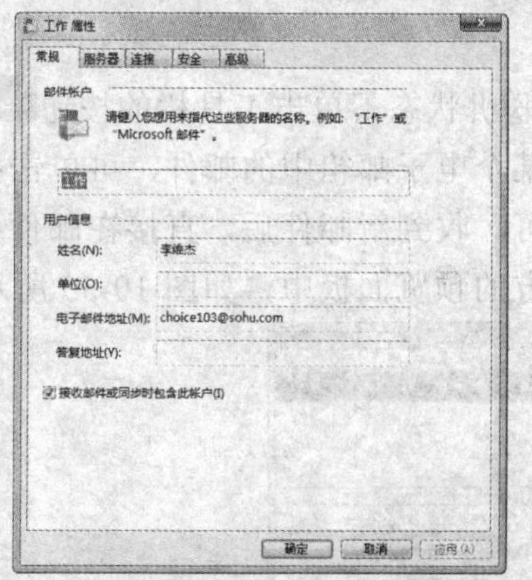

图 10-51 重新指代邮件服务器的名称

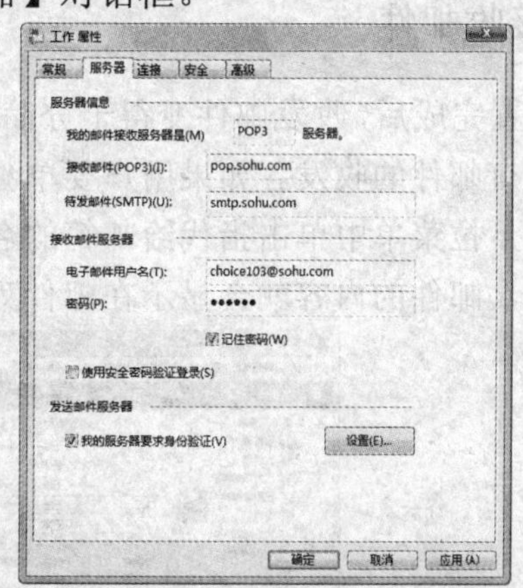

图 10-52 启用 SMTP 身份验证

通常发送邮件所用的登录信息和接收邮件的登录信息是一样的，因此可以选中【使用与接收邮件服务器相同的设置】单选按钮，如图 10-53 所示。如果发送服务器的登录信息不同，那么可以选中【登录方式】单选按钮，然后输入发送邮件所需的用户名和密码，单击【确定】按钮即可。

2. 修改服务器端口号

对于最常用的 POP3 和 SMTP 协议邮箱，Windows Mail 默认使用的端口是 110 和 25。如果用户的电子邮箱使用的是不同的端口，则可以打开【高级】选项卡，在【服务器端口号】下重新设置，如图 10-54 所示。

默认情况下，对于 POP3 邮件账户，当用户从服务器上收到新邮件的时候，Windows Mail 会自动将邮件下载到本地，并将服务器上的邮件删除。但如果从多台计算机上收取这个账号中的邮件，则可以选中【在服务器上保留邮件副本】复选框，这样 Windows Mail 收到邮件之后就不会将服务器上的邮件删除。选中【在×天之后从服务器删除】复选框，可以设置在指定天数达到后删除服务器上已经下载过的邮件；选中【从“已删除邮件”中删除的同时从服务器上删除】复选框，可以让 Windows Mail 自动从服务器上删除那些已经下载到本机，并且从本机删除的邮件。

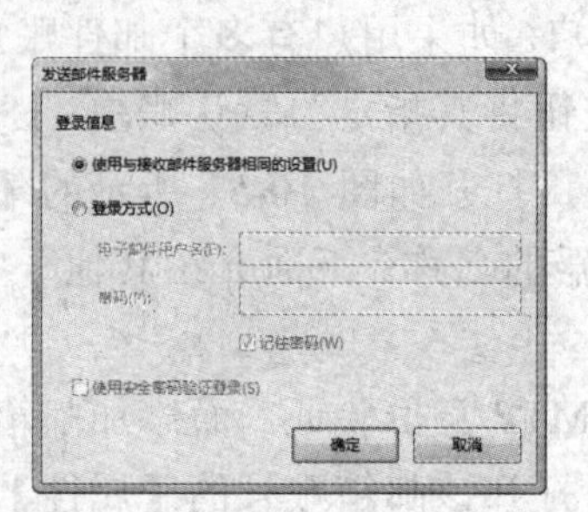

图 10-53 【发送邮件服务器】对话框

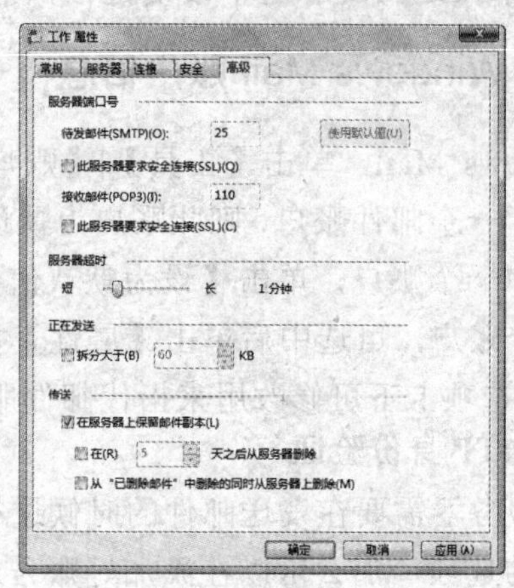

图 10-54 修改服务器端口号

10.8.3 接收邮件

账户设置完成后，收发邮件变得十分简单。在联机状态下单击工具栏的按钮【发送/接收】，即可完成所有邮件的收发。如果用户要单独接收某个电子邮箱中的邮件，可单击按钮右侧的箭头，从下拉菜单中单击指代给邮箱的名称即可。收到新邮件后，直接在邮件列表中将其单击选中，邮件的内容就会显示在邮件列表下方的预览面板中，如图 10-55 所示。

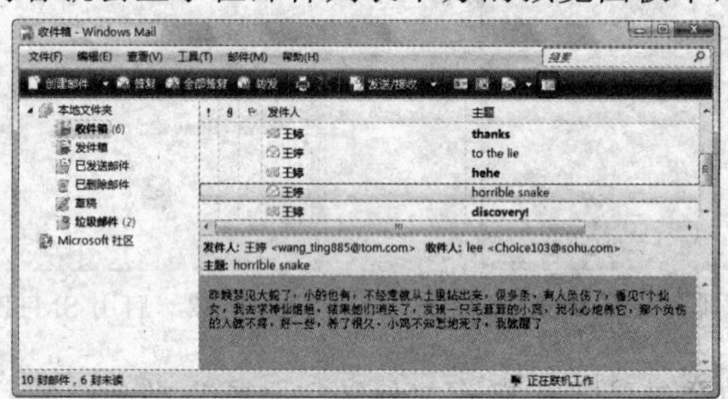

图 10-55 使用 Windows Mail 接收账户中的邮件

如果用户希望在一个独立的窗口中完整查看邮件，则可以双击邮件列表中想要查看的邮件，此时 Windows Mail 会使用一个独立的窗口打开该邮件。

1. 使用邮件规则

通常情况下，用户都拥有不止一个邮箱。例如，使用一个公司提供的邮箱专门用于收发和工作有关的邮件，同时还有一个私人邮箱用于收发自己的私人邮件。但 Windows Mail 在接收所有账户的邮件时，这些邮件都被存放到【收件箱】中，时间长了管理起来十分麻烦。可以通过创建 Windows Mail 邮件规则的方法来整理邮件，使不同的邮箱账户拥有各自独立的【收件箱】。

例 10-4 将公司邮箱和私人邮箱接收的邮件放到不同的【收件箱】文件夹中。

❶ 首先，来为每个邮箱创建各自的文件夹结构。在 Windows Mail 窗口左侧文件夹列表中的【本地文件夹】上右击，从快捷菜单中单击【新建文件夹】命令，在打开的对话框中创建“工作邮件”文件夹，如图 10-56 所示。用同样的方法创建“私人邮件”文件夹。

❷ 单击【工具】|【邮件规则】|【邮件】命令，打开【新建邮件规则】对话框，如图 10-57 所示。

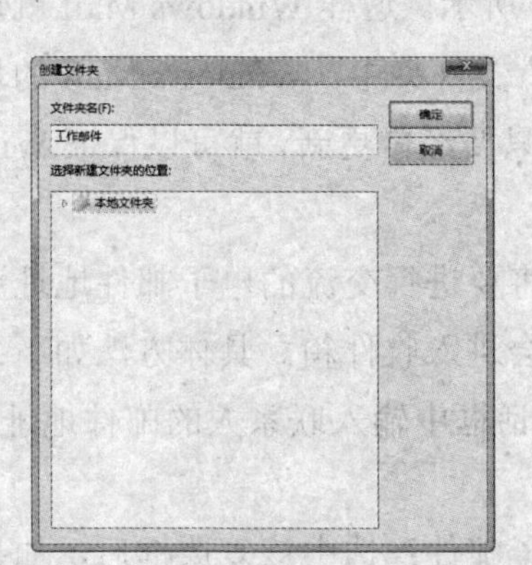

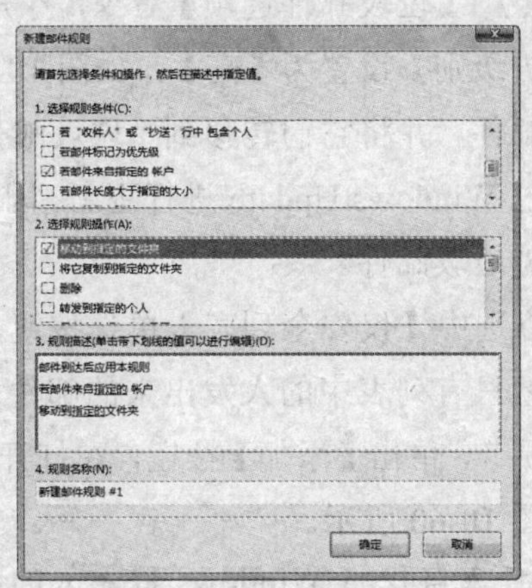

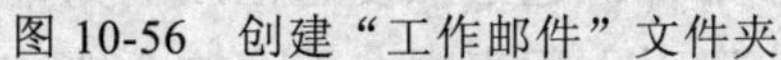
图 10-56 创建“工作邮件”文件夹

图 10-57 设置邮件规则

❸ 在【选择规则条件】列表框中选中【若邮件来自指定的账户】复选框。在【选择规则操作】列表框中选中【移动到指定的文件夹】复选框。

❹ 在【规则描述】列表框中单击【指定的账户】超链接，在打开的对话框中选择用于接收工作邮件的账户。然后单击【指定的文件夹】超链接，在打开的对话框中选择用于接收该工作邮件的文件夹，如图 10-58 所示。在【规则名称】中为规则指定名称。

图 10-58 建立邮件账户和文件夹的关联

❺ 用步骤❹的方法建立私人邮箱账户和私人文件夹间的关联。这样一来，从工作邮箱和私人邮箱接收到的新邮件都将被自动移动到对应的文件夹中。

2. 防范垃圾邮件

垃圾邮件一直是困扰广大用户的心病，虽然一般的垃圾邮件不会对系统安全造成太大的影响，但过多的垃圾邮件不仅会加重邮件服务器的负担，而且会降低用户的工作效率。防范垃圾邮件的方法主要需要从两方面考虑：首先需要隐藏自己的邮件地址，其次就是从客户端进行一些限制，对垃圾邮件进行筛选。Windows Mail 提供了反垃圾邮件功能。

(1) 自动筛选垃圾邮件

单击【工具】|【垃圾邮件选项】命令，打开【垃圾邮件选项】对话框。建议用户将【选择垃圾邮件保护级别】设置为【高】，如图 10-59 所示。这样 Windows Mail 就可以判断出绝大部分垃圾邮件，并将它们转移到“垃圾邮件”文件夹中。Windows Mail 的垃圾邮件过滤功能可以通过 Windows Update 进行更新，因此只要经常更新，就可以保证 Windows Mail 识别出绝大部分垃圾邮件。

用户也可以选中【仅安全列表】单选按钮，将要进行交流的电子邮件地址添加到安全列表中，这样便只有列表中的人发出来的邮件才会进入收件箱。具体方法如下：打开【安全发件人】选项卡，单击【添加】按钮，在打开对话框中输入联系人的邮件地址，单击【确定】按钮，如图 10-60 所示。

- 同时信任来自我的 Windows 联系人的电子邮件：选中该复选框后，如果一个人的电子邮件地址已经被用户添加到 Windows 联系人程序中，那么这个地址发来的邮件，不管内容是什么，都会被判断为正常邮件。
- 自动将我向其发送电子邮件的人员添加到“安全发件人”列表：选中该复选框后，如果用户回复了一个陌生人的邮件，那么这个人的邮件地址会被自动添加到安全发件人列表中。

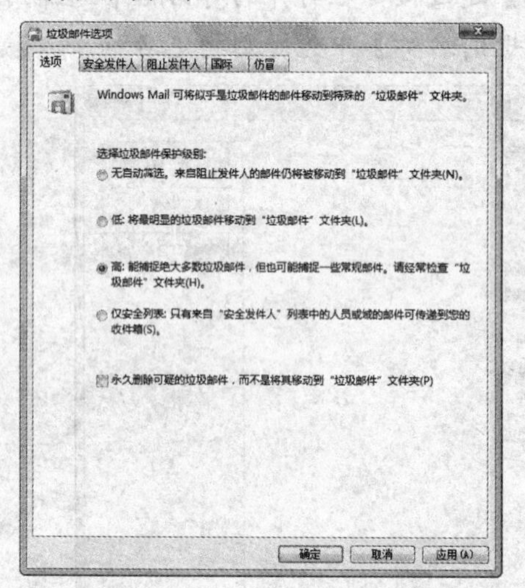

图 10-59　选择垃圾邮件保护级别

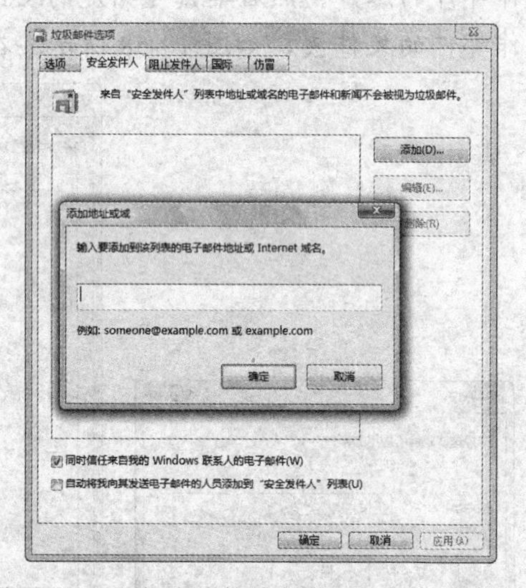

图 10-60　添加允许接收邮件的电子邮箱地址

(2) 拒绝接收某域名或语言的邮件

如果用户收到的垃圾邮件都是来自国外某域名的邮箱，如来自.jp、.ru 等国际域名的垃圾邮件，那么可以打开【国际】选项卡，如图 10-61 所示。单击【阻止的顶级域列表】按钮，打开【阻止的顶级域列表】对话框，将垃圾邮件比较频繁的域选中，如图 10-62 所示。单击【确定】按钮，这样以后来自这些域的邮件将被自动放入垃圾邮件文件夹中。

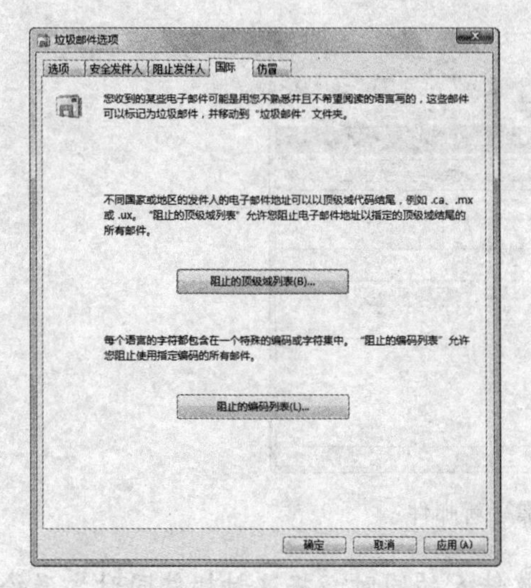

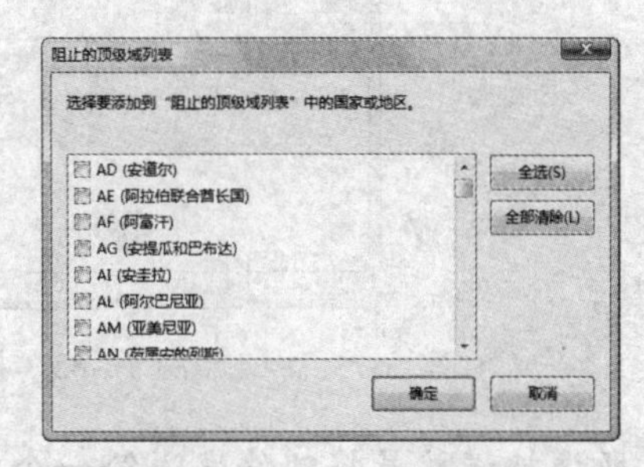

图 10-61 【国际】选项卡　　　　图 10-62 选中要阻止垃圾邮件的域

用户还可以拒绝某些使用外文撰写的垃圾邮件，在【国际】选项卡中单击【阻止的编码列表】按钮，打开【阻止的编码列表】对话框。选中不希望收到的垃圾邮件的撰写语言，如图 10-63 所示。单击【确定】按钮，这样以后一旦收到采用这些语言撰写的邮件，Windows Mail 就自动将它们放入垃圾邮件文件夹中。

(3) 自定义黑名单

通过前面的设置，Windows Mail 可以识别出绝大部分的垃圾邮件，对于一些漏网之鱼，可以将其添加到 Windows Mail 的黑名单中。在邮件列表中选中确定为垃圾邮件的邮件并右击，从快捷菜单中单击【垃圾邮件下】的【将发件人添加到“阻止发件人”列表】或【将发件人的域添加到“阻止发件人”列表】命令即可，如图 10-64 所示。

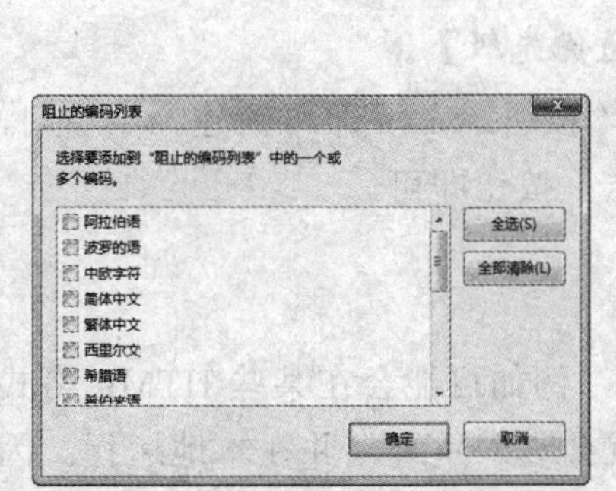

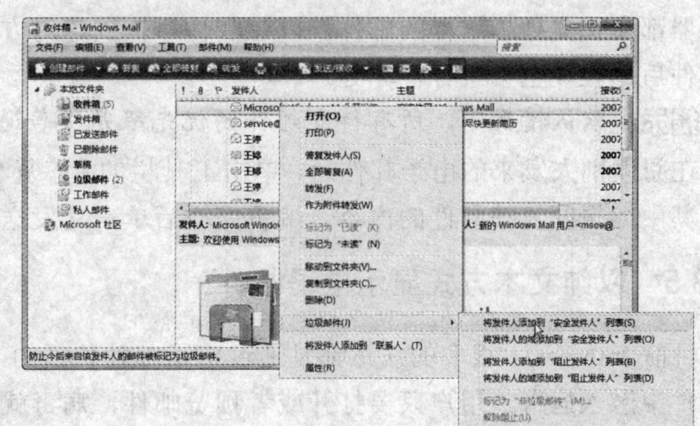

图 10-63 选中要阻止垃圾邮件的语言　　　　图 10-64 自定义黑名单

10.8.4 撰写新邮件或回复邮件

如果要撰写新邮件，可单击 Windows Mail 窗口的按钮 创建邮件，即可打开【新邮件】窗口。默认情况下，可以创建一封纯文本格式的邮件，输入收件人和抄送地址、邮件的主题，并在编辑区域输入邮件的内容，单击【发送】按钮即可将邮件发送到目标邮箱，如图

10-65 所示。

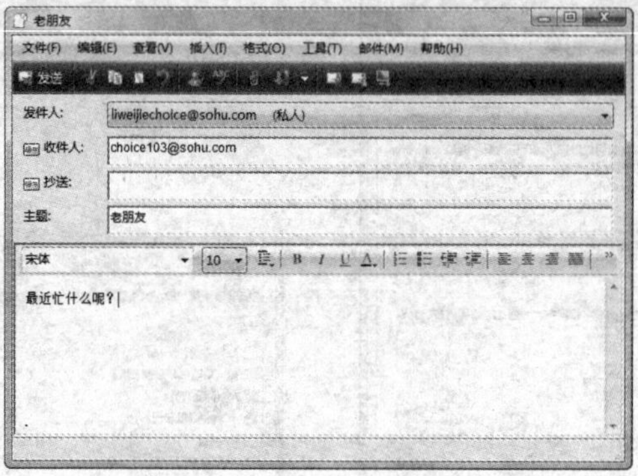

图 10-65　撰写新邮件

提示：所谓抄送就是将邮件发送给一个收件人的同时，将这封邮件同时发送给另外一个收件人。抄送的意义不是很大，因为用户完全可以直接指定多个收件人的地址。

Windows Mail 还提供了信纸功能，单击【创建邮件】按钮右侧小箭头，可从中进行选择，这样便可以创建一封 HTML 格式的邮件，以增强邮件的外观。

如果用户需要向目标邮件发送文件，可将其添加到邮件的附件中。单击工具栏上的【为邮件添加附件】按钮，可在打开的对话框中选择要传送的文件。为了保证安全，Windows Mail 不允许用户添加某些特殊格式的文件作为邮件附件(例如.exe、.bat 文件)。同时如果别人使用没有这类限制的软件将这样的文件发给用户，Windows Mail 也不允许用户打开此类附件。如果用户一定要发送这类文件，可首先将这类文件压缩，然后添加到邮件的附件中。

另外，如果用户的某个邮件比较急，可单击【设置优先级】按钮右侧的小箭头，在弹出菜单中将邮件优先级设置为【高优先级】，这样邮件在传输过程中经过的所有邮件服务器都会优先处理这样的邮件，以让邮件尽快到达对方的邮箱。而对方在看到高优先级的邮件后，往往也会进行优先处理。

提示：默认情况下，所有待发邮件的优先级是【普通优先级】。

在阅读别人发来的电子邮件后，单击工具栏的【答复】按钮，即可新建一个窗口，可在其中编辑回复该邮件的内容。编辑完成后单击【发送】按钮即可。

10.8.5　以纯文本方式显示电子邮件

目前 Internet 上很多的病毒都是通过电子邮件传播的，例如可能会在某些 HTML 格式的邮件中潜入病毒，用户只要打开或者预览邮件，病毒就会进入系统，并在本地运行。因而，上网的用户通常会在本机上安装一些反病毒软件，如卡巴斯基、诺顿等。为了防范这些邮件中的恶意代码，Windows Mail 可以以纯文本方式显示所有邮件。

在 Windows Mail 中单击【工具】|【选项】命令，打开如图 10-66 所示的【选项】对话框。单击打开【阅读】选项卡，选中【以纯文本方式阅读所有邮件】复选框，单击【确定】按钮即可。

为了防止用户无意中打开电子邮件中附加的带有病毒的附件，默认情况下 Windows Mail 只允许用户保存或打开很少一部分微软认为绝对安全格式的附件。要取消这一限制，可打开【安全】选项卡，禁用【不允许保存或打开可能有病毒的附件】复选框，单击【确定】按钮，如图 10-67 所示。

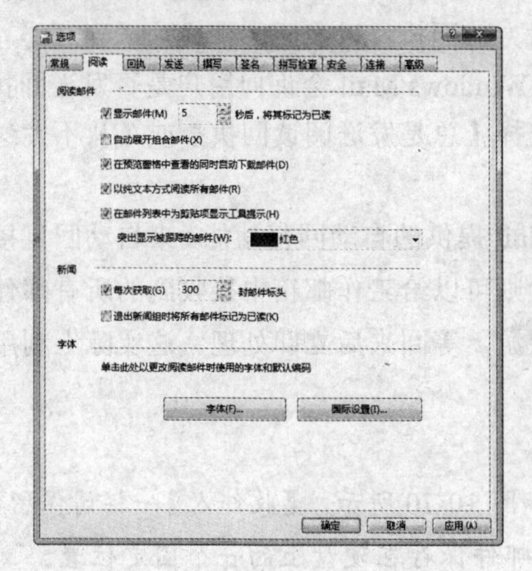

图 10-66　以纯文本形式显示所有邮件　　图 10-67　允许打开某些格式的附件

10.8.6　自动分发大邮件

虽然目前大部分邮件服务器都开始提供 GB 容量级的大邮箱空间，但每封邮件可以接受的附件大小一般都有限制，具体则取决于服务商的设置，有的为 10MB，有的为 30MB。为了避免邮件太大而被对方的邮件服务器拒收，用户通常会先使用 WinRAR 等压缩软件将大文件分卷压缩，然后依次进行发送。有了 Windows Mail，现在只需进行简单设置，就可以自动将大邮件拆分成若干封，并分别发送出去。

打开 Windows Mail，单击【工具】|【账户】命令，打开【Internet 账户】对话框。单击选中用于收发大邮件的邮箱账户，单击右侧的【属性】按钮，在打开的对话框中切换到【高级】选项卡，在【正在发送】选项下选中【拆分大于】复选框，然后在右侧微调框中输入希望拆分的大小(例如对方邮箱只能接收小于 10MB 的邮件，可设置为 10000KB)，如图 10-68 所示。

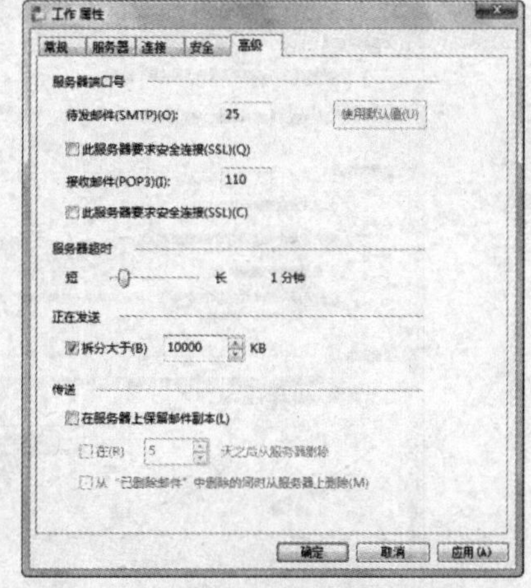

图 10-68　指定邮件的拆分标准

这样拆分的邮件只能使用 Windows Mail 或 Outlook Express 来合并。在收到所有拆分的邮件后，在 Windows Mail 的邮件列表中选中它们后右击，从快捷菜单中单击【组合并解码】命令即可。

提示：要判断一封邮件是否被完全接收，可查看总的拆分数量以及当前邮件是第几封，例如“1/6”就表示共拆分了 6 封，当前正在接收第 1 封。

10.8.7　设置邮件自动回复

我们在向企业的邮箱发送电子邮件后，通常会收到一份回执，以告知邮件已经收到。

Windows Mail 提供了这种回执功能。单击【工具】|【选项】命令，打开【选项】对话框。打开【回执】选项卡，选中【所有发送的邮件都要求提供阅读回执】复选框即可，如图 10-69 所示。这样，用户发出的所有邮件都会请求对方的回执，以表明邮件成功送到。

当用户收到一封请求回执的电子邮件后，Windows Mail 会询问用户是否发送回执。如果用户觉得这样很麻烦，可以在图 10-69 中选择【总是发送阅读回执】或【从不发送阅读回执】单选按钮。

除了回执外，用户还可以使用 Windows Mail 提供的自动回复功能，来自动回复接收到的电子邮件。例如，用户目前正在国外旅游，则可以给工作邮箱中接收到的所有邮件发送一封自动回复邮件，以告诉对方目前自己在旅游，等回来后立即处理。这实际上利用的是 Windows Mail 的邮件规则功能。

例 10-5 创建电子邮件的自动回复。

❶ 首先创建一封用于回复的邮件内容，如图 10-70 所示，【收件人】一栏请保留为空。

❷ 单击【文件】|【另存为】命令，将该邮件保存在硬盘上的一个固定位置。

❸ 在 Windows Mail 中单击【工具】|【邮件规则】|【邮件】命令，打开【新建邮件规则】对话框。

❹ 在【选择规则条件】列表中选中【若邮件来自指定的账户】复选框；在【选择规则操作】列表中选中【使用邮件答复】复选框。

❺ 在【规则描述】列表中单击【指定账户】链接，并在打开的对话框中选择需要自动答复的邮箱指代名称；单击【邮件答复】链接，并在打开的对话框中选中之前保存的模版邮件。

❻ 在【规则名称】文本框中输入该规则的名称，单击【确定】按钮，如图 10-71 所示。

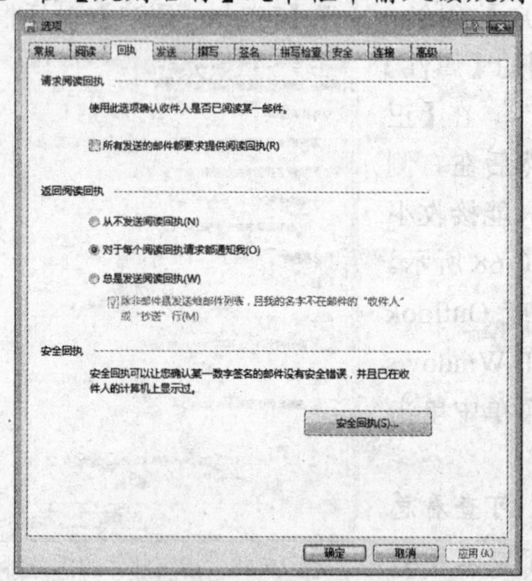

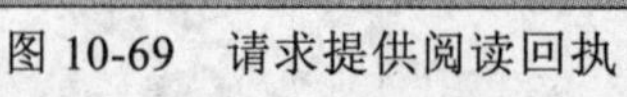
图 10-69 请求提供阅读回执

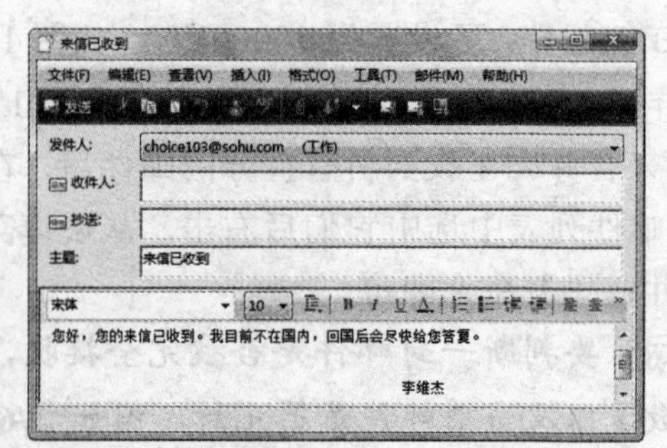

图 10-70 创建用于自动回复的邮件模版

❼ 如果要停止邮件的自动回复或想要修改模版，可再次单击【工具】|【邮件规则】|【邮件】命令，将打开【邮件规则】对话框。切换到【邮件规则】选项卡，列表中列出了

当前创建的所有邮件规则，如图 10-72 所示。

❽ 单击选中某个规则后，可在下方的【规则描述】中查看规则的具体内容。禁用规则前面的复选框即可停用该邮件规则。如果希望修改某个规则，选中后单击【修改】按钮，重新对其设置即可。要删除某个规则，选中后单击【删除】按钮即可。

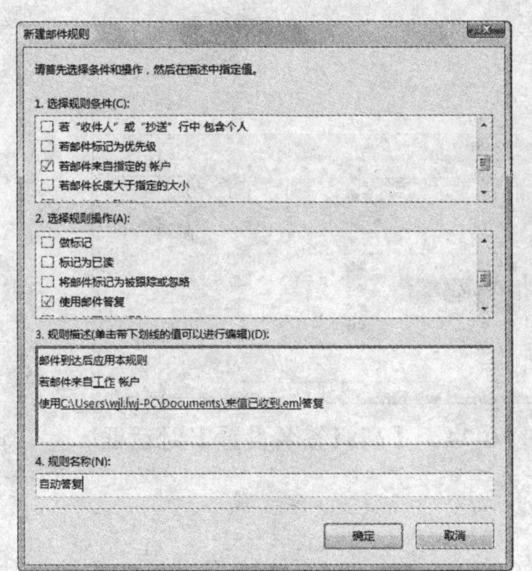

图 10-71 设置邮件自动回复规则

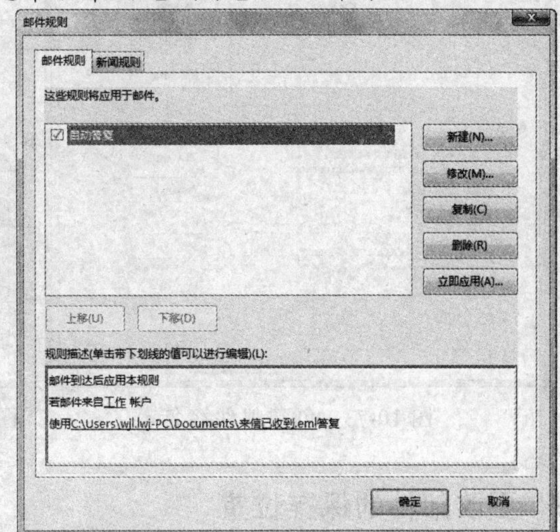

图 10-72 管理邮件规则

10.8.8 添加邮件签名

Windows Mail 提供了邮件签名功能，使得在发送工作邮件的时候，可以将自己的公司名称、联系方式等信息作为签名附加到邮件签名中，以方便对方了解自己公司的相关信息。在发送私人邮件的时候，可以将自己的私人联系方式和其他信息添加到邮件签名中。

例 10-6 添加邮件签名。

❶ 打开 Windows Mail，单击【工具】|【选项】命令，在打开的【选项】对话框中切换到【签名】选项卡。

❷ 单击【新建】按钮新建一个邮件签名。在【编辑签名】选项区域选择签名的格式。如果需要输入签名的内容，请选择【文本】单选按钮，然后在右侧输入签名内容。如果要将一个文件作为签名附加到邮件中，可选中【文件】单选按钮，然后指定要当作签名附加的文件。

❸ 设置好邮件签名后，选中【在所有待发邮件中添加签名】复选框后可以为自己的所有邮件添加签名。如果不希望回复或转发邮件中也自动加入签名，可启用【不在回复和转发的邮件中添加签名】复选框，如图 10-73 所示。

❹ 如果有多个邮箱账号，而希望给不同邮箱设置不同的签名；则可以首先把针对每个邮箱的签名都创建好，然后选中其中一个签名，单击【高级】按钮，打开【高级签名设置】对话框。

❺ 如果希望将这个选中的签名应用给某个或某些邮箱账号，可在【高级签名设置】对话框中选中对应的邮箱账号，如图 10-74 所示。

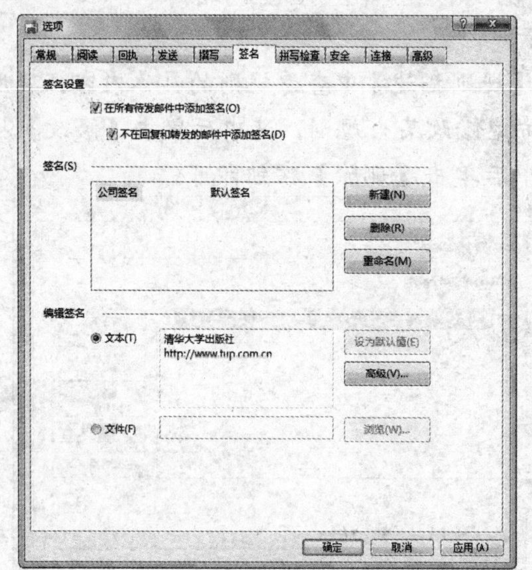

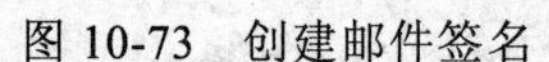
图 10-73 创建邮件签名

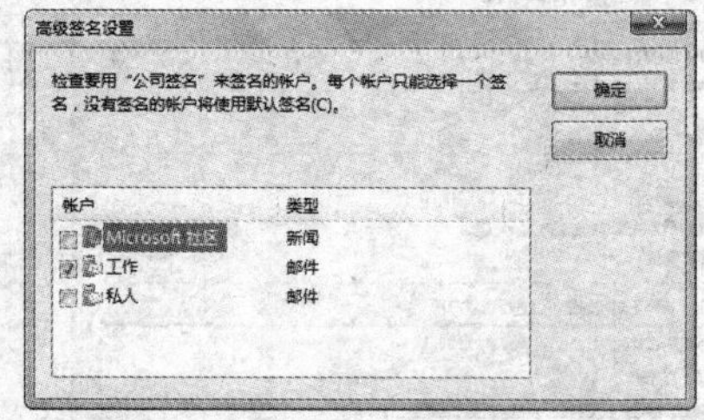

图 10-74 【高级签名设置】对话框

10.8.9 更改邮件的保存位置

Windows Mail 默认将收到的邮件保存在系统所在磁盘分区的一个目录中，这样不仅不利于备份，而且很容易因为系统崩溃而导致邮件丢失。最好的方法是将邮件都保存到非系统盘。在 Windows Mail 中依次单击【工具】|【选项】|【高级】|【维护】|【存储文件夹】，打开【存储位置】对话框，如图 10-75 所示。

这里列出了默认的邮件保存位置，单击【更改】按钮可重新指定邮件保存位置。修改后，Windows Mail 会要求重启，重启后原来位置保存的所有邮件都将被自动移动到新的位置。

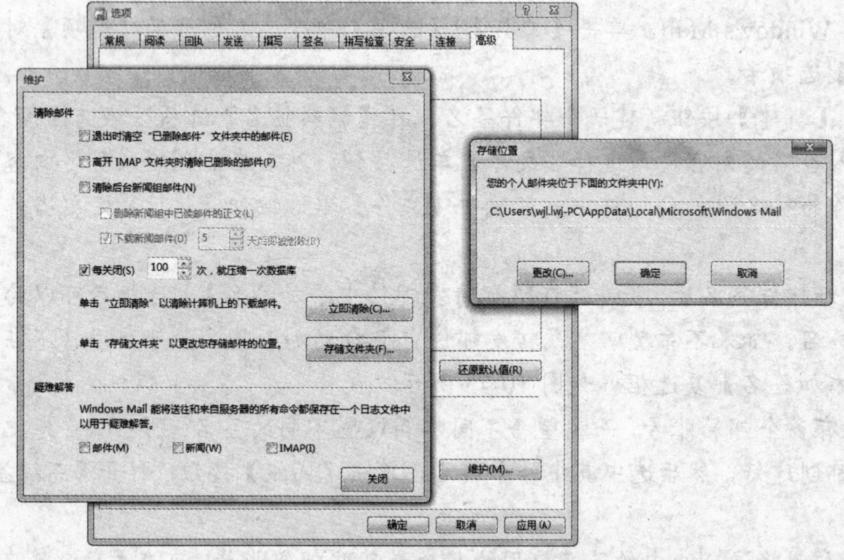

图 10-75 更改邮件的保存位置

10.9　使用 Windows 会议室

无论是家庭用户还是企业用户，用户之间的交流都十分重要。Windows Vista 引入了会议室程序，利用它不仅可以完成联网计算机之间的文件共享、讨论，还可以使用其提供的共享桌面和应用程序共享来实现远程协助。使用 Windows 会议室要求与会者至少两人，一人主持会议，其他人则作为参与者加入到会议中。

10.9.1　创建会议室

单击【开始】|【所有程序】|【Windows 会议室】，初次运行 Windows 会议室程序时，会要求进行一些简单设置，如图 10-76 左图所示。单击【是，继续设置 Windows 会议室】选项，打开【网络邻居】对话框。输入要显示的名称并设置允许邀请的人，如图 10-76 右图所示。

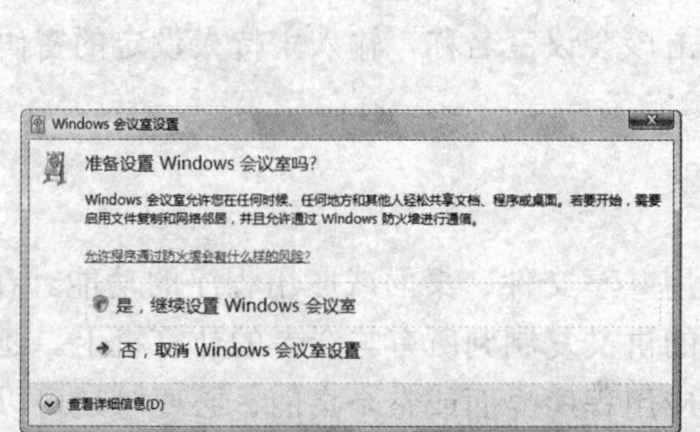

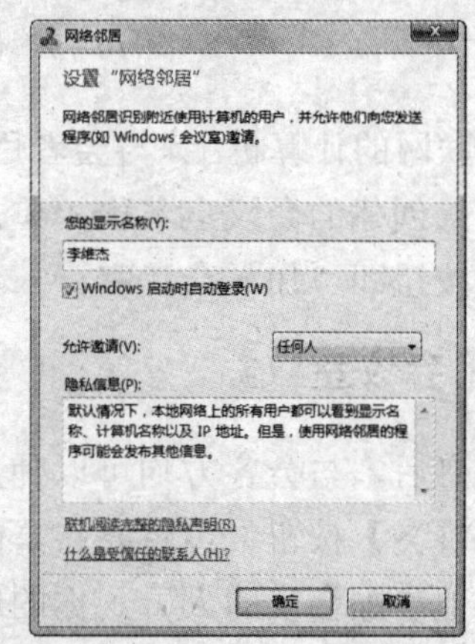

图 10-76　初次启用 Windows 会议室时的设置

单击【确定】按钮，即可打开【Windows 会议室】窗口，如图 10-77 所示。单击【开始新会议】命令，在打开的窗口中输入要创建的会议名称和密码，如图 10-78 所示。

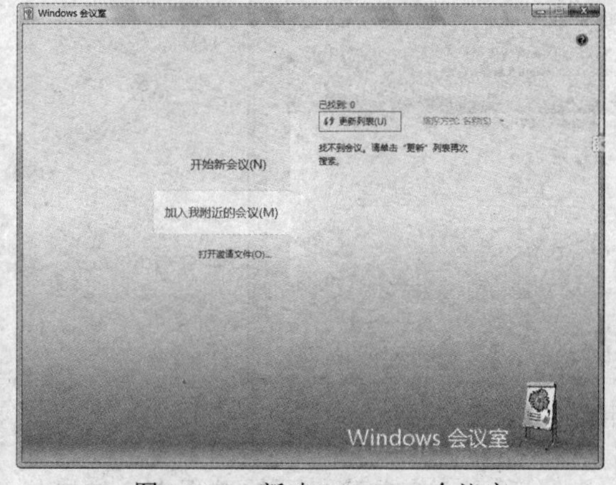

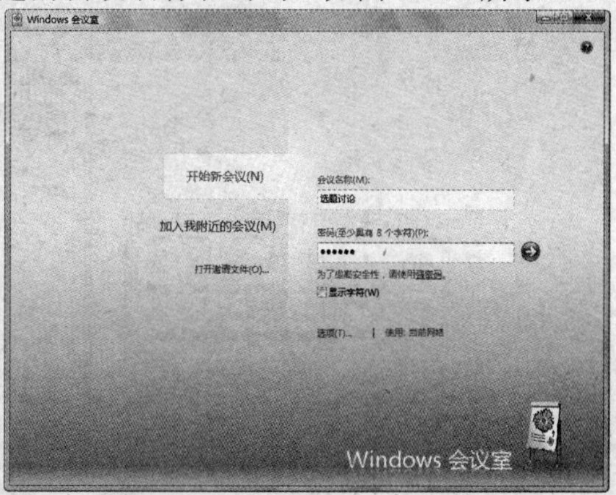

图 10-77　新建 Windows 会议室　　　　图 10-78　输入会议名称和密码

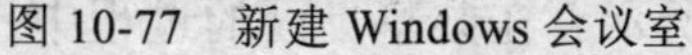

单击【创建会议】按钮，可以看到目前只有自己在会议中。用户可以邀请别的用户

加入该会议，还可以指定共享的内容，如图 10-79 所示。单击【邀请他人】按钮，可在打开的【邀请他人】中选择要邀请的人员。

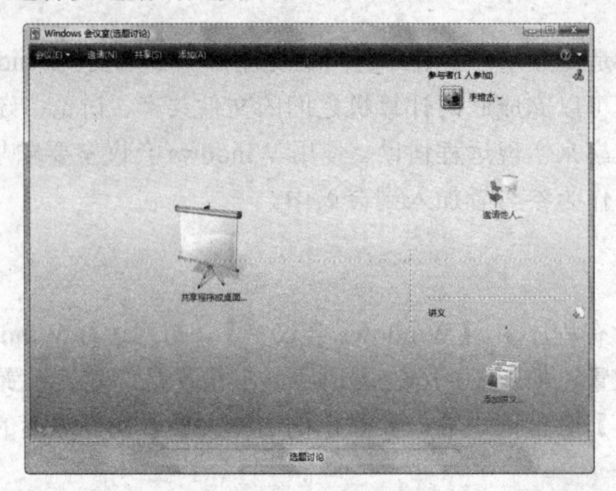

图 10-79　创建的 Windows 会议

在另一台联网的计算机上，与会者用同样的方法打开 Windows 会议室，如果网络连通，就可以看到别人创建的会议室名称。单击该会议室名称，输入主持人设定的密码后，单击【加入会议】按钮即可加入会议室。

10.9.2　使用会议室

会议室开启后，与会各方均可以使用共享文件、桌面或应用程序的功能。在图 10-79 中单击【添加讲义】按钮，可将要共享的讲义复制到所有与会者的计算机上。还可以共享桌面，即让其他参加会议的人看到你的应用程序界面或整个桌面，必要时还可以让别人直接控制你的计算机，以实现远程协助的功能。在图 10-79 中单击【共享程序或桌面】选项，在提示对话框中单击【确定】按钮。然后在打开的【开始共享会话】对话框中选择需要共享的应用程序或桌面，然后单击【共享】按钮即可，如图 10-80 所示。

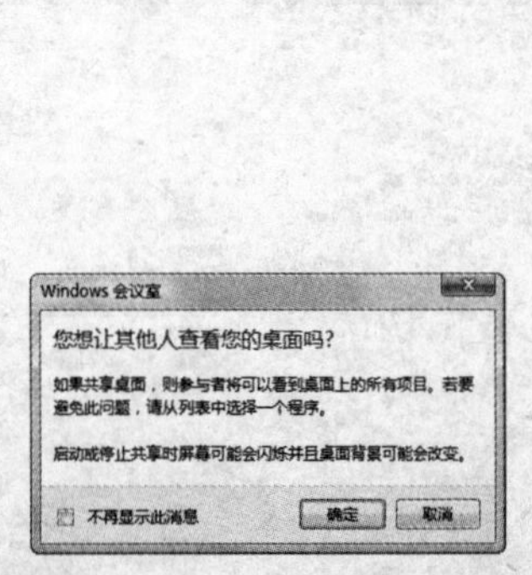

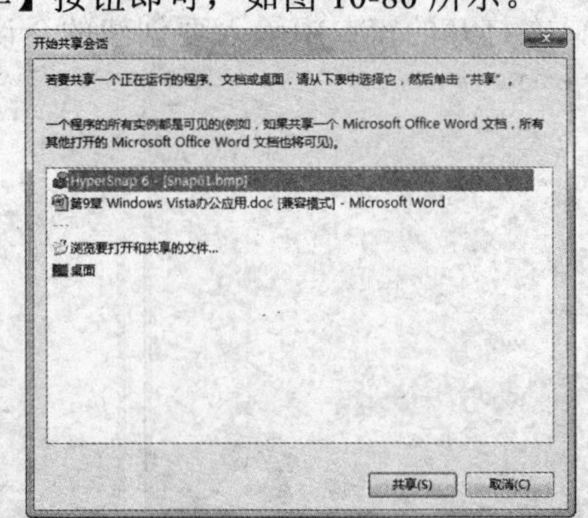

图 10-80　共享应用程序或桌面

共享后的桌面可被所有与会者看到，如图 10-81 所示。在共享桌面的过程中，如果与会者想控制共享者的计算机，可在会议室程序中请求控制，在得到对方允许后，即可像操作自己的计算机一样去控制别人的计算机。

要结束会议，可由与会任何一方在会议室程序中单击【会议】|【离开会议】命令。对于是多方参与的会议，所以一方离开后不会影响与会其他方继续使用 Windows 会议室。

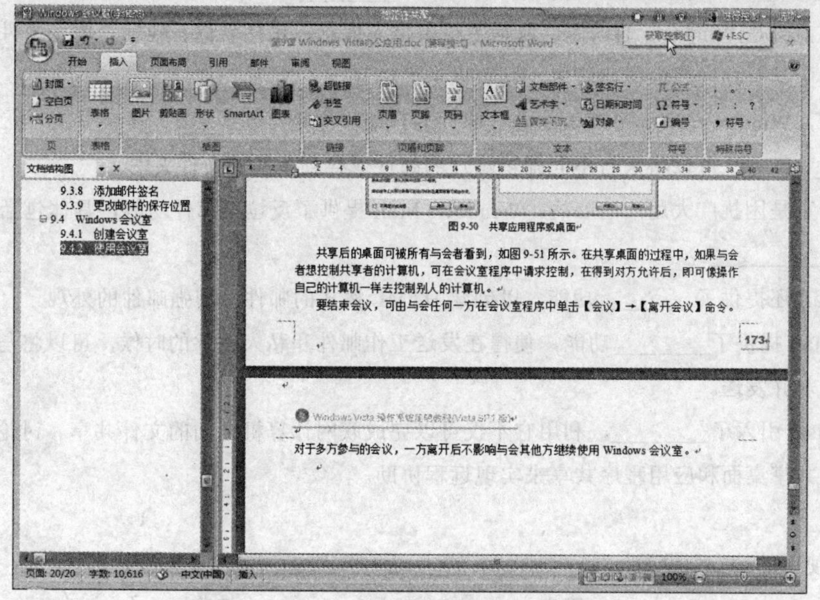

图 10-81 共享后的应用程序或桌面

本章小结

本章首先介绍了 Internet 的常用接入方式，然后介绍了 IE 7.0 的最新特色和功能，包括崭新的网页浏览方式，使用和管理 IE 7.0 搜索工具，使用和整理收藏夹，订阅、管理和查看 RSS 源。Internet 已成为人们工作和生活的重要工具，通过本章的学习，读者可学会如何在 Internet 上进行上网冲浪，收藏、搜索网页信息等。收发电子邮件也是最常用的网络操作之一，因而本章对 Windows Mail 作了重点介绍，包括各种使用技巧，如设置自动回复、添加邮件签名等实用功能。下一章向读者介绍如何组建局域网和进行资源共享。

习　题

填空题

1. 普通用户接入 Internet 的方式大致有两种：________和________。单位则是通过多机连接形成局域网，并通过________或________连接到 Internet。
2. 在 Windows Vista 下，主要通过________设置和配置网络连接。
3. 小区宽带上网是目前比较流行的上网方式，这种上网方式分为两种类型：________和________。
4. IE 7.0 是一个多文档应用程序，可在一个窗口中以________形式显示多个页面。
5. IE 7.0 除了可以访问基于 HTTP 协议的 Web 页外，还可以访问基于 FTP 协议的________。
6. 当用户在网上发现自己喜欢的网页时，可以将其添加到________中，这样就可以随时来访问它，而不用担心忘记了该网页的网址。

7. ________又称为阅读源或提要，是自动发给浏览器的网站内容。

8. 用户的历史记录被保存在本地电脑中，默认仅保存________天。

9. ________的前身是 Windows 通讯簿，包括了很多个人信息，包括名称、地址、电子邮件、电话等。

10. 如果联系人中具有相同属性的比较多，则可以考虑创建________。

11. 默认情况下，Windows Vista 中默认的电子邮件客户端程序是________。

12. 通过使用________，可以将来自不同邮箱账户的邮件保存到不同的文件夹中。

13. 垃圾邮件一直是困扰广大用户的心病，Windows Mail 提供了反垃圾邮件功能，具体包括________、________和________。

14. Windows Mail 还提供了________功能，以创建 HTML 格式的邮件，增强邮件的外观。

15. Windows Mail 提供了________功能，使得在发送工作邮件和私人邮件的时候，可以将与公司或个人相关的信息一并发送。

16. Windows Vista 引入了________，利用它不仅可以完成联网计算机之间的文件共享、讨论，还可以使用其提供的共享桌面和应用程序共享来实现远程协助。

选择题

17. IE 7.0 默认使用的搜索引擎是(　　)。

A. Windows Live Search　　B. 百度　　C. Google　　D. 搜狗

简答题

18. 简述 IE 7.0 相对于以前版本有哪些改进？

19. 什么是垃圾邮件？Windows Mail 是如何防范垃圾邮件的？

上机操作题

20. 将百度添加到 IE 的搜索引擎列表中，并将其设置为默认使用的搜索引擎。

21. 将 IE 7.0 保存的历史记录设置为 30 天，然后通过历史记录访问前天访问的网页。

22. 创建自己的 Windows 联系人，并将它们归组。

23. 创建一个邮件规则，将工作邮箱和私人邮箱中接收到的邮件保存到不同的文件中。

第 11 章

局域网组建与资源共享

本章主要介绍 Windows Vista 下如何组建局域网，网络连接的设置、检测，以及网络资源的共享等。通过本章的学习，应该完成以下学习目标：

- ☑ 学会组建局域网
- ☑ 掌握本地连接的基本管理方法
- ☑ 学会诊断并解决网络故障
- ☑ 学会在局域网内共享网络资源
- ☑ 学会添加、使用本地或网络打印机

11.1 组建和配置局域网

从广义上讲，局域网(Local Area Network，LAN)是联网距离有限的数据通信系统。它支持各种通信设备的互联，并以廉价的媒介提供宽频带的通信来完成信息交换和资源共享，而且通常是用户自己专有的。局域网具有较高的传输能力，以及较好稳定性和可扩充性，传输距离较短(联网计算机的距离一般应小于 10km)，经过的网络连接设备较少，因而具有较快的速度和较高的可靠性。

11.1.1 局域网基础知识

局域网分有线局域网和无线局域网两种。目前，实际生活中使用最广泛的有线局域网被称为以太网(Ethernet)，也就是本书所要介绍的。它是一种计算机局域网组网技术。目前全球企业用户的 90%以上都采用以太网接入，这已成为企业用户的主导接入方式。采用以太网作为企业用户接入手段的主要原因是其已有深厚的网络基础，目前所有流行的操作系统和应用也都是与以太网兼容的。

由于速度和标准的不同，以太网可分为以下两种类型：

- 快速以太网，传输速率为 100Mb/s，具有高性能、全交换、灵活性、高效性、可扩展性、系统安全保密性及管理简单等特点。
- 千兆以太网，传输速率为 1000Mb/s，具有可靠性、灵活性、高效性、可扩展性、系统安全保密性及管理简单等特点。

目前流行的是快速以太网。它是局域网(LAN)以每秒钟 100 兆位(每秒 100 兆是指分享数据的速度)的速率(100BASE-T)来传输数据的标准。数据传输速率为 100Mb/s 的快速以太网是一种高速局域网技术，能够为桌面用户以及服务器或者服务器群等提供更高的网络带宽。

无线局域网(Wireless LAN)是 21 世纪初期才逐渐兴起的网络技术。该技术可以非常便捷地以无线方式连接网络设备，人们可随时、随地、随意地访问网络资源，是现代数据通信系统发展的重要方向。一般来说，凡是采用无线传输媒体的计算机局域网都可称为无线局域网。

无线局域网的基础还是传统的有线局域网，是有线局域网的扩展和延伸。它只是在有线局域网的基础上通过无线 HUB、无线访问节点(AP)、无线网桥及无线网卡等设备使无线通信得以实现。其中以无线网卡使用最为普遍。无线局域网未来的研究方向主要集中在安全性、移动漫游、网络管理以及与 3G 等其他移动通信系统之间的关系等问题上。

11.1.2 组建局域网

局域网的拓扑结构就是指局域网的物理连接方式，目前有很多种，如星型、总线型、树型、环型等。办公室局域网使用最广泛的是星型结构，其参考模型如图 11-1 所示。搭配星型局域网需要使用的设备有：配有网卡的计算机、交换机、路由器，以及连接设备所需的双绞线、水晶头等。

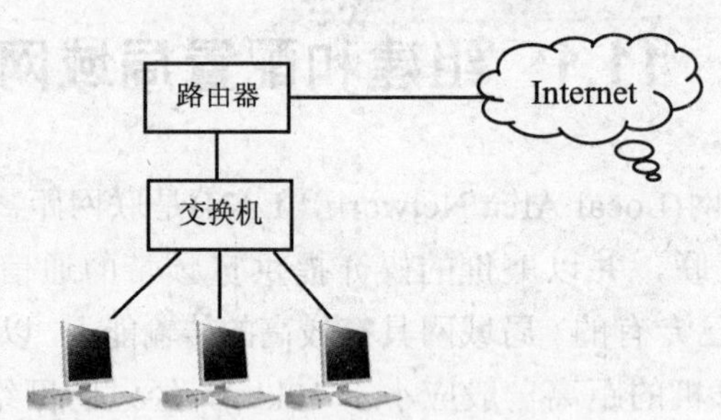

图 11-1　局域网常用的连接方式

11.1.3 配置路由器

拥有固定 IP 地址的网络可以在路由器中设置，如果采用的是带路由功能的 ADSL Modem，则也可以进入 Modem 设置。配置完成后一般重启路由器即可上网。下面以 TP-Link 402 小型 SOHU 路由器为例，介绍如何对局域网进行配置。

例 11-1　配置局域网路由器。

❶ 首先，查看路由器的使用说明书，找到该路由器的 IP 地址为 192.168.1.1，用户名和密码均为 admin。

❷ 在局域网内的任何一台计算机上，将本地连接的 IP 地址设置为 192.168.1.*(*为 2～254 间任意数值)。这样以便使本机和路由器在同一个网段，能够进入路由器进行设置。打开 IE 浏览器，输入路由器的 IP 地址，系统会提示输入用户名和密码，如图 11-2 所示。

❸ 输入用户名和密码，单击【确定】按钮，进入路由器配置页面，如图 11-3 所示。

❹ 在左侧导航区域依次单击【网络参数】|【LAN 口设置】，在打开页面中设置 LAN 口的基本参数，包括 IP 地址和子网掩码等，如图 11-4 所示，单击【保存】按钮。

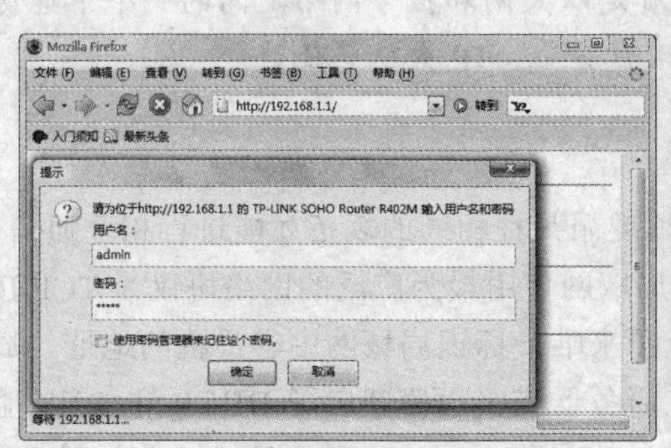

图 11-2　输入用户名和密码

图 11-3　路由器配置页面

❺ 依次单击【网络参数】|【WAN 口设置】，在打开页面的【WAN 口连接类型】下拉列表中选择连接类型：静态 IP、动态 IP 或 PPPoE。这里选择 PPPoE，并在下面输入 ISP 提供的上网账号和对应口令。然后设置连接模式，对于办公环境而言，一般选择【自动连接，在开机或断线后自动进行连接】方式，最后单击【保存】按钮，如图 11-5 所示。

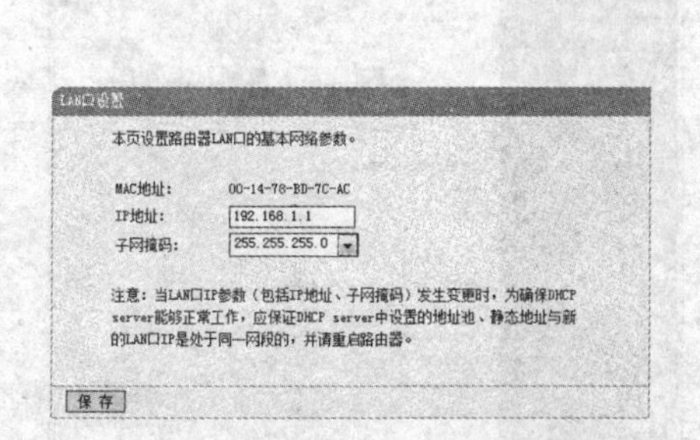

图 11-4　设置 LAN 口基本参数

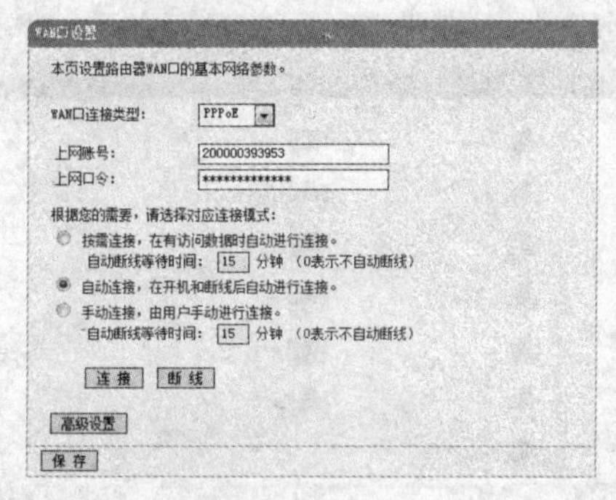

图 11-5　设置 WAN 口

❻ 依次单击【DHCP 服务器】|【DHCP 服务】，在打开页面中选中【启用】复选框以启用 DHCP 服务。然后输入局域网的地址范围，在【网关】文本框中输入路由器的地址，DNS 地址由 ISP 提供，如图 11-6 所示，最后单击【保存】按钮。

❼ 依次单击【系统工具】|【重启路由器】，在页面中单击【重启路由器】按钮，完成路由器的配置，如图 11-7 所示。

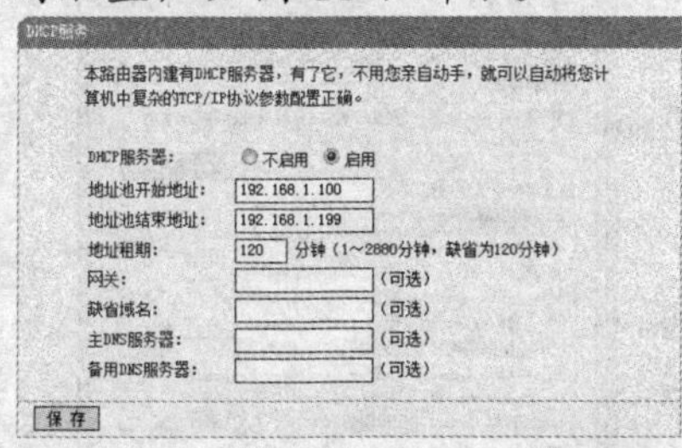

图 11-6　启用并设置 DHCP 服务器

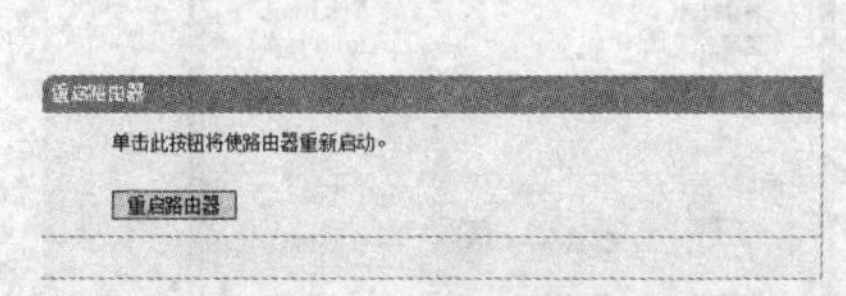

图 11-7　重启路由器

提示：PPPoE 的全称是基于局域网的点对点通信协议(Point to Point Protocol over Ethernet)，是目前宽带上网的最佳选择。对于终端用户而言，不需要了解比较深的局域网

技术，只要当作拨号上网就可以了。对于服务商而言，只需在现有局域网基础上，设置 IP 地址绑定用户即可支持专线方式。PPPoE 的实质是以太网和拨号网络之间的一个中继协议，继承了以太网的快速和 PPP 拨号的简单、用户验证、IP 分配等优势。

11.1.4 配置网络协议

局域网在连接完毕后，多台计算机之间还必须遵循某种相同的规范才能进行相互通信。这种通信规范通常被称为“网络协议”。目前的局域网使用最为广泛的网络协议为 TCP/IP 协议，并且由 TCP/IP 协议使用 IP 地址和子网掩码来唯一标识局域网中客户机的地址。局域网中客户机网络协议的配置分两种：一种是在服务器或路由器开启了 DHCP 和 DNS 服务后，所有客户机的 IP 地址和 DNS 地址均采用自动获取；另一种则需要对每个客户机单独进行网络设置。

例 11-2 对局域网中的客户机手动配置网络协议。

❶ 单击【开始】按钮，在【开始】菜单中选择【网络】命令，打开【网络】窗口，如图 11-8 所示。

❷ 单击【网络和共享中心】按钮，打开【网络和共享中心】窗口，如图 11-9 所示。

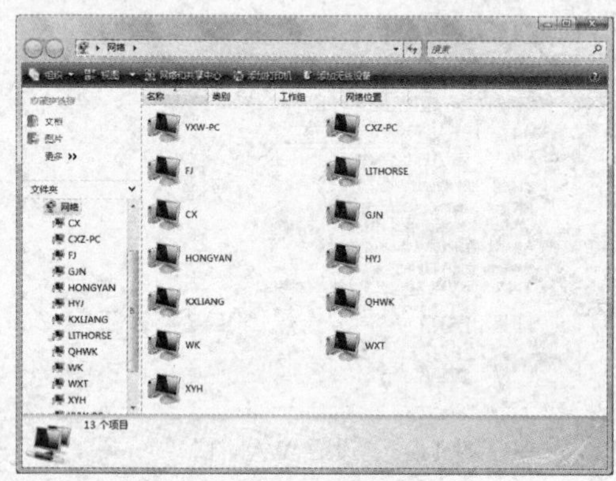

图 11-8 【网络】窗口

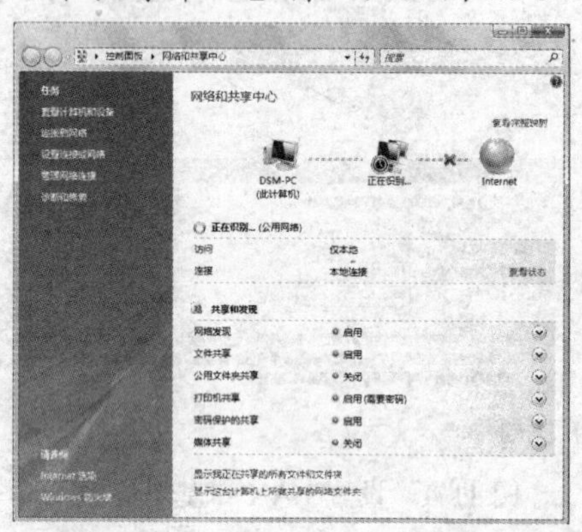

图 11-9 网络和共享中心

❸ 在【网络】选项组中，单击【查看状态】链接，打开【本地连接状态】对话框，如图 11-10 所示。

❹ 在【活动】选项组中，单击【属性】按钮，打开【本地连接属性】对话框，如图 11-11 所示。

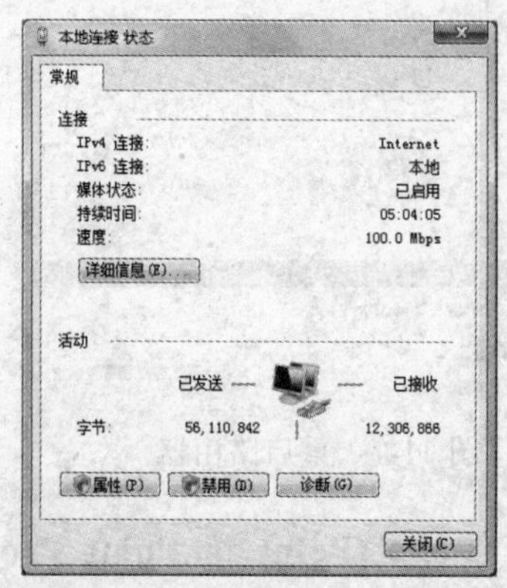

图 11-10 【本地连接状态】对话框

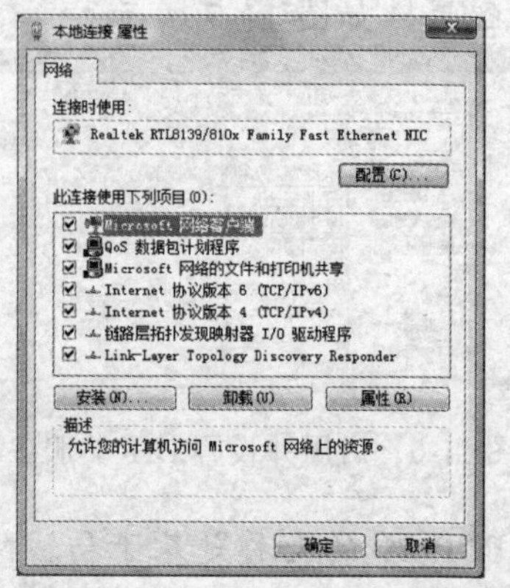

图 11-11 【本地连接属性】对话框

❺ 在【此连接使用下列项目】列表框中，选择【Internet 协议(TCP/IPV4)】选项，如图 11-12 所示。

❻ 单击【属性】按钮，打开【Internet 协议版本 4 属性】对话框，如图 11-13 所示。

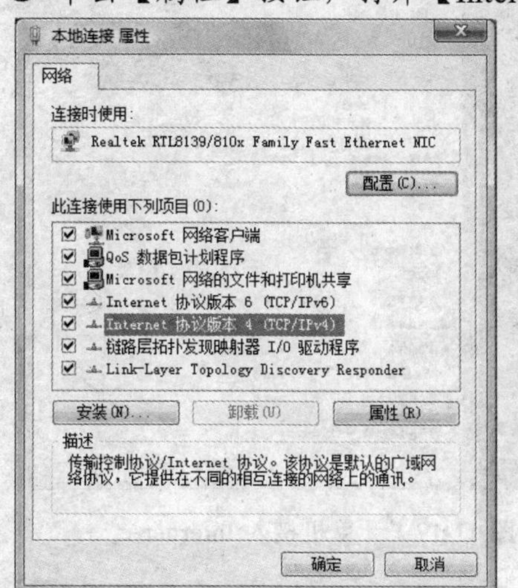

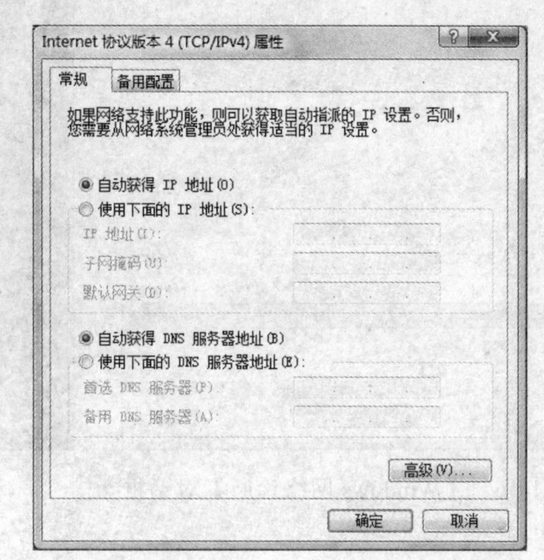

图 11-12　选中【Internet 协议(TCP/IPV4)】选项　图 11-13　【Internet 协议版本 4 属性】对话框

❼ 在打开的【Internet 协议版本 4 属性】对话框中，如果服务器或路由器开启了 DHCP 和 DNS 服务，请选中【自动获得 IP 地址】和【自动获得 DNS 服务器地址】单选按钮。如果局域网使用的是静态 IP 地址分配，请选中【使用下面的 IP 地址】单选按钮，如图 11-14 所示。

❽ 在【IP 地址】文本框中输入 IP 地址；在【子网掩码】文本框中输入子网掩码；在【默认网关】文本框中输入默认网关；在【首选 DNS 服务器】文本框中输入 DNS 服务器地址，如图 11-15 所示。

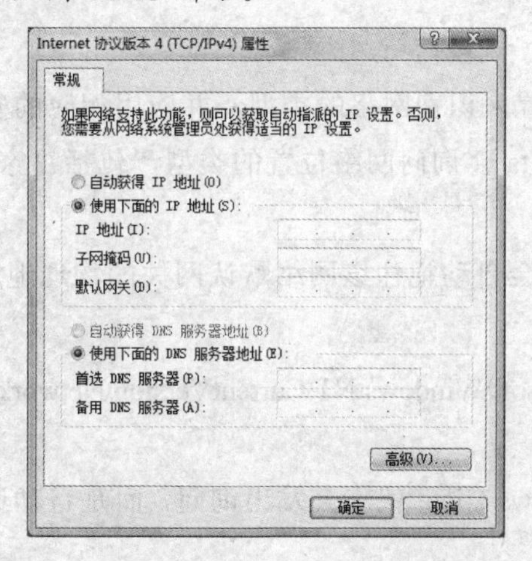

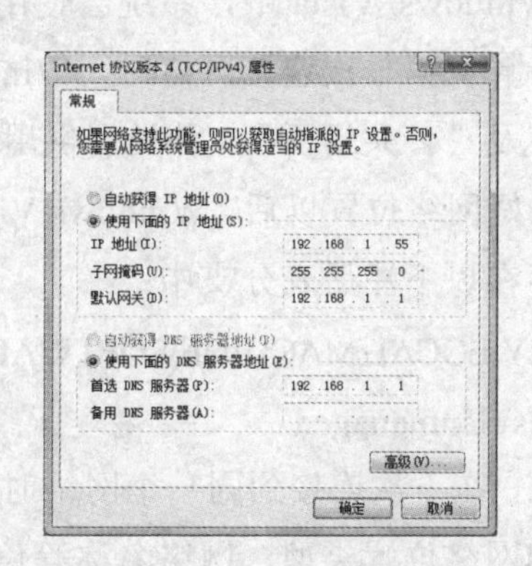

图 11-14　选中【使用下面的 IP 地址】单选按钮　图 11-15　设置 IP 地址、子网掩码、网关等

❾ 设置完毕后，单击【确定】按钮，返回至【网络和共享中心】控制台，单击“×”按钮，打开【Windows 网络诊断】对话框，此时系统开始识别局域网，如图 11-16 所示。

⑩ 成功识别局域网后，本地计算机即可接入 Internet，如图 11-17 所示。

图 11-16 【Windows 网络诊断】对话框

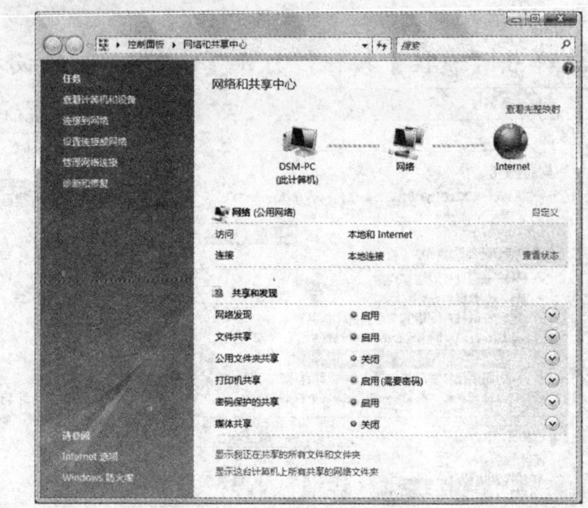

图 11-17 计算机接入 Internet

11.1.5 设置网络位置

目前，大多数用户，尤其是移动用户，可能经常会更改网络位置。例如用户上班时可能会连接到公司的域中，而下班时选择连接到家庭网络中，甚至出差时可能会在咖啡馆或机场上网。早期的 Windows 操作系统并不能区分这些不同的网络环境，而默认启用同样的网络安全设置，这会导致一些网络安全方面的潜在风险。为了解决这一系列的问题，Windows Vista 操作系统提供了设置网络位置类型的功能。当用户在不同的位置(如家庭、本地咖啡店或办公)连接到网络时，通过选择一个合适网络位置，从而有助于用户确保始终将自己的计算机设置为适当的安全级别。

1. 网络位置

在 Windows Vista 中，系统会使用网络位置来识别网络的类型，并应用相应的安全设置。当计算机第一次连接网络时，Windows Vista 会询问网络位置的类型，包括“家庭”、“工作”及“公共场所”3 种类别供用户选择。

设置好网络位置以后，Windows Vista 系统会自动记住该网络默认网关的物理地址，并将其保存在以下注册表分支中：

HKEY_LOCAL_MACHINE\SOFTWARE\Microsoft\Windows NT\CurrentVersion\NetworkList\Signatures\ Unmanaged

因此，在下次连接到同一个网络时，Windows Vista 就不会发出询问，而是自动选择上次设置的网络位置类型、网络名称等信息。

2. 网络位置的类型

在 Windows Vista 操作系统中，提供了以下 3 种网络位置类型：

- 专用网络：包括“工作”和“家庭”类别，两者之间的区别是默认图标不同。当用户选择“家庭”或“工作”类别时，Windows 会自动打开“网络发现”功能，以便可以查看网络上的其他计算机，同样其他计算机也可以查看用户的计算机。

- 公用网络：指的是“公共场所”类别的网络。当用户在某个公共位置时，可以选择“公共场所”类别。在这种情况下，Windows 会自动关闭“网络发现”功能。
- 域：当计算机登录到域环境下，系统自动选择“域”网络位置的类型，而无须手动进行选择。

3. 设置网络属性

在 Windows Vista 操作系统中，当计算机第一次连接到网络时，用户必须选择合适的网络位置。只有这样才可以为所连接网络的类型自动进行适当的防火墙设置。下面以设置计算机网络位置为例介绍设置网络属性的方法。

例 11-3 设置计算机的网络位置。

❶ 在打开的【网络和共享中心】控制台中，单击【自定义】连接，打开【设置网络位置】对话框，如图 11-18 所示。

❷ 在【网络名】文本框中输入名字；在【位置类型】选项组中设置网络位置。

❸ 单击【更改】按钮，打开【更改网络图标】对话框，如图 11-19 所示。

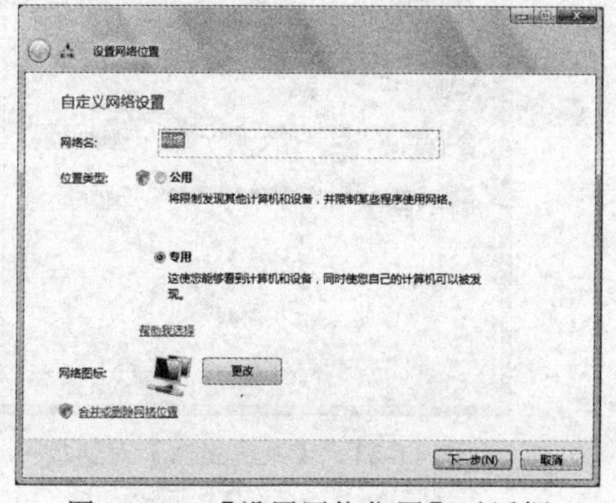

图 11-18 【设置网络位置】对话框

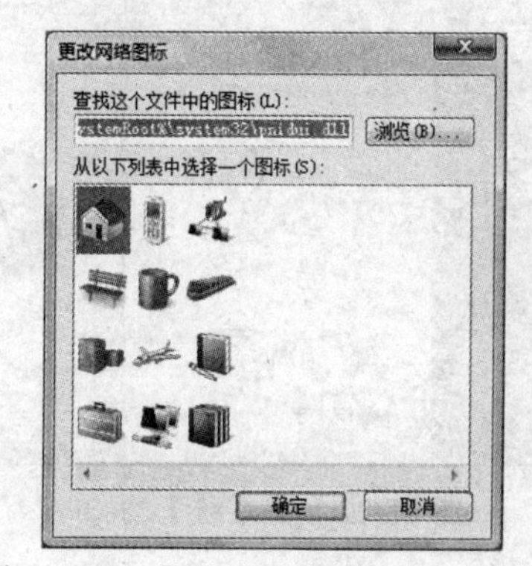

图 11-19 【更改网络图标】对话框

❹ 指定所需的图标，如图 11-20 所示。单击【确定】按钮，返回【设置网络位置】对话框。

❺ 单击【下一步】按钮，打开【成功地设置网络设置】对话框，如图 11-21 所示。

图 11-20 指定所需的图标

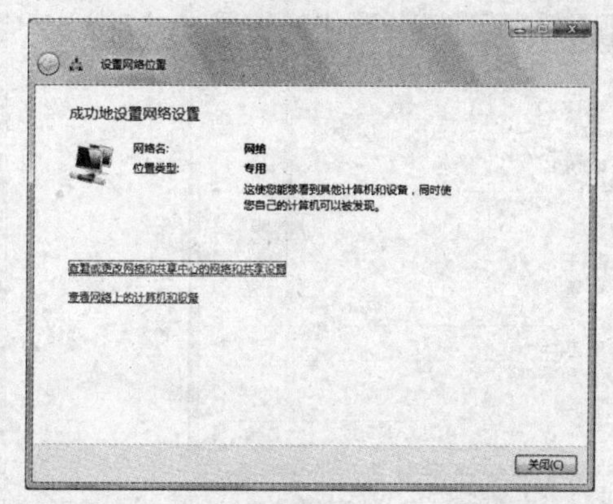

图 11-21 【成功地设置网络设置】对话框

❻ 单击【关闭】按钮，完成设置计算机网络位置。

11.1.6　设置计算机的名称

想要局域网中的其他用户能够方便地访问自己的计算机，可以为计算机设置一个简单易记的名称。若网络中已经有与自己计算机相同名称的计算机，则还需要修改自己计算机的名称。

例 11-4　在局域网中设置计算机的名称。

❶ 单击【开始】按钮，在【开始】菜单中右击【计算机】选项，从弹出的快捷菜单中选择【属性】命令，打开【系统】窗口，如图 11-22 所示。

❷ 在【计算机名称、域和工作组设置】类别中，单击【改变设置】链接，打开【系统属性】对话框，如图 11-23 所示。

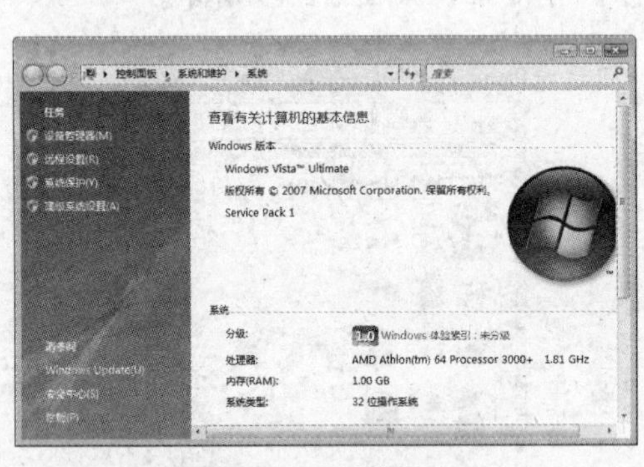

图 11-22　【系统】窗口

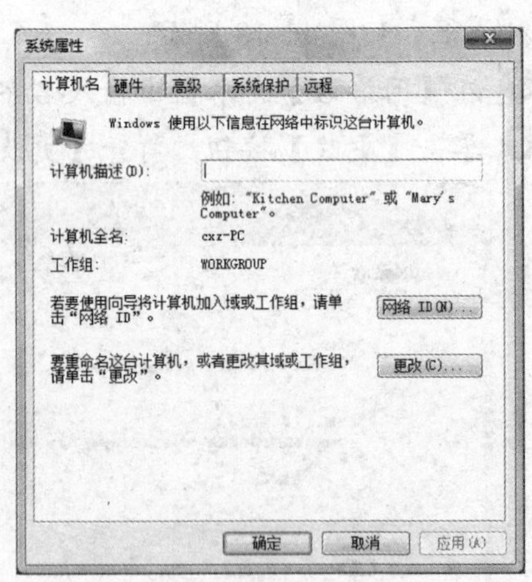

图 11-23　【系统属性】对话框

❸ 在【系统属性】对话框中，单击【更改】按钮，打开【计算机名/域更改】对话框，如图 11-24 所示。

❹ 在【计算机名】文本框中，输入所需的计算机名称，如图 11-25 所示。

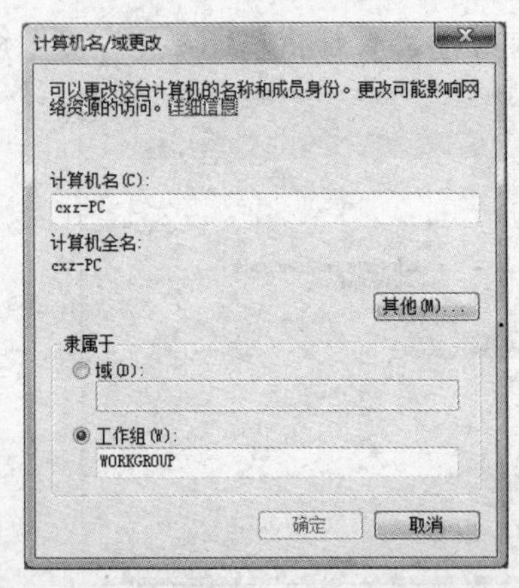

图 11-24　【计算机名/域更改】对话框

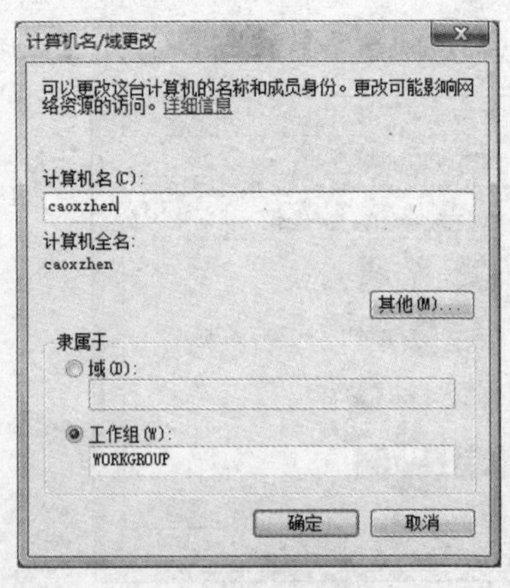

图 11-25　输入所需的计算机名称

❺ 设置完毕后，单击【确定】按钮即可。

11.1.7　管理本地连接

本地连接使得计算机可以访问网络和 Internet 上的资源，每一个安装在系统中的网络适配器都会被自动创建一个本地连接。

本地连接的创建和连接都是自动的，但有些时候用户可能希望手动来启用和禁用网络连接。例如现在很多校园用户都安装两个网络连接，一个 ADSL，一个教育网。ADSL 访问商业网站的速度较快，但访问教研机构和高校网站慢。教育网则访问高校校园网站的速度较快。由于用户计算机在某一时刻只能有一个网络连接起作用，这就需要手动来启用和禁用网络连接了。

例 11-5　启用和禁用本地连接。

❶ 打开【网络和共享中心】控制台。在左侧导航部分单击【管理网络连接】选项，在打开的【网络连接】窗口中右击要禁用的连接，从快捷菜单中单击【禁用】命令即可将其禁用，如图 11-26 左图所示。

❷ 如果用户希望重新启用该连接，可再次右击该连接，从快捷菜单中单击【启用】命令，如图 11-26 右图所示。

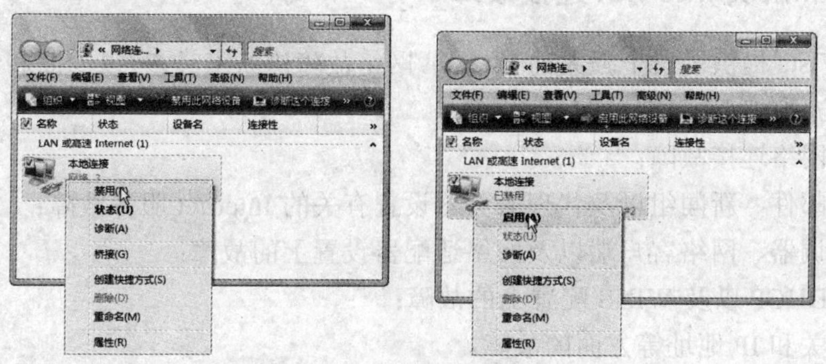

图 11-26　禁用和启用本地连接

❸ 对于远程连接，则可以从网络上断开或重新进行连接。具体方法和启用、禁用本地连接相似。

Windows Vista 最初将连接命名为“本地连接”。如果用户需要重命名某个连接，以显示该连接的特色和用处，如“ADSL 网”、“教育网”等；那么可打开【网络连接】窗口，右击目标连接，从快捷菜单中单击【重命名】命令，然后输入新的名称即可。

11.2　诊断和修复网络故障

Windows Vista 提供了网络诊断和修复功能，该功能可以帮助用户对网络故障进行识别和判断，并可自动修复故障。例如不能连接 Internet，无法访问共享等。即使不能自动修复该故障，也可以利用诊断报告来引导用户手工解决。

11.2.1 诊断和修复本地连接故障

有时网线可能被别人误拔掉或者网络适配器遇到故障而导致网络暂时无法工作。将网线重新插入或解决了网络适配器故障后，网络连接一般能自动修复。如果问题没有解决，那么用户可通过以下方法来诊断本地连接出现的故障：

打开【网络和共享中心】控制台，在左侧导航部分单击【管理网络连接】，在打开的窗口中右击目标连接，从快捷菜单中单击【诊断】命令。Windows Vista 的网络诊断将尝试判断问题的所在，如图 11-27 所示。

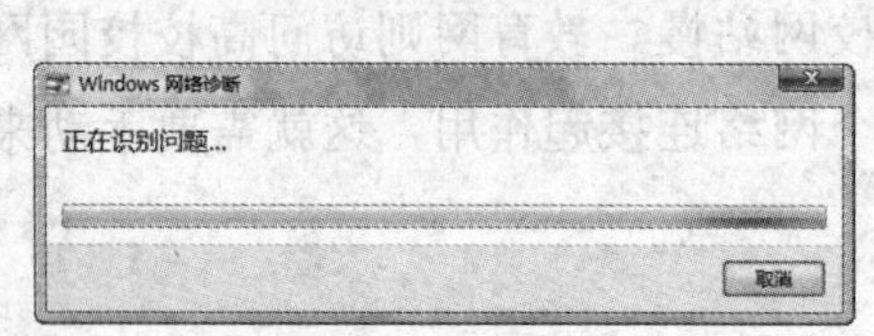

图 11-27　诊断本地连接故障

如果存在不可识别的故障，Windows Vista 会显示一个包含了所有可能解决方案的列表。有些解决方案提供了自动修复功能，可以单击后自动执行修复任务。而有些方案则需要用户手动来修复，例如可能要求重新插拔网线等。

11.2.2 诊断和解决 Internet 连接故障

Windows Vista 提供了一个强大的 Internet 网络故障诊断工具，可以诊断和解决在服务、协议、配置等方面的问题，具体包括：

- 一般的网络连接故障；
- 和电子邮件、新闻组以及代理服务器设置有关的 Internet 服务故障；
- 调制解调器、网络客户端以及网络适配器设置上的故障；
- DNS、DHCP 以及 WINS 配置上的故障；
- 默认网关和 IP 地址等方面的故障。

要诊断 Internet 连接方面的故障，可打开【网络和共享中心】控制台，在左侧导航部分单击【诊断和修复】命令，随后 Windows 网络诊断会尝试识别故障。如果故障是由于配置上存在的问题，那么系统将提供一个可能的解决方案列表。有些能够提供自动修复功能，有些则需要用户手动进行修复。

11.2.3 进行网络测试

可以使用 PING 命令测试计算机到网络的连接情况。单击【开始】|【命令提示符】，打开 DOS 命令窗口。输入 Ipconfig 可显示本机的 TCP/IP 设置，如图 11-28 所示。如果要显示更详细的信息，可输入命令 Ipconfig/all。

如果要检查本机的网络工作状况，可输入命令 Ping localhost，如图 11-29 所示。该命令在本机上做回路测试，用来验证本机的 TCP/IP 协议簇是否被正确安装。图中显示 time<1ms 表示响应时间小于 1 毫秒，说明本机网络正常。

```
命令提示符
Microsoft Windows [版本 6.0.6000]
版权所有 (C) 2006 Microsoft Corporation。保留所有权利。

C:\Users\wjl.lwj-PC>Ipconfig

Windows IP 配置


以太网适配器 本地连接:

   连接特定的 DNS 后缀 . . . . . . . : domain
   本地链接 IPv6 地址. . . . . . . . : fe80::4d6c:fa8d:a6e6:f609%9
   IPv4 地址 . . . . . . . . . . . . : 192.168.1.103
   子网掩码  . . . . . . . . . . . . : 255.255.255.0
   默认网关. . . . . . . . . . . . . : 192.168.1.1

隧道适配器 本地连接*:

   连接特定的 DNS 后缀 . . . . . . . :
   IPv6 地址 . . . . . . . . . . . . : 2001:0:4136:e38e:3478:fa96:82dd:cad2
   本地链接 IPv6 地址. . . . . . . . : fe80::3478:fa96:82dd:cad2%8
   默认网关. . . . . . . . . . . . . : ::

隧道适配器 本地连接* 2:

   连接特定的 DNS 后缀 . . . . . . . : domain
   本地链接 IPv6 地址. . . . . . . . : fe80::5efe:192.168.1.103%10
   默认网关. . . . . . . . . . . . . :

C:\Users\wjl.lwj-PC>
```

图 11-28　显示本机 TCP/IP 设置

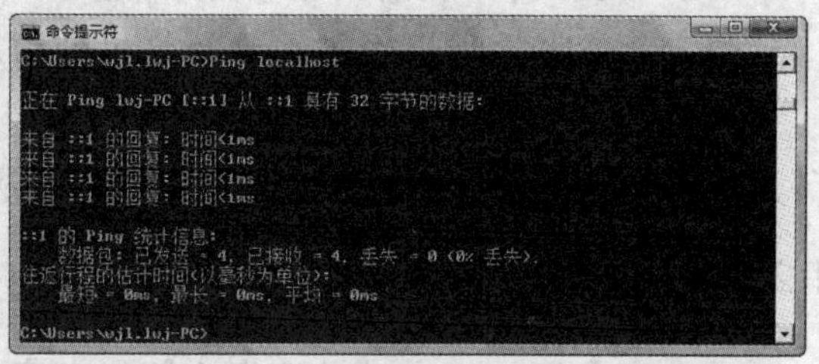

图 11-29　检查本机网络工作状况

如果要检查本机与局域网中的计算机的通信状况，可输入命令 Ping 192.168.1.101。这里的 192.168.1.101 是对方计算机的 IP 地址，图 11-30 得到的响应结果表明本机与对方计算机通信成功。

```
命令提示符
C:\Users\wjl.lwj-PC>ping 192.168.1.101

正在 Ping 192.168.1.101 具有 32 字节的数据:

来自 192.168.1.101 的回复: 字节=32 时间=1ms TTL=128
来自 192.168.1.101 的回复: 字节=32 时间<1ms TTL=128
来自 192.168.1.101 的回复: 字节=32 时间<1ms TTL=128
来自 192.168.1.101 的回复: 字节=32 时间<1ms TTL=128

192.168.1.101 的 Ping 统计信息:
    数据包: 已发送 = 4，已接收 = 4，丢失 = 0 (0% 丢失)，
往返行程的估计时间(以毫秒为单位):
    最短 = 0ms，最长 = 1ms，平均 = 0ms

C:\Users\wjl.lwj-PC>
```

图 11-30　检查本机与局域网中其他计算机的通信状况

另外，在使用 WINS 的域中，可尝试 PING NetBIOS 计算机名，如果在 PING 命令中成功解析了 NetBIOS 计算机名，那么说明 NetBIOS 设备的配置是正确的。在使用 DNS 的域中，可尝试 PING DNS 主机名，如果完全限定 DNS 主机名被 PING 命令正确解析，那么说明 DNS 名称解析的配置正确。

11.2.4　诊断 IP 地址故障

如果用户在访问网络资源或者和其他计算机通信的时候遇到故障，那么很可能是因为 IP 地址故障造成的。可参阅以下情况解决可能出现的故障：

- 如果当前分配给计算机的 IPv4 地址在 169.254.0.1～169.254.255.254 的范围内，则表示计算机目前正在使用自动专用 IP 地址。只有计算机被配置为使用 DHCP，但 DHCP 客户端无法联系 DHCP 服务器的时候，计算机才会使用自动专用 IP 地址。如果使用自动专用地址，Windows Vista 将会自动定期检查 DHCP 服务器是否已经可用。如果计算机最终还是没能获得有效的动态 IP 地址，这通常意味着网络连接有问题。用户可检查网线，并在必要时追踪网线找到连接的交换机或路由器。
- 如果计算机的 IPv4 地址以及子网掩码都被设置为 0.0.0.0，这表示网络已经断开或

者有人曾尝试将已经在网络上使用了的静态 IP 地址分配给本机。在这种情况下，用户可查看网络连接的状态。如果连接被禁用或者断开，那么都会直接显示出来。用户可右击连接，启用或修复该连接。

- 如果 IP 地址是动态分配的，请检查网络上是否有其他计算机使用了同样的 IP 地址。用户可以将本机的网络断开，然后 PING 有问题的 IP 地址，如果收到了回应，则表示该 IP 地址已经被其他计算机使用。
- 如果 IP 地址显示设置一切正常，则请将有问题的计算机网络设置与可以正常使用的计算机网络设置进行比较，检查子网掩码、网关、DNS 以及 WINS 设置。

11.2.5 释放和更新 DHCP 设置

DHCP 服务器可以自动分配很多网络配置设置，这些设置包括 IP 地址、默认网关、首选和备用 DNS 服务器、首选和备用 WINS 服务器等。如果计算机使用动态地址，那么它们获得的特定 IP 地址都会带有一个租约。在规定时间内，该租约是有效的，但必须周期性更新。另外，很多办公室用户可能有过以下经历：当用户计算机在交换机的不同接口或不同网络间切换时(如 ADSL 和教育网)，计算机可能会通过错误的 DHCP 服务器获得错误的网络设置，导致网络无法使用。此时，用户也需要释放并更新 DHCP 租约。

在分配并更新租约的过程中可能会发生问题并影响网络通信。如果服务器不可用并且在租约过期前都无法访问，那么分配的 IP 地址就会失效。此时，可以使用备用的 IP 地址，但备用的设置可能并不准确而影响到正常的通信。

要释放和更新 DHCP 租约，可打开【网络和共享中心】控制台，对本地连接进行诊断。在尝试过识别问题后，会显示一个包含了各种解决方案的报告列表。如果该计算机有多个动态分配的 IP 地址，其中的一个解决方案将会是自动获取新 IP 设置，单击该选项即可。用户也可以通过命令提示符窗口来更新和释放租约：

- 要为所有网络适配器释放当前的设置，可运行 Ipconfig/release 命令，然后运行 Ipconfig/renew 命令进行更新。
- 如果只希望为所有网络适配器更新 DHCP 租约，只运行 Ipconfig/renew 命令即可。
- 可以通过 Ipconfig/all 命令查看更新后的设置。

提示：如果用户计算机上安装有多个网络适配器，而只希望设置其中一个或者只设置子网，则可以在 Ipconfig/release 或 Ipconfig/renew 命令后指定全部或部分的网络连接名称，如“Ipconfig/release 本地连接”。星号可以当作通配符，例如“Ipconfig/release *Network*”命令将释放所有名称中包含 Network 字样的连接的设置。

11.3 共享局域网资源

在早期的 Windows 版本中，局域网内资源的共享主要是通过【网上邻居】来实现的。【网上邻居】是一个不太可靠的服务，有些明明已经关机的计算机，可能还显示在【网上邻居】中；而一些已经连接到网络中的计算机，却可能在【网上邻居】中无法正常显示。Windows Vista 对网上邻居服务进行了扩展，引入了【网络】文件夹，它具有如下特色：

- 基于 Windows Vista 的【网络发现】的最新特性，可以精确地反映网络的真实情况；
- 更容易进行自定义，计算机可以选择是否允许自己显示在别人的【网络】文件夹中；
- 和【网上邻居】兼容，以便和传统的 Windows 操作系统实现互操作。

11.3.1　启用网络发现

在 Windows Vista 下，如果希望自己的计算机可以被其他计算机看到和访问，则必须启用【网络发现】功能。打开【网络和共享中心】控制台，在【共享和发现】下展开【网络发现】选项，选中【启用网络发现】单选按钮，单击【应用】按钮，如图 11-31 所示。

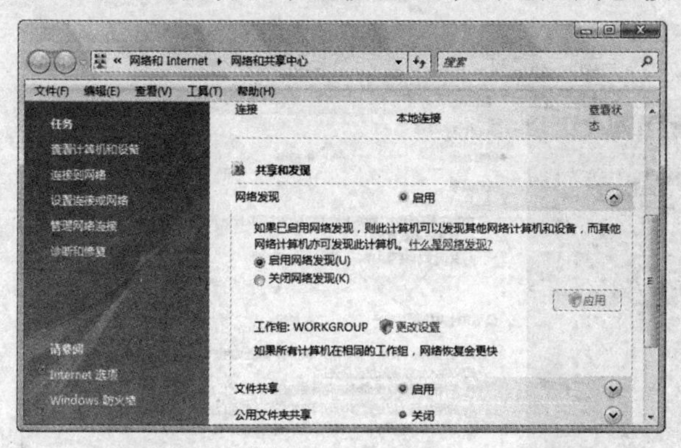

图 11-31　启用【网络发现】功能

如果用户想在别人的【网络】文件夹中隐藏自己的计算机，可选中【关闭网络发现】单选按钮，并单击【应用】按钮。关闭了【网络发现】功能后，用户虽然隐藏了自己的计算机，但同时也将无法看到别人的计算机。

如果用户希望修改计算机的名称或所在工作组，可单击【工作组】右侧的【更改设置】按钮，打开【系统属性】对话框，如图 11-32 所示。可在【计算机描述】文本框中输入有关计算机的描述信息，该信息将作为计算机的标识显示在别人计算机的【网络】文件夹中。其他计算机可通过该名称或 IP 地址来访问此计算机。

单击【更改】按钮，可在打开的对话框中重新设置计算机的全名和属于的域或工作组，如图 11-33 所示。局域网内的计算机如果位于同一个工作组中，可提高之间传输数据的速度。

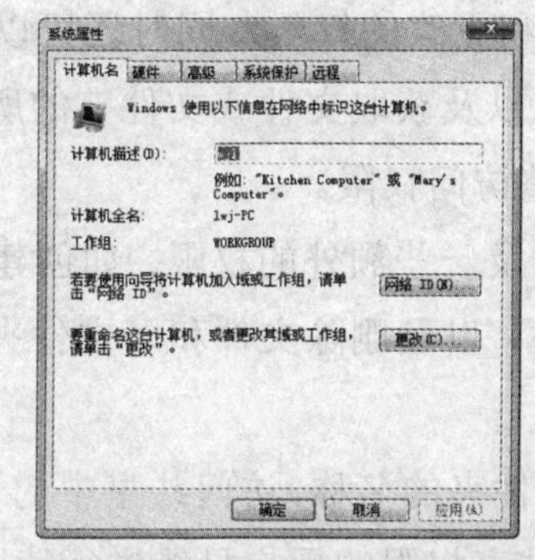

图 11-32　设置计算机描述信息

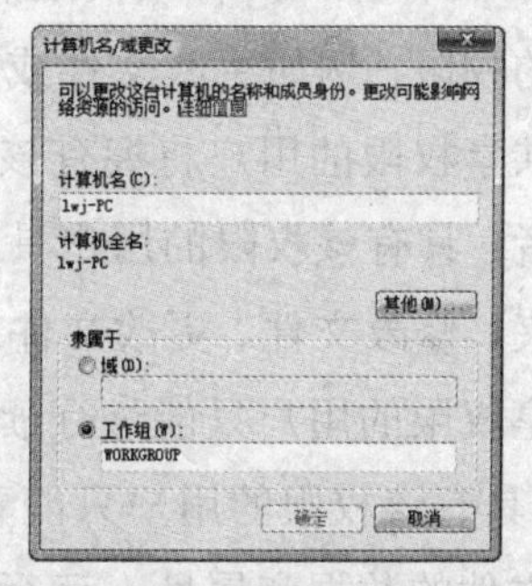

图 11-33　设置计算机所属的工作组或域

11.3.2 关于网络资源的访问权限

Windows Vista 支持两种文件共享模式：公用文件共享和标准文件共享，如图 11-34 所示。公用文件共享主要是为了让用户在单一位置共享文件和文件夹，该功能可以让用户快速掌握自己都共享了什么内容，并按照共享资源的类型进行组织。标准共享则使得用户可以随时共享 Windows 资源管理器任何位置的文件或文件夹，并使用标准设置的权限允许或拒绝其他计算机通过网络对它们的访问。同时，标准文件共享可以针对每台计算机单独启用或禁用。

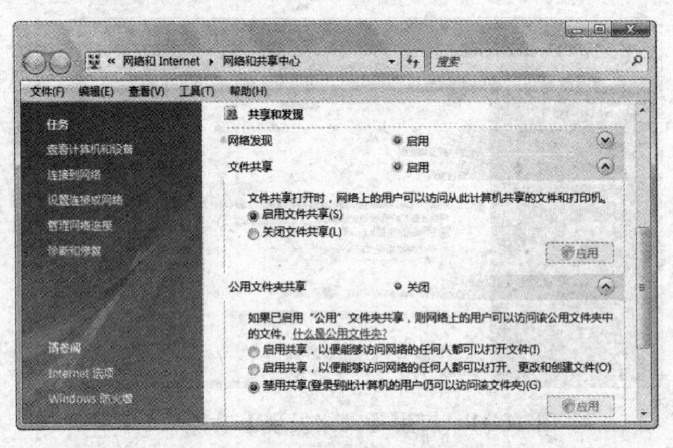

图 11-34　公用文件共享和标准文件共享

提示：虽然 Windows Vista 的域环境和工作组环境都支持这两种文件共享模式，但标准文件共享模式明显要更安全。

无论是标准共享还是公用文件共享，要使局域网内的其他计算机可以访问它们，必须在【网络和共享中心】控制台启用它们。另外，如果启用了密码保护，那么其他计算机还必须拥有密码，才能访问它们。这些权限是由共享本身设置的，也是第一个级别的权限，用户或者工作组无法获得超过共享权限设置的权限。

共享文件的第二个级别的权限是由文件和文件夹本身设置的，可用的共享权限有：所有者/公有者、参与者、读者。共享文件的第二级别权限可进一步限制来访用户的操作。

- 所有者/共有者：具有该权限的用户具有读取和更改的权限，同时还可以获得一些额外的权限，例如更改文件或文件夹的权限，以及获取文件或文件夹的所有权。赋予该共享权限的用户将拥有该共享资源的完整访问权限。
- 参与者：具有该权限的用户具有读取权限，以及一些额外的权限，如创建文件和子文件夹、修改文件、更改文件或文件夹的属性，以及删除文件和子文件夹等。赋予该共享权限的用户只能进行读取和更改操作。
- 读者：具有该权限的用户只能看到文件和子文件夹的名称，访问共享中的子文件夹，读取文件的数据和属性，运行程序。赋予该共享权限的用户只能进行读取操作。

对于组成员，如果工作组被赋予了共享权限，那么该工作组的成员也就有了这些权限。

如果用户属于多个组，那么它的权限则是累加的。可以通过指定拒绝权限的方法取消这种行为。拒绝权限优先于获得的允许权限，如果不希望某个用户或组具有某种权限，可配置共享的权限。例如用户所属的一个组具有所有者/公有者共享权限，但只要针对该用户拒绝了所有者/公有者权限，那么该用户就只具有参与者的权限。

对于以下情况，用户可考虑采用标准文件共享：

- 希望直接从文件的保存位置共享文件夹，且希望避免将其保存到公用文件夹中；
- 希望能够为网络中的单个用户而不是每个人设置共享权限，向某些人授予更多或更少访问权限；
- 需要共享大量数字图片、音乐或其他大文件，而将这些文件复制到单独的共享文件夹会十分麻烦，而且不希望这些文件在计算机的两个不同位置占用空间；
- 经常创建新文件或更新文件以进行共享。

对于以下情况，用户可考虑采用公用文件夹共享：

- 希望通过计算机的单个位置共享文件和文件夹；
- 希望只通过查看公用文件夹即可快速查看与他人共享的所有文件；
- 希望将共享的文件与自己的 Documents、Music 和 Pictures 文件夹分开；
- 希望为局域网内的所有人设置共享权限，而不必为单个用户设置共享权限。

11.3.3　使用和配置公用文件夹

在桌面上双击【计算机】图标，打开 Windows 资源管理器。在左侧导航部分单击【公用】选项，可查看所有的公用共享文件夹，如图 11-35 所示。

图 11-35　查看公用共享文件夹

公用共享文件夹还包含几个子文件夹，用户可以按文件类型进行组织，只需将要共享的文件复制到对应的文件夹中即可。

- Desktop(公用桌面)：用于共享桌面。任何保存在公用桌面上的程序快捷方式或者文件都会出现在每个用户本地登录后看到的桌面上(具有权限的网络用户远程打开公用文件夹后也能看到这些内容)。
- 公用文档、公用音乐、公用图片、公用视频：用于保存共享的文档和媒体文件。任何放在这些子文件夹中的文件都可以被所有用户本地登录后看到(具有权限的网络用户远程打开公用文件夹后也能看到这些内容)。

- 公用下载：用于保存共享的下载内容。任何下载的内容，只要放在公用下载文件夹中，每个本地登录的用户就都将可以看到(具有权限的网络用户远程打开公用文件夹后也能看到这些内容)。

默认情况下，每个在本机有用户账户和密码的人都可以访问本机的公用文件夹。将文件复制或移动到公用文件夹时，这些文件和文件夹的访问权限也会发生变化，以符合公用文件夹的性质，同时还会添加一些权限。

要设置公用文件夹的共享设置，即第一级别的权限。可打开【网络和共享中心】控制台，在【共享和发现】下展开【公用文件夹共享】，选择希望使用的公用文件夹共享选项，然后单击【应用】按钮。

- **启用共享，以便能够访问网络的任何人都可以打开文件** 为公用文件夹分配读者权限，任何可以通过网络访问本机的人都可以访问所有公用数据。
- **启用共享，以便能够访问网络的任何人都可以打开文件、更改和创建文件** 为公用文件夹分配共有者的权限，所有公用数据对任何可以通过网络访问本机的人都可以访问。
- **禁止共享** 可以关闭公用文件夹的网络共享，这样就只有本地登录的用户才可以访问公用数据。

如果只希望在本机有用户账户和密码的人可以访问共享的文件、打印机以及公用文件夹，请在【共享和发现】下展开【密码保护的共享】选项，选中【启用密码保护的共享】单选按钮，单击【应用】按钮，如图 11-36 所示。

用户可以对公用文件夹中的子文件、文件夹设置共享权限，即设置共享文件的第二级别权限。在公用文件夹中右击目标文件，从快捷菜单中单击【共享】命令，打开【文件共享】对话框，如图 11-37 所示。在下拉列表框中选择用户账户或工作组后，单击【添加】按钮，该账户或工作组将显示在下面的列表框中，可在【权限级别】列为其设置对目标文件的访问权限。

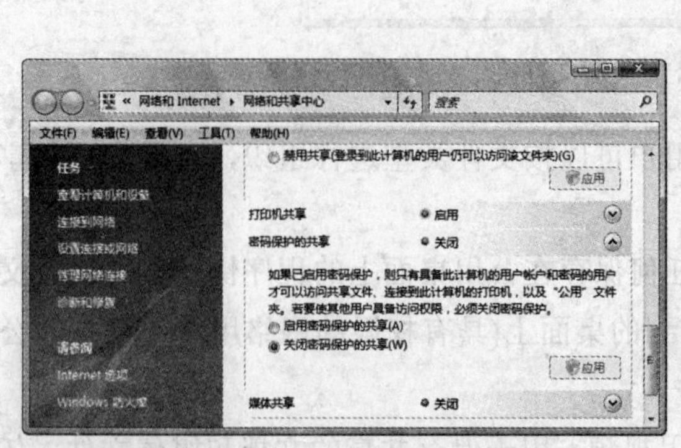

图 11-36 启用密码保护的共享

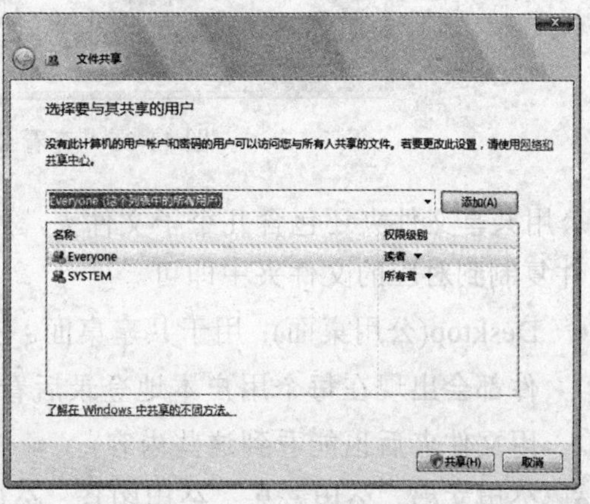

图 11-37 【文件共享】对话框

如果希望访问网络的用户查看和打开公用文件，但是限制他们更改、创建或删除文件；那么可将 Everyone 组添加到列表框中，然后为该组分配文件的读、执行和读取权限。如果希望访问网络的用户可以查看和管理公用文件，可为 Everyone 组分配文件的完全控制权。

11.3.4 创建共享资源

无论是在工作组还是域环境，都可以共享文件和文件夹。如果想要共享的文件或文件夹位于当前登录的计算机，可使用 Windows 资源管理器。要在计算机上首次共享资源，用户必须是本地管理员。如果想要共享可以连接到的其他计算机上的资源，可使用计算机管理控制台。

例 11-6 使用 Windows 资源管理器共享资源。

❶ 打开 Windows 资源管理器，右击想要共享的文件或文件夹，从快捷菜单中单击【共享】命令，打开【文件共享】对话框。对话框显示的信息表示：由于禁用了密码保护，局域网内的所有其他用户都可以访问要共享的文件或文件夹。

❷ 打开【网络和共享中心】控制台，启用【密码保护的共享】功能。然后返回【文件共享】对话框。

❸ 为了使局域网内的其他用户可以访问该共享资源，从下拉列表框中单击【Guest】选项，然后单击右侧的【添加】按钮。Guest 账户将显示在下面的列表框中，然后对其赋予文件的访问权限，如图 11-38 所示。

❹ 单击【共享】按钮，即可在局域网内共享该资源。局域网内其他计算机访问该资源时，将要求提供用户名和密码，输入用户名 Guest 和告知的密码即可。

❺ 资源被共享以后，如果所有者希望更改或停止共享，可再次右击该共享资源，并从快捷菜单中单击【共享】命令，将打开【文件共享】对话框的另一个视图，如图 11-39 所示。

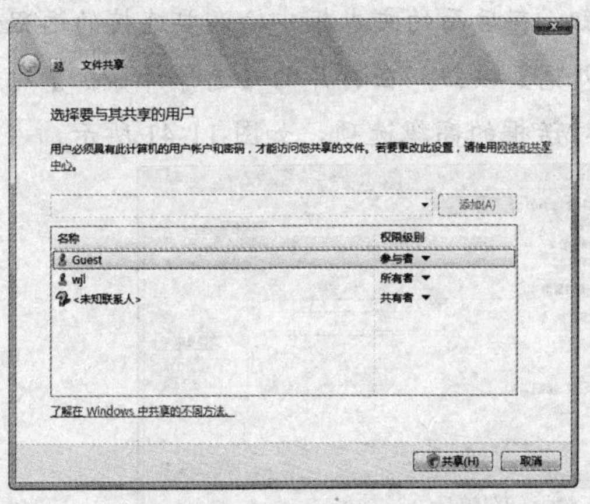

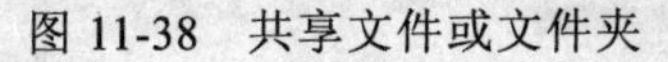
图 11-38 共享文件或文件夹

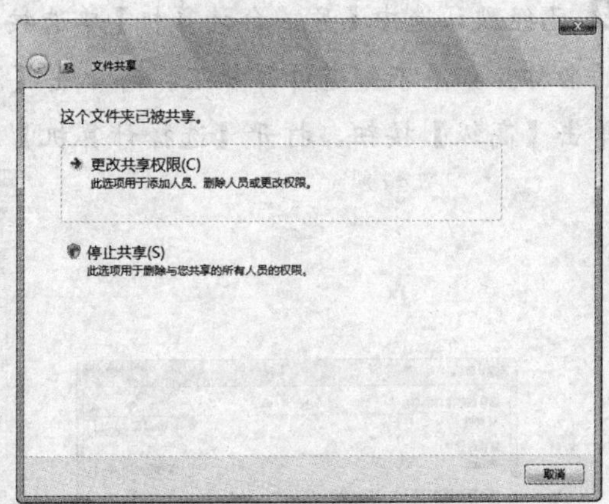

图 11-39 更改或停止共享

❻ 单击【更改共享权限】按钮，可打开前面图 11-38 所示的【文件共享】对话框视图。可以为其他用户或组分配访问权限。如果要禁止某个用户或组的访问，可在下面的列表框中选中该用户或工作组，单击【删除】按钮。更改后单击【共享】按钮即可重新配置共享选项。

❼ 单击【停止共享】按钮，可以彻底删除该共享文件或文件夹的配置。最后单击【完成】按钮，可关闭【文件共享】对话框。

使用计算机管理控制台，可以共享任何计算机上用户拥有管理员访问权限的文件夹，而无须离开自己的桌面到远程计算机上进行设置。

例 11-7 使用计算机管理控制台共享远程计算机上的资源。

❶ 在桌面上右击【计算机】图标，从快捷菜单中单击【管理】命令，打开计算机管理控制台。默认情况下，计算机管理控制台会连接到本机，而且控制台树的根节点上会显示“计算机管理(本地)”字样。

❷ 右击控制台树的本地计算机节点，从快捷菜单中单击【连接到另一台计算机】命令，打开【选择计算机】对话框，如图 11-40 所示。

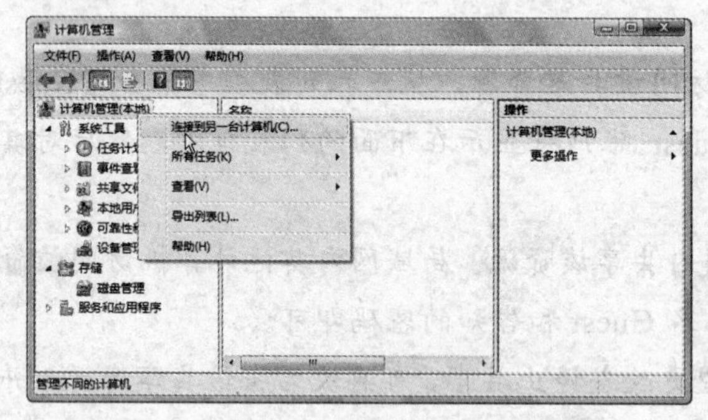

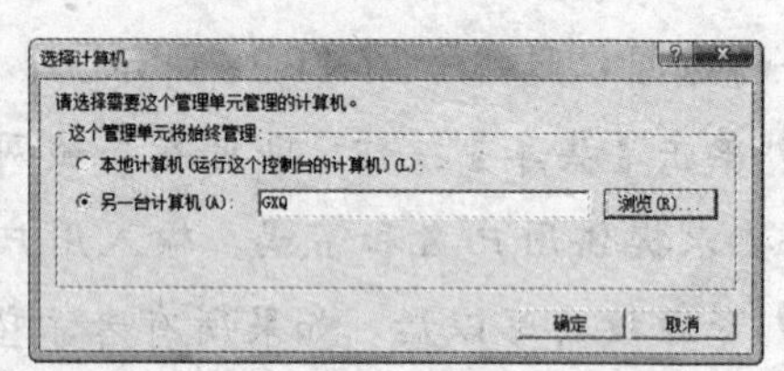

图 11-40 打开【选择计算机】对话框

❸ 已经默认选中【另一台计算机】单选按钮，在后面的文本框中输入要连接的远程计算机的名称。如果不知道计算机名，可单击【浏览】按钮，在打开的【选择计算机】对话框中单击【高级】按钮，打开【选择计算机】对话框的高级选项，如图 11-41 所示。

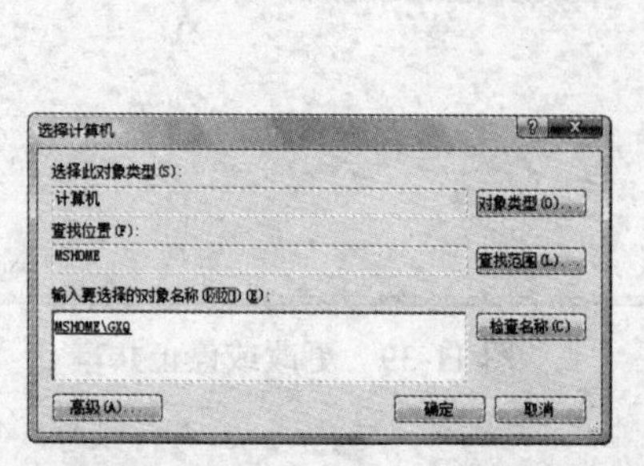

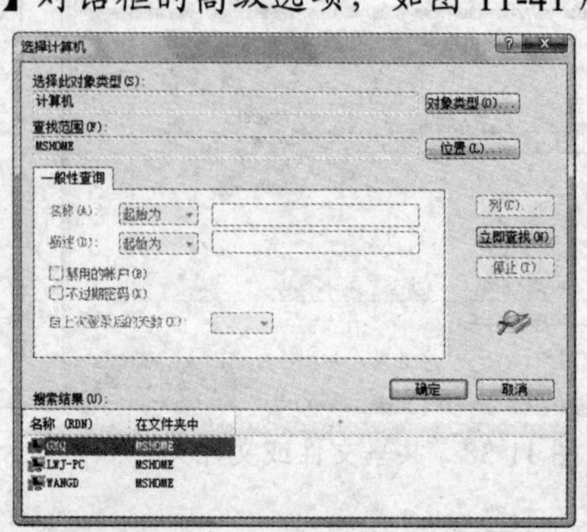

图 11-41 连接远程计算机

❹ 可在该对话框中设置对象类型、查找范围等。单击【立即查找】按钮，即可在下面的【搜索结果】列表框显示搜索到的远程计算机，选中要连接的并单击【确定】按钮。

❺ 返回计算机管理控制台，将显示远程计算机上所有已有的、可操作的共享，如图 11-42 所示。

❻ 要共享远程计算机上的文件，请右击左侧树中的【共享】节点，从快捷菜单中依次单击【新建】|【共享】命令，即可启动创建共享文件夹向导，如图 11-43 所示。

❼ 在【文件夹路径】文本框中输入要创建共享文件夹的完整路径。如果不知道完整路径，则请单击【浏览】按钮，在打开对话框中找到想要共享的文件夹。

❽ 单击【下一步】按钮，打开的对话框可以显示名称、描述信息和设置页面。在【共享名】文本框可为共享输入一个名称，每个共享名必须都是唯一的。在【描述】文本框中为该共享内容输入描述信息。

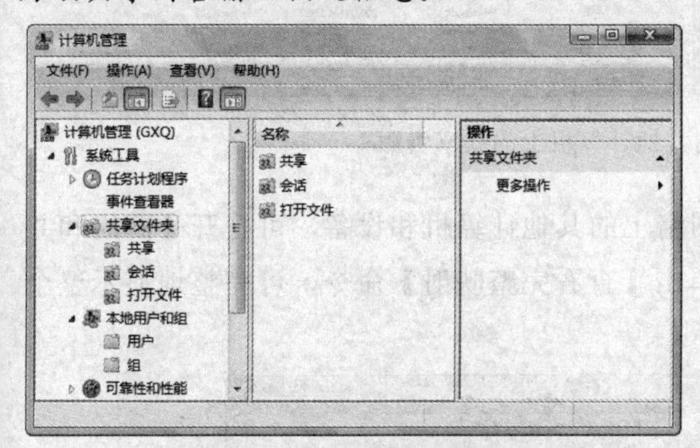

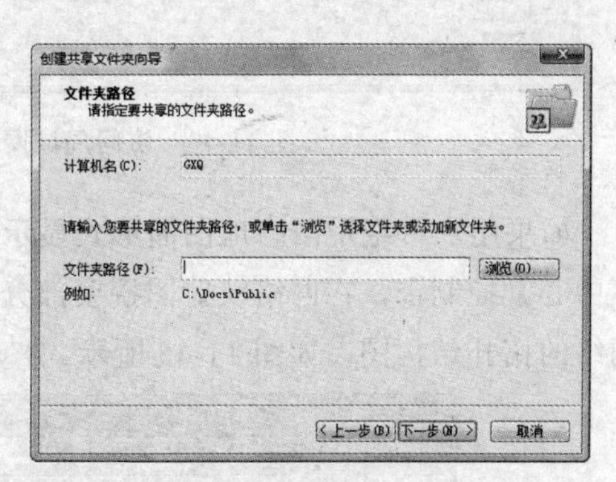

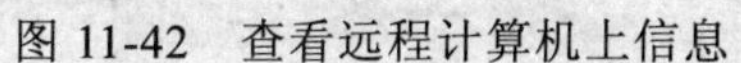
图 11-42　查看远程计算机上信息　　图 11-43　创建共享文件夹向导

❽ 单击【下一步】按钮，打开共享文件夹权限设置页面，选择如下选项之一：

- **所有用户有只读访问权限** 选择该项后，用户只有查看和读取数据的权限，但是无法创建、修改或删除文件和文件夹。
- **管理员有完全访问权限；其他用户有只读权限** 该选项使得管理员对共享资源具有完全访问权限，包括创建、修改、删除文件和文件夹。在 NTFS 卷上，还可以取得文件和文件夹的所有权，以及更改权限设置等。而其他用户只能查看文件和读取数据，他们不能创建、修改或删除文件或文件夹。
- **管理员有完全访问权限；其他用户不能访问** 只允许管理员具有完全访问权限。
- **自定义权限** 为特定用户和组配置访问权限。

❾ 设置好共享权限后，单击【下一步】按钮，然后单击【完成】按钮共享该文件夹。如果希望停止共享该文件夹，可在计算机管理控制台中右击目标共享文件夹，从快捷菜单中单击【停止共享】命令。

11.3.5 访问共享资源

启用网络发现功能后，双击桌面上的【网络】图标，打开【网络】窗口，即可看到网络中的其他计算机。双击要访问的计算机图标，即可访问其中共享的网络资源，如图 11-44 所示。

图 11-44 访问局域网内其他计算机上的共享资源

如果用户希望用网络地图的形式显示网络上的其他计算机和设备，可打开【网络和共享中心】控制台，在网络映射图摘要部分单击【查看完整映射】命令，可完整地显示整个网络的拓扑结构图，如图 11-45 所示。

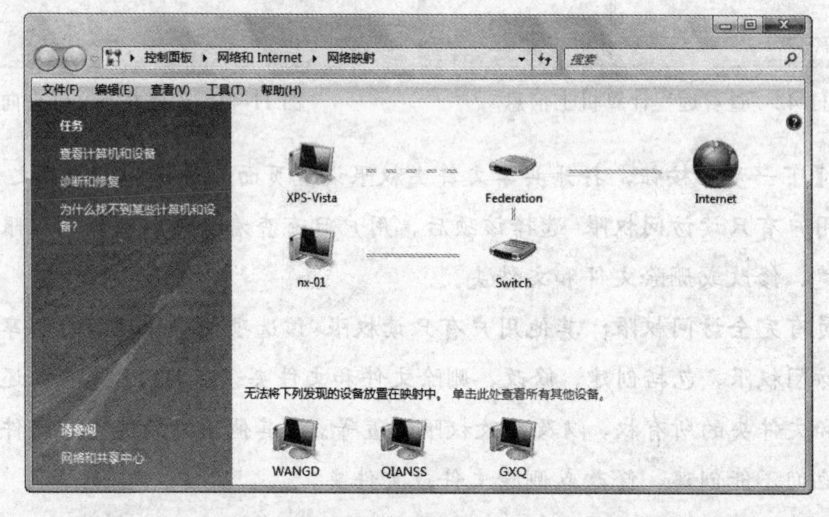

图 11-45 查看整个网络的拓扑结构

网络映射是 Windows Vista 新引入的一个功能，它利用的是链路层拓扑发现(LLTD)协议，来发现网络上的其他计算机和设备。不管是无线的还是有线的网络，只要是在一个子网里，就可以从网络映射图中完整显示出其拓扑结构图。将光标移到网络映射的某个节点，还可以显示其 IP 地址和 MAC 地址，方便了网络管理员快速找到发生故障的计算机。在网络映射上单击某个计算机节点，可访问该计算机上的共享资源。

默认情况下，只有专用网络和域的网络位置才可以用网络映射查看网络的拓扑结构图。

如果当前的网络位置是公用网络，则无法访问网络映射。

例 11-8 使公用网络也能使用网络映射。

❶ 打开【网络和共享中心】控制台，在左侧导航部分单击【管理网络连接】，在打开的窗口中右击目标连接，从快捷菜单中单击【属性】命令，在打开的对话框中确保【链路层拓扑发现映射器 I/O 驱动程序】和【Link-Layer Topology Discovery Responder】复选框处于选中状态。

❷ 打开【开始】菜单，在搜索框中输入 gpedit.msc 并按 Enter 键，打开组策略对象编辑器。在左侧的控制台树中定位到【计算机配置】|【管理模版】|【网络】|【链路层拓扑发现】节点。

❸ 在右侧的详细窗格中双击【打开映射器 I/O(LLTDIO)驱动程序】策略项，在打开的对话框中选中【已启用】单选按钮，并启用【在公用网络中时允许操作】复选框，然后单击【确定】按钮，如图 11-46 所示。

❹ 双击【打开响应器(RSPNDR)驱动程序】策略项，在打开的对话框中选中【已启用】单选按钮，并启用【在公用网络时允许操作】复选框，然后单击【确定】按钮。

如果子网中有 Windows XP 计算机，那么网络映射图中虽然可以看到该计算机，但无法将其正确放入映射中，就如图 11-45 中所示的。这是因为网络映射基于 LLTD 协议，而 Windows XP 默认没有安装这个协议，可以到微软官方网站找到并下载、安装该协议：http://support.microsoft.com/kb/KB922120。然后在本地连接的属性对话框中确认【Link-Layer Topology Discovery Responder】协议出现在列表框中，并处于选中状态，如图 11-47 所示。然后确保在 Windows XP 的防火墙设置里启用【文件和打印机共享】策略项。

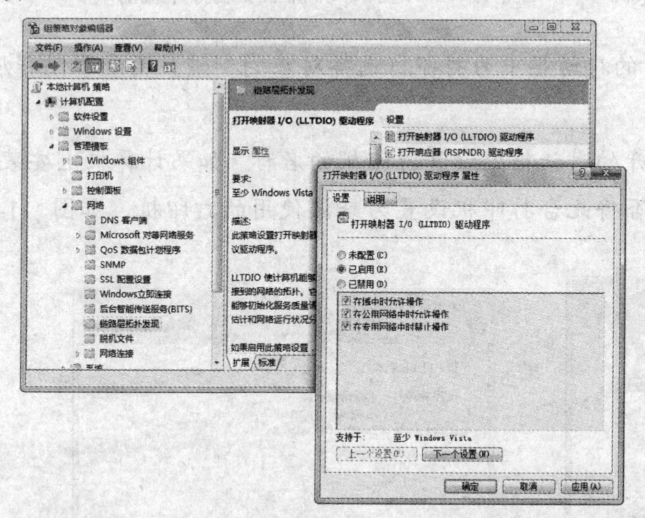

图 11-46 设置【打开映射 I/O(LLTDIO)驱动程序】策略

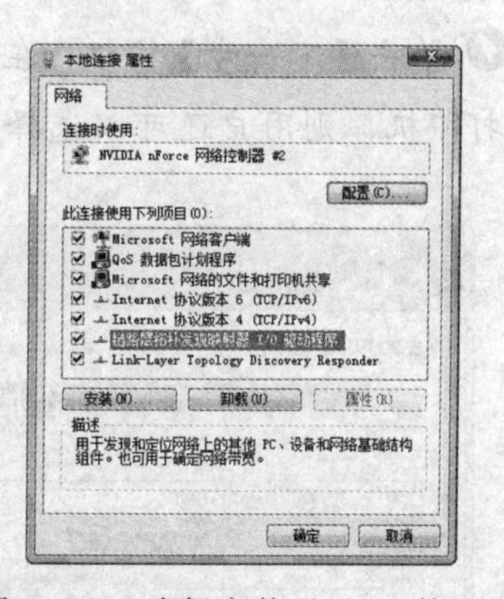

图 11-47 确保安装了《TD 协议》

11.4 安装本地和网络打印机

打印机分为本地打印机和网络打印机两种。本地打印机就是连接计算机并仅供本地使用的打印机；网络打印机可以是连接到集线器的无线或有线打印机，也可以是网络上其他计算机已共享的打印机。要使用打印机必须安装相应的驱动程序，Windows Vista 自带了许多打印机驱动，如果用户的打印机不在 Windows Vista 的驱动列表中，则需要额外安装打印机附带的驱动程序。

11.4.1 安装本地打印机

❶ 依次单击【开始】|【控制面板】，打开【控制面板】窗口。单击【打印机】命令，打开的窗口中将显示已安装的打印机，如图 11-48 所示。

❷ 单击【添加打印机】选项，启动添加打印机向导。单击向导中的【添加本地打印机】选项，在打开的对话框中选择打印机的端口，一般使用现有的即可，如图 11-49 所示。

图 11-48 查看已安装的打印机

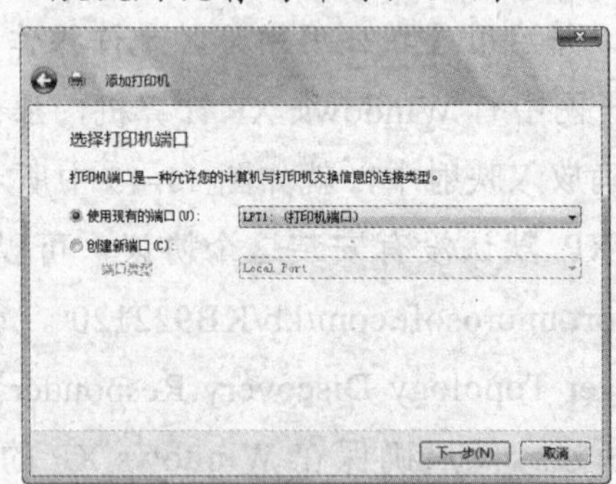

图 11-49 选择计算机上安装打印机的端口

❸ 单击【下一步】按钮，在打开的对话框中为打印机选择对应的制造厂商和驱动程序，如图 11-50 所示。

❹ 单击【下一步】按钮，在打开的对话框中设置打印机的名称。如果计算机上安装了多台打印机，则用户还可以选择是否将此台打印机设置为默认使用的打印机，如图 11-51 所示。

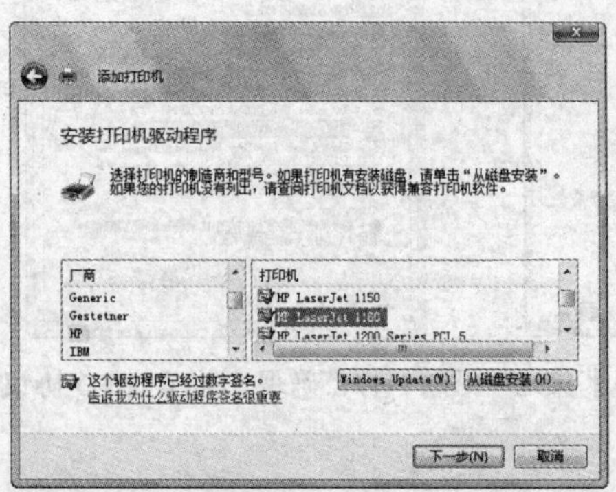

图 11-50 选择打印机制造厂商和驱动程序

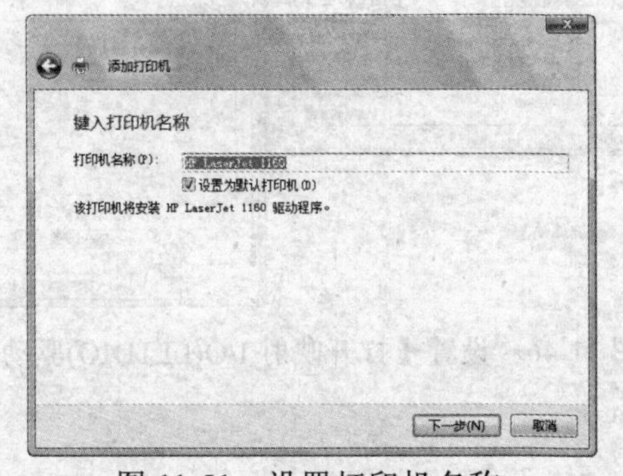

图 11-51 设置打印机名称

❺ 单击【下一步】按钮，向导将提示打印机已经成功安装。用户可单击对话框中的【打印测试页】按钮打印一张测试页，单击【完成】按钮，本地打印机即安装完毕。

11.4.2 安装网络打印机

在局域网中，不可能为每台计算机都安装一台本地打印机，这将导致资源的极大浪费。安装了打印机的计算机可以将打印机共享出来，以供局域网内的其他计算机使用。

例 11-9 安装网络打印机。

❶ 首先，安装了本地打印机的计算机需要将打印机共享出来。打开【网络和共享中心】控制台，在【共享和发现】下展开【打印机共享】选项，启用打印机共享并单击【应用】按钮，如图 11-52 所示。

❷ 在欲安装网络打印机的计算机上启动添加打印机向导，单击【添加网络、无线或 Bluetooth 打印机】选项，如图 11-53 所示。

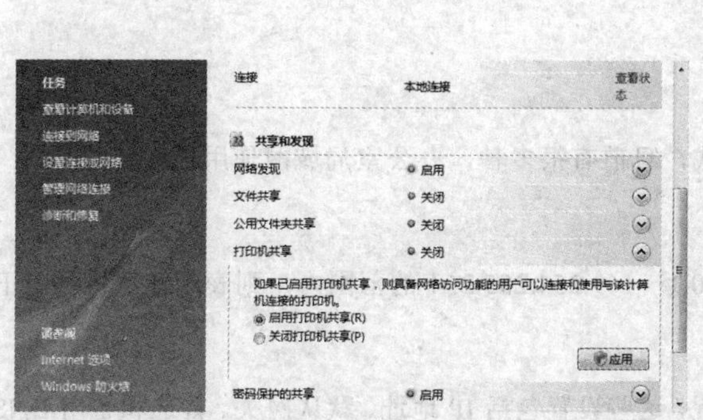

图 11-52　启用打印机共享

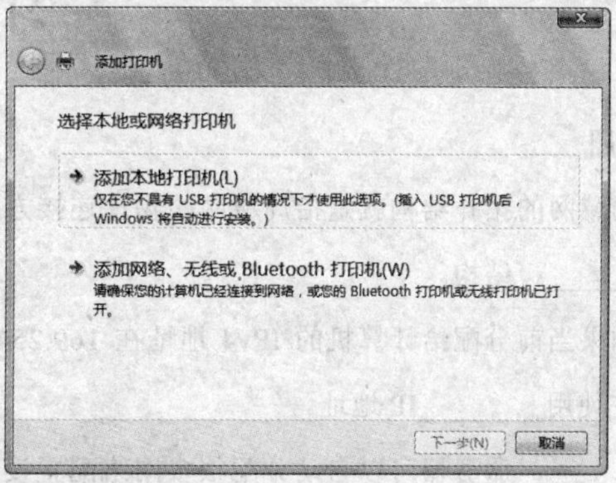

图 11-53　启动打印机向导

❸ 随后，向导将搜索并在列表框中显示可用的打印机。选中要添加的网络打印机，单击【下一步】按钮，如图 11-54 所示。

❹ 系统将提示需要安装打印机的驱动程序。安装完驱动程序后，向导将提示输入打印机的名称，以及是否设置为该计算机默认使用的打印机。

❺ 单击【下一步】按钮，向导提示已经成功安装了网络打印机，如图 11-55 所示。单击【完成】按钮关闭向导。

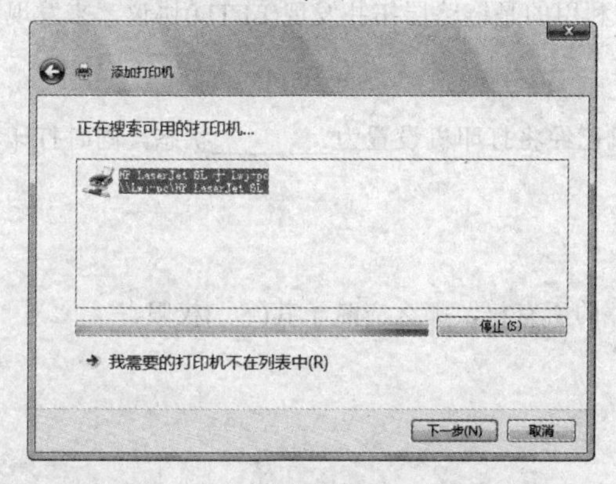

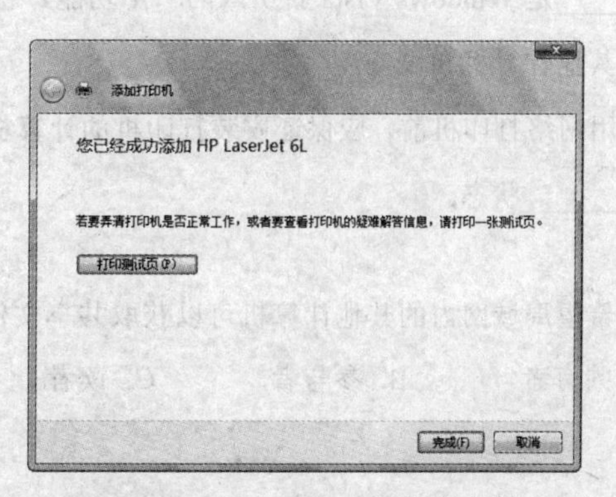

图 11-54　选择要安装的网络打印机

图 11-55　完成网络打印机的安装

本地打印机和网络打印机在使用方面没有区别。只是在使用网络打印机前，应保证安装打印机的计算机已经将打印机设置为联机状态，同时打印机处于共享状态。

本 章 小 结

Windows Vista 的联网功能有了很大提升和改进，用户甚至可以让系统自动检测联网过程中出现的问题，并根据提示对错误进行修复。本章介绍了如何组建和配置局域网，以及如何诊断和修复网络故障，最后介绍了局域网资源的共享方法。学习完本章，读者应学会基本的联网技术和网络管理方法。下一章向读者介绍 Windows Vista 的用户账户管理和权限的设置方法。

习 题

填空题

1. 局域网的拓扑结构就是指局域网的物理连接方式，目前有很多种，办公室局域网使用最广泛的是________结构。
2. 如果当前分配给计算机的 IPv4 地址在 169.254.0.1～169.254.255.254 的范围内，则表示计算机目前正在使用________IP 地址。
3. ________服务器可以自动分配很多网络配置设置，这些设置包括 IP 地址、默认网关、首选和备用 DNS 服务器、首选和备用 WINS 服务器等。如果计算机使用动态地址，则它们获得的特定 IP 地址都会带有一个________。
4. 每一个安装在系统中的网络适配器都会被自动创建一个________。
5. 在 Windows Vista 下，如果希望自己的计算机可以被其他计算机看到和访问，则必须启用________功能。
6. Windows Vista 支持两种文件共享模式：________文件共享和________文件共享。
7. ________是 Windows Vista 新引入的一个功能，它利用的是链路层拓扑发现(LLTD)协议，来发现网络上的其他计算机和设备。
8. 在使用网络打印机前，应保证安装打印机的计算机已经将打印机设置为________状态，同时打印机处于________状态。

选择题

9. 如果希望局域网内的其他计算机可以获取共享文件的所有权，那么应赋予其(　　)权限。

   A. 共有者　　B. 参与者　　C. 读者

10. 如果要在命令提示符窗口中显示本机的 TCP/IP 信息，那么应输入命令(　　)。

A. Ping localhost　　B. Ping 对方 IP 地址

C. Ipconfig/release　　D. Ipconfig/renew

简答题

11. 如何诊断网络连接故障？

上机操作题

12. 进入路由器设置页面并进行配置。

13. 启用网络发现功能，并在局域网内共享 D 盘上的某个文件夹，要求输入密码。

第 12 章

用户账户管理与权限设置

本章主要介绍用户账户的创建和管理，通过用户账户来实现文件和文件夹的访问控制，以及家长管理功能。通过本章的学习，应该完成以下学习目标：

- ☑ 掌握常用的账户类型
- ☑ 学会创建用户账户、设置账户密码、更改账户图片和类型、删除用户账户等
- ☑ 学会控制用户账户的登录方式
- ☑ 掌握用户账户的类型和实质
- ☑ 学会使用组来管理用户账户
- ☑ 学会利用权限控制文件和文件夹访问
- ☑ 掌握家长控制功能的用法

12.1 创建和配置用户账户

在 Windows Vista 下，常用的用户账户分为以下 3 种类型：

- **标准账户** 标准账户可以使用计算机的大部分功能，但不能安装和卸载硬件和软件，不可以更改影响系统运行的关键文件和其他用户文件。标准账户在运行某些特殊程序时还需要提供管理员凭据。
- **管理员账户** 管理员账户拥有对计算机完全的管理权限，包括更改系统设置、安装和卸载软硬件、修改其他账户信息、管理所有文件等。读者在安装 Window Vista 时所创建的第一个账户即为管理员账户。
- **来宾账户** 来宾账户又称为访客账户，是指没有固定用户名称但临时用于访问计算机的账户。使用该账户不能安装、卸载软硬件，不能访问其他用户文档，不能进行用户管理。来宾账户默认是关闭的，使用时需要启用它。

为了方便用户账户的管理，Windows Vista 引入了用户组。用户组是一些拥有相同权限的账户的集合。最常见的用户组有两个：管理员组和标准用户组。用户属于哪个组，便拥有这个组的权限。一个用户账户可以同时属于两个组，从而获得两个用户组的权限。

12.1.1 创建新的用户账户

单击【开始】|【控制面板】，打开【控制面板】窗口。然后单击【用户账户和家庭安全】|【添加或删除用户账户】|【创建一个新账户】，进入如图 12-1 所示的【创建新账户】控制台。输入所需的用户账户名称，然后选择要创建的账户类型，单击【创建账户】按钮

即可。

选择账户类型时，首先应根据工作任务来决定。如果要经常安装应用程序或执行管理任务，可选择管理员类型；如果仅仅处理文档、收发邮件或浏览网页，则可以选择标准用户。另外，还应根据用户本身情况，如果是为访客或朋友创建用户账户，则应选择标准账户，以免他们对计算机系统的安全造成不必要的影响。

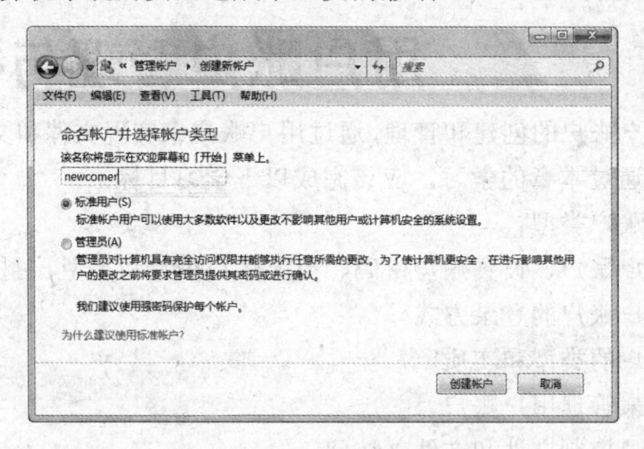

图 12-1　创建新的用户账户

12.1.2　设置用户账户

打开控制面板，依次单击【用户账户和家庭安全】|【用户账户】|【管理其他账户】，打开的窗口中列出了系统中存在的所有账户，包括标准账户和管理员账户，如图 12-2 左图所示。单击所要设置或更改的用户账户名，即可进入其控制台，如图 12-2 右图所示。

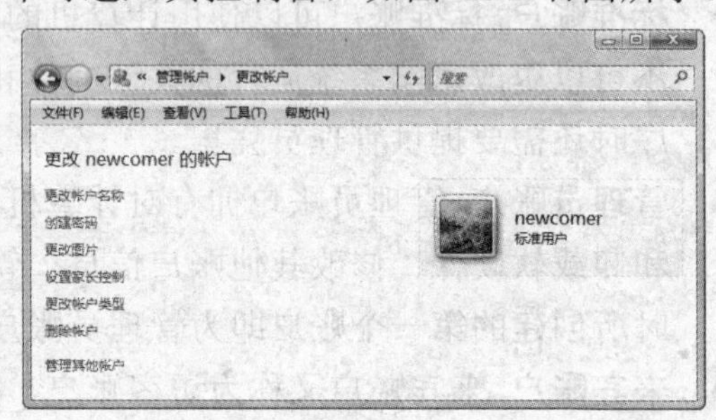

图 12-2　进入用户账户的控制台

1. 更改账户名称

单击图 12-2 右图中的【更改账户名称】命令，进入如图 12-3 所示的窗口。可以重新命名账户，这里设置的名称实际上是该用户的全名，而并非用户名，该名称将出现在欢迎屏幕和【开始】菜单上。而用户名则主要用于设置访问权限。输入后，单击【更改名称】按钮即可。

2. 创建或更改密码

单击图 12-2 右图中的【创建密码】命令(如果已经设置了密码，该命令显示为【更改密码】)，进入图 12-4 所示的窗口。在这里，可以创建或修改用户账户的密码，并设置密码提示，以便当用户忘记密码时，可以根据密码提示回想起密码。输入完毕后，单击【创建密码】或【更改密码】按钮即可。

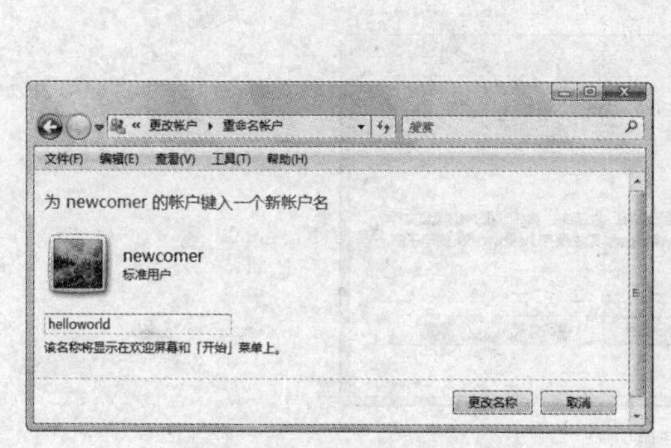

图 12-3　更改账户名称

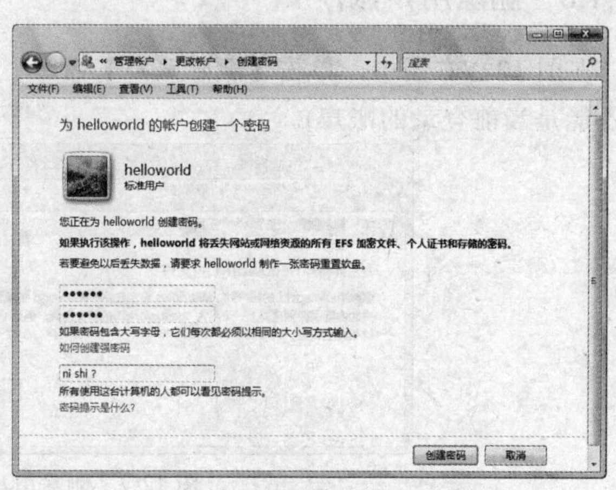

图 12-4　创建或修改账户密码

3. 更改账户图片

在创建账户时，系统会默认为账户选用一个图片，该账户图片将出现在【开始】菜单顶部和欢迎屏幕上。如果要更改某个账户显示的图片，可以在图 12-2 右图中单击【更改图片】命令，进入图 12-5 所示窗口。用户可以选择窗口中列出的图片，也可以单击【浏览更多图片】命令，将 bmp、jpg、png、gif 等格式的图片作为账户图片使用，选择好后，单击【更改图片】按钮即可。

提示：窗口上默认显示的图片保存在 C:\Documents and Settings\All Users\Application Data\Microsoft\User Account Pictures\Default Pictures 文件夹下。用户可以将要使用的账户图片复制到该文件夹下，图 12-5 窗口中将显示它们。另外，C:\Documents and Settings 是系统文件夹，用户需要设置文件夹选项，将其显示出来。该文件夹默认情况下拒绝任何用户访问，包括管理员，用户要访问它，还需删除它的拒绝权限。

4. 更改账户类型

不同的账户类型拥有不同的权限，对于已创建的账户来说，可以利用管理员账户更改其账户类型，提升或降低其权限。要更改用户账户的类型，可单击图 12-2 右图中的【更改账户类型】命令，进入图 12-6 所示的窗口，修改后，单击【更改账户类型】按钮即可。需要注意的是：Windows Vista 下的账户类型并非只有列出的管理员和标准用户这两种，还有其他几种。用户甚至可以自己创建新的账户类型。

图 12-5　更改账户显示图片

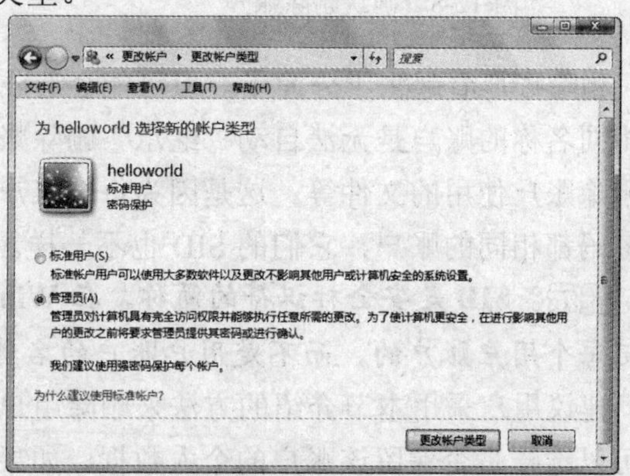

图 12-6　更改账户类型

12.1.3 删除用户账户

在图 12-2 右图中，单击【删除账户】命令，即可打开图 12-7 所示的窗口(要删除的账户不能是当前登录的账户)。

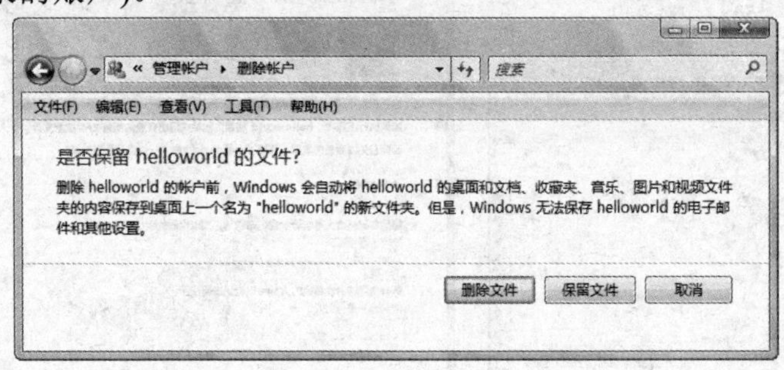

图 12-7　删除用户账户

- 保留文件：删除用户账户后，系统会自动复制用户配置文件夹中的相关内容，以用户账户的全名作为文件夹名保存在桌面上。所保留的文件包括收藏夹、视频、音乐、文档、图片和桌面内容，但不能保留要删除账户的配置信息和电子邮件等。Windows XP 也有类似的功能，但不能保留收藏夹。
- 删除文件：Windows Vista 将会删除该账户和相应的配置文件，以及所有关联到该账户的文件，包括“文档”文件夹。

单击【保留文件】按钮，系统会弹出确认对话框，提示该账户的文件将会被保存到桌面上，单击【删除账户】按钮即可，如图 12-8 所示。以此方式删除该账户后，桌面上即可看到一个文件夹，打开可查看保留的内容，如图 12-9 所示。

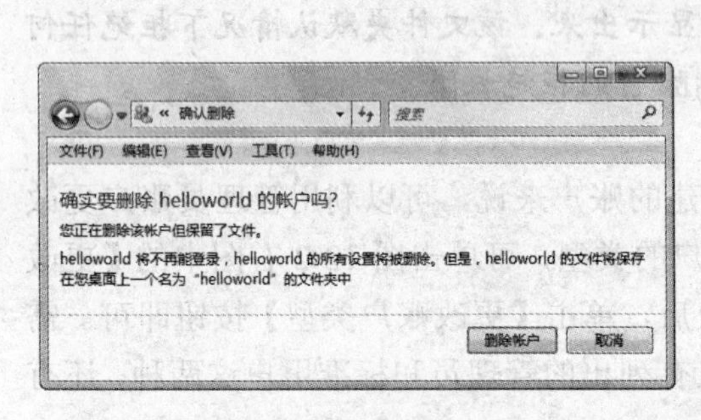

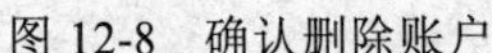

图 12-8　确认删除账户

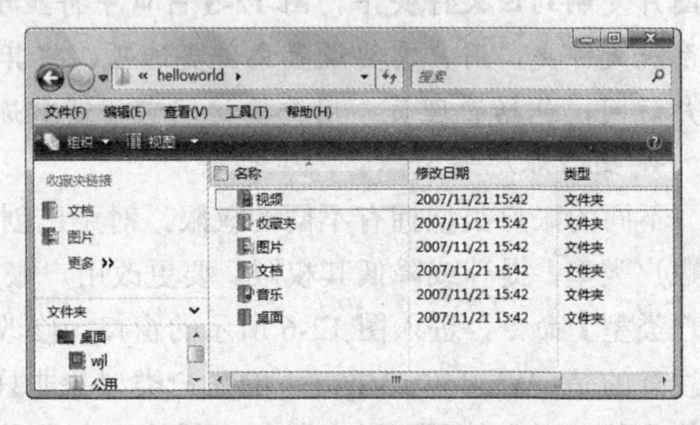

图 12-9　查看所保留的账户内容

删除账户看起来十分简单，但可能会造成一些无法预料的影响。因为，简单地重建一个相同名称的账户是无法自动“继承”删除账户的权限和配置的，例如无法访问原来仅供被删除账户使用的文件等。这是因为每个账户都有自己的唯一 SID，即使创建了一个名称和密码都相同的账户，它们的 SID 也不一样。

提示：SID 是安全标识符的简称。在 Windows Vista 的安全系统中，是用 SID 来唯一标记每个用户账户的，而不是用户账户的名称。

建议用户采用本节介绍的方法来删除用户账户，这样既可以自动清除账户配置文件，也可以选择是否保留该账户的个人数据。如果采用其他的工具来进行，则该账户的一些残留数据将保留，例如在注册表中的一些键值。

12.2 控制用户的登录方式

从 Windows Vista 开始，不管是域环境还是工作组环境，都只能采用欢迎屏幕的方式进行登录。用户只需在欢迎屏幕上单击需要使用的用户账户名，输入相应的密码，按下 Enter 键即可开始登录。

> 什么是“域”环境？什么是“工作组”环境？
>
> 域环境，简单来说，就是网络中有一台用户验证服务器，或称作域控制器，用来负责用户账户的验证。当客户机登录时，输入用户名和密码，然后由域控制器进行验证。
>
> 工作组环境则是一种对等网络环境，也就是说，并没有哪一台计算机充当用户验证服务器，要访问别的计算机，就必须由目标计算机的管理员分配用户名和密码。

12.2.1 在欢迎屏幕上隐藏某个用户账户

可通过修改注册表，在欢迎屏幕上隐藏某个用户账户，方法如下：打开【开始】菜单，在搜索文本框中输入 regedit 并按 Enter 键，打开注册表窗口。在左侧的树形目录中定位到以下分支：HKEY_LOCAL_MACHINE\SOFTWARE\Microsoft\Windows NT\CurrentVersion\Winlogon。然后在菜单栏单击【编辑】|【新建】|【项】命令，将子键命名为 SpecialAccount，如图 12-10 所示。

然后在新建的子键下再创建一个 Userlist 子键。右击子键 Userlist，从快捷菜单中单击【新建】|【DWORD(32 位)】命令，名称设置为要隐藏的用户账户名。然后修改其数值为 0，如图 12-11 所示。

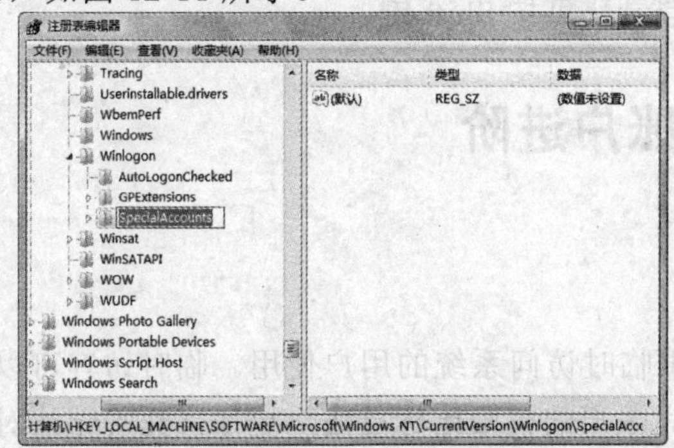

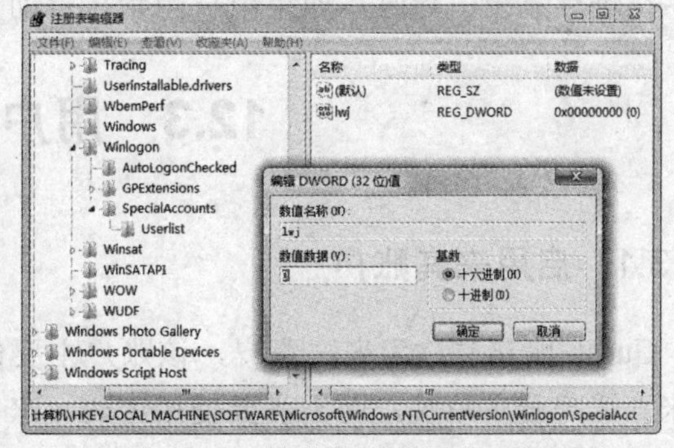

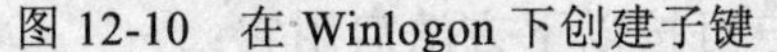

图 12-10　在 Winlogon 下创建子键　　　　图 12-11　隐藏指定的用户账户

关闭注册表编辑器，注销当前用户，可以发现欢迎屏幕上不再显示 lwj 这个用户账户，同时控制面板的【用户账户】控制台也看不到这个账户。如果用户要使用隐藏的账户登录系统，则需要将该账户的注册表键值修改为 1，或者将该账户设置为自动登录。

12.2.2 跳过登录界面

如果系统中有多个账户，或者虽然有一个账户，但是该账户设置了密码，则必须在欢迎屏幕的登录界面上输入该账户的密码进行登录。如果用户希望直接使用该账户登录系统，可按以下方法来进行：

打开【开始】菜单，在搜索框中输入以下命令并按 Enter 键。

```
control userpasswords2
```

在打开的【用户账户】对话框中选中需要自动登录的账户，然后禁用【要使用本机，用户必须输入用户名和密码】复选框，单击【确定】按钮，如图 12-12 所示。在打开的【自动登录】对话框，输入要设置为自动登录账户的密码，单击【确定】按钮，如图 12-13 所示。重新启动计算机，将直接使用 wjl 账户登录到系统。

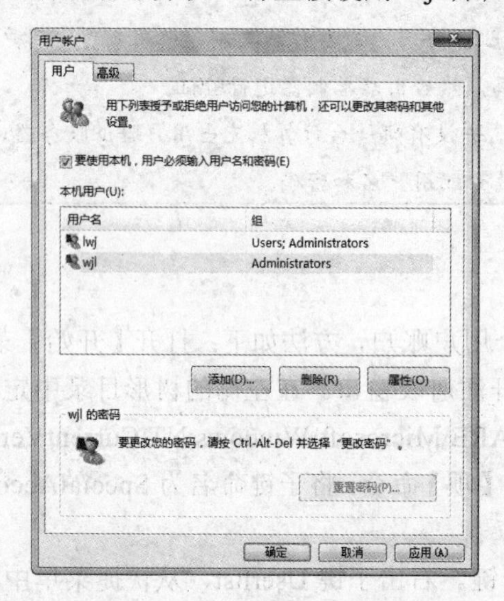

图 12-12 【用户账户】对话框

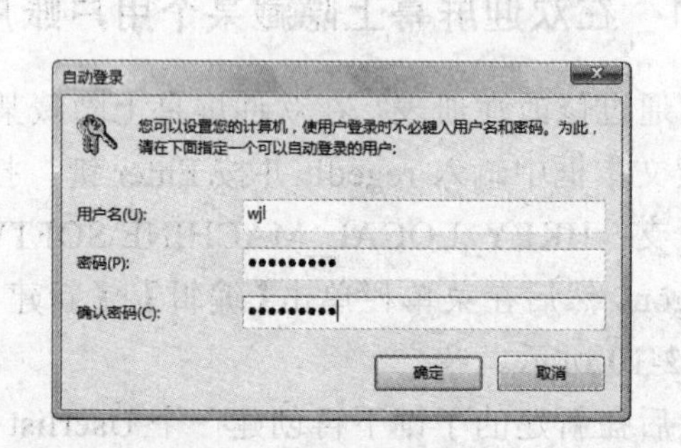

图 12-13 【自动登录】对话框

在进行系统引导时，如果用户想禁止自动登录，可按 Shift 键。

12.3 用户账户进阶

12.3.1 启用来宾账户

Guest 账户又称为来宾账户，该账户主要供临时访问系统的用户使用。临时访客可以用来宾账户登录系统，而不需要使用密码。来宾账户的权限比标准账户更低，几乎无法对系统进行任何配置。来宾账户默认是被禁用的，用户可按以下方法启用它：

❶ 单击【开始】|【控制面板】，打开控制面板控制台。依次单击【用户账户和家庭安全】|【添加或删除用户账户】，打开【管理账户】控制台，如图 12-14 左图所示。

❷ 单击 Guest 账户图片，系统会询问是否启用来宾账户。单击【开】按钮，即可启用，如图 12-14 右图所示。

❸ 关闭所有打开的控制面板的控制台。

注意：Windows Vista 还有一些特殊的内置账户，如 TrustedInstaller 等。这些账户仅

仅用于系统资源的安全权限设置，而不能用于用户登录。

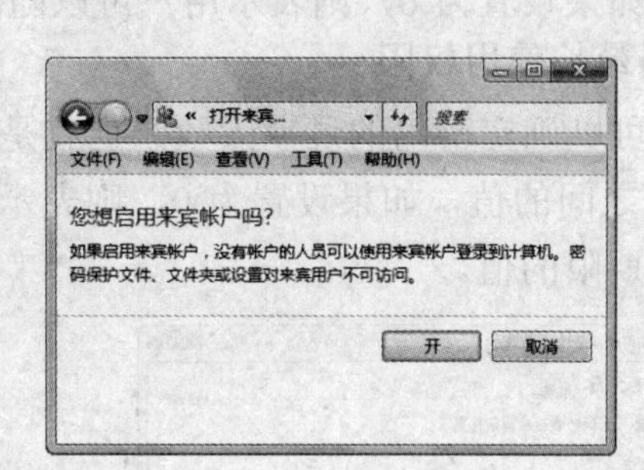

图 12-14　启用来宾账户

12.3.2　设置账户密码策略

打开【开始】菜单，在搜索框中输入 secpol.msc 并按 Enter 键，打开【本地安全策略】控制台。在左侧的树中定位到【账户策略】|【密码策略】节点，即可在右侧的窗格中详细查看可用的密码策略，如图 12-15 所示，双击某项即可对该策略进行设置。

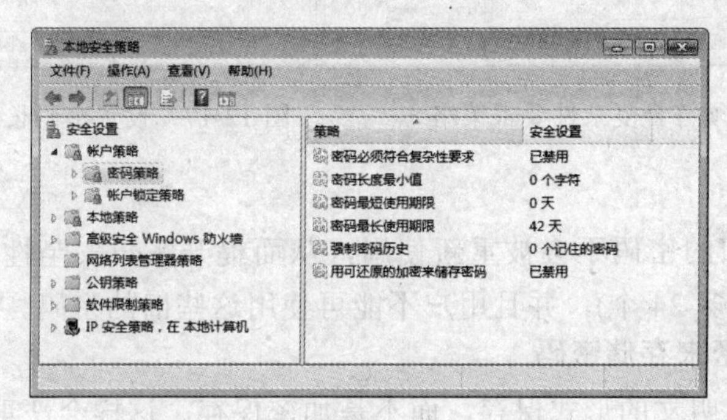

图 12-15　【本地安全策略】控制台

1. 密码必须符合复杂性要求

启用该策略后，密码必须符合以下基本要求：

- 不能包含用户名或者用户全名中超过两个连续字符的部分；
- 至少有 6 个字符长度；
- 包含英文大写字母、英文小写字母、0～9 这 10 个基本数字、非字母字符这 4 类字符中的 3 类。

推荐启用该策略，以增强预测账户密码的难度。只需双击该项，在打开对话框中选中【已启用】单选按钮，单击【确定】按钮即可，如图 12-16 所示。

2. 密码长度最小值

该策略可以确定用户账户密码包含的最少字符数。可以将值设置为 1～14 之间的数，如果设置为 0，则表明不需要密码。双击该项，在打开对话框中输入合适的密码长度，单击【确定】按钮即可，如图 12-17 所示。

3. 密码最短使用权限

该策略可以确定用户更改某个密码之前必须使用该密码的天数。可以设置介于 1 到 998 之间的值，如果设置为 0，则表示用户可以随时修改密码。

4. 密码最长使用权限

该策略可以确定密码的过期天数，也就是说天数一到，就必须更改密码。可以设置介于 1 到 998 之间的值，如果设置为 0，则表示密码永不过期。密码最长使用期限的值应大于最短使用期限的值。

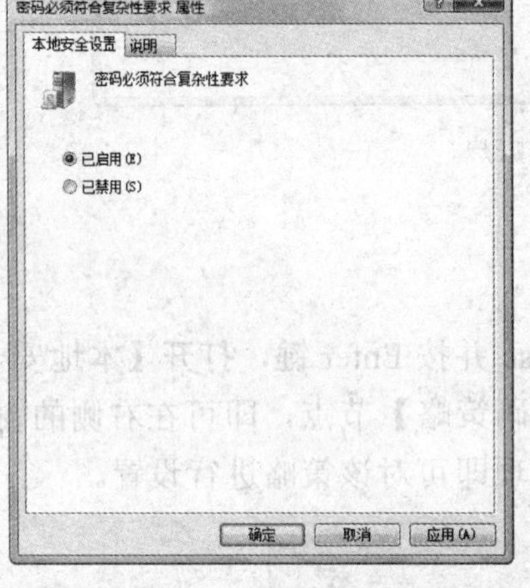

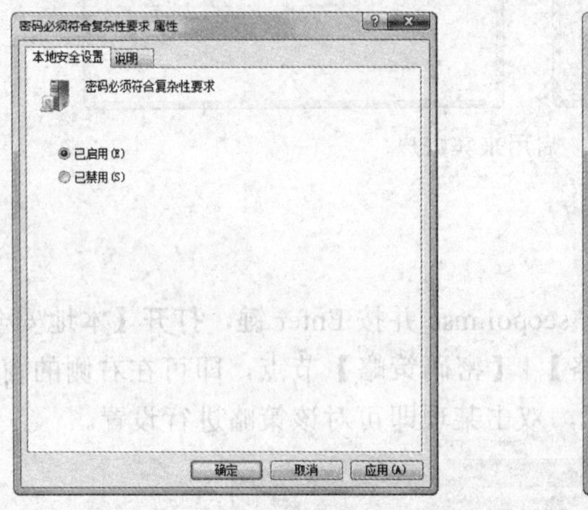

图 12-16　启用密码必须符合复杂性要求策略　　图 12-17　设置密码长度最小值

5. 强制密码历史

该策略可以确保旧的密码不会被重新使用，从而提升账户安全性。可以让 Windows Vista 记忆旧的密码(最多 24 个)，并且用户不能再使用这些旧的密码。

6. 用可还原的加密来存储密码

该策略会将密码以明文的形式保存，而不是加密保存。这样会严重损害账户密码的安全性，除非是某些应用程序需要访问明文的密码，否则应该确保禁用该策略。建议禁用该项策略。

12.3.3　使用账户锁定策略

在【本地安全策略】控制台左侧的树中定位到【账户策略】|【账户锁定策略】节点，即可在右侧的窗格中查看详细的账户锁定策略，如图 12-18 所示。

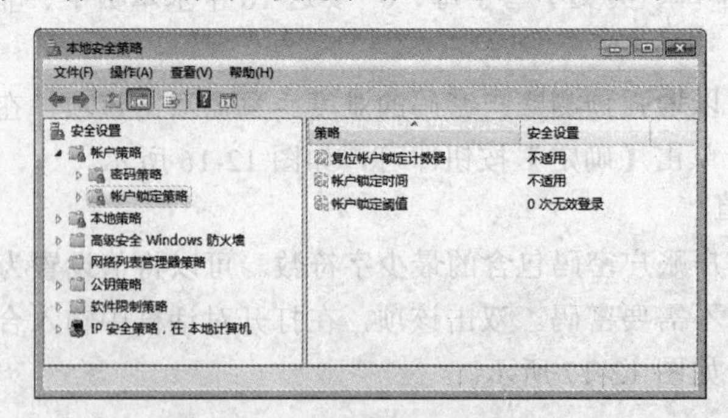

图 12-18　查看账户锁定策略

【账户锁定阈值】策略将会设定登录失败尝试的次数，超过这个次数，该账户将被锁定。阈值可以设置为 0～999 次，如果设置为 0，则表示永远不会锁定账户。该策略可以有效防止非法用户反复尝试密码攻击。双击该项策略，在打开对话框中输入所需的阈值，单击【确定】按钮，系统将建议把【账户锁定时间】设置为 30 分钟，将【复位账户锁定计数器】设置为 30 分钟之后，如图 12-19 所示。

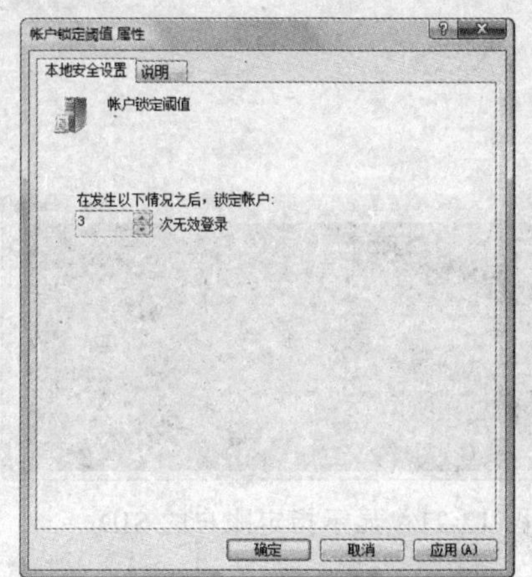

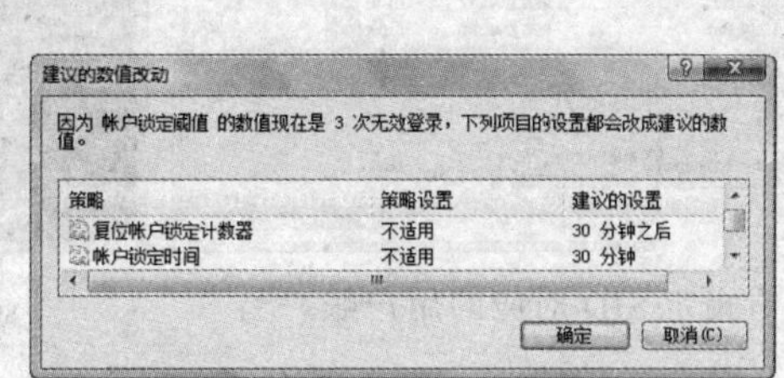

图 12-19　设置账户允许的登录失败次数

提示：一旦账户被锁定，则只有等到账户锁定时间结束后，才能被自动解锁。

12.3.4　安全标识符(SID)

在 Windows Vista 中，每个用户账户都有一个唯一的安全标识符(SID，Security Identifier)，用于区别各自的身份。这样一来，用户便可以很方便地对用户账户进行重命名，而仍然保留该账户的安全属性。

1. SID 及其各个字段的含义

SID 只适合计算机来处理，它可能是下面的一串数值：

```
S-1-5-21-1070465033-2121776981-1706639936-1001
```

凡是本地用户账户，其 SID 通常是以下形式：

```
S-1-5-21-X-Y-Z-R
```

X-Y-Z 唯一地标识了本地计算机。在一台给定的计算机上，X-Y-Z 的数值是不会改变的。对于不同的本地用户账户，则依靠字段 R 来进行区分。

2. 查看给定 SID 的对应用户名

打开【开始】菜单，在搜索框中输入 regedit 并按 Enter 键，打开注册表编辑器窗口。在左侧的树形目录中定位到以下分支：

```
HKEY_LOCAL_MACHINE\SOFTWARE\Microsoft\Windows NT\CurrentVersion\ProfileList
```

结果如图 12-20 所示，可以看到其下有 S-1-5-18、S-1-5-19 之类的键，这些就是用户账户的 SID。要想得知这些 SID 对应的用户账户名称，可在左侧目录中单击 SID 子键，然后双击右侧窗格中的 ProfileImagePath 键，查看其数据，即可获知该账户的名称，图 12-20 中查看的 SID 是 S-1-5-21-1070465033-2121776981-1706639936-1001。

3. 查看给定账户名称对应的 SID

要查看指定用户账户对应的 SID，需要借助 Microsoft 提供的 PsGetSid 命令行工具，该工具集成在称为 Sysinternals Suite 的 Windows 排错工具中。打开【开始】菜单，在搜索框中输入 cmd 并按 Enter 键，打开命令提示符窗口。在命令提示符下输入 PsGetSid wjl，即可显示该账户的 SID，如图 12-21 所示。

图 12-20　查看指定 SID 对应的用户账户名

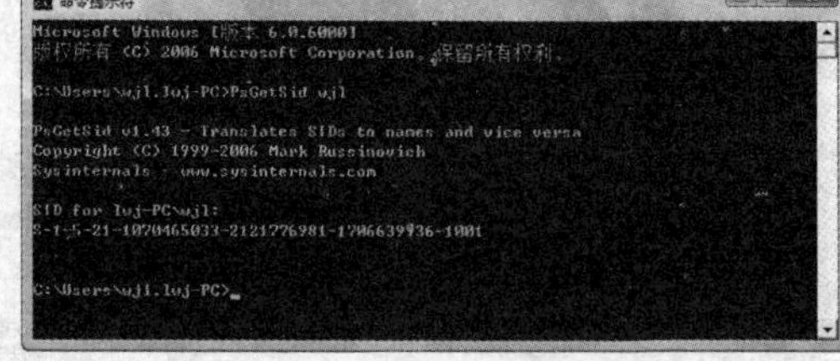

图 12-21　显示指定账户的 SID

12.4　使用组来管理用户账户

用户组用于逻辑地组织具有相似权限要求的用户，引入用户组可以简化用户账户的管理。实际上，用户账户类型就是用户组。

12.4.1　Windows Vista 的用户组类型

Windows Vista 包含两类用户组：内置用户组和特殊用户组。

1. 内置用户组

默认情况下，Windows Vista 具有以下 14 种内置用户组，它们已经具有预先设定的所有管理权限：

- Administrators(管理员组)：该组的成员对计算机拥有完全的访问权限，并且可以执行任意的操作，包括安装应用程序、修改系统时间等需要管理特权的操作。这些操作不仅可以对管理员本身账户产生影响，而且还会对其他账户造成影响。
- Users(标准用户组)：该组成员可以运行大多数应用程序，还可以对系统进行一些常规操作，例如修改时区、运行 Windows Live Messenger 等。这些操作仅对标准账户本身产生影响，而不会影响其他账户。
- Backup Operators(备份操作员组)：该组成员具有备份和恢复文件系统的权限。即使文件系统为 NTFS，而且该组成员没有访问该卷的权限，但也可以通过 Windows 备份工具来访问文件系统。该组默认没有成员。
- Guest(来宾组)：该组成员的权限比标准用户还低，受限更多。
- Network Configuration Operations(网络配置操作员组)：该组成员拥有管理网络功能配置的部分管理员权限。

- Power Users(高级用户组)：权限基本同标准用户。
- Remote Desktop Users(远程桌面用户组)：该组成员拥有远程登录的权限。
- Replicator(复制操作员组)：该组成员支持域中的文件复制。
- Cryptographic Operators(加密操作员组)：该组成员可以进行加密操作。
- Distributed COM Users(DCOM 用户组)：该组成员允许启动、激活和使用此计算机上的 DCOM 对象。
- Event Log Readers(事件日志阅读用户组)：该组成员可以从本地计算机中读取事件日志。
- IIS_IUSERS(IIS 用户组)：该组成员属于 IIS 使用的内置用户组。
- Performance Log Users(性能日志用户组)：该组成员可以计划进行性能计数器日志记录、启用跟踪提供程序，以及在本地或通过远程访问此计算机来收集事件跟踪。
- Performance Monitor Users(性能监视器用户组)：该组成员可以从本地和远程访问性能计数器数据。

2. 特殊用户组

特殊用户组主要用于设置 NTFS 分区的访问权限，它们实际上是一种逻辑上的概念。Windows Vista 共有 10 多类特殊用户组，最常用的有以下两类：

- Everyone(所有用户)：最常见的特殊用户组，该组包含所有能够访问计算机的用户，包括 Guest 组成员。
- Interactive(交互访问的用户)：包含当前交互登录到计算机上的用户。

12.4.2　使用【本地用户和组】控制台管理用户账户

通过【本地用户和组】控制台，可对用户账户和组进行管理。在桌面上右击【计算机】图标，从快捷菜单中单击【管理】命令，打开【计算机管理】窗口。在左侧树中依次展开【系统工具】|【本地用户和组】，即可进入【本地用户和组】控制台，如图 12-22 所示。

图 12-22　【本地用户和组】控制台

1. 更改用户名

12.1.2 节中利用控制面板更改的是用户账户的全名，而不是用户名。要更改用户名，可在【本地用户和组】控制台左侧单击【用户】选项，中间窗格将显示计算机中的所有用户账户。右击要更改名称的用户账户，从快捷菜单中单击【重命名】命令，将用户名更改为新的名称即可，如图 12-23 所示。

2. 设置密码规则

在【本地用户和组】控制台左侧单击【用户】选项，在中间的详细窗格中双击所需设置的用户账户。打开属性对话框的【常规】选项卡，可以设置针对该账户的密码规则，例如【用户下次登录时须更改密码】、【用户不能更改密码】、【密码永不过期】等，如图 12-24 所示。

如果用户要禁用该账户，可选中【账户已禁用】复选框。如果系统设置了锁定策略，则在多次密码登录尝试失败后，该用户账户会被锁定。清空【账户已锁定】复选框，可进行解锁。

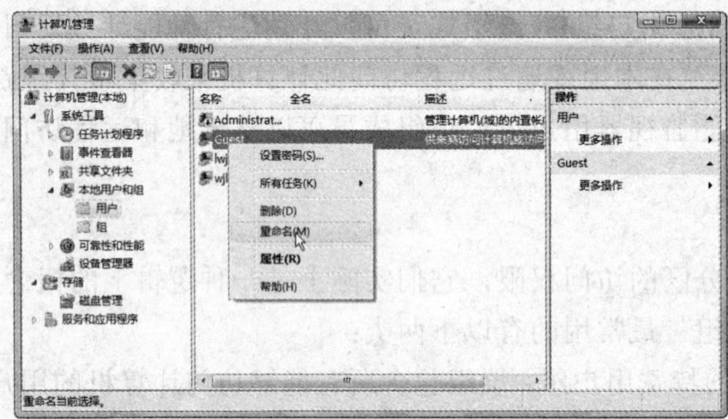

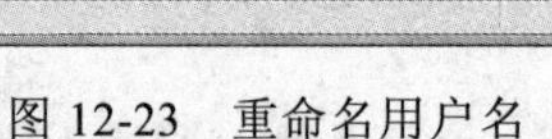
图 12-23 重命名用户名

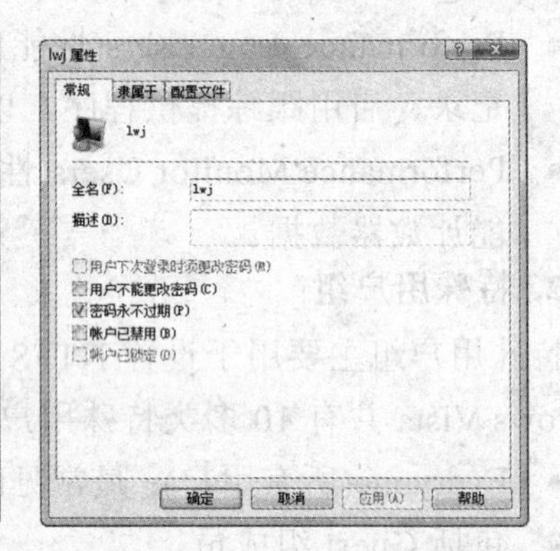

图 12-24 设置密码限制

3. 更改用户组关系

在控制面板中，用户可以设置的用户账户类型非常有限，仅限于管理员账户和标准账户。借助【本地用户和组】控制台，可以使某个账户属于其他的用户组。双击要设置的用户账户，打开属性对话框的【隶属于】选项卡，如图 12-25 所示。单击【添加】按钮，在打开的【选择组】对话框上单击【高级】按钮，在打开对话框中单击【立即查找】按钮，在【搜索结果】列表中选中需要加入的用户组，单击【确定】按钮，如图 12-26 所示。

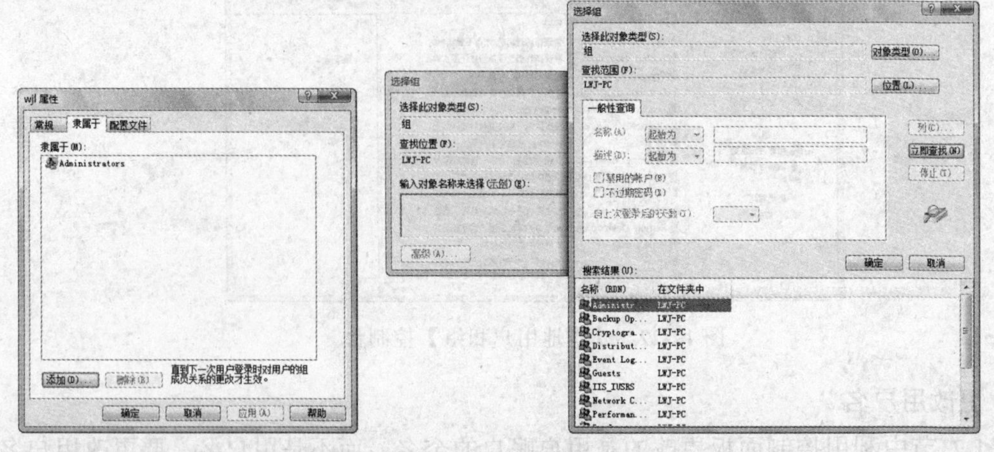

图 12-25 【隶属于】选项卡　　　　图 12-26 选择用户组

12.4.3　恢复忘记的密码

如果用户忘记了自己的密码而无法登录到系统，则可以请求管理员重设账户密码，也可以利用先前创建的密码重设盘进行恢复。

1. 重设密码

由于密码丢失而无法通过控制面板来更改密码(因为需要提供原始密码)，只能使用管理员账户登录系统，并在【本地用户和组】控制台中对账户密码重置。具体步骤如下：

❶ 打开【本地用户和组】控制台，在左侧窗格中单击【用户】分支。然后在中间的用户列表中选中要重设密码的用户账号。在右侧窗格中单击选中账户下的【更多操作】|【设置密码】命令，如图 12-27 所示。

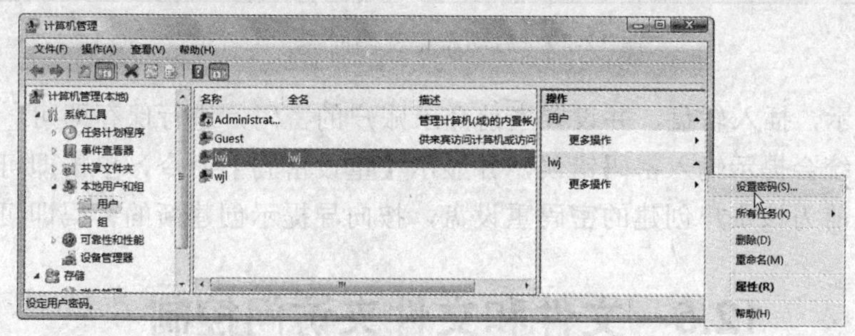

图 12-27　设置密码

❷ 系统提示重设账户密码会导致一些账户信息不可用，例如无法访问账户原来的私有信息等，如图 12-28 左图所示。如果确定要重设账户密码，请单击【继续】按钮。

❸ 在打开的对话框中输入新的密码，单击【确定】按钮，如图 12-28 右图所示。

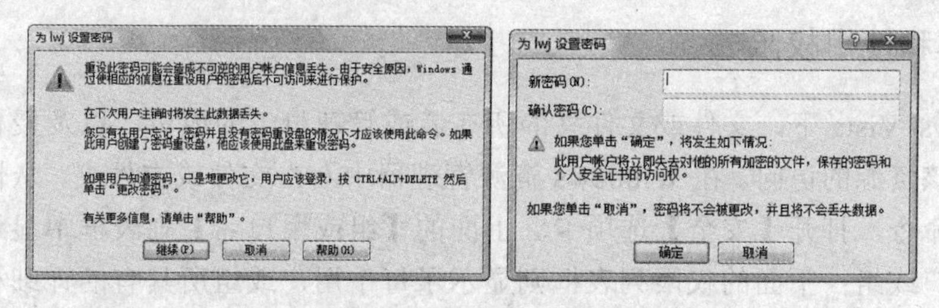

图 12-28　重设密码

2. 创建和使用密码重设盘

利用【本地用户和组】控制台重设账户密码，会导致无法访问该账户原有的私有信息，这种方法的局限性太大。可以为每个账户创建相应的密码重设盘，好处有以下几点：

- 由于多次更改密码或者被别人恶意篡改密码等原因而导致密码遗忘时，可以利用这张密码重设盘重新设置密码；
- 只需制作一张密码重设盘，无论日后更换过多少次密码，都可以用这张软盘或 U 盘重新设置账户密码；
- 不会导致账户的私有信息丢失，包括保留对原有 EFS 加密文件的访问。

要创建密码重设盘，可用要创建密码重设盘的用户账户登录系统。单击【开始】|【控制面板】，打开控制面板。然后依次单击【用户账户和家庭安全】|【用户账户】，在打

开窗口的左侧窗格单击【创建密码重设盘】命令，启动忘记密码向导，如图 12-29 所示。

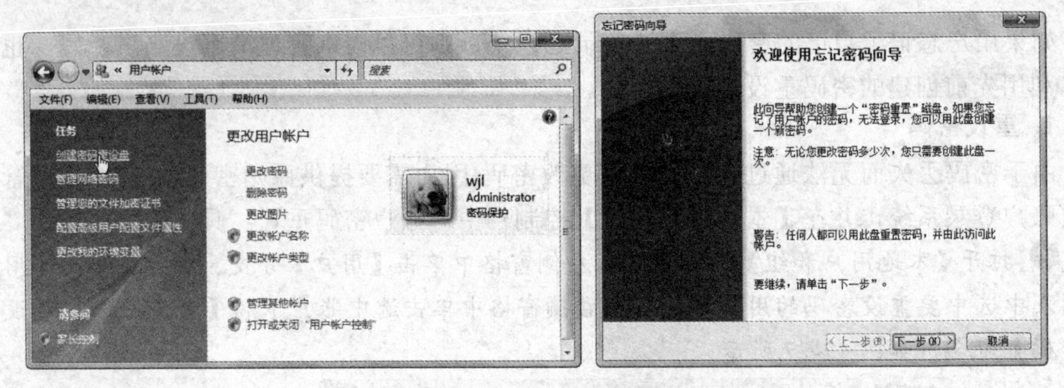

图 12-29　启动忘记密码向导

按照向导提示，插入软盘，并设置当前登录账户的密码，进行保存即可。当用户忘记账户密码时，系统会提示输入密码错误，并显示【重设密码】命令，单击即可启动忘记密码向导，插入先前为该账户创建的密码重设盘，按向导提示创建新的密码即可。

12.5　文件和文件夹访问控制

Windows Vista 是一个多用户的操作系统，借助 NTFS 文件系统，可以对文件和文件夹设置权限，使得不同级别的用户拥有不同的访问特权。例如，对于某个特定的文件或文件夹，只有管理员用户才可以写入内容，而普通用户只具有读取权限，以避免文件被修改。

12.5.1　了解和使用权限

在 Windows Vista 下，文件或文件夹的所有者或管理员组的成员，以及授权用户有权允许或拒绝对该资源的访问。在 Windows 资源管理器中右击文件或文件夹，从快捷菜单中单击【属性】命令，打开【安全】选项卡。上面的【组或用户名】列表框中显示了可以访问该文件的用户或组；下面的权限列表框则显示了每个用户或组所具有的详细权限信息，如图 12-30 所示。如果某个权限是灰色的，则意味着该权限是从父文件夹继承而来的。

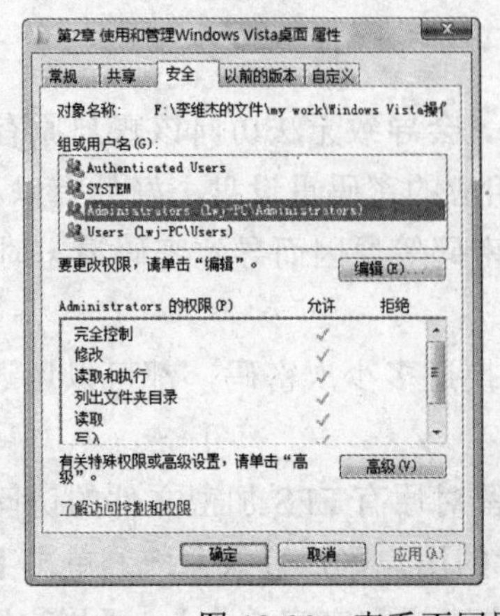

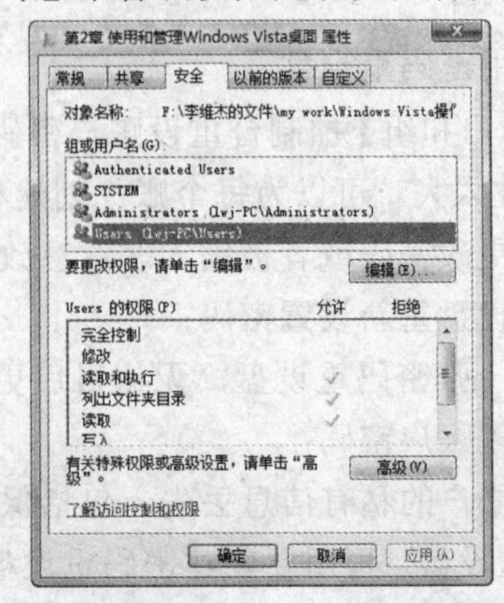

图 12-30　查看不同用户或组对文件的权限

- 完全控制：允许对选中的文件或文件夹进行读取、写入、修改以及删除等操作，还可以更改文件或文件夹的权限设置，获取文件或文件夹的所有权等。
- 修改：允许用户或组读取、写入、更改和删除文件或文件夹，还可以创建文件或子文件夹，但不能获取文件或文件夹的所有权。
- 读取和执行：允许查看和列出文件以及子文件夹的内容，并执行其中的文件。如果将该权限应用到文件夹，该权限会被其中的所有子文件夹和文件继承。
- 列出文件夹目录(只限文件夹)：类似读取和执行权限，但是只能用于文件夹。另外，该权限只能由子文件夹继承，不能被文件夹或子文件夹中保存的文件继承。
- 读取：允许用户或组查看和列出文件夹的内容。具有该权限的用户可以查看文件属性，读取权限，并同步文件。读取是打开文件或文件夹所需的唯一权限，要访问快捷方式以及对应的目标，也需要读取权限。
- 写入：允许用户或组创建新文件，或向现有文件写入数据。具有该权限的用户还可以查看文件属性，读取权限并进行同步。赋予用户写入权限但不赋予删除文件或文件夹的权限，并不能防止用户直接删除文件夹或文件的内容。

要修改某个用户或组对选中文件或文件夹的访问权限，可首先在【组或用户名】列表框中选中该用户或组，然后在下面的权限列表框中进行修改。要赋予权限，只需选中该权限对应的【允许】复选框；如果要取消某个权限，可选中该权限对应的【拒绝】复选框。

如果【组或用户名】列表框中没有列出要赋予访问选中文件或文件夹权限的用户，可单击【编辑】按钮，在打开的对话框中单击【添加】按钮，在打开对话框中输入用户名称，单击【确定】按钮，如图 12-31 所示。然后为添加的用户设置权限，单击【应用】按钮即可。

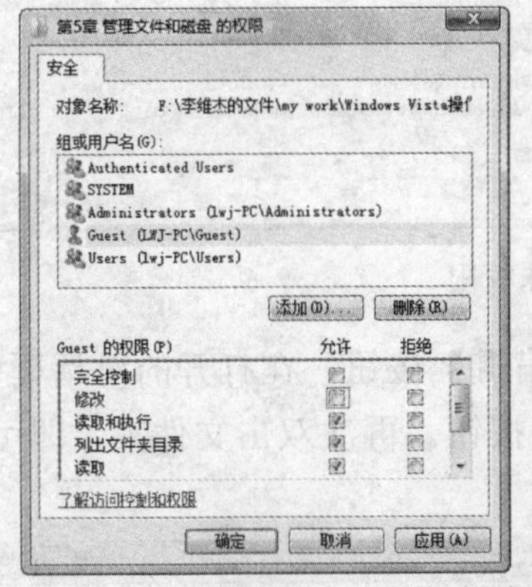

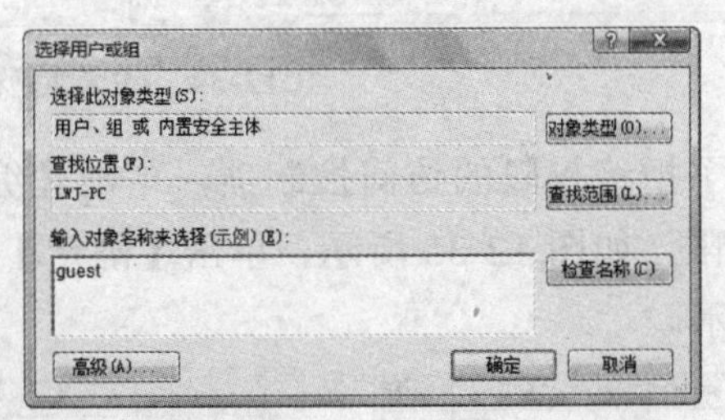

图 12-31　添加用户对选中文件或文件夹的权限

12.5.2　关于拒绝权限

在处理文件或文件夹权限时，要特别注意拒绝权限的处理。在资源访问控制列表中，拒绝权限的优先级最高。Windows 安全子系统会首先查看访问控制列表里的某个账户是否具有拒绝权限。如果有的话，则不管其他的账户权限如何设置，都不能修改该资源，如图 12-32 所示。

打开该文件夹的属性对话框，切换到【安全】选项卡，在【组或用户名】列表框中选中当前登录的账户名，在下方的权限列表框中可以发现【特殊权限】被启用，如图 12-33 所示。

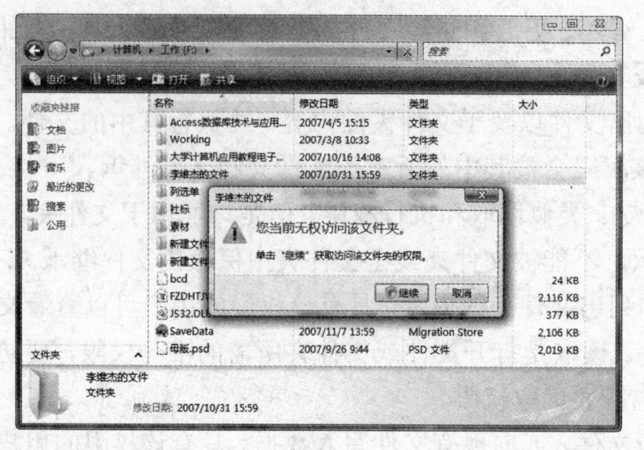

图 12-32　文件拒绝用户访问

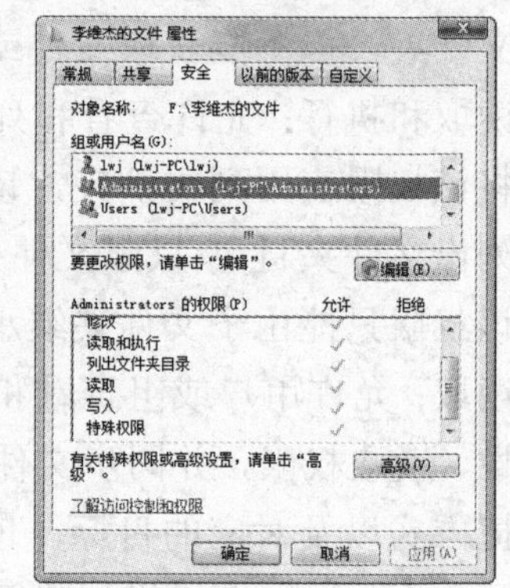

图 12-33　该文件启用了特殊权限

要了解该特殊权限的内容，可单击【高级】按钮，进入高级安全设置，如图 12-34 左图所示。选中设置了拒绝权限的当前登录账户，单击【编辑】按钮，在弹出的 UAC 对话框中单击【继续】按钮，进入如图 12-34 右图所示的对话框。

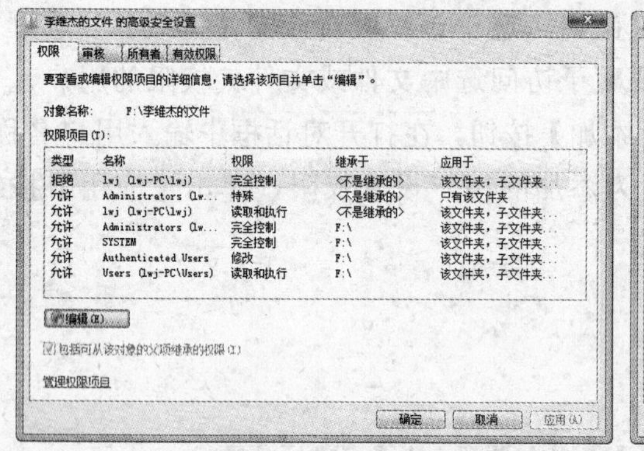

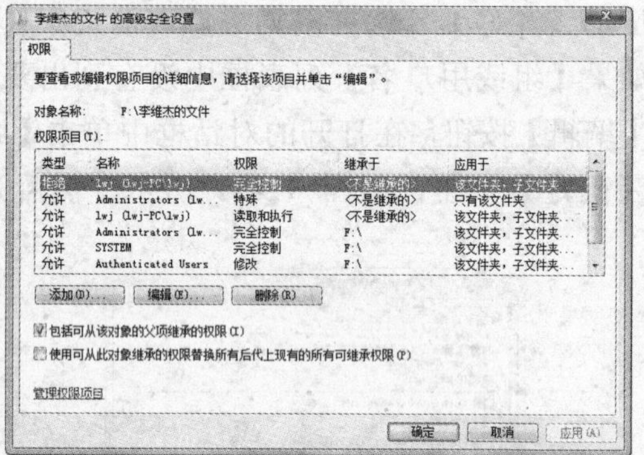

图 12-34　设置特殊权限

单击设置了拒绝权限的访问控制项，单击【编辑】按钮，在打开的对话框中对登录用户赋予允许权限，如图 12-35 所示，单击【确定】按钮。再次双击文件夹，即可将其打开，如图 12-36 所示。

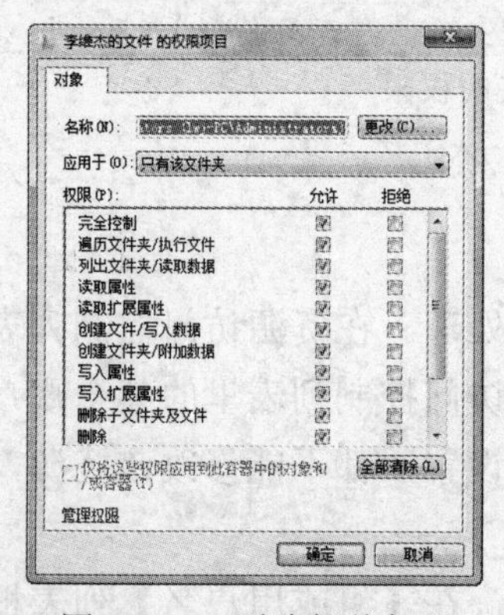

图 12-35　删除拒绝权限

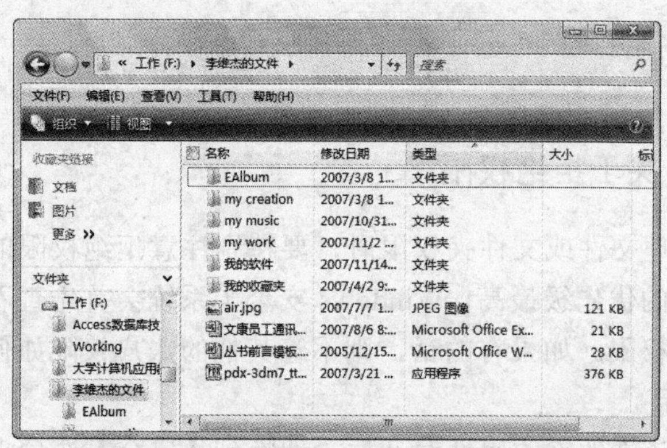

图 12-36　打开删除了拒绝权限的文件夹

Windows Vista 使用特殊权限更加细致地控制着用户和组的权限。无论什么时候设置 12.5.1 节所介绍的基本权限，实际上在内部，Windows Vista 都是在管理一系列的特殊权限，以便达到这些基本权限的效果。

12.5.3 关于继承权限

1. 继承的本质

继承是一种自动操作，而且继承的权限在文件或文件夹创建的时候就被分配下去了。如果不希望文件或文件夹具有的权限和其父文件夹一样，那么可以：

- 停止从父文件夹继承权限，并按照需要复制或删除现有权限；
- 或访问父文件夹，然后直接对所有子文件夹和文件配置需要的权限；
- 或尝试通过对立的权限覆盖继承来的权限。

在文件或文件夹属性对话框的【安全】选项卡上，继承来的权限都显示为灰色。另外，在为一个文件夹设置新权限的时候，分配的权限会向下传播至该文件夹中包含的子文件夹和文件，要么补充原有的继承来的权限，要么覆盖原来的权限。

2. 查看继承的权限

要查看特定文件或文件夹继承来的权限，请打开 Windows 资源管理器，并打开目标的属性对话框，然后进入文件夹的高级安全设置。【权限】栏会列出分配给资源的当前权限。如果权限是继承而来的，那么【继承于】栏会显示继承的权限来源的父文件夹。如果这些权限还会详细传递给子项目，那么【应用于】栏会显示子项目的范围，如图 12-37 所示。

3. 停止继承

如果希望文件或文件夹停止从其父文件夹继承权限，可进入其高级安全设置，单击【编辑】按钮，在打开的对话框中禁用【包括可从该对象的父项继承的权限】复选框。单击【确定】按钮，此时，系统会有图 12-38 所示的提示框，用户可复制已经继承来的权限，或者删除继承来的权限并只应用为该对象重新指定的权限。

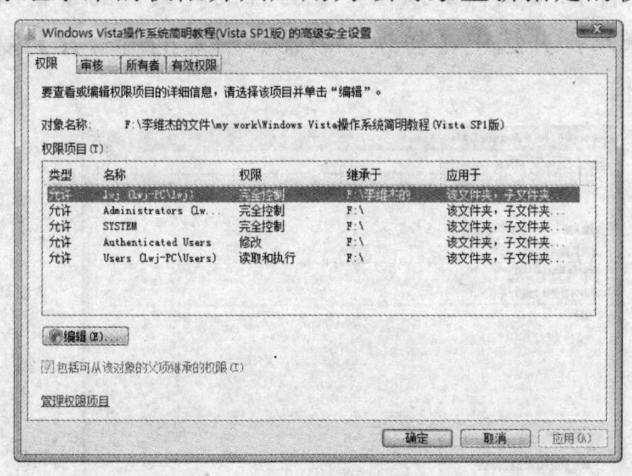

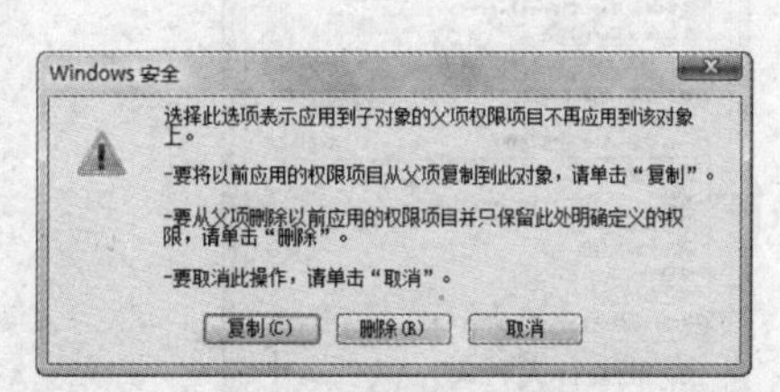

图 12-37 查看继承的权限

图 12-38 选择复制或删除继承的权限

提示：如果删除了继承的权限，但没有分配其他任何权限，那么除了文件的所有者外，其他任何人都会被拒绝访问。这样就有效避免了别人未经授权的访问。然而，管理员依然有权力获取该资源的所有权，而无论权限是如何设置的。

4. 还原继承的权限

随着使用时间的增长，文件和文件夹的权限和原先继承的权限相比，差别可能会越来越大。为了更易于管理文件和文件夹的访问，可以考虑采取一些措施将目标及其包含子对象的权限还原到与父文件夹一样。这样，子文件夹和文件可以从父文件夹获得所有继承来的权限，其他所有应用到个别文件和文件夹上的复杂的拒绝权限就都被删除了。具体方法如下：

进入目标文件的高级安全设置，选中【使用可从此对象继承的权限替换所有后代上现有的所有可继承权限】复选框，单击【确定】按钮，系统将提示该操作会替换所有已经分配的权限，并启用继承的权限，如图 12-39 所示，单击【是】按钮。

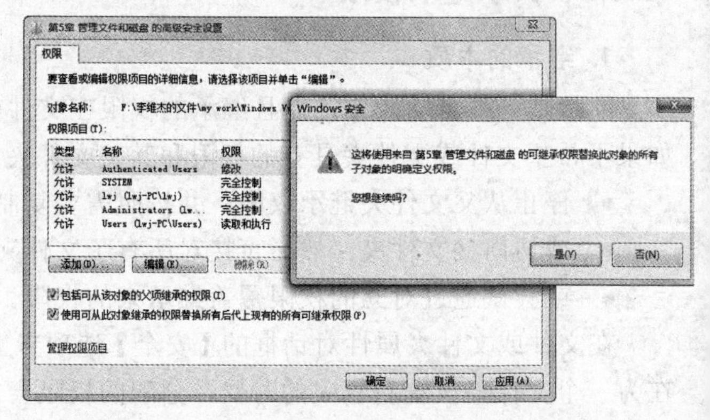

图 12-39　还原继承的权限

12.5.4　获取文件的所有权

在 Windows Vista 中，系统会对诸如 C:\Program Files、C:\Windows、C:\Windows\System32 等文件夹进行安全保护，这实际上就是利用了资源的权限设置。只有 TrustInstaller 账户才是资源的所有者，即使是管理员账户，也没有对这些文件的完全控制权限。打开资源管理器，进入 C:\Program Files 文件夹的属性对话框，可在【组和用户名】列表框中发现 TrustInstaller 账户，如图 12-40 所示。

单击【高级】按钮，进入 C:\Program Files 文件夹的高级安全设置，在【所有者】选项卡中，可以发现该文件的所有者就是 TrustInstaller 账户，如图 12-41 所示。我们可以更改文件的所有者，以获取其完全控制权限。单击【编辑】按钮，在打开的对话框的【将所有者更改为】列表框中选中为当前的登录账户，并选中【替换子容器和对象的所有者】复选框，如图 12-42 所示，单击【确定】按钮。

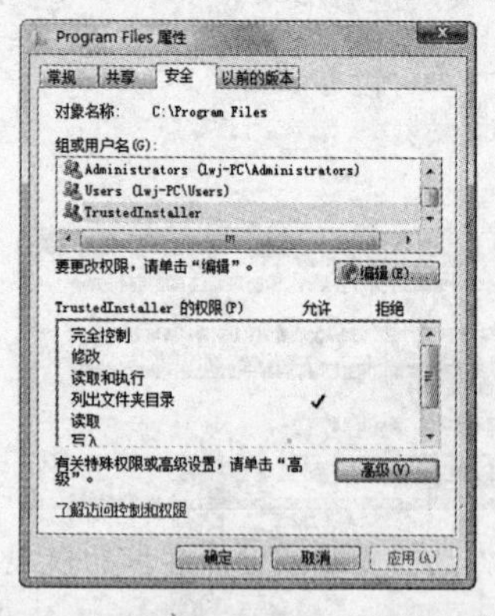

图 12-40　C:\Program Files 文件夹的属性对话框

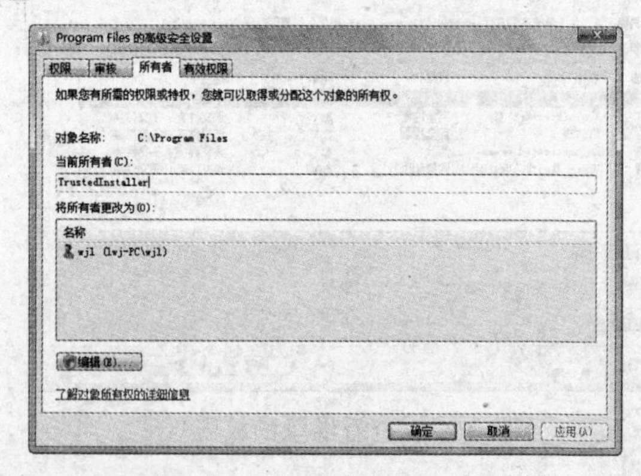

图 12-41　查看文件的所有者

系统会提示要想继续查看和设置权限，需关闭且重新打开文件夹的属性对话框，如图 12-43 所示。单击【确定】按钮，然后单击所有提示对话框中的【确定】按钮，以保存所做的设置。

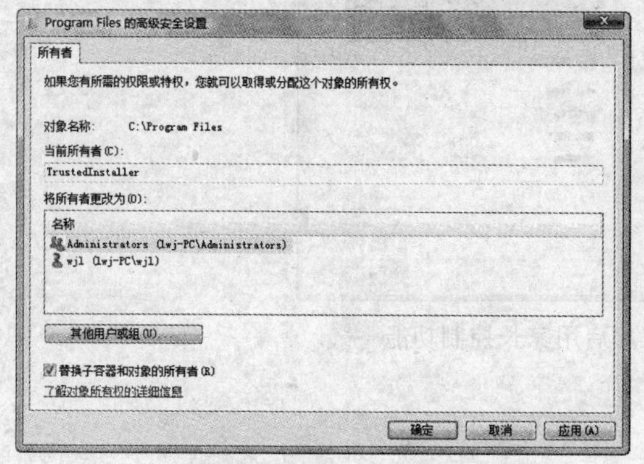

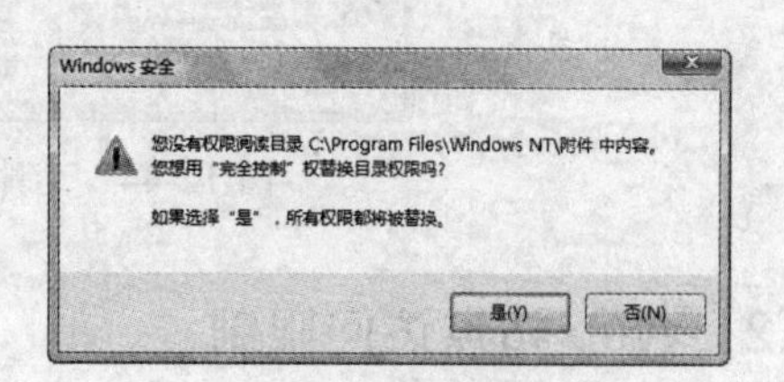

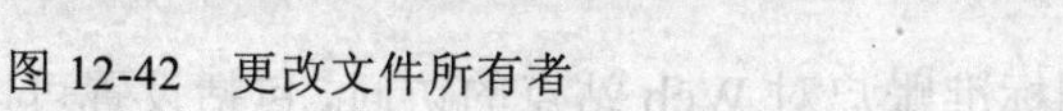

图 12-42　更改文件所有者　　　　图 12-43　提示信息

重新打开该文件的属性对话框，然后按照前面介绍的方法添加当前登录账户对文件的完全控制权限。并使得文件的子文件夹继承父文件夹的权限。须要注意的是：修改系统文件夹的权限设置可能会导致系统的安全性降低。

12.6　家长控制

Windows Vista 引入家长控制功能，可以很方便地限制其他账户，包括可访问的站点、是否可以下载、可登录的时间、可运行的游戏和程序等，并可随时查看被控账户的使用情况。为了保证家长控制功能可用，须满足以下条件：

- 家长和被控账户必须使用不同的用户账户，并且家长必须是管理员账户，而被控账户必须是标准账户；
- 家长的账户以及系统中其他所有管理员账户必须进行密码保护，以免他人可以轻易用管理员账户登录而取消限制。

家长控制功能通常使用在家长对自己孩子使用计算机的限制上。

12.6.1　启用家长控制功能

默认情况下，Windows Vista 对已经创建的标准账户是禁用家长控制功能的，要启用家长控制功能，可打开【控制面板】窗口，在右侧单击【为所有用户设置家长控制】，在打开的窗口中单击要启用家长控制功能的账户，打开图 12-44 所示窗口。在【家长控制】下选中【启用，强制当前设置】单选按钮，在下方进行详细的限制后，单击【确定】按钮即可。

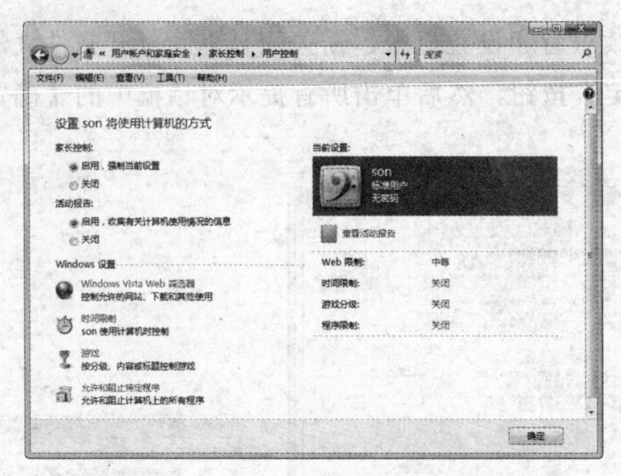

图 12-44　为账户启用家长控制功能

12.6.2　Web 站点访问限制

可以通过家长控制功能限制标准账户对 Web 站点的访问，包括设置可以访问或禁止访问的网址，但这需要管理员手动输入网址列表以进行精确控制；可以直接根据 Web 站点的类型和内容进行统一设置；可以控制用户是否可以下载文件。首先请确认启用了家长控制功能，在图 12-44 中单击【Windows Vista Web 筛选器】选项，在打开的窗口中可进行全局设置，是阻止部分网站或内容还是阻止所有网站或内容，如图 12-45 所示。

单击【编辑允许和阻止列表】，可在打开窗口中输入要允许访问或阻止访问的网站地址，然后单击【允许】或【阻止】按钮，将其添加到下方的列表框中，如图 12-46 所示。

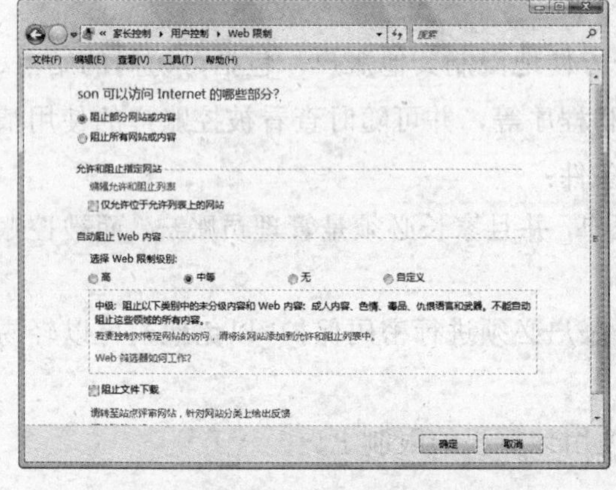

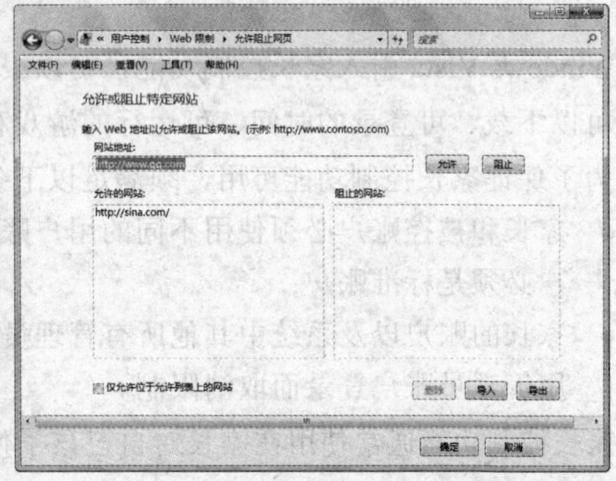

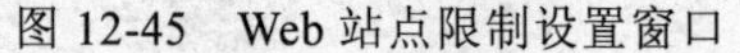
图 12-45　Web 站点限制设置窗口　　　　图 12-46　编辑允许或阻止的网站列表

提示：如果在图 12-45 中选中了【仅允许位于允许列表上的网站】复选框，将忽略其他限制设置，即除了【允许的网站】列表地址外，其他任何网站都不可访问。

如果要按网站内容来进行限制，可在图 12-45 中的【自动阻止 Web 内容】下选择相应的限制级别。Windows Vista 的 Web 限制级别分为【高】、【中等】和【无】。【高】适合儿童，除了适合儿童的网站外的其他网站的访问都将受到限制；【中等】同样适合儿童，但限制等级较为宽松，可以访问大部分类型的网站；【无】表示不自动阻止。当然用户也可以单击【自定义】单选按钮，在打开的列表框中进行设置，如图 12-47 所示。

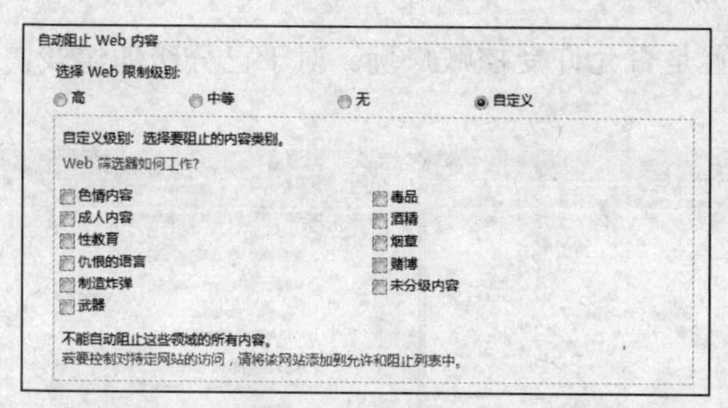

图 12-47　自定义要阻止的内容类别

如果用户要设置是否允许受控账户下载网上的文件，可在图 12-45 中启用或禁用【阻止文件下载】复选框。

12.6.3　控制登录时间

在确保家长控制功能开启的情况下，单击图 12-44 中的【时间限制】选项，在打开的窗口中，拖动鼠标，鼠标经过的区域变成蓝色，没有经过的区域成白色。蓝色方格表示禁止，白色方格表示允许，如图 12-48 所示。

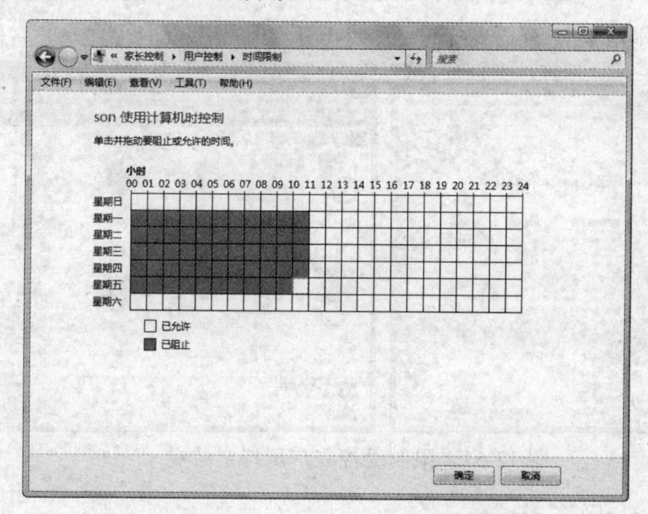

图 12-48　设置时间限制

12.6.4　控制可运行的游戏

家长控制功能对游戏的限制也包括 3 个层面：控制用户是否可以玩游戏，但并不是所有游戏都可以被正确识别；可以设置游戏分级，按不同的对象开放不同的游戏类别，但分级并不是针对所有游戏；可以对特定游戏设置允许和阻止，但只能针对 Windows Vista 自带的游戏。

在图 12-44 中单击【游戏】选项，进入游戏控制窗口，可以设置是否允许可控账户玩游戏，只需选中【是】或【否】单选按钮即可，如图 12-49 所示。在允许玩游戏的前提下，可设置游戏分级。在图 12-49 中单击【设置游戏分级】命令，打开【游戏限制】窗口。对于未分级的游戏，可设置是否允许受控账户玩。对于已分级的游戏，可选择具体的分级标准，如图 12-50 所示。

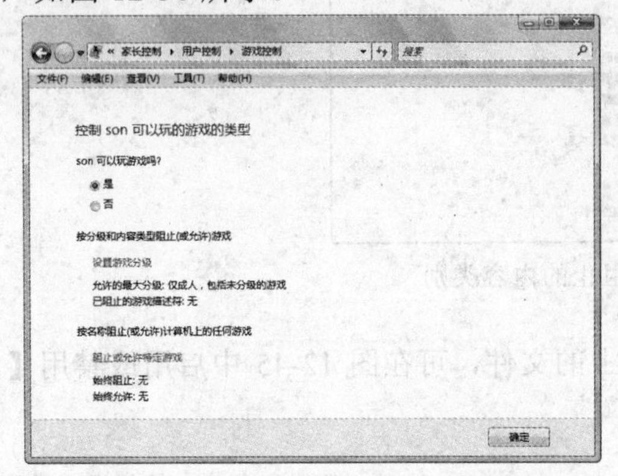

图 12-49　设置受限账户是否玩游戏

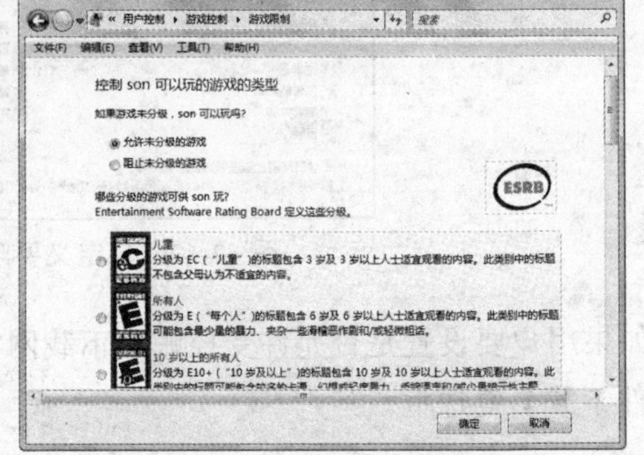

图 12-50　设置游戏的具体分级标准

Windows Vista 自带了许多经典的小游戏，用户可以单独设置允许或禁止这些游戏。在图 12-50 中单击【阻止或允许特定游戏】命令，在打开的窗口中可以设置允许或阻止的游戏，如图 12-51 左图所示。被限制玩特定游戏的用户可以单击【开始】|【所有程序】|【游戏】|【游戏资源管理器】，查看被管理员禁止玩的游戏，如图 12-51 右图所示。

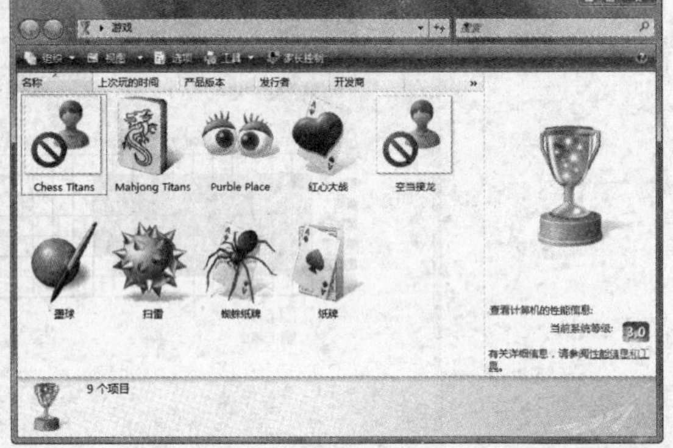

图 12-51　限制受控账户玩特定游戏

12.6.5　控制可运行的程序

通过家长控制功能可控制程序的运行权限。通过设置，可以允许或禁止被控用户运行指定的程序。在图 12-44 中单击【允许和阻止特定程序】选项，打开【应用程序限制】窗口，如图 12-52 所示。

选中【son(被控账户名)只能使用我允许的程序】单选按钮，然后在程序列表中选择允许运行的主文件及运行库文件。如果程序不在列表中，可单击【浏览】按钮，在打开的窗口中找到要设置的应用程序可执行文件，如图 12-53 所示。单击【打开】按钮，即可将其添加到图 12-52 所示的程序列表中。

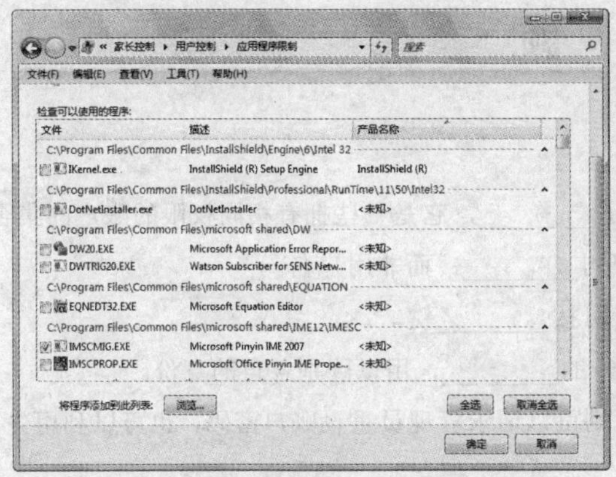

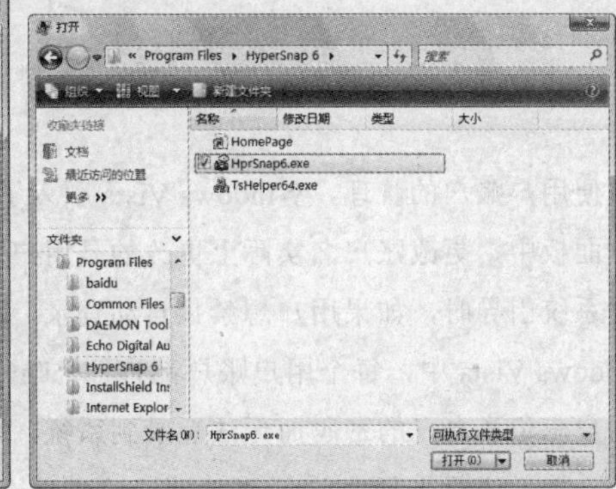

图 12-52　设置允许受控账户运行的程序　　　图 12-53　手动向列表中添加程序

12.6.6　查看受控账户的活动记录

对于管理员(家长)而言，可即时查看受控账户的活动情况，以对家长控制的各个设置进行检测以便及时调整。要查看受控账户的活动情况，可在图 12-44 中单击【查看活动报告】命令，即可在打开的窗口中查看受控账户的活动详情，如图 12-54 所示。

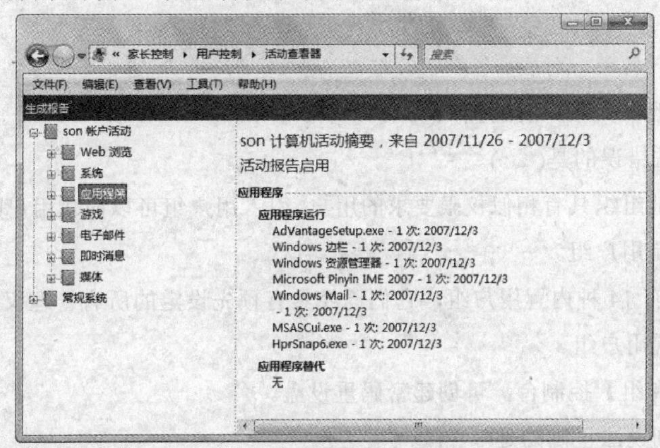

图 12-54　查看受控账户的活动详情

本 章 小 结

本章对 Windows Vista 的用户账户作了进一步的介绍，包括如何创建、设置用户账户，控制用户账户的登录方式，以及针对不同的账户类型设置合适的密码策略等。然后介绍了如何使用用户组来进一步管理用户账户，并解决用户账户使用过程中的一些问题。最后介绍了如何通过用户账户来实现文件和文件夹的访问控制，以及家长控制。深入理解本章内容，有助于读者更好地保证自己计算机和系统的安全。下一章向读者介绍 Windows Vista 与安全相关的知识。

习　题

填空题

1. 为了方便用户账户的管理，Windows Vista 引入了________，它是一些拥有相同权限的账户的集合。
2. 在控制面板中，更改账户名实际上更改的是用户的________，而非用户名。
3. 在进行系统引导时，如果用户想禁止自动登录，可按________键。
4. 在 Windows Vista 中，每个用户账户都有一个唯一的________，用以区别各自的身份。
5. 如果用户忘记了自己的密码而无法登录到系统，则可以请求管理员重设账户密码，也可以利用先前创建的________进行恢复。
6. Windows Vista 引入________功能，可以很方便地限制其他账户，包括可访问的站点、是否可以下载、可登录的时间、可运行的游戏和程序等，并可随时查看被控账户的使用情况。

选择题

7. 关于用户账户，下列说法正确的是(　　)。
   A. Windows Vista 只有标准账户、管理员账户、来宾账户这 3 种类型。
   B. 不同的账户类型拥有不同的权限，对于已创建的账户，可以利用管理员账户更改其账户类型，提升或降低其权限。
   C. 用户账户与其账户名一一对应。
   D. 标准账户可以修改来宾账户的配置。
8. 关于用户组，下列说法错误的是(　　)。
   A. 用户组用于逻辑地组织具有相似权限要求的用户，引入用户组可以简化用户账户的管理。实际上，用户账户类型就是用户组。
   B. Windows Vista 具有 14 种内置用户组，它们已经具有预先设定的所有管理权限。
   C. Everyone 属于内置用户组。
   D. 利用【本地用户和组】控制台，可创建密码重设盘。
9. 关于继承的权限，下列说法正确的是(　　)。
   A. 继承是一种自动操作，而且继承的权限在文件或文件夹创建的时候就被分配下去了。
   B. 在文件或文件夹属性对话框的【安全】选项卡上，继承来的权限和其他权限显示方式基本相同。
   C. 如果删除了继承的权限，但没有分配其他任何权限，那么所有人都会被拒绝访问，包括所有者。
   D. 继承的权限是无法还原的。

简答题

10. SID 有什么作用，如何查看用户账户的 SID？
11. 如何限制用户登录系统时输入密码错误的次数？

上机操作题

12. 创建并配置一个标准用户账户，并设置该账户的最短密码要求。
13. 为管理员账户创建一个密码重设盘。
14. 完成 12.5.4 节最后省略的操作，给 C:\Program Files 文件夹添加并设置登录用户的权限。

第 13 章

安全与数据保护

本章主要介绍与 Windows Vista 网络安全和数据安全相关的工具和技术。通过本章的学习，应该完成以下学习目标：

- ☑ 学会通过 Windows 安全中心来查看系统安全状况
- ☑ 学会配置 Windows Defender、Windows 防火墙和 Windows Update
- ☑ 了解并灵活掌握 Internet 的安全设置
- ☑ 学会加密和解密文件系统

13.1 Windows 安全中心

Windows Vista 的安全中心可以自动为用户提供当前系统的安全配置情况，这一方面可以增强系统的安全性，另一方面也可以减少用户的手动干预。

13.1.1 查看系统安全状况

单击【开始】|【控制面板】命令，进入控制面板，然后依次单击【安全】|【安全中心】，即可进入 Windows 安全中心，如图 13-1 所示。

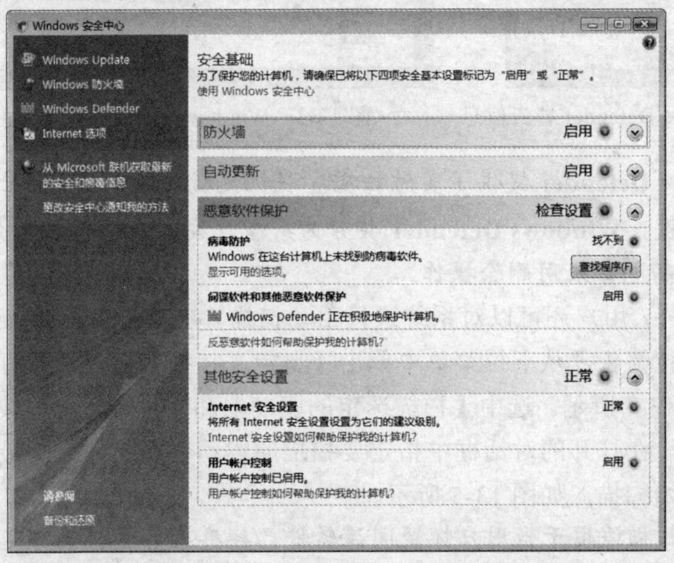

图 13-1　Windows 安全中心

由图 13-1 可以看出，Windows Vista 的安全中心可以监控来自防火墙、自动更新、恶意软件保护、Internet 安全设置这 4 个方面的安全配置内容。有了安全中心，用户就无需手动查看各个安全工具的状态和配置情况。只要有一项处于未启用状态，Windows Vista 就会在任务栏通知区域给出安全警示标识。如果处于不安全状态，任务栏的安全警报就会变成醒目的红色，以提醒用户查看或修改。

13.1.2 Windows Defender

为了帮助用户抵御间谍软件的侵扰，Microsoft 在 Windows Vista 里加入了一款专业的间谍防护软件—— Windows Defender，用来防止间谍软件和其他恶意软件破坏系统。当用户上网或从其他存储介质引发了恶意软件，并试图危害您的计算机时，Windows Defender 会自动弹出警告，如图 13-2 所示。

> **什么是间谍软件？它有什么危害？**
>
> 间谍软件是执行某些行为(例如弹出广告、收集个人信息或通常不经用户同意就更改计算机设置)的软件的通称。间谍软件可能会对计算机进行恶意修改，导致计算机运行速度变慢或崩溃。例如更改 Web 浏览器的主页，在 Web 浏览器中加载不需要的加载项等。

在 Windows 安全中心的左侧任务导航部分单击【Windows Defender】，即可查看 Windows Defender 的当前状态，如图 13-3 所示。

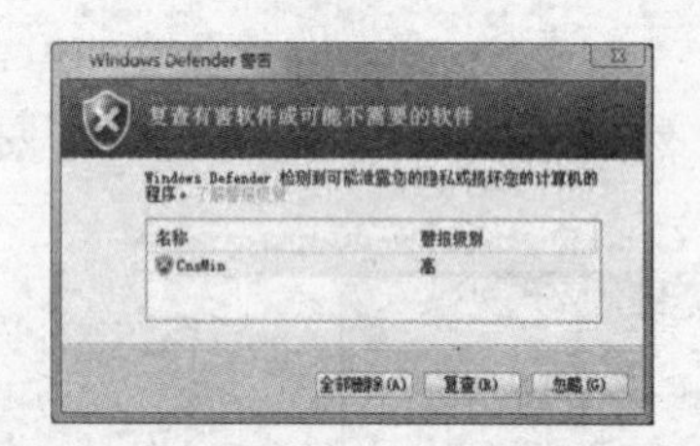

图 13-2　Windows Defender 警告信息

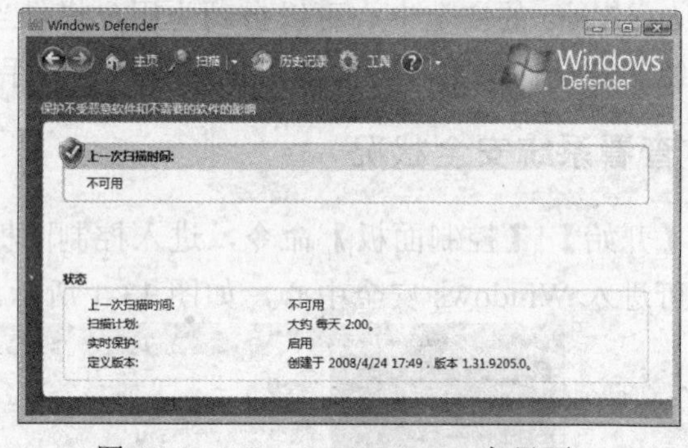

图 13-3　Windows Defender 主界面

提示：Windows Defender 提供了实时扫描和联机更新功能，以便阻止新的危害。按照对计算机的危害程度，Windows Defender 共分为严重、高、中、低、未分类这 5 个等级，建议用户对严重和高危害采用删除操作。

除了实时监护外，用户还可以对系统进行手动扫描。在 Windows Defender 主界面单击【扫描】右侧的下拉箭头，从下拉菜单中单击【自定义扫描】命令，即可进入【选择扫描选项】页面，如图 13-4 所示。选中【扫描选定的驱动器和文件夹】单选按钮，然后单击右侧的【选择】按钮，在打开的对话框中指定要扫描的驱动器和文件夹。最后单击【立即扫描】按钮，即可开始扫描，如图 13-5 所示。

注意：自定义扫描适用于当用户怀疑间谍软件已经感染计算机某特定区域的情况。如果要检查硬盘上所有文件和当前运行的所有程序，建议使用完整扫描。但完整扫描可能引发计算机运行缓慢，如果想节省时间，只对计算机上最有可能感染的硬盘分区进行扫描，

那么建议使用快速扫描。

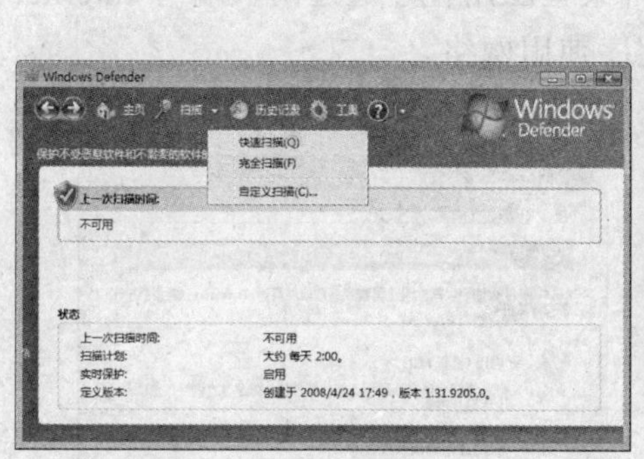

图 13-4　启动自定义扫描

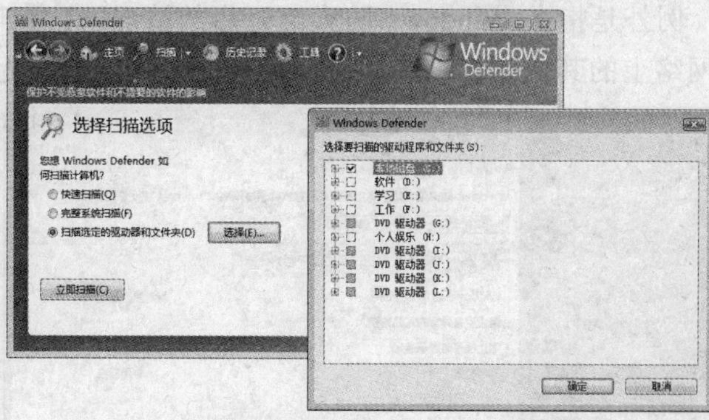

图 13-5　选择要扫描的磁盘和文件夹

默认情况下，Windows Defender 会在每天的清晨两点对系统进行扫描，用户可以对自动扫描的时间进行更改，也可以指定每星期扫描一次。在 Windows Defender 主界面单击【工具】按钮，进入【工具和设置】窗口。单击【选项】按钮可在打开的界面中设置自动扫描的时间，还可以设置发现威胁后的默认操作，以及是否启动实时保护等，如图 13-6 所示。

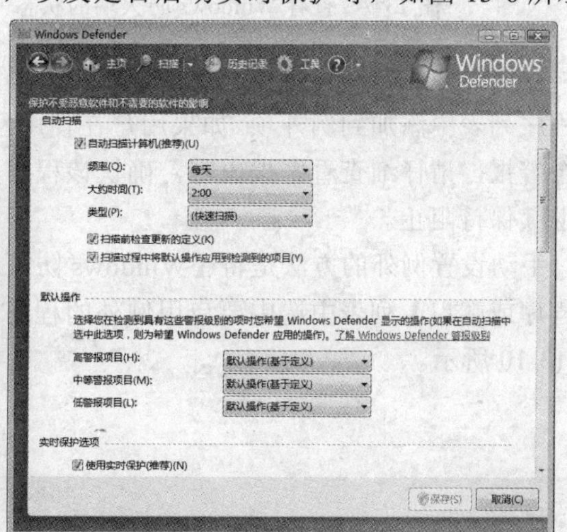

图 13-6　设置 Windows Defender

13.1.3　Windows 防火墙

Windows 防火墙是保护计算机免受来自网络攻击和危害的安全程序，Windows Vista 默认开启了防火墙策略，这意味着对未经允许的传出或传入操作均会弹出安全警报，以提醒用户修改防火墙策略。

在 Windows 安全中心的左侧导航部分单击【Windows 防火墙】链接，可打开 Windows 防火墙主界面，并查看当前防火墙的状态，如图 13-7 所示。单击【更改设置】链接，可打开【Windows 防火墙设置】对话框，用户可在【常规】选项卡中选择启用或关闭 Windows 防火墙，如图 13-8 所示。这里建议用户启用。

1. 设置例外

例外是指在 Windows 防火墙开启的情况下，允许某些应用程序通过防火墙与 Internet 或网络上的其他计算机进行通信，从而不影响这些程序使用网络。

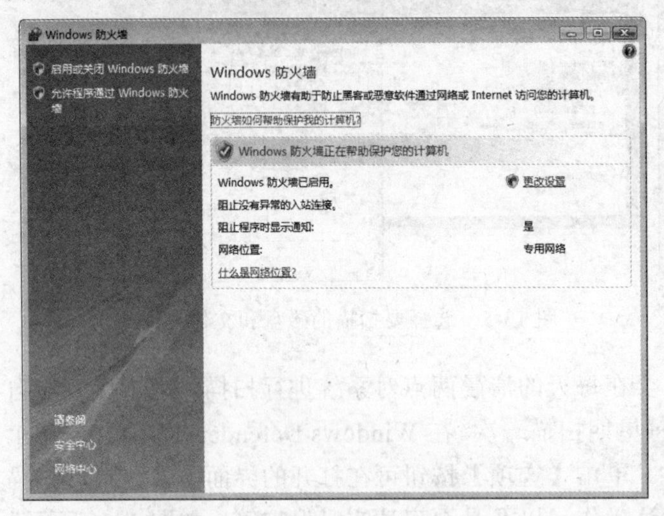

图 13-7　查看 Windows 防火墙的状态

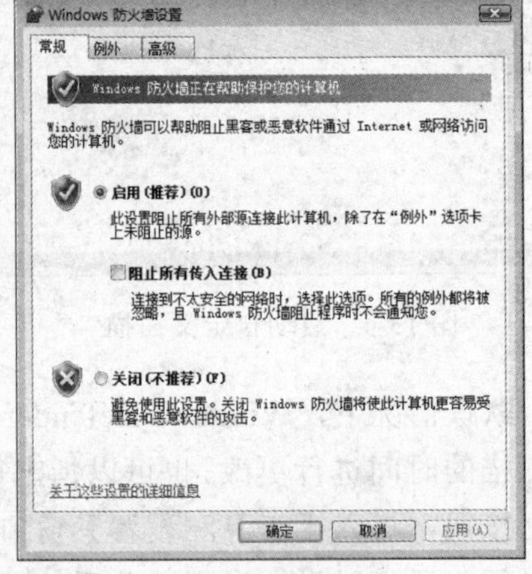

图 13-8　启用或关闭 Windows 防火墙

设置例外的方法有两种：一种是在防火墙警报窗口中直接允许或阻止；另一种是手动从程序列表中添加到例外项。如果用户在使用网络应用程序时遇到图 13-9 所示的 Windows 安全警报，请仔细查看警报内容，确认该程序是否合法使用网络，然后选择是解除锁定还是继续保持阻止。

手动设置例外的方法是将【Windows 防火墙设置】对话框切换到【例外】选项卡，在【程序或端口】列表中选中要启用例外的程序前面的复选框，单击【确定】按钮即可，如图 13-10 所示。

图 13-9　Windows 安全警报

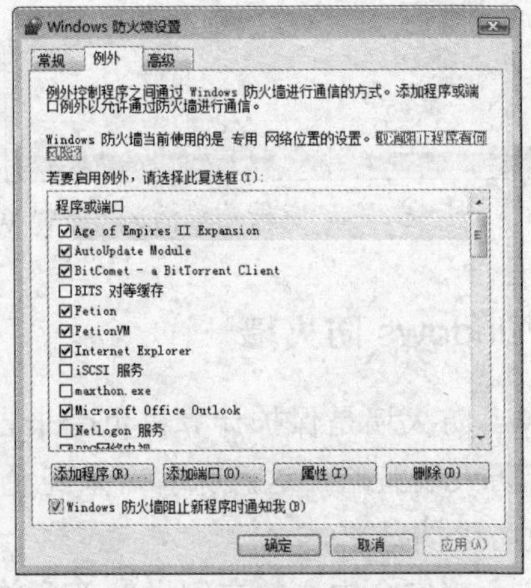

图 13-10　手动添加防火墙例外程序

2. 手动添加程序和端口

如果用户要设置的例外程序不在【程序或端口】列表中，或者需要单独打开某个端口进行特殊应用，则可以通过手动添加程序或端口的方式来实现。例如一些 P2P 下载程序，它们需要通过防火墙，但使用特定的端口来通信，为了加快速度，还需要单独使用端口。下面以迅雷为例。

首先需要将迅雷加入到防火墙例外，在【Windows 防火墙设置】对话框的【例外】选项卡下，单击【添加程序】按钮，打开【添加程序】对话框。如果迅雷不在列表中，请单击【浏览】按钮，导航并找到迅雷的程序文件，将其加入到列表中，如图 13-11 所示。返回【Windows 防火墙设置】对话框后，选中迅雷前面的复选框，单击【确定】按钮，即可将迅雷设置为 Windows 防火墙例外程序。

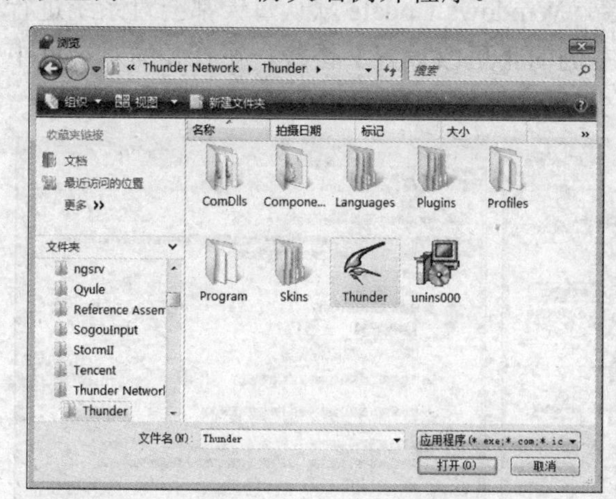

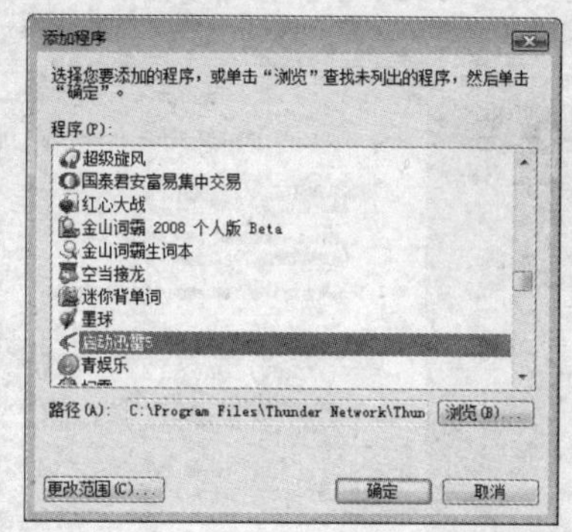

图 13-11　添加程序到列表中

迅雷支持 BT 下载和 eMule 电驴下载，它们都使用特殊的端口。启动迅雷，在迅雷主界面选择【工具】|【配置】命令，打开【配置】对话框。在左侧单击【BT/端口设置】选项，查看 BT 的端口设置，包括 TCP 端口和 UDP 端口，如图 13-12 所示。然后在【Windows 防火墙设置】对话框的【例外】选项卡下，单击【添加端口】按钮，选择协议并输入对应的端口号即可，如图 13-13 所示。用同样的方法设置 eMule 下载的端口号。

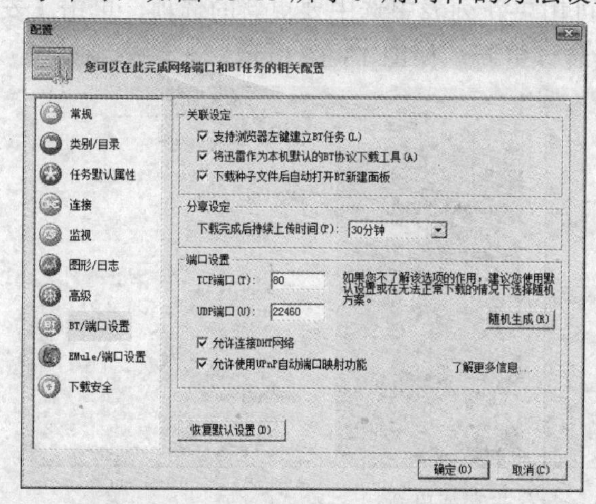

图 13-12　查看迅雷的 BT 下载端口号

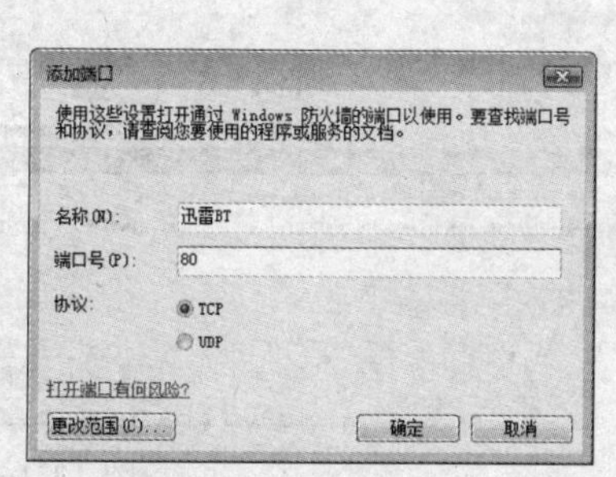

图 13-13　添加端口号

13.1.4 Windows Update

Microsoft 会不定时地对 Windows 系统提供补丁程序，以修补系统漏洞。建议用户启用 Windows Vista 的自动更新功能，以便把系统更新到最新状态，抵御最新的安全攻击。

1. 开启自动更新

要开启 Windows 自动更新，可在 Windows 安全中心左侧的导航部分单击【Windows Update】链接，打开【Windows Update】窗口，如图 13-14 所示。上面显示了系统当前是否处在最新状态，以及是否存在可用更新。Windows Update 默认每天都会对系统进行自动更新，用户可以对时间进行更改。单击左侧的【更改设置】链接，在打开的对话框中用户可以自定义自动更新的时间，如图 13-15 所示。

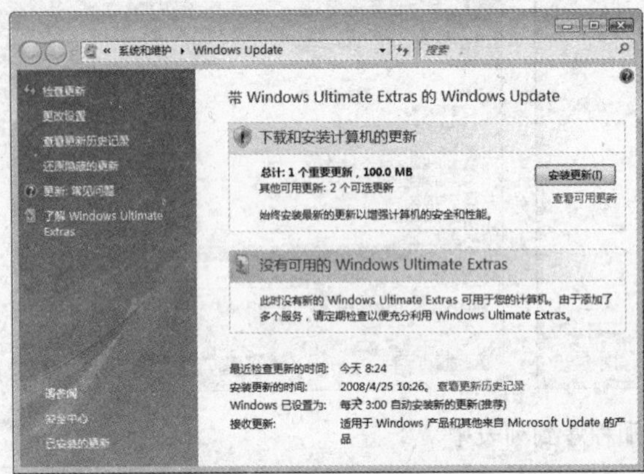

图 13-14 Windows Update 主界面

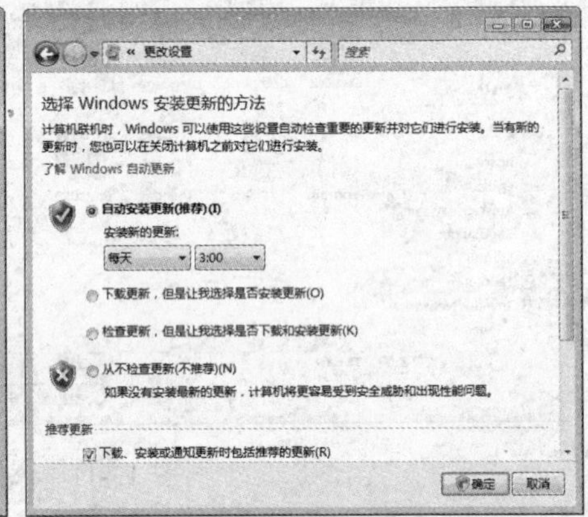

图 13-15 更改自动更新设置

2. 检查更新

要检查最新的更新程序，可以在 Windows Update 主界面单击【检查更新】按钮，在联网的前提下，Windows Update 会自动连接上网并查找更新程序。然后给出可用更新报告，单击【查看可用更新】链接，在打开的可用更新列表中选中要更新的选项，单击【安装】按钮，Windows Update 即开始下载并安装该更新，如图 13-16 所示。

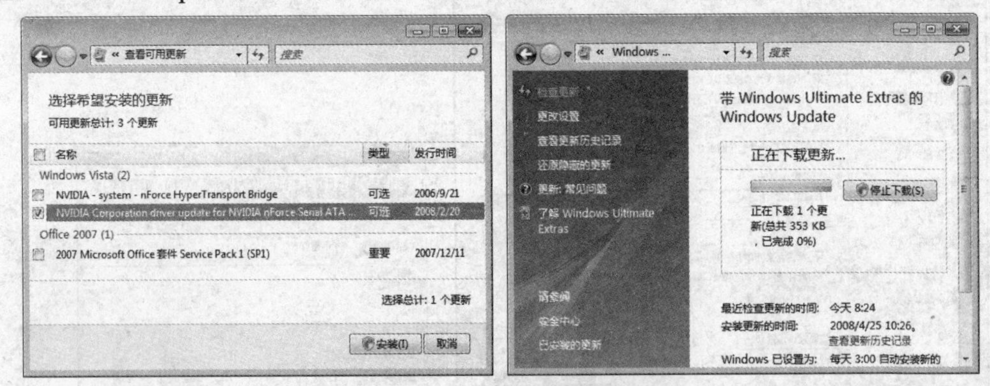

图 13-16 查看并安装更新

3. 检查更新历史

要查看已经安装的更新，或是卸载一些无用的更新程序，可在 Windows Update 主界面的左侧单击【查看更新历史记录】链接，在打开的窗口中查看系统中所有已安装的更新，如图 13-17 所示。单击【已安装的更新】链接，可在打开的窗口中选择并卸载更新，如图 13-18 所示。

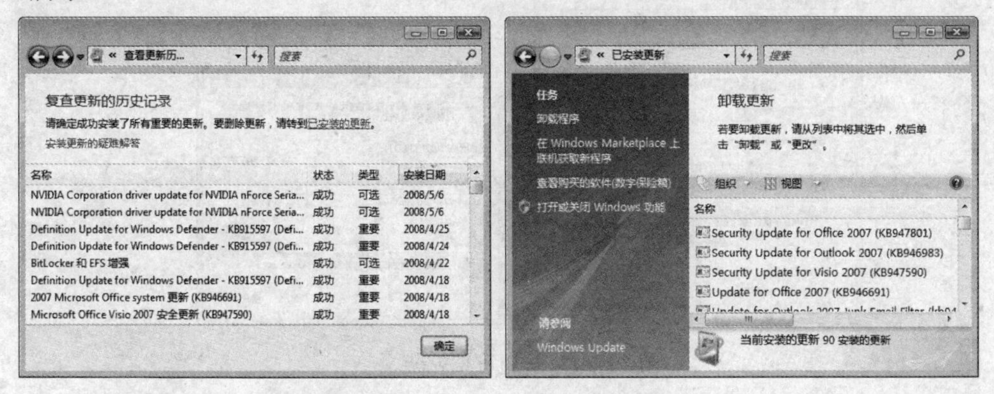

图 13-17　查看已安装更新　　　　图 13-18　卸载更新

13.2　Internet 上网安全

安全是目前 Internet 所面临的首要难题，名目繁多的病毒、蠕虫和木马程序，还有大量窃取私人信息的钓鱼网站和恶意网站，使人防不胜防，极大损害了用户的利益。IE 7.0 提供了一系列的安全防护策略，以保障用户的上网安全。

13.2.1　安全防护策略

1. IE 保护模式

保护模式可以让 IE 7.0 运行在最低的权限级别下，比任何其他进程都低。运行在保护模式下的 IE 进程、IE 进程里的插件以及网页中的代码，将无法访问或修改用户配置文件夹、HKEY_LOCAL_MACHINE 和 HKEY_CURRENT_USER 注册表键等，因而也就无法对系统造成破坏。

当用户打开一个网页后，如果启用了保护模式，那么 IE 7.0 的状态栏将显示“保护模式：启用”字样，如图 13-19 所示。在保护模式下，网站的某些内容可能无法正常显示。如果用户充分信任该站点，可以将其添加到自己的可信站点列表中。具体方法如下：在 IE 7.0 中打开该网站，双击窗口底部状态栏上的“Internet”字样，打开【Internet 安全性】对话框，如图 13-20 左图所示。

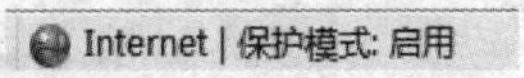

Internet | 保护模式: 启用

图 13-19　站点被启用保护模式

在区域列表中单击【可信站点】选项，然后单击【站点】按钮，打开【可信站点】对话框，如图 13-20 右图所示。该站点的网址已被自动添加到地址框中了，如果要添加的不是加密网站，可取消【对该区域中的所有站点要求服务器验证】复选框的选中状态，然后单击【添加】按钮即可。

注意：IE 7.0 的保护模式依赖于 Widows Vista 的 3 大安全特性，UAC、MIC(强制完整性检测)和 UIPI(用户界面特权隔离)。因而，IE 7.0 的保护模式只有在 Windows Vista 下时才可用。

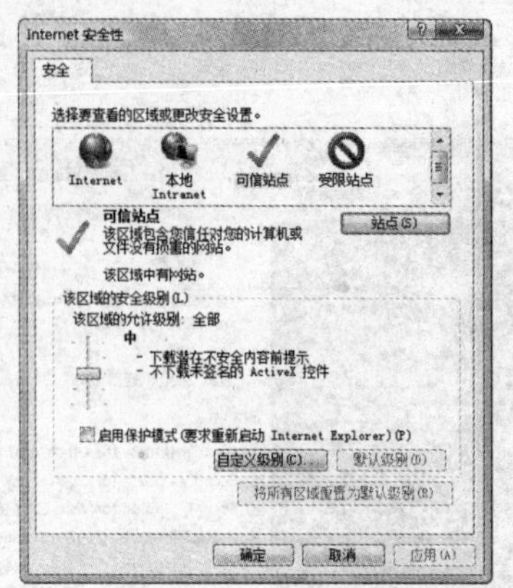

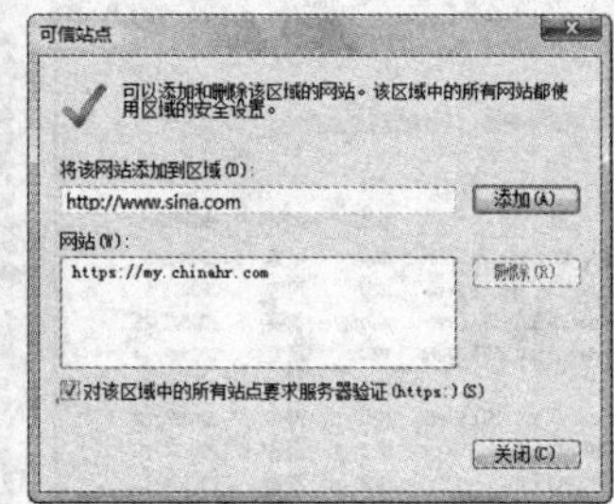

图 13-20 添加可信站点

2. 修复安全设置

如果用户不小心更改了 IE 7.0 中的某些安全设置，或下载的某个程序更改了关键的 IE 设置，则可能给系统带来隐患。此时，最简单的方法就是设法恢复 IE 7.0 默认的安全设置。

例如，在【Internet 安全性】对话框中单击【自定义级别】按钮，修改 Internet 区域的安全设置。在列表框中选中标有“不安全”字样的选项，则该选项的背景会变成浅红色，如图 13-21 所示，以提示这样的设置不安全。此时，如果用户执意要修改设置，单击【确定】按钮，IE 7.0 会再次询问用户是否继续。单击【是】按钮，Windows 安全中心将马上会用一个气球图标报警。同时 IE 7.0 窗口也会显示一个信息栏，告知用户安全设置有问题，如图 13-22 所示。

在这种情况下，用户无需知道是哪个具体设置有问题，只需双击气球图标，在安全中心单击【还原设置】按钮即可。或者单击 IE 7.0 的信息栏，并单击【修复设置】命令。这样一来，所有不安全的设置都会被恢复成默认的安全状态。

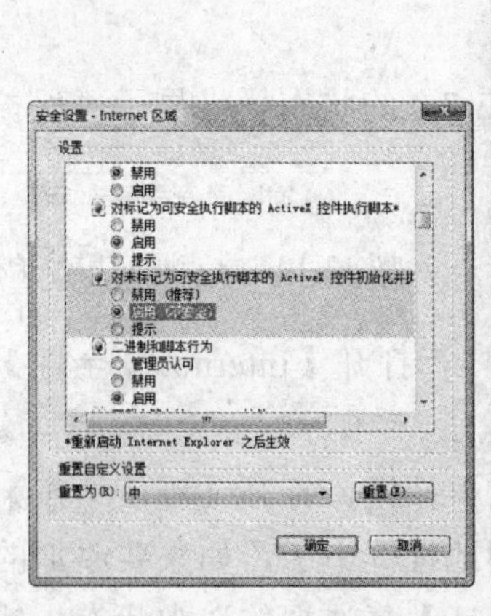

图 13-21 不安全设置的背景色

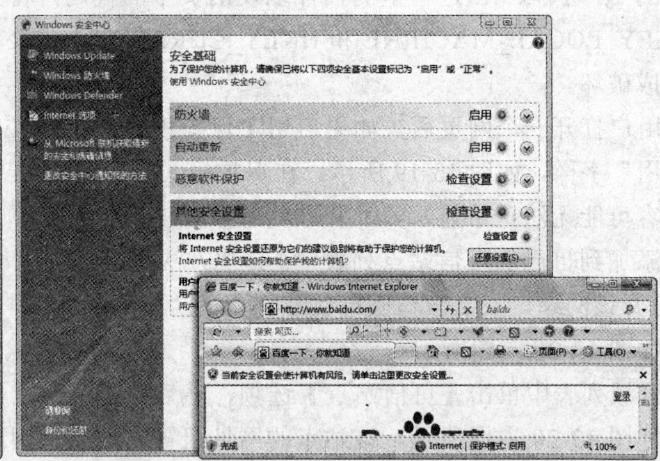

图 13-22 降低 IE 安全设置后的系统警告

3. 处理加载项

加载项是指为了实现某些特殊的功能而在 IE 中安装的类似插件的程序，因为加载项可以在本地运行，并跳过一些针对浏览器的安全限制，对本地硬盘上的文件和系统设置进行修改。因此，一旦系统中被安装了怀有恶意的加载项(又称流氓软件)，那么不仅浏览器，整个 Windows 系统的稳定性都将受到影响。

目前 Internet 上的各种恶意加载项越来越多，它们通常以 ActiveX 的形式包含在网页中，或捆绑在用户从网上下载的软件中，利用用户的疏忽，悄悄安装到系统中并很难卸载。虽然 Windows Vista 提供有 Windows Defender 来防范此类流氓软件，但还是建议用户定期检查 IE 中都有哪些加载项，并禁用某些可能导致 IE 或系统不稳定的加载项的安装和使用。

如果要查看 IE 中的加载项，可单击【工具】|【管理加载项】|【启用或禁用加载项】命令，打开【管理加载项】对话框，如图 13-23 所示。在【显示】下拉菜单中可以通过选择以查看不同类型的加载项：

- Internet Explorer 已经使用的加载项：显示所有被 IE 7.0 使用过的加载项；
- Internet Explorer 中当前加载的加载项：显示当前正在被 IE 7.0 使用的加载项；
- 不请求许可即可运行的加载项：显示预先经过批准，可以直接使用的加载项；
- 下载的 Active 控件：显示从网上下载并安装的加载项。

如果用户觉得某个加载项导致 IE 或者系统不稳定，那么可以将其禁用或者删除。只需要单击将其选中，然后选中【禁用】单选按钮或单击【删除】按钮即可。如果加载项已经使得 IE 无法正常运行，那么可以使用 IE 的安全模式。单击【开始】|【所有程序】|【附件】|【系统工具】|【Internet Explorer(无加载项)】，即可启动安全模式的 IE，如图 13-24 所示。

和 Windows 的安全模式类似，IE 在安全模式下将不载入任何加载项或者非必要组件，只载入 IE 运行所需的基本组件。进入安全模式的 IE 后，禁用可能导致 IE 问题的加载项，并重新运行正常模式的 IE，通常即可解决由加载项导致的问题。

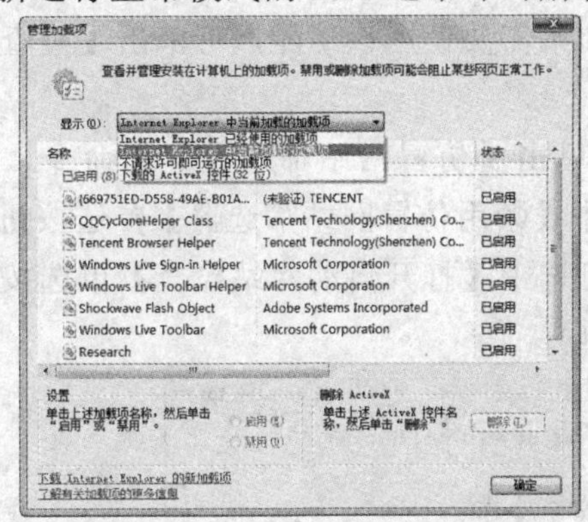

图 13-23　【管理加载项】对话框

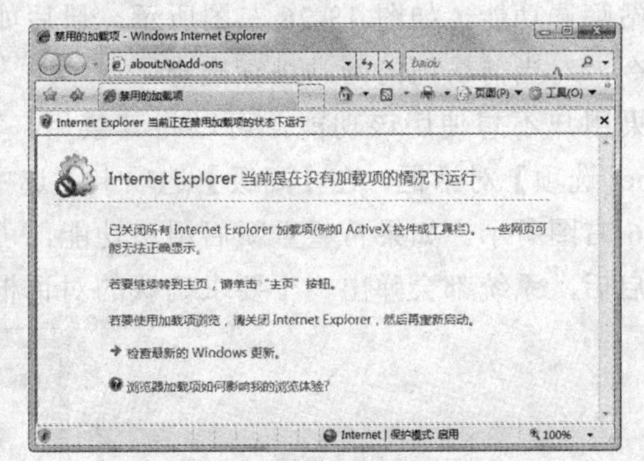

图 13-24　运行在安全模式下的 IE

13.2.2　用户隐私保护策略

1. 仿冒网站筛选

所谓仿冒网站，就是利用一些相似的域名和页面设计，将网站伪装成其他网站，诱骗访客在该网站上输入个人信息。这是近两年来随着网上电子商务的发展而出现的一种新的网络诈骗形式，一旦用户在这些网站上输入了个人信息，这些个人信息就有可能被创建仿冒网站的人窃取。为了防范这种诈骗，IE 7.0 提供了一个称为仿冒网站筛选器的功能。启用该功能后，每当用户访问网站的时候，IE 7.0 都会自动在后台查询微软维护的一个仿冒网站列表，并将用户访问的网站和列表中的内容进行对比。

如果发现用户要访问的网站很有可能是仿冒网站，但还没有确认，那么 IE 7.0 的地址栏会自动变成黄色，并弹出一个警告信息，提醒用户注意。仿冒网站的判断需要所有用户参与进来，这样才能保障大家的利益。单击【报告该网站是否为仿冒网站】链接，可在打开的页面上进行判断，如图 13-25 所示。如果要访问的网站已经被确认为是仿冒网站，此时 IE 7.0 的地址栏将变成红色，而且页面内容被禁止显示。

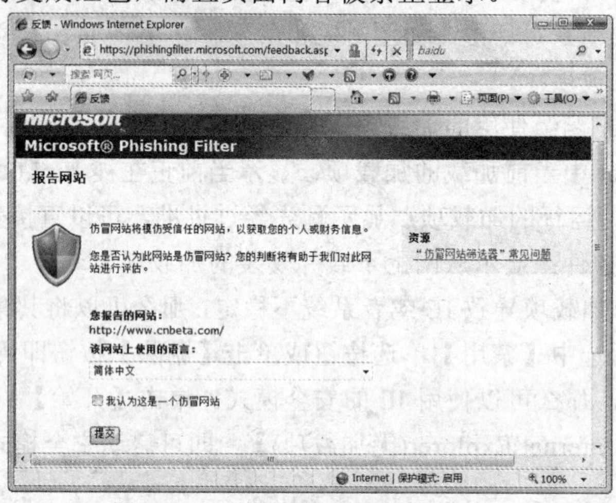

图 13-25　判断网站是否为仿冒网站

如果用户不希望 IE 7.0 查询自己访问的每一个网站，而只是希望在某些网站上查询(例如网上银行网站)，可单击【工具】|【仿冒网站筛选】|【关闭自动网站筛选】命令，关闭仿冒网站筛选功能，如图 13-26 左图所示。日后如果需要使用该功能，可单击【检查此网站】命令，对当前访问的网站进行检查。

如果用户不想使用该功能，可以将其禁用。单击【仿冒网站筛选设置】命令，打开【Internet 选项】对话框，在【高级】选项卡下选中【禁用仿冒网站筛选器】单选按钮，如图 13-26 右图所示。如果希望重新启用该功能，可选中【打开自动网站检查】单选按钮。每次重启后，系统都会弹出一个要求确认的对话框。

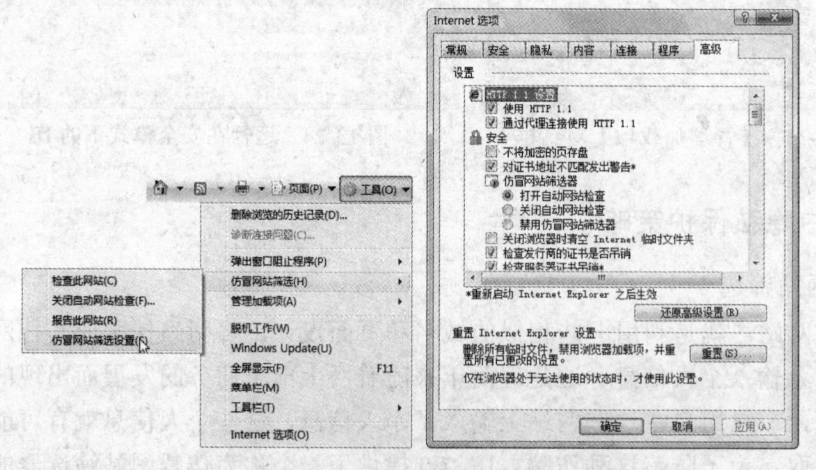

图 13-26　启用、关闭或禁用仿冒网站筛选功能

2. 检查安全证书

除了仿冒网站，Internet 上还有一种更为恶劣的窃取隐私的方法，就是使用无效或者不安全的安全证书来窃取数据。有些网站，特别是网上银行，由于涉及到个人财务信息，银行都会在用户开通网上银行服务时，要求用户安装银行提供的安全证书或数字签名，用于加密浏览器和服务器之间的通信。

对于普通的加密网站，当用户和网站进行信息交互时，IE 7.0 会检查网站加密用的证书是否和网站的域名一致。如果一致，就可以直接访问网站的内容。否则将提醒用户注意，建议用户首先确认该问题是否是恶意的还是不小心造成的，如果确实是伪装的加密网站，建议立即离开该页面。

而对于网银的安全证书(数字签名)，其工作原理比较复杂。简单地讲，就是结合证书主体的私钥，在通信时将证书出示给对方，证明自己的身份。证书本身是公开的，谁都可以拿到，但私钥(不是密码)只有持证人自己掌握，永远也不会在网络上传播。

以建设银行的网银为例，有三种证书：建行 CA 认证中心的根证书，建行网银中心的服务器证书，以及每个网银用户在浏览器端的客户证书。有了这三个证书，就可以在浏览器与建行网银服务器之间建立起 SSL 加密连接。这样，您的浏览器与建行网银服务器之间就有了一个安全的加密信道。安全证书可以使与您通信的对方验证您的身份，同样，您也可以用与您通信的对方的证书验证他的身份，而这一验证过程是由系统自动完成的。

3. 删除访问记录

如果一台计算机是被多人共用的，则建议用户将每次上网后浏览器所保存的访问记录等信息删除，尤其是在访问诸如银行等在线交易网站后。这些私人信息包括浏览记录、搜索记录、Cookie、浏览器缓存，以及保存的表单和密码等。单击 IE 7.0 常用工具栏的【工具】|【删除浏览的历史记录】命令，打开图 13-27 所示的【删除浏览的历史记录】对话框。

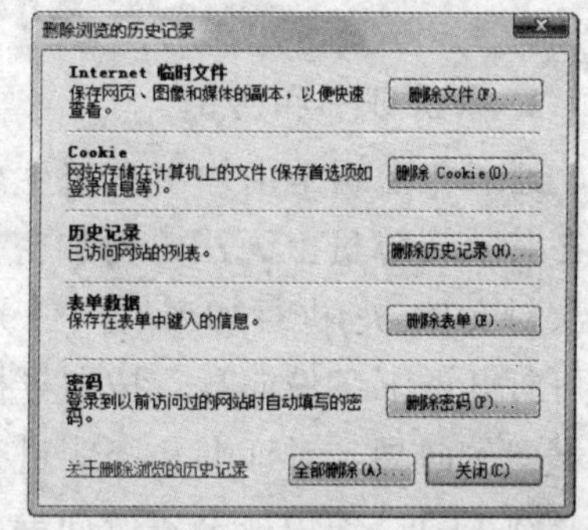

图 13-27　【删除浏览的历史记录】对话框

图 13-27 中对 IE 7.0 可以删除的所有历史记录进行了分类，单击每种记录对应的删除按钮即可将其删除。用户也可以单击【全部删除】按钮，删除所有类别的记录。

13.3 数据安全

在 Windows Vista 下，用户的数据将更加安全。您既可以对关键文件或文件夹进行加密，以防止其他用户访问或修改它；也可以对它们进行备份，一旦系统发生故障或灾难，便可以通过先前备份的数据，对数据进行恢复。

13.3.1 加密与解密文件(夹)

要使用文件(夹)加密功能，文件或文件夹所在的磁盘必须采用的是 NTFS 文件系统。

文件(夹)被加密后，除加密者外的其他账户或局域网内的其他计算机均无法打开，除非拥有加密证书和密钥。

1. 加密文件(夹)

打开 Windows Vista 资源管理器，找到并右击要加密的文件(夹)，从弹出菜单中单击【属性】命令，打开文件(夹)的【属性】对话框。单击【高级】按钮，打开【高级属性】对话框，如图 13-28 所示。

选中【加密内容以便保护数据】复选框，单击【确定】按钮。系统会提示是否确认更改文件(夹)的属性，选择【将更改应用于此文件夹、子文件夹和文件】，如图 13-29 所示。单击【确定】按钮，关闭所有对话框。可以发现，加密后的文件(夹)呈绿色显示。

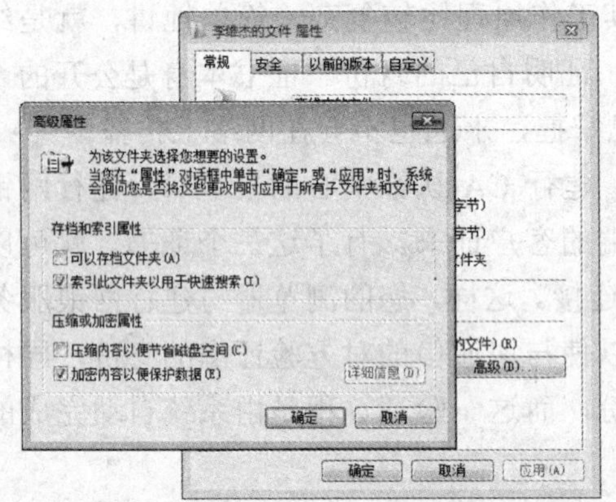

图 13-28　选择加密文件(夹)

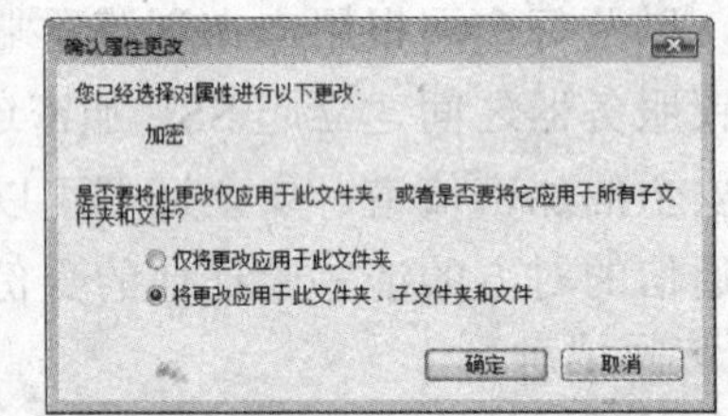

图 13-29　确认更改文件(夹)属性

2. 备份证书和密钥

证书和密钥是由加密系统生成的用于访问加密文件(夹)的凭证，为了防止因更改账户或在其他计算机上无法访问加密文件(夹)，及时备份加密证书并设置密码是十分必要的。初次对文件(夹)进行加密后，任务栏的通知区域会自动弹出备份加密密钥的气泡提示，单击可打开证书备份向导，按向导提示进行证书和密钥的备份。也可以利用控制面板来打开证书备份向导，对证书和密钥进行备份。

例 13-1　使用证书备份向导备份证书和密钥。

❶ 打开控制面板，依次单击【用户账户和家庭安全】|【用户账户】，进入图 13-30 所示的用户账户管理界面。

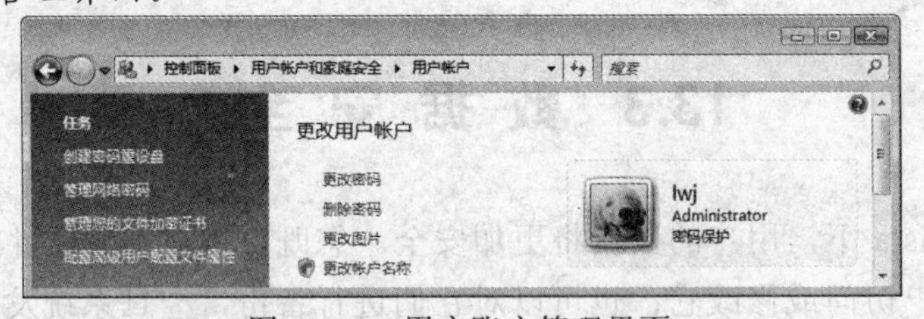

图 13-30　用户账户管理界面

❷ 单击左侧导航部分的【管理您的文件加密证书】链接，打开证书备份向导，如图 13-31 所示。单击【下一步】按钮，如果有多个证书，可单击【选择证书】按钮，从证书列表选择要备份的证书，如图 13-32 所示。单击【查看证书】按钮，可查看证书的详情。

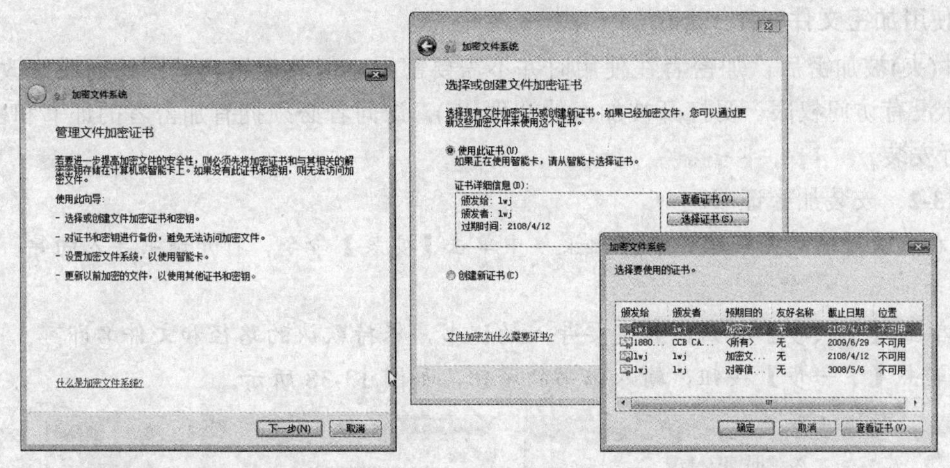

图 13-31　证书备份向导　　　　图 13-32　选择要备份的证书

❸ 单击【下一步】按钮，输入证书的备份路径、名称和密码，如图 13-33 所示。

❹ 单击【下一步】按钮，如果以前使用了文件加密，可以在此处选择它以更新证书，更新后即可用新证书访问加密文件，如图 13-34 所示。

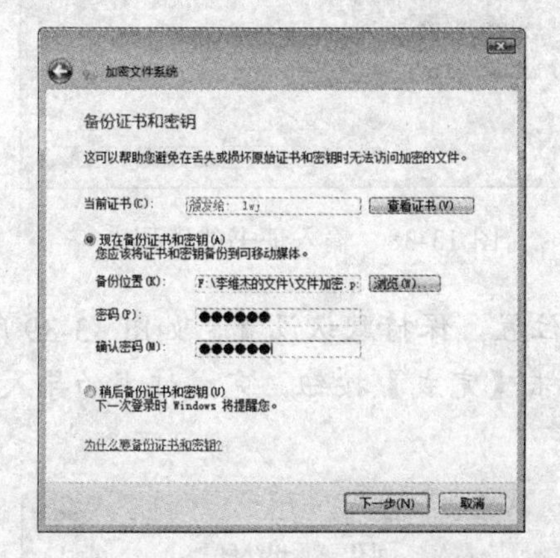

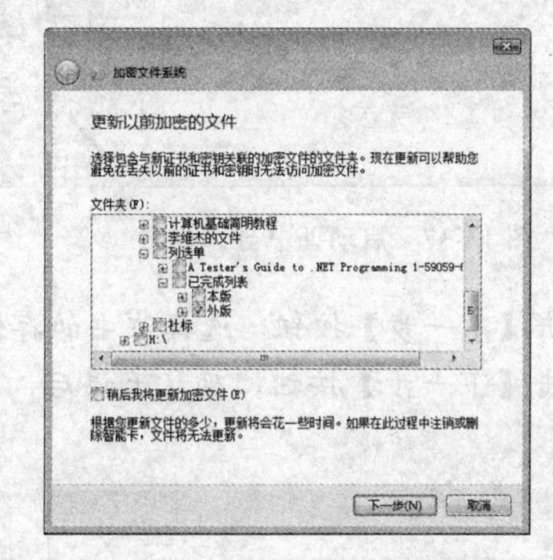

图 13-33　设置证书的备份路径和密码　　　　图 13-34　选择要更新的加密文件

❺ 单击【下一步】按钮，将显示更新加密文件的进度提示，如图 13-35 所示。加密文件更新后，单击【关闭】按钮，完成证书的备份，如图 13-36 所示。

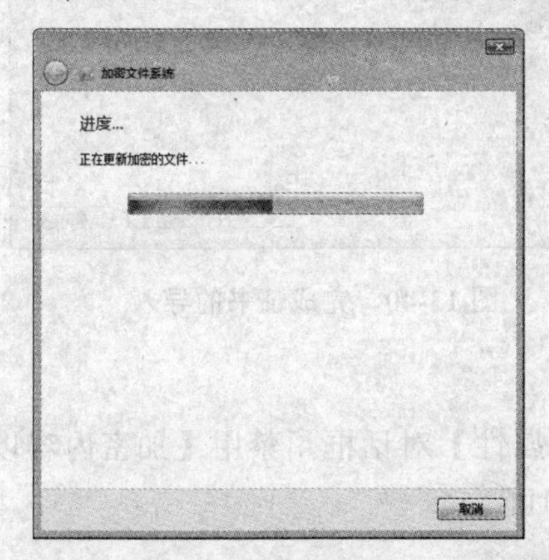

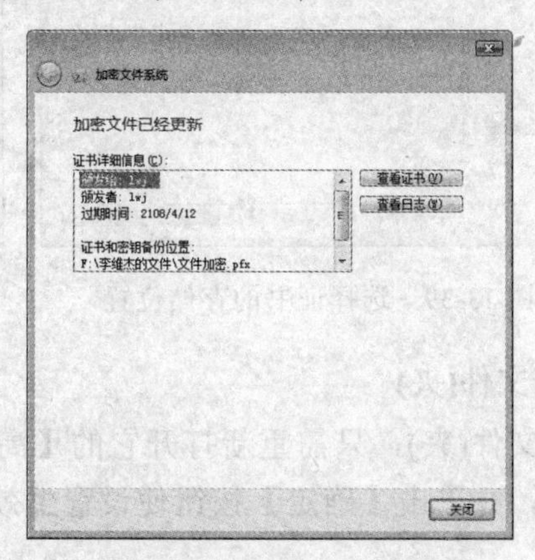

图 13-35　查看更新加密文件的进度　　　　图 13-36　完成证书的备份

3. 使用加密文件(夹)

文件(夹)被加密后，加密者在使用时并不需要密码，但其他用户试图访问或修改时，则会提示没有访问权限。要打开被加密的文件(夹)，访问者必须拥有加密者的证书和密钥，然后进行安装。

例 13-2 安装加密证书。

❶ 右击获得的加密证书，从弹出菜单中单击【安装】命令，打开证书导入向导，如图 13-37 所示。

❷ 单击【下一步】按钮，指定要导入的证书，保持默认的路径和文件名即可。

❸ 单击【下一步】按钮，输入证书的密钥，如图 13-38 所示。

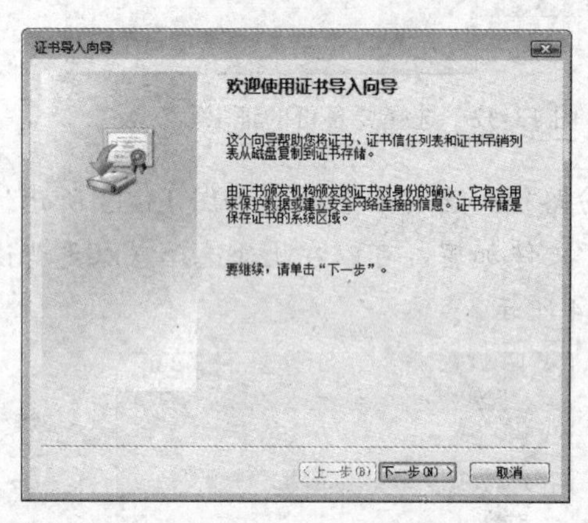

图 13-37 启动证书导入向导

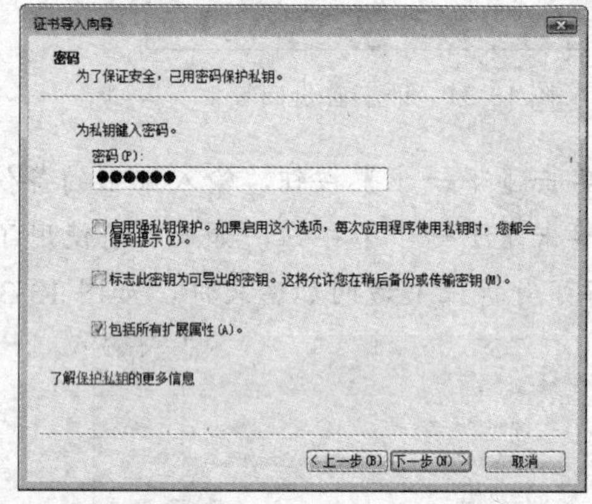

图 13-38 输入证书的密码

❹ 单击【下一步】按钮，选择证书的存储位置，保持默认设置，如图 13-39 所示。

❺ 单击【下一步】按钮，确认无误后，单击【完成】按钮，完成证书的导入，如图 13-40 所示。

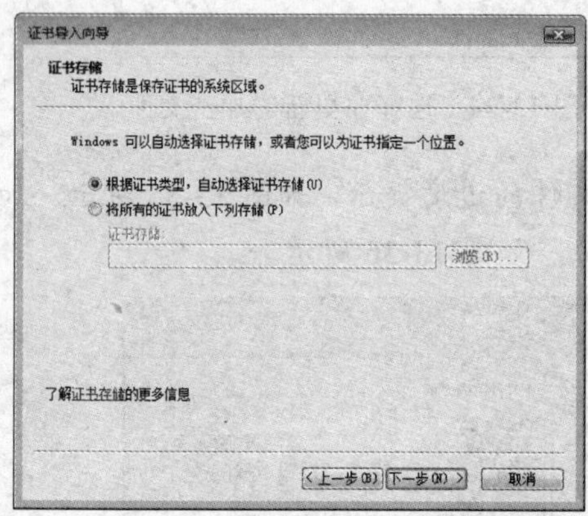

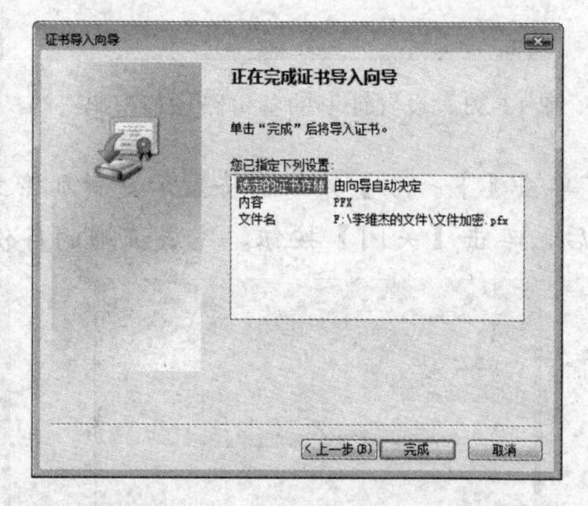

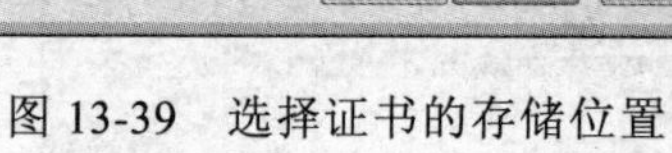

图 13-39 选择证书的存储位置

图 13-40 完成证书的导入

4. 解密文件(夹)

要解密文件(夹)，只需重新打开它的【高级属性】对话框，禁用【加密内容以保护数据】复选框，并单击【确定】按钮使设置生效即可。

13.3.2　备份和还原用户数据

Windows Vista 具备了多种备份功能，可以给用户提供多层次的数据备份能力。例如：借助文件备份功能，可以轻松对用户文档进行自动备份；借助完整计算机备份功能，可以对计算机进行全卷备份，以便进行整机恢复；借助系统还原，可以为 Windows 系统做一个快照，以便系统发生故障时快速还原到先前的某个正常状态。

1. 自动备份关键数据

对于一些比较重要的文件，用户可以对其设置自动备份，以便可以周期性地对它们进行备份。这些文件可以是图片、音乐、视频、电子邮件、文档等。要备份或还原计算机上的文件，用户必须具备对应的权限。

须要注意的是，为了能够成功进行自动备份，在计划好的时间里，计算机必须被打开。而且，用户不能将备份保存到系统盘、引导盘、磁盘或 USB 闪盘中。另外，只有 NTFS 卷上的个人文件才会被备份，系统文件、程序文件，以及临时文件都不会被备份。对于刻录机，如果其容量无法满足备份文件的大小，那么在要求的时候用户可以更换刻录盘。

例 13-3　自动备份用户关键数据。

❶ 依次单击【开始】|【控制面板】|【系统和维护】|【备份和还原中心】，打开备份和还原中心，如图 13-41 所示。

❷ 在【备份文件或整个计算机】选项下单击【备份文件】按钮，即可启动图 13-42 所示的备份向导。首先选择备份的位置，可以是本地硬盘、CD 或 DVD 光盘，也可以是网络上的某个位置。

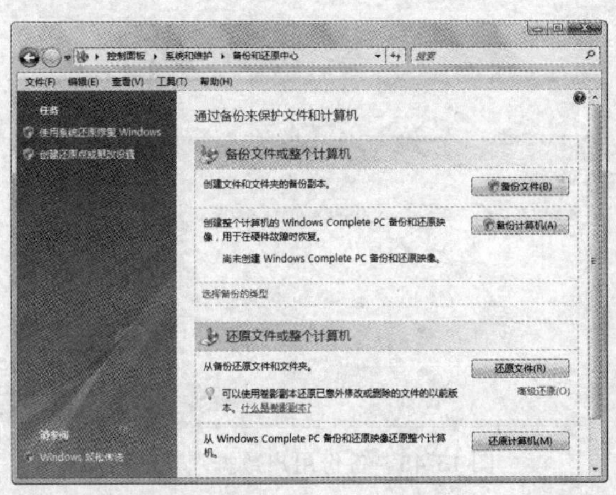

图 13-41　备份和还原中心

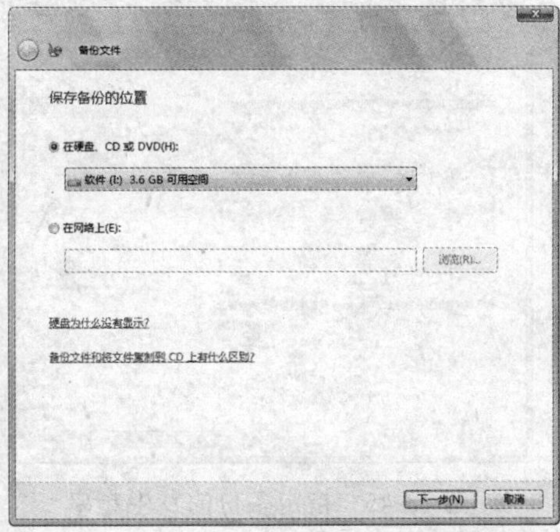

图 13-42　选择备份位置

❸ 单击【下一步】按钮，指定要备份的磁盘分区，系统默认选中 Windows 的安装分区，用户还可以指定备份其他分区，如图 13-43 所示。

❹ 单击【下一步】按钮，指定所需备份的文件类型，默认有图片、音乐、视频、电子邮件、文档、电视节目和压缩文件等，如图 13-44 所示。

提示：由于是备份用户数据，所以不会备份任何系统文件、注册表配置单元文件和与操作系统有关的数据。这些数据由另外的备份功能负责管理。

❺ 单击【下一步】按钮，指定自动备份的发生频率，如图 13-45 所示。设置完成后，

单击【保存设置并开始备份】按钮，即可开始进行备份，如图 13-46 所示。第一次备份数据时，系统会创建完整的数据备份。等到下次开始自动备份时，只会保存自上次备份后发生变化的那部分数据，这样便极大降低了磁盘的占用空间。

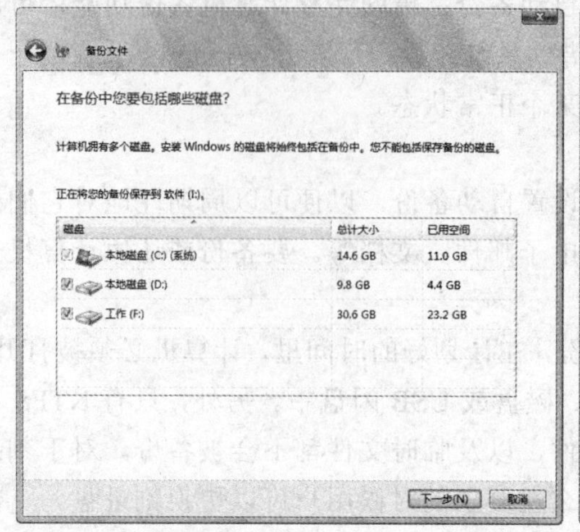

图 13-43 指定要备份的磁盘分区

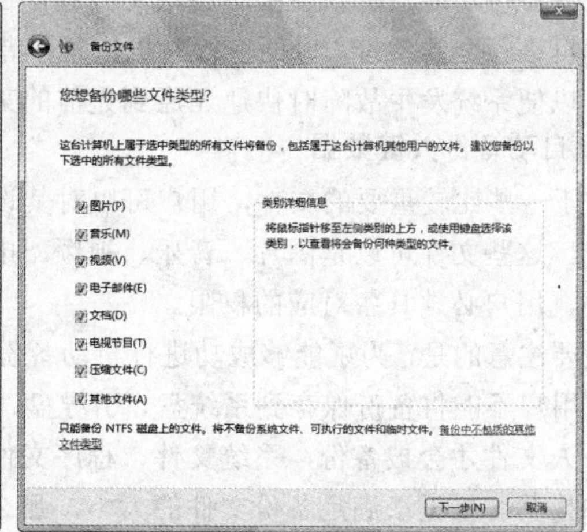

图 13-44 指定要备份的文件类型

备份完成后，如果用户希望修改备份的设置，例如希望重新设置备份的分区、文件类型或备份的时间，可以重新打开备份和还原中心，【备份文件】按钮下将显示一个【更改设置】链接，单击该链接，在打开的对话框底部单击【更改备份设置】按钮，对备份进行重新设置即可。

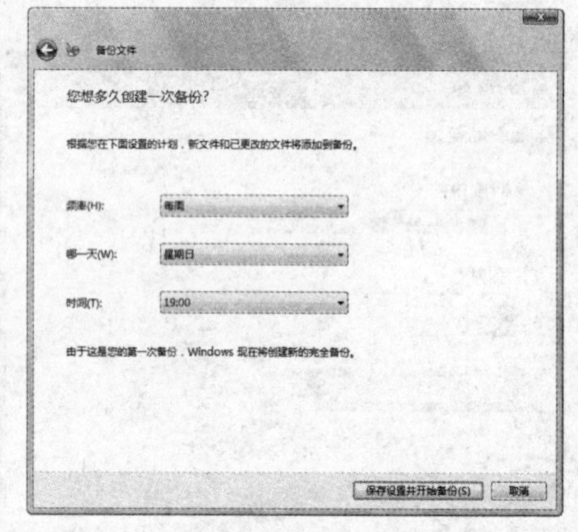

图 13-45 指定备份的发生频率

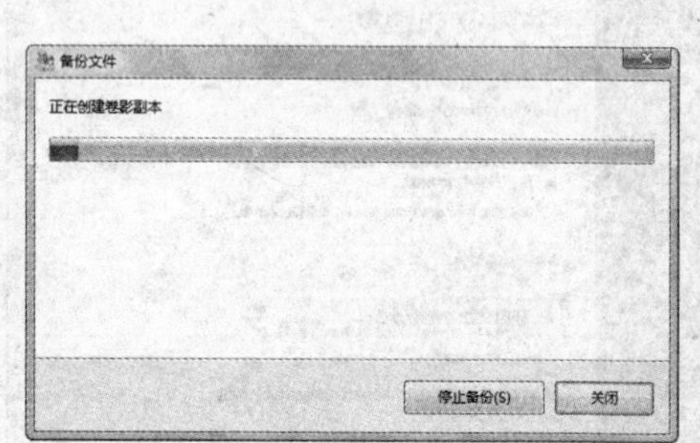

图 13-46 备份用户数据

2. 还原自动备份的关键数据

一旦用户备份了自己的文件，就可以在系统发生故障时，使用这些备份来恢复数据。

例 13-4 使用备份还原用户的数据。

❶ 打开备份和还原中心，在窗口右下角单击【还原文件】按钮，即可启动还原文件向导，如图 13-47 所示。用户可以选中【文件来自最新备份】单选按钮，以便把文件恢复到最新的备份状态；也可以选中【文件来自较旧备份】单选按钮，以便选择恢复到先前的某个版本。

❷ 选中【文件来自最新备份】单选按钮，单击【下一步】按钮，向导会显示多个备份，

选择需要还原的备份。

❸ 单击【下一步】按钮，单击【添加文件】或【添加文件夹】按钮，添加需要还原的文件或文件夹，如图 13-48 所示。用户也可以单击【搜索】按钮，搜索需要还原的文件并将其添加到图 13-49 的列表框中。

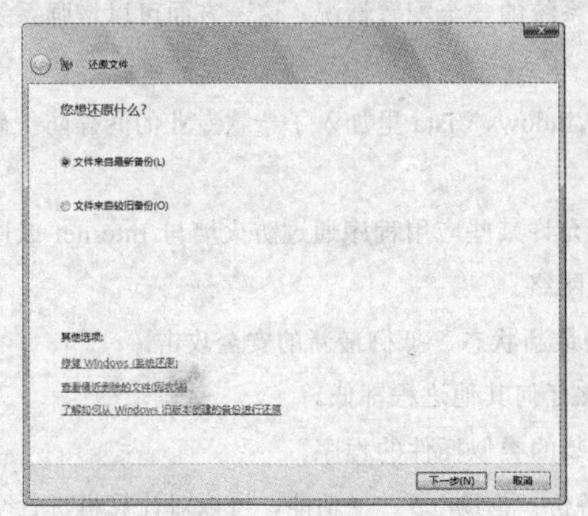

图 13-47　选择要使用的备份

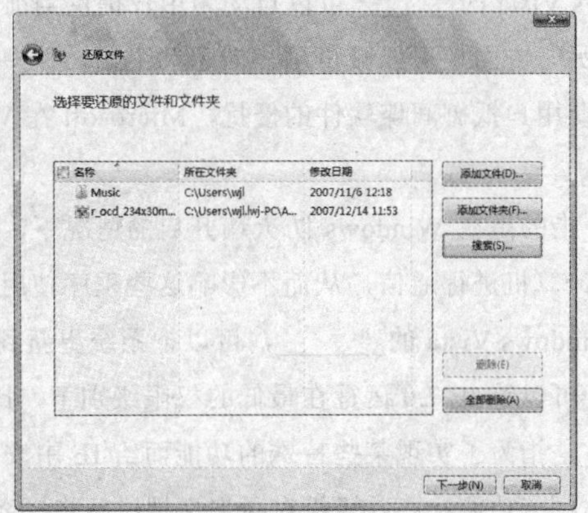

图 13-48　添加要还原的文件或文件夹

❹ 单击【下一步】按钮，选择需要还原的目标路径。可以选择【在原始位置】还原，也可以选择【在以下位置】单选按钮，然后输入指定的还原路径，如图 13-50 所示。单击【开始还原】按钮，即可还原设置的文件和文件夹。

图 13-49　搜索要还原的文件

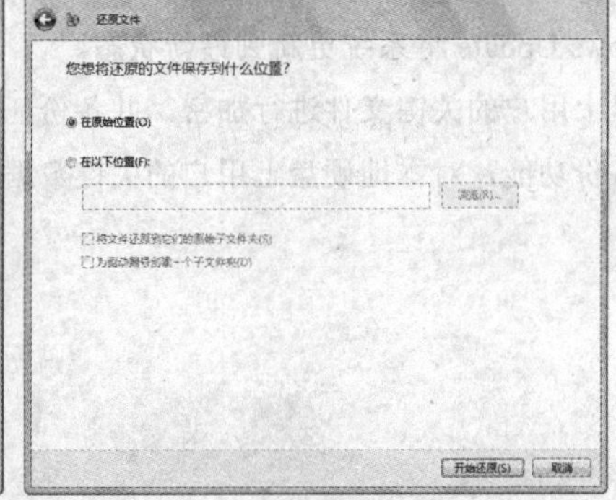

图 13-50　设置还原的位置

本 章 小 结

Windows Vista 引入了许多安全特性，既包括上一章介绍的用户账户控制，也包括本章介绍的 Windows Defender、Windows 防火墙、Windows Update 等。Windows 安全中心可以自动为用户提供安全配置，当然，您也可以进行手动配置。IE 7.0 在安全方面也有较大改进，保障用户的上网安全。最后对 Windows Vista 环境下的数据加密、备份和还原进行了介绍。下一章向读者介绍 Windows Vista 系统检测、优化和维护方面的知识。

习 题

填空题

1. Windows Vista 的_______可以自动为用户提供当前系统的安全配置情况，这一方面可以增强系统的安全性，另一方面也可以减少用户的手动干预。
2. 为了帮助用户抵御间谍软件的侵扰，Microsoft 在 Windows Vista 里加入了一款专业的间谍防护软件：_______。
3. _______指的是在 Windows 防火墙开启的情况下，允许某些应用程序通过防火墙与 Internet 或网络上的其他计算机进行通信，从而不影响这些程序使用网络。
4. 使用 Windows Vista 的_______，可以把系统更新到最新状态，抵御最新的安全攻击。
5. _______可以让 IE 7.0 运行在最低的权限级别下，比任何其他进程都低。
6. _______是指为了实现某些特殊的功能而给 IE 中安装的类似插件的程序。
7. 借助_______功能，可以轻松对用户文档进行自动备份；借助_______功能，可以对计算机进行全卷备份，以便进行整机恢复；借助_______，可以为 Windows 系统做一个快照，以便系统发生故障时快速还原到先前的某个正常状态。

简答题

8. IE 7.0 是如何保护用户的个人隐私的？
9. 当用户或某些流氓软件不小心修改了 IE 的设置，如何进行快速恢复？

上机操作题

10. 使用 Windows Update 将系统更新到最新状态。
11. 对本地硬盘上用户的关键文件进行加密，并备份证书。
12. 利用自动备份功能，对本地硬盘上用户的关键数据进行备份。

第 14 章

系统检测、优化与维护

本章主要介绍 Windows Vista 的系统管理和维护知识，以便用户及时了解系统的使用状况，并能够处理常见的系统故障。通过本章的学习，应该完成以下**学习目标**：

- ☑ 学会查看和检测计算机的使用状态
- ☑ 学会使用可靠性监视器和事件查看器检测引起系统故障的原因
- ☑ 掌握常见硬件故障的检测方法
- ☑ 掌握系统故障的常见恢复方法

14.1 检测系统性能

Windows Vista 提供了任务管理器、资源监视器和性能计数器这 3 个工具，以帮助用户了解当前系统的使用和性能状况。

14.1.1 任务管理器

任务管理器可以显示计算机当前正在进行的任务、服务和网络情况，可以监视计算机的内存及 CPU 使用情况，并结束不需要的任务。在任务栏空白处右击，从快捷菜单中单击【任务管理器】命令，可打开任务管理器，如图 14-1 所示。

【应用程序】选项卡中显示了当前运行程序的状态。用户有时在进行多任务处理时，可能会由于 CPU 资源耗尽而导致某些应用程序停止响应，可在该选项卡中将停止响应的应用程序结束，选中后单击【结束任务】按钮即可。

【进程】选项卡中显示了当前的系统进程及其状态，包括其 CPU 占有率、占有的内存容量、映像路径和命令行信息等。如果系统进程没有显示出来，用户可单击【显示所有用户的进程】按钮。选中某个进程后单击【结束进程】按钮，可强制结束进程，如图 14-2 所示。另外，在【应用程序】选项卡中右击某个应用程序，从快捷菜单中单击【转到进程】命令，可切换到【进程】选项卡，并定位到所对应的进程上。

【性能】选项卡显示了当前系统的 CPU、内存和页面文件的占用情况，如图 14-3 所示。如果【CPU 使用记录】有两个或多个图形，则表明此计算机具有两个或多个 CPU。如果【CPU 使用】的百分比比较高，则说明进程要求大量的 CPU 资源，这会使计算机的运行速度减慢；如果百分比达到 100%，则表明有些应用程序可能失去响应。中间的两个图表示当前系统所使用的物理内存容量。【物理内存】部分的【总数】显示系统物理内存的总量，【缓存】

是指系统所加载的内容，【可用数】表示新释放的可用物理内存容量。【核心内存】部分的【总数】显示 Windows 内核正在使用的虚拟内存总量，【分页数】指的是内存位于页面文件的容量；【未分页】表示内核位于物理内存的容量。单击【资源监视器】按钮，可启动资源监视器程序。

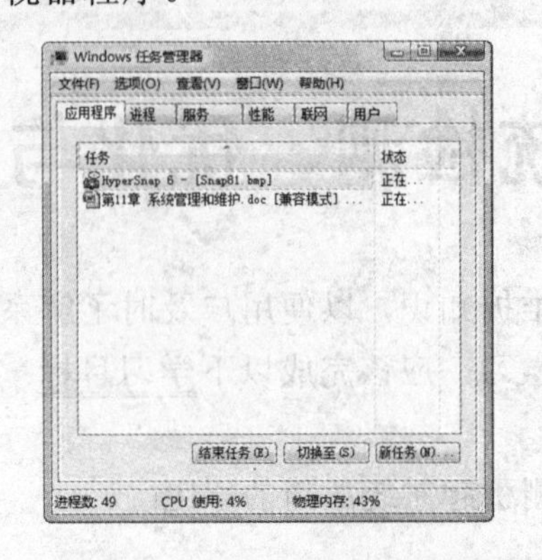

图 14-1 【应用程序】选项卡

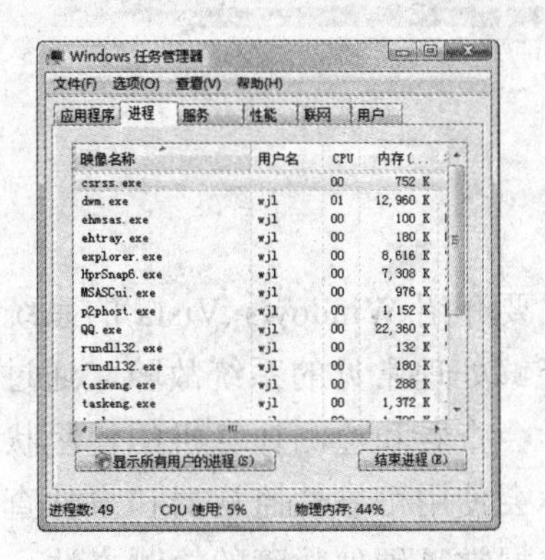

图 14-2 【进程】选项卡

【联网】选项卡显示了当前的网络状态与占用情况。【用户】选项卡则显示了当前已经登录的用户状态，可断开或注销选中的用户，如图 14-4 所示。

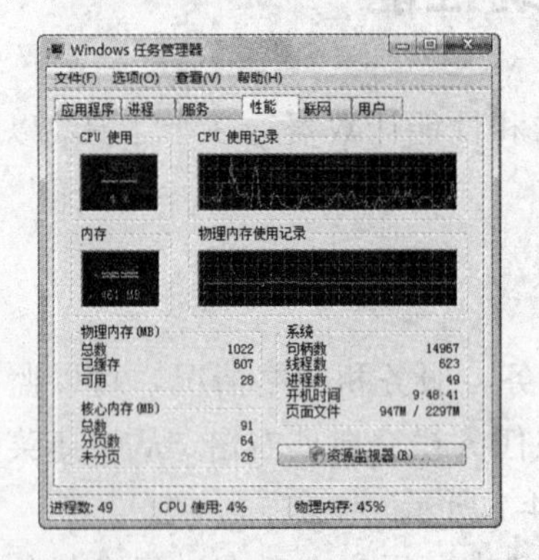

图 14-3 【性能】选项卡

图 14-4 【用户】选项卡

14.1.2 资源监视器

这是 Windows Vista 新引入的一个工具，可用来实时监控计算机的 CPU、内存、磁盘和网络的活动情况。在任务管理器的【性能】选项卡中单击【资源监视器】按钮，打开【资源监视器】窗口，如图 14-5 所示。该窗口由上下两部分组成，上半部分有 4 个图表，分别显示 CPU、磁盘、网络和内存的使用情况，下半部分则显示这 4 个部分的详细信息。

1. CPU 使用情况

单击上方的 CPU 图表，即可在下方显示所有进程的 CPU 使用情况，如图 14-6 所示。上方图表中显示了当前系统的 CPU 占有率，下方则显示了详细的进程信息。【映像】列显示进程的映像文件名称；【PID】列显示进程对应的标识符；【描述】列可以帮助用户判断进程的作用和名称；【线程数】列显示该进程所拥有的线程数量；【CPU】列显示进程当前活动的 CPU 周期；【平均 CPU】列则是指进程在 60 秒内的 CPU 平均占有率。

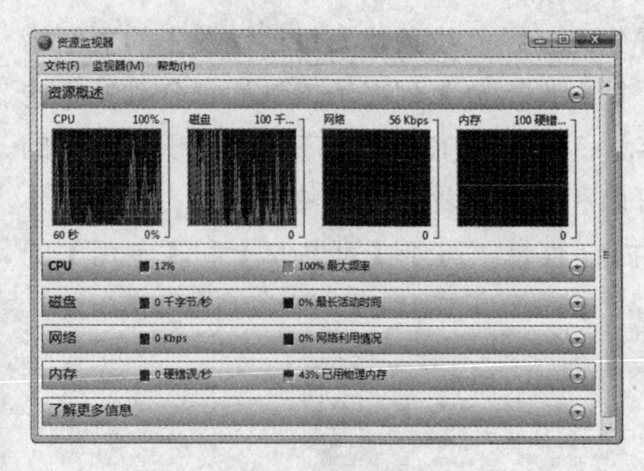

图 14-5　资源监视器

CPU　11%　100% 最大频率

映像	PID	描述	线程数	CPU	平均 CPU
perfmon.exe	3232	可靠性和性能监视器	9	6	13.93
HprSnap6.exe	1992	HyperSnap	10	0	4.63
dwm.exe	2456	桌面窗口管理器	5	2	4.15
System	4	NT Kernel & System	114	2	0.43
WINWORD.EXE	348	Microsoft Office Word	8	0	0.32
explorer.exe	2500	Windows 资源管理器	32	0	0.26
csrss.exe	564	客户端服务器运行时进程	9	0	0.26
svchost.exe (LocalSystemNetwork...	1096	Windows 服务主进程	35	0	0.21
SearchIndexer.exe	1428	Microsoft Windows Searc...	15	0	0.19

图 14-6　CPU 使用信息

2. 磁盘使用情况

单击上方的磁盘图表，即可在下方显示当前进程的磁盘访问情况，如图 14-7 所示。上方的磁盘图表中蓝色线条代表磁盘的最长活动时间百分比，绿色线条代表当前的磁盘活动情况(KB/秒)。下方显示进程的磁盘访问情况，其中：【文件】列显示进程所访问的文件路径和名称；【读(字节/分)】列显示进程从文件中读取数据的速度；【写(字节/分)】列表示进程从文件中写入数据的速度；【IO 优先级】列显示进程的磁盘访问优先级；【响应时间(ms)】列显示磁盘活动的响应时间。

磁盘　0 千字节/秒　3% 最长活动时间

映像	PID	文件	读(字节/分)	写(字节/分)	IO 优先级	响应时间(ms)
HprSnap6.exe	2712	C:\Progr...	26,112	0	正常	153
HprSnap6.exe	2712	C:\Progr...	28,672	0	正常	150
HprSnap6.exe	2712	C:\Progr...	22,528	0	正常	134
HprSnap6.exe	2712	C:\Wind...	100,864	0	正常	127
HprSnap6.exe	2712	C:\Progr...	262,144	0	正常	126
HprSnap6.exe	2712	C:\Wind...	10,752	0	正常	115
HprSnap6.exe	2712	C:\Wind...	376,832	0	正常	97
HprSnap6.exe	2712	C:\Progr...	1,464,832	0	正常	93
HprSnap6.exe	2712	C:\Wind...	4,096	0	正常	83

图 14-7　磁盘使用信息

3. 网络使用情况

单击上方的网络图表，即可在下方显示当前进程的网络活动情况，如图 14-8 所示。上方的网络图表中的蓝色线条代表网络带宽的使用百分比，绿色线条代表当前的网络流量。下方显示进程的网络访问情况，其中：【地址】列显示进程所访问的目标网络地址；【发送(字节/分)】列表示进程发送到该地址的数据传输速度；【接收(字节/分)】列表示进程从该地址中接收数据的速度；【总数(字节/分)】列显示总的数据发送和接收的速度，是【发送(字节/分)】和【接收(字节/分)】的总和。

网络　1 Kbps　0% 网络利用情况

映像	PID	地址	发送(字节/分)	接收(字节/分)	总数(字节/分)
QQ.exe	2356	hn	10,436	0	10,436
QQ.exe	2356	lwj-PC	0	3,709	3,709
System	4	192.168.1.255	408	936	1,344
QQ.exe	2356	192.168.0.11	672	0	672
QQ.exe	2356	58.251.62.67	622	0	622
svchost.exe (NetworkService)	1448	lwj-PC	0	401	401
svchost.exe (netsvcs)	1108	lwj-PC	0	218	218
svchost.exe (NetworkService)	1448	dialdns	177	0	177
System	4	121.14.78.119	150	0	150

图 14-8　网络使用情况

4. 内存使用情况

单击上方的内存图表，即可在下方显示当前进程的内存使用情况，如图 14-9 所示。上方的网络图表中蓝色线条代表物理内存的使用百分比，绿色线条代表每秒钟发生的页面错误次数。下方显示进程的内存使用情况，其中：【硬错误/分】列表示该进程每分钟发生的错误事件；【提交】列表示进程所提交页面的容量；【专用(KB)】列表示专属于该进程的物理内存占用数量；【可共享(KB)】表示进程可以和其他进程共享的物理内存占用数量；【工作集(KB)】列表示进程当前所占用的所有内存容量，等于【可共享】和【专用】的总和。

内存　0 硬错误/秒　55% 已用物理内存

映像	PID	硬错误/分	提交(KB)	工作集(KB)	可共享(KB)	专用(KB)
firefox.exe	3900	0	93,904	97,204	14,796	82,408
svchost.exe (LocalSystemNetworkRest...	1092	0	44,316	43,884	7,292	36,592
WINWORD.EXE	3972	3	45,744	73,012	52,448	20,564
dwm.exe	2348	0	71,040	41,712	28,484	13,228
QQ.exe	2356	1	35,548	20,888	11,916	8,972
svchost.exe (netsvcs)	1108	0	39,752	20,396	12,460	7,936
HprSnap6.exe	2712	0	17,336	21,384	13,656	7,728
explorer.exe	2380	0	36,852	38,708	31,016	7,692
msnmsgr.exe	2832	0	35,576	15,692	8,092	7,600

图 14-9　内存使用情况

14.1.3　性能监视器

性能计数器可以帮助用户全面了解当前系统各个方面的性能表现，同时帮助用户判断系统性能的瓶颈所在。打开【开始】菜单，在搜索框中输入 perfmon.msc 并按 Enter 键，在打开窗口的左侧定位到【监视工具】|【性能监视器】节点，即可打开性能监视器，性能监视器默认只添加【%Processor Time】计数器，用来显示 CPU 的占用率，如图 14-10 所示。

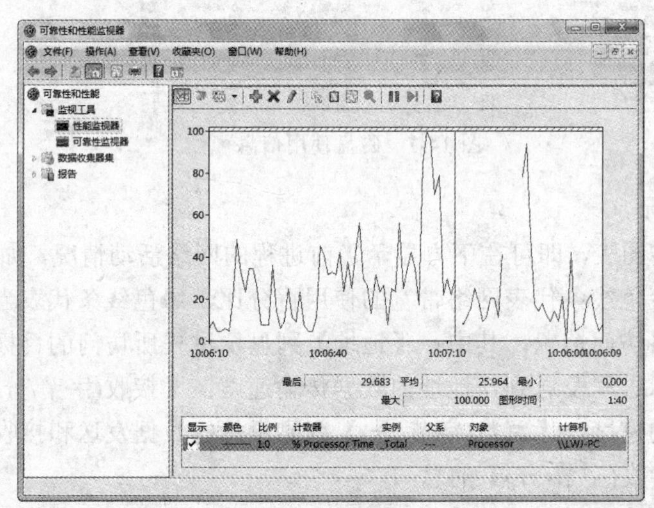

图 14-10　性能监视器

用户可以根据需要添加别的计数器，例如 Available Mbytes，用于统计可用内存数量。具体方法如下：单击右侧窗格工具栏中的【添加】按钮，打开【添加计数器】对话框；首先在计数器列表中选中并展开所需的计数器类别，然后选择其下的计数器；在【选中对象的实例】列表框中选择对象的实例，单击【添加】按钮将其添加到右侧的列表中，如图 14-11 所示。如果用户要了解某个计数器的功能，可选中对话框左下角的【显示描述】复选框，系统将列出该计数器的详细功能描述。

添加好所需的计数器后，就可以借助这些计数器对系统性能的情况进行实时监控了，如图 14-12 所示。如果要清除某个计数器的显示，只需禁用其前面的复选框即可。

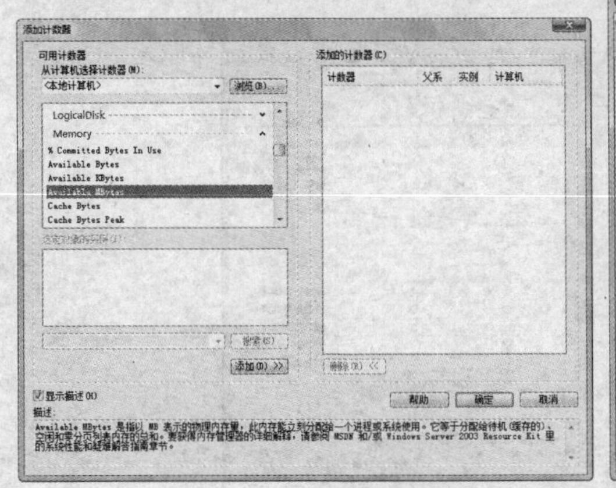

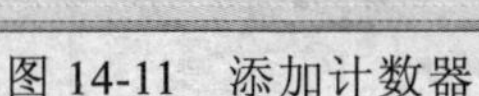

图 14-11　添加计数器

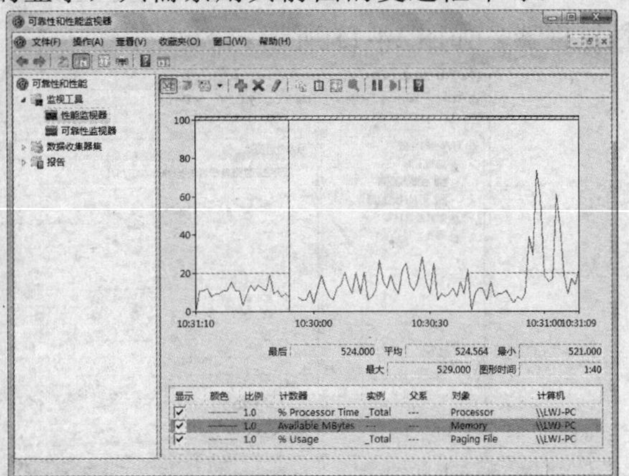

图 14-12　使用计数器了解更多的系统性能状况

当用户添加了较多的计数器后，为了方便查看不同计数器的统计信息，可更改其显示颜色和方式。右击计数器，从快捷菜单中单击【属性】命令，在打开对话框的【颜色】下拉列表中选择要使用的颜色，在【宽度】列表框中选择线条的粗细，在【样式】列表框中选择线条的样式，如图 14-13 所示。

切换到【图表】选项卡，可在【查看】下拉列表框中更改计数器的统计信息的显示方式，默认为【线条】，可以重设为【直方图条】或者【报告】方式。还可以设置统计信息的标题、垂直轴，以及是否显示垂直格线、水平格线等，如图 14-14 所示。

图 14-13　调整线条颜色等

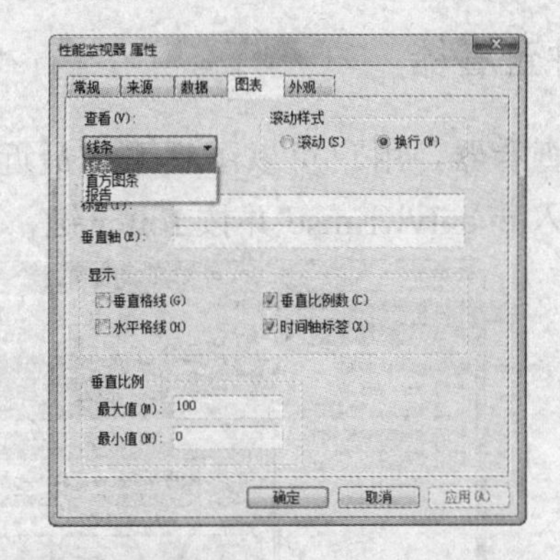

图 14-14　调整查看方式

14.2　可靠性监测器和查看事件日志

Windows Vista 的可靠性监视器和事件日志，为用户提供了十分详细的信息，使得即使缺乏专业知识的普通用户也能够通过这些信息对自己的系统进行排错。

14.2.1　可靠性监测器

可靠性监视器以趋势图的形式来显示计算机系统一个月来的可靠性变化，同时可以查

看特定某个事件系统所发生的故障。打开【开始】菜单，在搜索框中输入 perfmon.msc 并按 Enter 键，在打开窗口的左侧定位到【监视工具】|【可靠性监视器】节点，即可打开可靠性监视器，如图 14-15 所示。

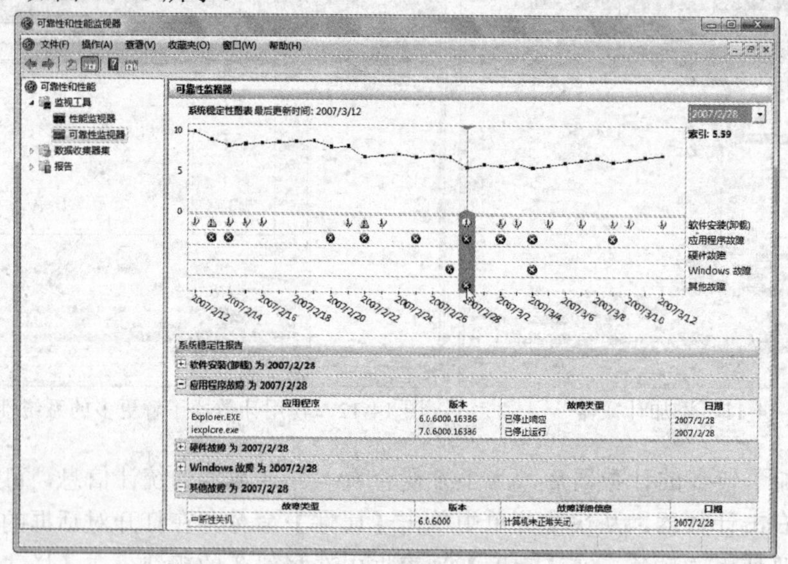

图 14-15　可靠性监视器

对于软件的安装或卸载，可靠性监视器会用图标来表示安装成功或失败的事件。如果在某天系统稳定性图表的曲线突然下降，则说明当天发生了系统或应用程序故障。单击稳定性图表的对应日期，即可在下方看到具体的事件细节。

14.2.2　事件查看器

借助事件查看器，用户可以了解系统最近发生事件的详细信息。打开【开始】菜单，在搜索框中输入 eventvwr.msc 并按 Enter 键，可启动事件查看器，如图 14-16 所示。

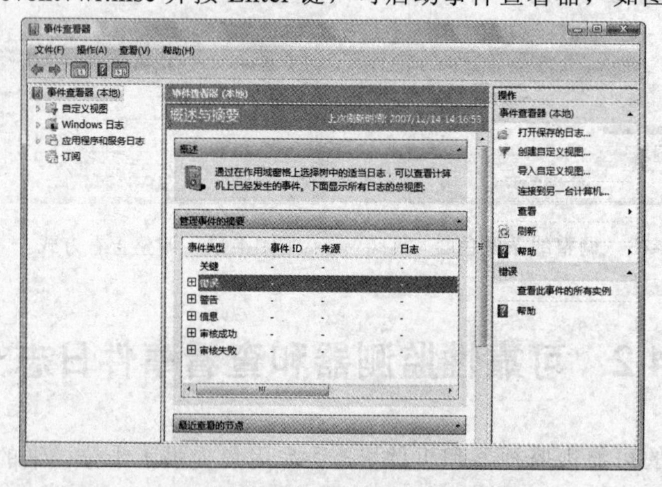

图 14-16　事件查看器

事件查看器的左侧是控制台树，可以在这里选中某个事件分类；中间区域的上方是事件日志窗格，显示某个事件分类里的所有事件，其下方的预览窗格显示给定事件的详细信息；右侧是操作窗格，在这里可以筛选、搜索事件日志，还可以给特定事件绑定相应的任务计划。

在事件日志窗格里选中某个事件，即可在下方显示该事件的预览信息。双击该事件，还可查看该事件的详细属性，包括事件的来源、ID，以及引发事件的事件等，如图 14-17 所示。在底部单击【事件日志联机帮助】链接，可以打开 IE 浏览器，并自动搜索微软的数据库，以便查看是否具有更详细的解释和相应的解决方法。切换到【详细信息】选项卡，还可以以 XML 格式来显示事件日志的详细信息，如图 14-18 所示。

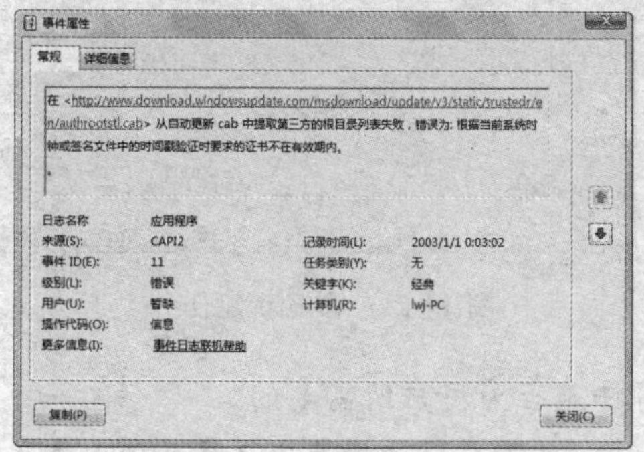

图 14-17　查看事件的详细信息

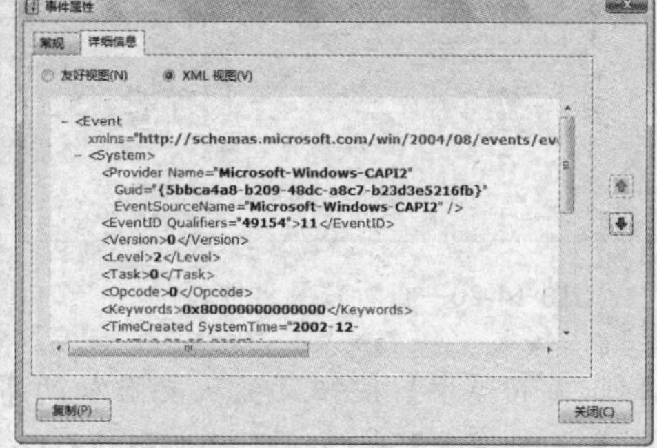

图 14-18　以 XML 格式显示事件日志

Windows Vista 的事件查看器增加了一个全新的功能，就是可以给特定的事件确定一个任务，这样当系统发生指定的事件时，就可以自动触发预先设置的操作。下面举一个例子，当用户登录 Windows Vista 系统时，在桌面上弹出一个消息框，提示用户权限有限。

例 14-1　将任务附加到指定事件。

❶ 首先来开启账户审核策略，打开【开始】菜单，在搜索框中输入 secpol.msc 并按 Enter 键，开启账户审核策略。在左侧控制台定位到【本地策略】|【审核策略】，然后在右侧的详细窗格中双击【审核登录事件】，在打开的对话框中启用【成功】复选框，单击【确定】按钮，如图 14-19 所示。

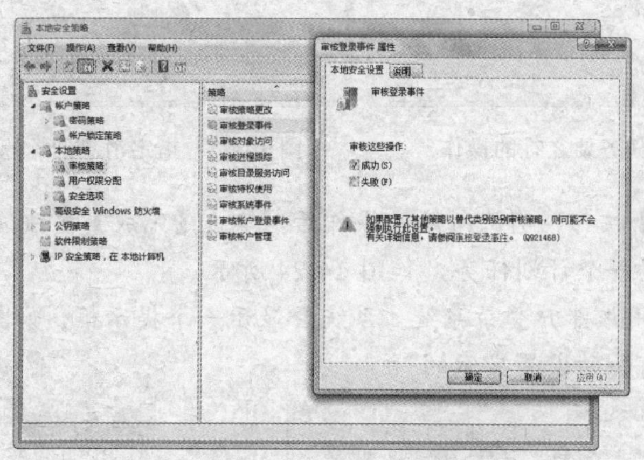

图 14-19　启动审核登录事件策略

❷ 注销当前账户，并使用别的用户账户登录 Windows Vista。打开事件查看器，在左侧的控制台树上定位到【Windows 日志】|【安全】，即可看到登录账户的事件，如图 14-20 所示。

❸ 单击操作窗格的【将任务附加到此事件】链接，可打开一个向导，指定任务的名称，如图 14-21 所示。

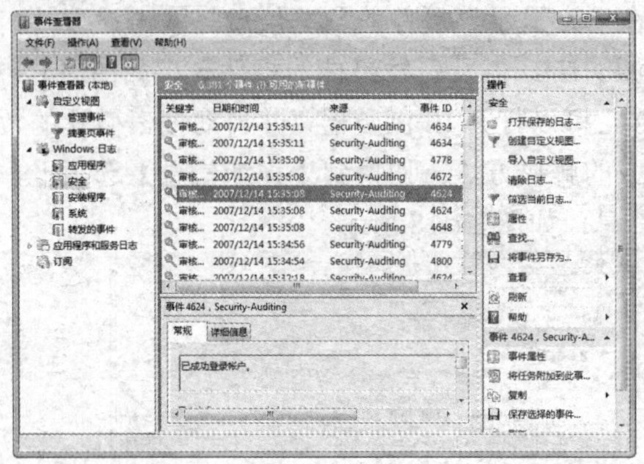

图 14-20　查看登录事件

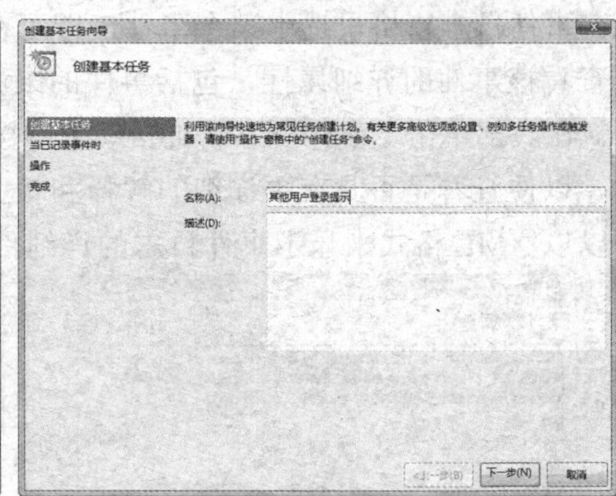

图 14-21　命名新建任务

❹ 单击【下一步】按钮，确认要附加的事件是否为用户所需要的。

❺ 单击【下一步】按钮，设置希望该任务执行的操作，这里选中【显示消息】单选按钮，如图 14-22 所示。

❻ 单击【下一步】按钮，指定消息的标题和正文内容，如图 14-23 所示。

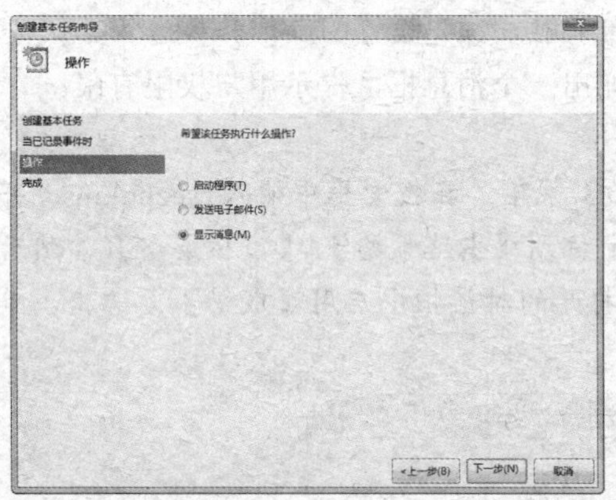

图 14-22　设置任务要之行的操作

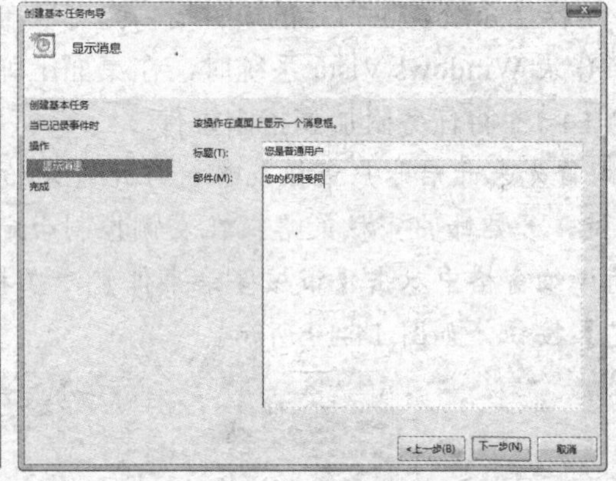

图 14-23　指定消息的标题和正文内容

❼ 单击【下一步】按钮，确认所做的操作后，单击【完成】按钮，系统会提示已经在任务计划程序里添加了一个计划任务，如图 14-24 所示。

❽ 注销并重新使用该账户登录系统，系统会显示一个提示框，如图 14-25 所示。标题和正文内容都是按照前面的设置显示的。

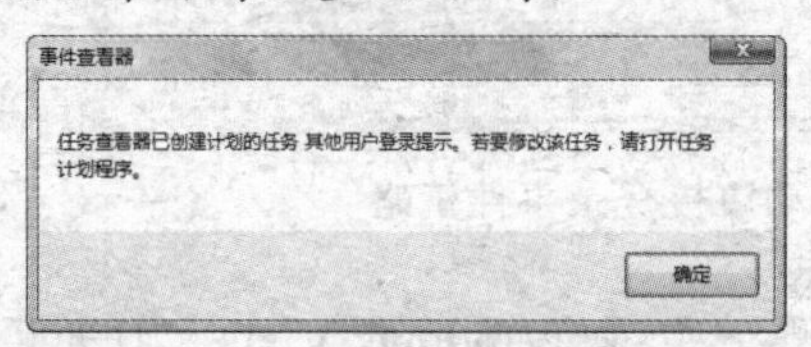

图 14-24　提示任务创建完成

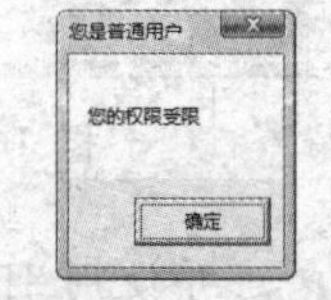

图 14-25　警告消息框

14.3　检测硬件故障

Windows Vista 的内核十分稳固，如果用户没有安装不兼容的驱动程序或应用程序，而经常出现蓝屏、死机等现象，那么就很有可能是机器的硬件故障了。

14.3.1　诊断内存

如果用户怀疑是内存损坏导致系统启动失败，那么可使用 Windows Vista 自带的内存诊断工具进行检测。打开【开始】菜单，在搜索框中输入“内存诊断工具”，双击搜索到的结果，在打开的【Windows 内存诊断工具】对话框中单击【立即重新启动并检查问题】选项，如图 14-26 所示。

接下来开始进行内存检测，如图 14-27 所示。检查分两步，如果内存容量比较大，则可能要花费相对比较多的时间。如果发现问题，Windows Vista 会马上报错，并提供具体的排错信息，以供用户确认。在检测的过程中，用户可以按 F1 键来设置检测项目，或者按 Esc 键退出检测。

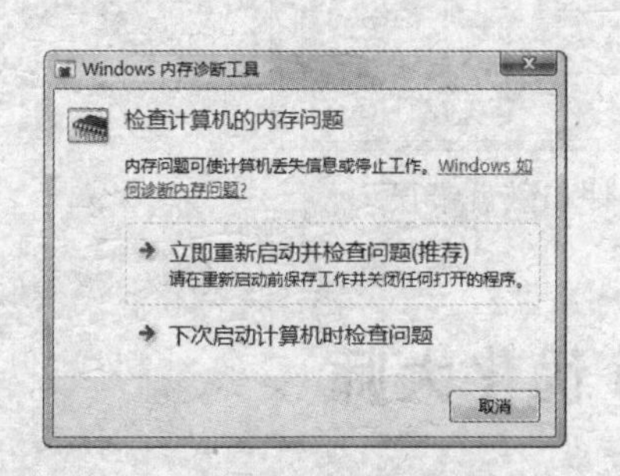

图 14-26　启用 Windows 内存检测工具

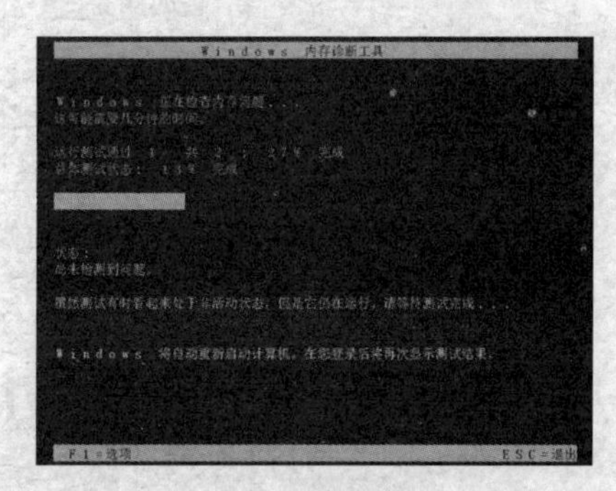

图 14-27　检测内存

14.3.2　检测内存泄漏

内存泄漏，也称作内存使用过度，是一种比较常见的计算机故障。用户在使用 Windows Vista 的过程中，可能会发现 Windows 和其他应用程序响应十分缓慢，甚至死机，这主要是由于一些正处于运行当中的应用程序在短时间内占用了大量的内存资源，同时无法释放这些内存空间的缘故。

Windows Vista 会自动侦测到急剧占用大量内存的应用程序，并且在该应用程序试图耗尽内存资源之前挂起该应用程序，并弹出警告框。此时如果用户打开任务管理器并查看资源使用情况，就可以发现虚拟内存几乎已经耗尽。用户只需关闭有问题的程序，即可快速恢复内存资源，而不会导致更严重的故障。

14.3.3　磁盘错误检测

如果硬盘出现错误，那么用户的许多重要数据就有可能丢失。想从已经损坏的硬盘中恢复数据，难度通常非常大。好在 Windows Vista 可以持续监控硬盘的健康状况，一旦发现硬盘存在致命隐患，就会弹出警告框，提示 Windows 检测到硬盘问题，并提示启用备份程序，以对用户的重要数据或整个计算机进行备份。

当然，用户也可以借助 Windows Vista 的磁盘错误检测工具，对本地硬盘上的文件错误和坏的扇区进行检测。具体方法如下：在桌面上双击【计算机】图标，打开【计算机】控制台，右击要进行错误检测的磁盘，在快捷菜单中单击【属性】命令。将打开的对话框切换到【工具】选项卡，在【查错】选项区域单击【开始检查】按钮，将打开【检查磁盘】对话框。要自动修复文件错误和坏的扇区，可选中【自动修复文件系统错误】和【扫描并试图恢复坏扇区】复选框，然后单击【开始】按钮即可，如图 14-28 所示。

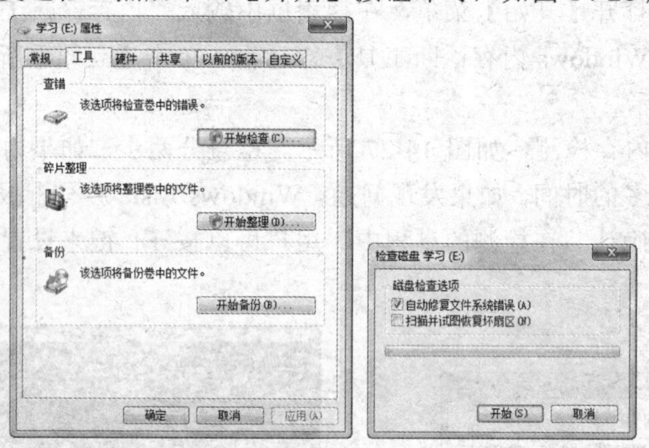

图 14-28　检测并自动修复文件和磁盘错误

14.4　使用 Vista 优化大师

Vista 优化大师是国内第一个专业优化 Windows Vista 的超级工具，也是最好的 Windows Vista 设置和管理软件，其最新版本为 3.0，界面如图 14-29 所示。

图 14-29　Vista 优化大师主界面

14.4.1　使用向导快速优化系统

使用 Vista 优化大师的快速优化向导，用户只需按照提示，选择要优化的选项，即可轻松完成系统的上网、服务、安全等方面的优化。

例 14-2　使用快速优化向导优化 Vista 系统。

❶ 在 Vista 优化大师主界面的左侧导航部分单击【优化向导】按钮，启动优化向导。

❷ 首先来选择系统优化选项，如图 14-30 所示。

❸ 单击【保存优化设置，下一步】按钮，进入网络优化界面，选择用户使用的上网方式，如图 14-31 所示。

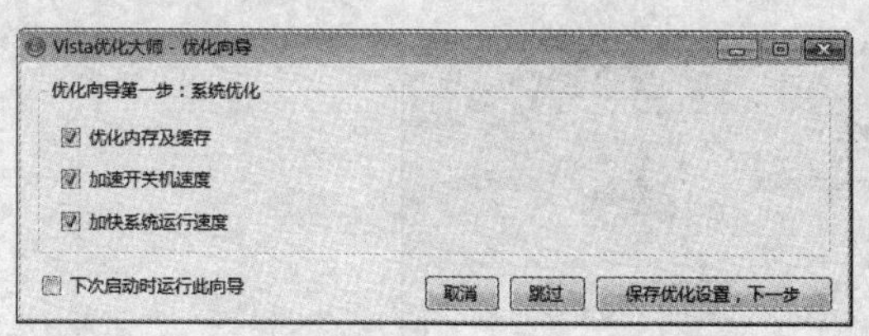

图 14-30　设置系统优化选项

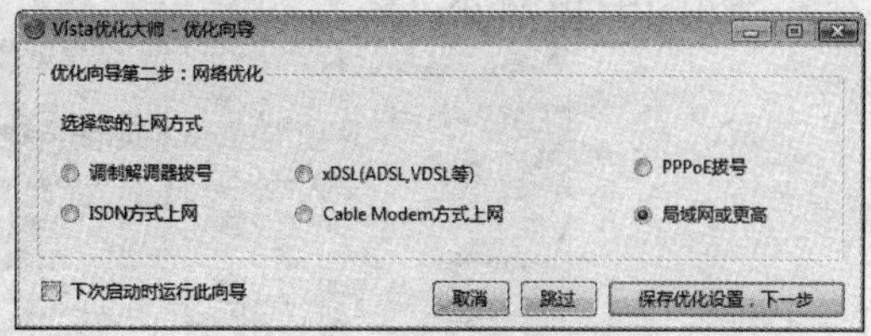

图 14-31　选择上网方式

❹ 单击【保存优化设置，下一步】按钮，进入 IE 优化界面，设置允许 IE 同时连接的最大线程数，IE 默认的搜索引擎和 IE 主页，如图 14-32 所示。

❺ 单击【保存优化设置，下一步】按钮，进入服务优化界面，选中要禁用的服务，如图 14-33 所示。

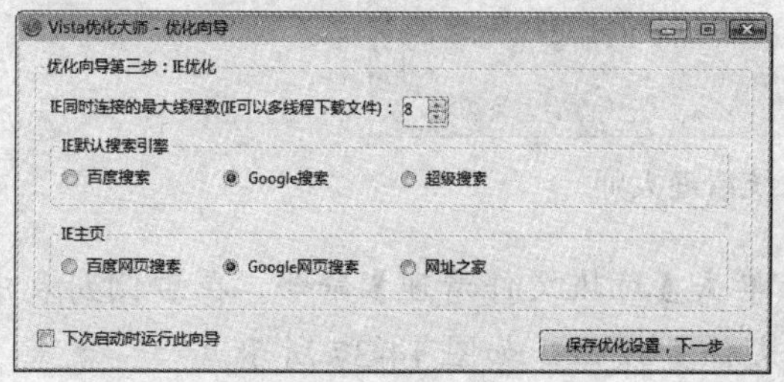

图 14-32　优化 IE 设置

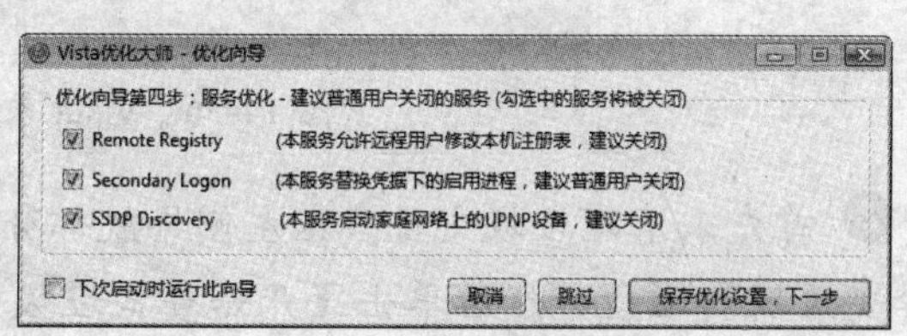

图 14-33　选择要禁用的服务

❻ 单击【保存优化设置，下一步】按钮，系统将以列表形式列出可以关闭的服务，用户可以保持系统默认的设置，也可以进行更改，如图 14-34 所示。

❼ 单击【保存优化设置，下一步】按钮，进入安全优化页面，选择是否要禁用设备的运行，以及分区和文件的共享，如图 14-35 所示。

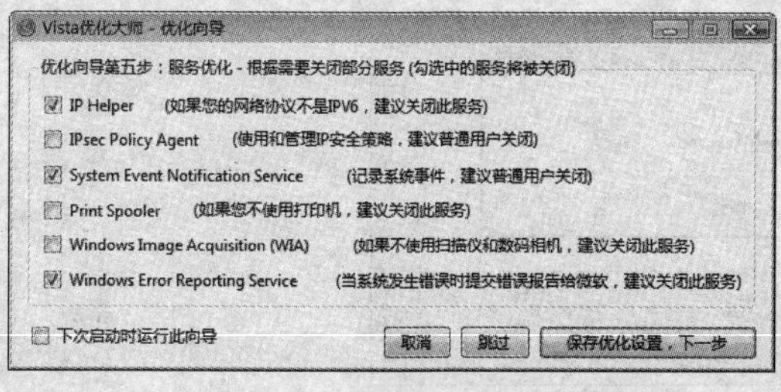

图 14-34　选择要关闭的服务

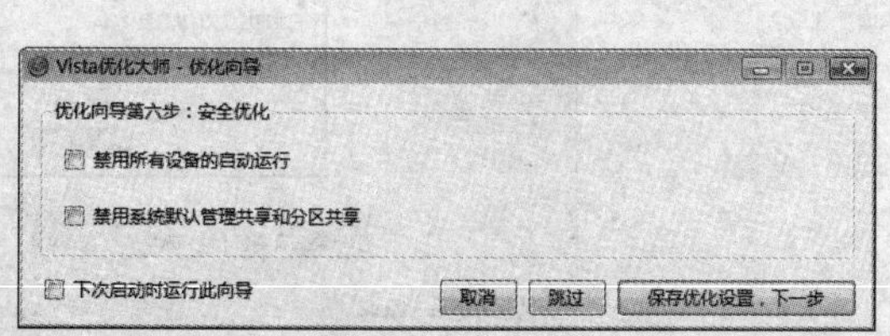

图 14-35　进行安全优化

❽ 单击【保存优化设置，下一步】按钮，进入文件清理界面，单击【优化结束，完成

本向导】按钮，完成操作系统和网络的优化。

14.4.2 清理系统垃圾

在使用系统的过程中，由于频繁地进行创建、删除、移动、复制等各种文件操作，以及安装、卸载应用程序等，会导致系统中存在一些垃圾文件。这些垃圾文件不仅占用磁盘空间，还会降低系统的性能。

例 14-3 使用 Vista 系统清理大师清除系统中存在的垃圾文件。

❶ 在 Vista 优化大师主界面的上部导航栏单击【系统清理】按钮，启动 Vista 系统清理大师，如图 14-36 所示。

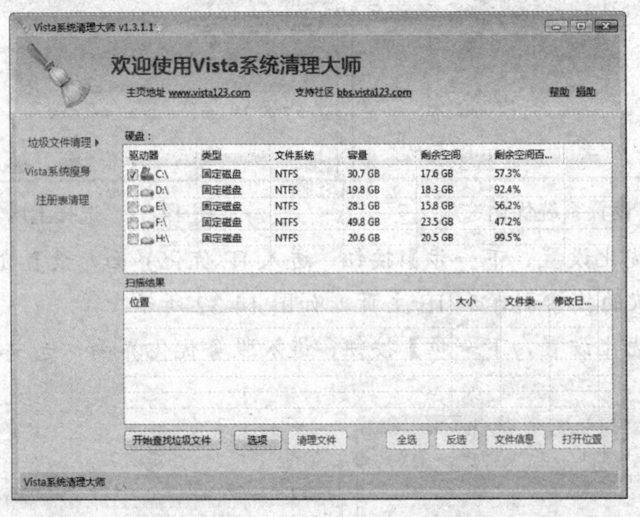

图 14-36 Vista 系统清理大师

❷ 首先来清理垃圾文件。在左侧导航部分单击【垃圾文件清理】命令，在右侧列表中选择要清理的磁盘，然后单击【开始查找垃圾文件】按钮，如图 14-37 所示。

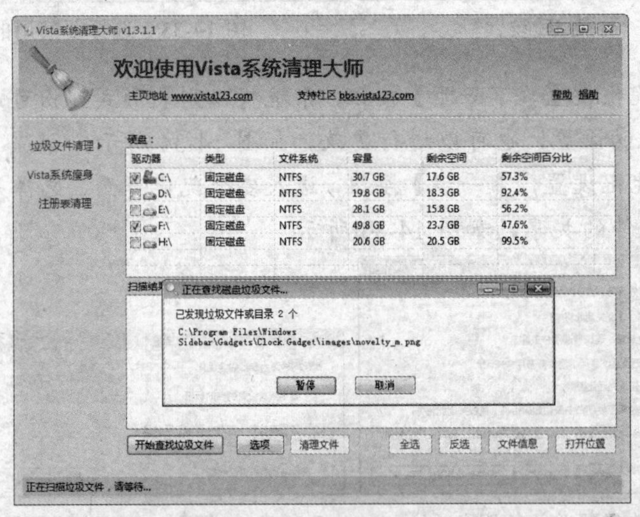

图 14-37 查找垃圾文件

❸ 查找结束后，垃圾文件将显示在【扫描结果】列表框中。选中要清理文件前面的复

选框，也可以单击【全选】按钮将全部文件选中，单击【清理文件】按钮即可清理掉搜索到的垃圾文件。

❹ 返回 Vista 系统清理大师，单击【Vista 系统瘦身】命令，然后单击【系统盘内容分析】按钮，Vista 系统清理大师将对系统盘进行分析，列出可以删除的文件，以减小系统所占的体积。用户可以将这些文件直接删除或暂时删除到回收站中(这样一来，只要不清空回收站中的这些文件，以后就还可以将它们进行还原)，单击【开始瘦身】按钮，即可对 Vista 系统盘进行瘦身，如图 14-38 所示。

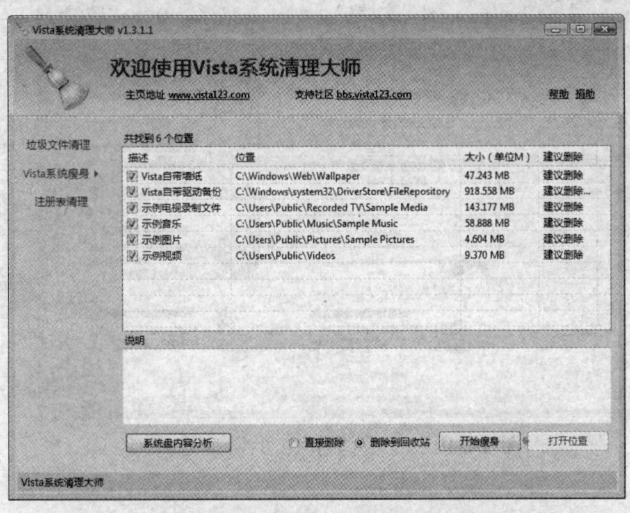

图 14-38　对 Vista 系统进行瘦身

❺ 在使用系统的过程中，由于学习和工作的缘故，用户可能经常需要安装和卸载一些应用软件，这可能会在注册表中形成一些垃圾文件。返回 Vista 系统清理大师，单击【注册表清理】命令，然后单击【扫描注册表中垃圾信息】按钮，Vista 系统清理大师将扫描并列出注册表中的垃圾文件，如图 14-39 所示。选择要清理的文件，单击【清理注册表】按钮，即可对注册表进行清理。

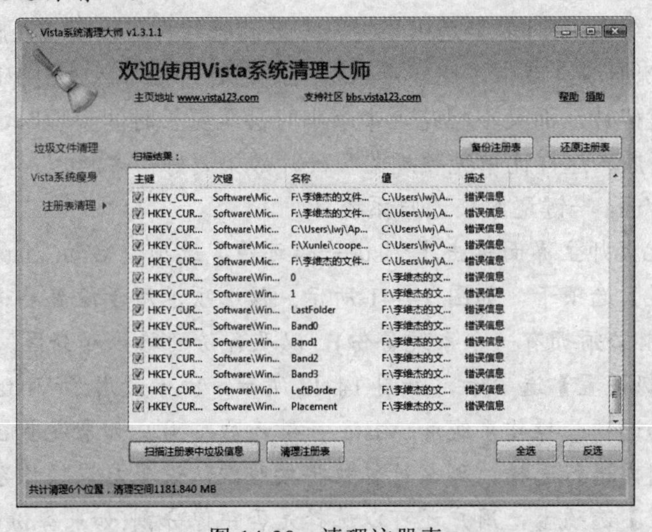

图 14-39　清理注册表

为了保证用户上网时输入信息的安全，Vista 优化大师还提供了【一键清理 IE 上网痕迹】功能。在左侧导航部分单击【Vista 实用工具】选项，在右侧单击其中的【一键清理 IE 上网痕迹】图标。Vista 优化大师将弹出确认对话框，提示用户是否要清除所有的上网痕迹，包括各种临时文件、历史数据和密码、上网浏览历史等，单击【是(Y)】按钮，将完全清理用户的上网痕迹，如图 14-40 所示。

图 14-40　一键清除 IE 上网痕迹

14.4.3　使用 Vista 一键还原

使用 Vista 一键还原(又称 Vista Ghost)可以将系统备份到扩展名为.gho 的镜像文件里，或者直接备份到另一个分区或硬盘里。要使用 Vista 一键还原，必须首先制作镜像文件。最佳的方案就是：完成操作系统及各种驱动的安装后，将常用的软件(如杀毒、媒体播放软件、office 办公软件等)安装到系统所在盘，接着安装操作系统和常用软件的各种升级补丁，然后优化系统，最后就可以制作系统的镜像文件了。

当感觉系统运行缓慢(此时多半是由于经常安装卸载软件，残留或误删了一些文件，导致系统紊乱)，或系统崩溃，或中了比较难杀除的病毒时，就可以使用 Vista 一键还原了！当长时间没整理磁盘碎片，而又不想花上半个小时甚至更长时间整理时，用户也可以对系统进行 Ghost 一键还原，这样比单纯整理磁盘碎片效果要好得多！

例 14-4　使用 Vista 一键还原来还原系统。

❶ 在 Vista 优化大师主界面单击【Vista 一键还原】选项，启动 Vista 一键还原，默认打开的是【基本设置】选项卡，如图 14-41 所示。该选项卡用于设置要进行的操作，是备份还是还原(还原之前必须拥有一个系统备份)，以及备份的路径和分区。

❷ 切换到【高级设置】选项卡，如图 14-42 所示。由于使用了 Vista 一键还原，系统在启动时会显示启动选项：操作系统和 Vista 一键还原。用户如果没有在【启动选择菜单时间】下设置的时间内进行选择，那么计算机将按照默认设置启动操作系统或 Vista 一键还原。在【高级设置】选项卡，用户还可以选择是否镜像分割(如果备份的磁盘空间足够，建议用户不要使用磁盘分割)以及备份时间与镜像压缩率。

❸ 下面来制作镜像文件，即备份系统。重新启动计算机，在开始界面选择【Vista 一键还原】选项，进入 Vista 一键还原程序界面。选择【自动备份】选项，Vista 一键还原将自动对系统进行镜像，并将镜像文件自动保存到步骤❶指定的位置。

❹ 如果系统出现崩溃或其他严重故障，用户可以使用备份的镜像文件对系统进行一键还原。在机器启动时选择 Vista 一键还原，然后在出现界面中选择【自动还原】选项，Vista 一键还原将自动使用镜像文件对 Vista 系统进行恢复。

图 14-41　【基本设置】选项卡

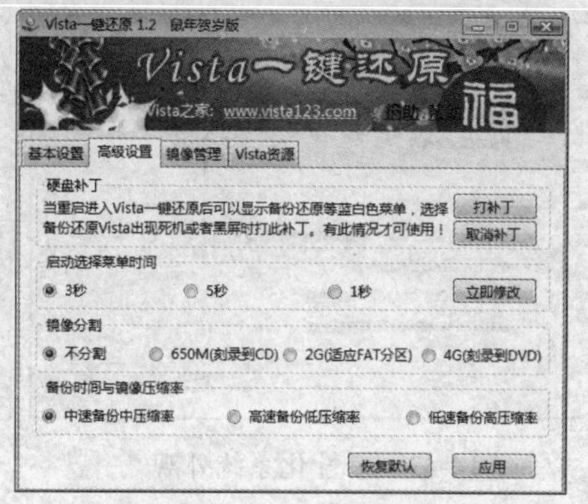

图 14-42　【高级设置】选项卡

14.4.4　美化 Vista 系统

使用 Vista 美化大师，可使用户的 Vista 系统更富于个性化。

1. 个性化系统外观

在 Vista 优化大师主界面上部的导航部分单击【系统美化】按钮，启动 Vista 美化大师，如图 14-43 所示。默认启动的是【系统外观设置】选项，在这里，您可以禁用 Vista 侧边栏，禁用桌面清理向导，移除快捷方式上的箭头等，只需选中前面的复选框，单击【保存】设置按钮即可。在【桌面显示图标】列表框中，用户还可以设置桌面上可以显示的系统图标。

2. 个性化 Vista 主题

如果用户已经厌烦了 Vista 内置的系统主题，则可以使用破解 Vista 主题。切换到【系统主题设置】选项页，在右侧选中【破解 Vista 主题】复选框，系统会提示是否要破解系统主题，单击【是】按钮，如图 14-44 所示。系统会提示破解成功，但需要重启系统，即重新启动计算机。

> **如何安装和卸载 Vista 主题？**
>
> Vista 主题分为 3 种类型：一种是 visual style 主题，里面的主题文件是.msstyles 格式的；一种是 windows blind 主题，里面的主题文件是.wba 格式的；还有一种是.exe 格式的主题。
>
> 对于 visual style 主题，用户只需在 Vista 美化大师中打开该主题文件并应用即可；对于 windows blind 主题，用户则需要首先在机器上安装 windows blind 软件，然后安装即可；对于.exe 格式的 Vista 主题，用户只需直接双击安装即可。
>
> 要卸载安装的 Vista 主题，用户可以到 c\windows\resources\theme 文件夹下删除相关的文件即可。

Vista 主题破解成功后，图 14-44 中的【更换主题】文本框可用。单击右侧的【浏览】按钮，在打开的对话框中找到安装好的 Vista 主题，单击【应用新主题】按钮即可，图 14-45 所示是应用了一种新 Vista 主题的效果。

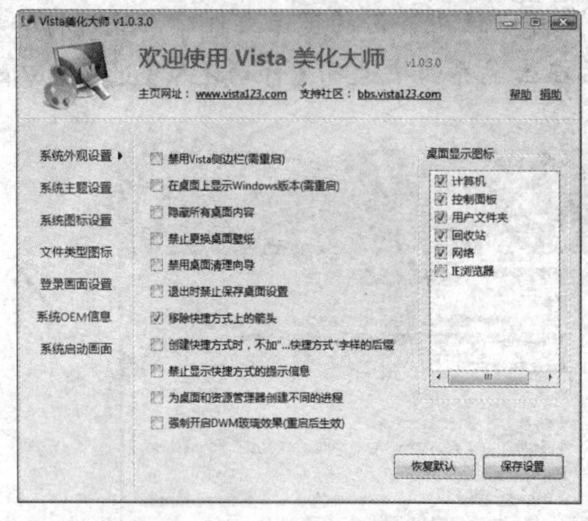

图 14-43 个性化系统外观

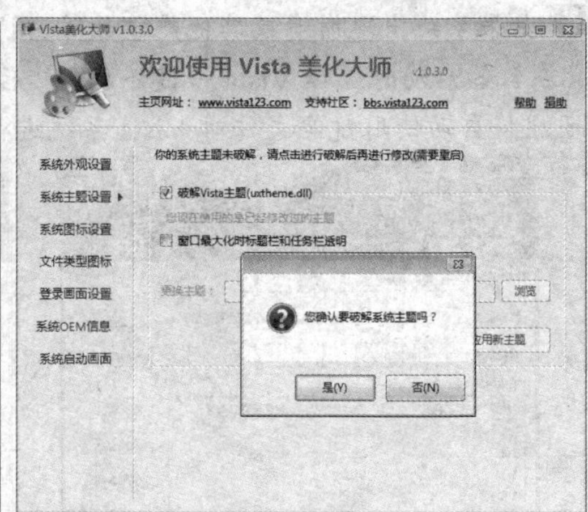

图 14-44 破解 Vista 主题

在【系统主题设置】选项页，单击【恢复默认主题】按钮，可恢复并使用 Windows Vista 内置的 Vista 主题。

3. 个性化登录画面

切换到【登录画面设置】选项页，单击【图片位置】右侧的【浏览】按钮，选择要作为登录背景的图片。可在【图片预览】下预览该登录图片，如图 14-46 所示。单击【应用到系统】按钮，下次启动 Vista 时，显示的就是该界面。

图 14-45 个性化 Vista 主题

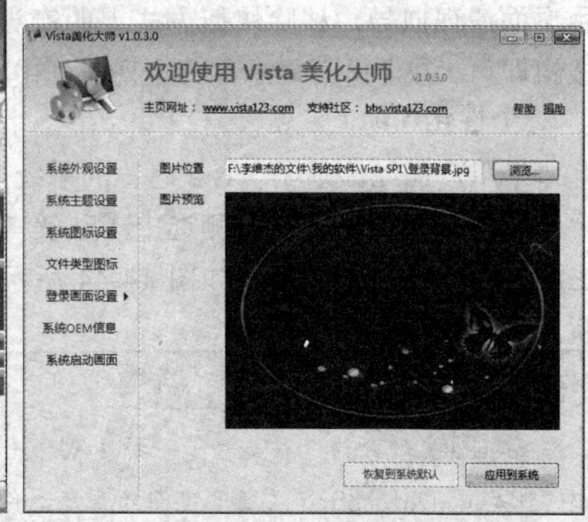

图 14-46 个性化登录画面

提示：用户还可以自定义系统的启动画面，在【系统启动画面】选项页进行设置，方法与设置登录画面相似。

14.4.5　其他功能

Vista 优化大师还集成了许多实用的工具，在主界面左侧导航部分单击【实用工具】选项，右侧列表中列出了可用的各种工具，如图 14-47 所示。使用 Vista 内存整理大师可自动释放和整理系统内存，使用户的 Vista 系统运行更为流畅；使用 Vista 软件卸载大师可帮助用户卸载各种已经安装到 Vista 系统中的软件；使用一键清理系统垃圾文件，可快速清理掉系统中存放的临时文件，以及浏览记录、上网记录和 Cookies 文件。

【Vista 工具箱】分系统程序、安全程序、网络程序、磁盘程序等类别将常用的 Vista 程序进行了分类组织，用户可快速查找到并启动要使用的 Vista 工具，极大方便了用户；【常用资源】部分列出了当前流行的输入法、杀毒软件、网络电话等，用户直接单击图标即可链接到下载地址进行下载。

图 14-47　Vista 实用工具列表

14.5　系统故障的常见恢复方法

Windows Vista 的恢复环境基于 Windows PE 所提供的强大功能，而且大部分恢复可以在图形化界面中完成。即使是初次使用计算机的用户，也能够根据屏幕提示，轻松完成系统恢复。

> **什么是 Windows PE？**
>
> Windows PE 是 Windows Pre-installation Environment 的简称，它是 Microsoft 开发的一个引导工具，用于安装和恢复操作系统的某些功能，以及对操作系统进行故障排除。著名的 ERD Commander、深山红叶等系统维护工具，都是 Windows PE 的扩展版本。

14.5.1　恢复 Windows Vista 的设置

将 Windows Vista 的安装盘放入光驱，重新启动计算机，按 Del 键进入 BIOS，设置系统从光盘引导。当显示“Press any key to boot from CD”时，按下任意键。自动播放界面会首先提示用户选择键盘布局和安装语言等，保留默认设置即可。单击【下一步】按钮，在窗口中单击【修复计算机】选项，如图 14-48 所示。

系统会自动搜索当前系统中安装了哪些 Windows 操作系统，并显示其安装分区和分区的容量大小。如果 Windows Vista 没有自带计算机所使用硬盘的驱动程序，则必须首先加载硬盘的驱动。稍后，用户即可看到系统启动恢复选项，如图 14-49 所示。

图 14-48　修复计算机

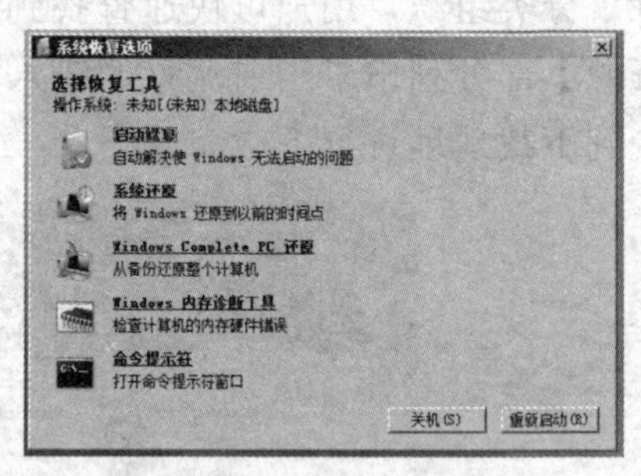

图 14-49　系统恢复选项

图 14-49 中的那些故障修复功能并不完全依赖于 Windows Vista 操作系统。也就是说，就算 Windows Vista 已经彻底崩溃，用户依然可以借助于 Windows Vista 安装光盘，把系统恢复到正常状态。

14.5.2　系统无法启动

如果 Windows Vista 系统安装盘下的启动管理器 bootmgr 被破坏或者丢失(安装 Windows Vista 和 XP 双系统时会出现这种情况)，则重启系统时会提示无法开机，这类似于 Windows XP 中的 ntldr 文件丢失。

在 Windows XP 系统中，解决此类故障通常是使用 Windows 安装光盘引导系统，然后登录到故障恢复控制台，在命令提示符下将光盘文件中的 ntldr 文件解压到系统安装盘。在 Windows Vista 下解决此类问题则更为简单。

进入 Windows Vista 的系统恢复环境，单击【启动修复】命令。系统将按照预先设定的顺序，依次查找可能导致启动故障的原因，如图 14-50 所示。在系统后台，启动恢复检查程序则自动对 Windows 更新、系统磁盘、磁盘错误、磁盘元数据、目标操作系统以及启动日志等进行测试分析。

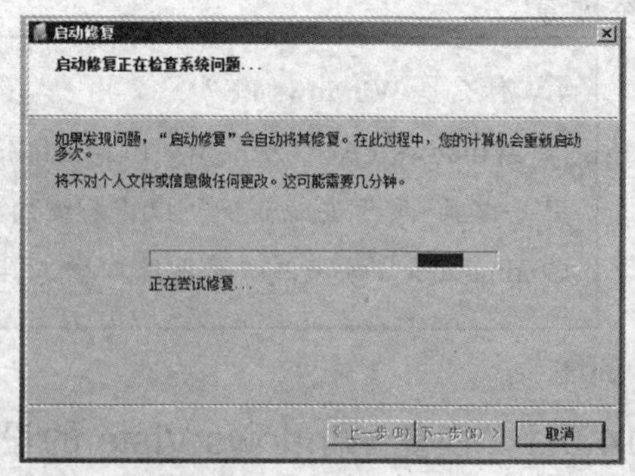

图 14-50　启动修复程序

恢复检查程序查找到该启动故障的原因并修复后，会提示已经找到并尝试修复问题。用户只需单击【完成】按钮重新启动计算机即可。Windows Vista 默认不会显示故障的原因，用户可以单击提示对话框中的【单击此处以获得诊断和修复的详细信息】链接，在打开对话框中查看详情。

此外，如果系统的引导扇区被破坏，那么也会导致系统无法正常启动。对于 Windows XP 来说，可以进入故障恢复控制台，使用 fixmbr 或者 fixboot 命令来进行修复。而在 Windows Vista 下，只需进入 Windows Vista 的系统恢复环境，单击【启动修复】命令，修复程序将轻而易举地找到问题所在。

14.5.3　系统运行不正常

当用户在计算机上安装了新的应用程序、设备驱动之后，很可能因为不兼容等原因，造成系统运行不正常。此时，可以通过系统还原功能，清除掉这些安装的应用程序和驱动程序，将系统还原到先前正常的一个状态，而不会保留任何垃圾信息。

例 14-5　将系统还原到一个正常的状态。

❶ 要使用系统还原，必须在本机创建一个还原点，而且是在系统运行正常的情况下。打开备份和还原中心，单击左侧任务窗格中的【创建还原点或更改设置】链接，打开【系统属性】对话框。

❷ 切换到【系统保护】选项卡，首先选择要创建还原点的分区，默认选中的是系统的安装分区，单击【创建】按钮，如图 14-51 左图所示。

❸ 指定还原点的名称，然后单击【创建】按钮完成创建，如图 14-51 右图所示。

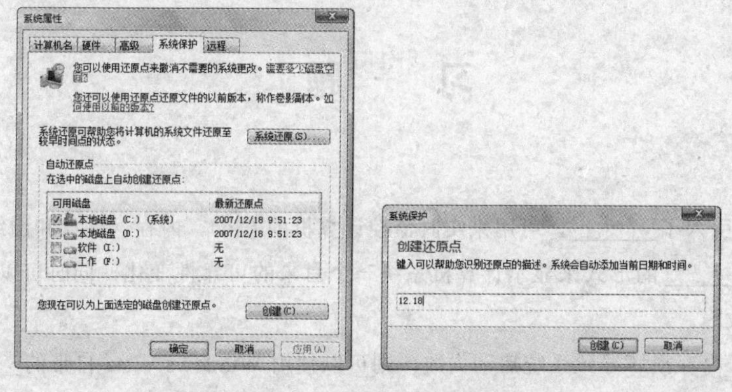

图 14-51　创建系统还原点

❹ 当发现系统不稳定、性能降低或者其他故障时，可以对系统进行还原。打开备份和还原中心，在左侧任务窗格单击【使用系统还原修复 Windows】链接，打开系统还原向导。

❺ 单击【下一步】按钮，选择一个合适的还原点，用户可以根据创建还原点时的描述信息和时间日期进行判断，如图 14-52 所示。

❻ 单击【下一步】按钮，选择需要还原的分区，其中 Windows 安装分区是必须要选择的，如图 14-53 所示。

❼ 单击【下一步】按钮，确认还原点后单击【完成】按钮，系统会弹出一个警告框，提示还原过程不能中断。还原结束后，系统将自动重新启动，并显示系统还原成功的信息。

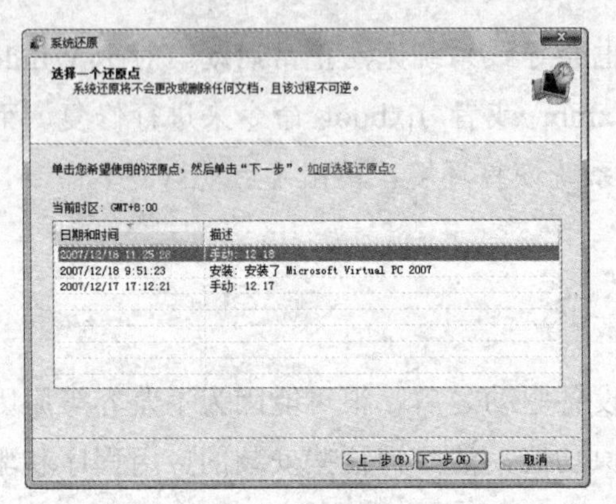

图 14-52　选择要恢复的还原点

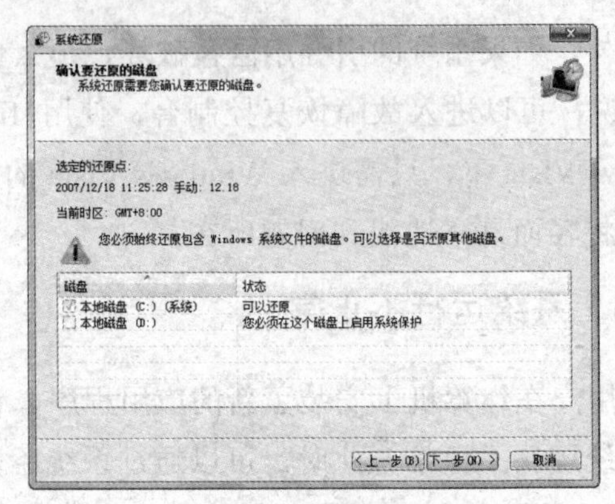

图 14-53　选择要还原的分区

本 章 小 结

除了任务管理器外，Windows Vista 还新增了资源监视器和性能监视器，来帮助用户查看计算机的资源使用情况和性能状况。通过可靠性监视器和事件日志，用户可以了解到系统最近运行时发生的错误信息，并做出相应对策。对于常见的硬件故障，Windows Vista 也提供了一些解决方法。对于软件故障，则可以通过恢复环境的命令来修复系统。

习　　题

填空题

1. Windows Vista 新引入了_______，可用来实时监控计算机的 CPU、内存、磁盘和网络的活动情况。
2. 可靠性监视器以_______的形式来显示计算机系统一个月来的可靠性变化，同时可以查看特定某个事件系统所发生的故障。
3. 如果用户怀疑由于内存损坏导致系统启动失败，则可以使用 Windows Vista 自带的_______进行检测。
4. _______，也称作内存使用过度，是一种比较常见的计算机故障。
5. 使用_______的快速优化向导，用户只需按照提示，选择要优化的选项，即可轻松完成系统的上网、服务、安全等方面的优化。
6. 要使用 Vista 一键还原，必须先制作系统的_______。

选择题

7. 在任务管理器中，可在(　　)选项卡中查看当前运行的应用程序的状况。

   A. 应用程序　　B. 进程　　C. 性能　　D. 联网

简答题

8. 如何查看当前计算机的运行性能状况。
9. 当系统的任务管理器丢失而导致系统无法启动时，应如何修复？

上机操作题

10. 创建一个系统还原点。

第 15 章

实 训

15.1 定制 Windows Vista 工作环境

实训目标

学会定制自己喜爱的 Windows Vista 操作系统环境。

实训内容

修改 Windows Vista 的工作环境，使 Windows 的颜色和外观、桌面、屏幕保护程序、声音、鼠标等按照自己需要的方式来显示。

上机操作详解

❶ 在桌面空白处右击，从快捷菜单中单击【个性化】命令，打开【个性化】控制台，如图 15-1 所示。

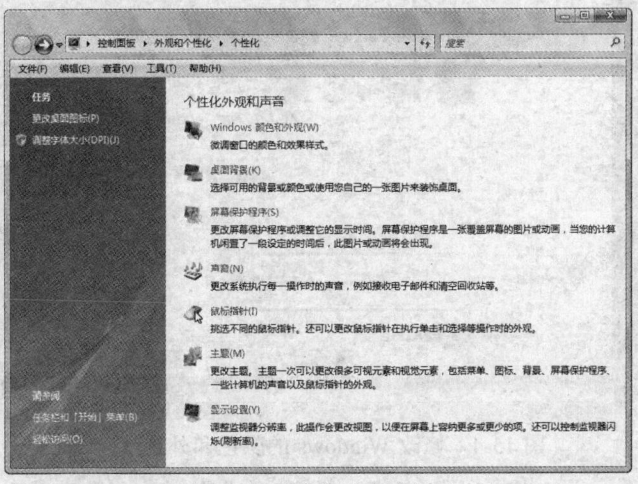

图 15-1 个性化控制台

❷ 首先来更改桌面上要显示的系统图标。单击左侧任务窗格中的【更改桌面图标】链接，打开【桌面图标设置】对话框，如图 15-2 所示。

❸ 选中要在桌面上显示的系统图标前面的复选框，如果用户对系统默认显示的图标样

式不满意，也可进行修改。在列表框中选中要修改样式的系统图标，单击【更改图标】按钮，在打开的对话框中选择要使用的图标样式，并单击【确定】按钮，如图 15-3 所示。

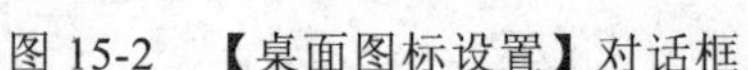

图 15-2 【桌面图标设置】对话框

图 15-3 更改图标的显示样式

注意：图 15-3 中提供的图标样式是 Windows Vista 系统自带的，如果用户要使用自己设计的图标，可单击【浏览】按钮打开自己的图标文件，然后进行选择即可。

❹ 接下来修改 Windows 的颜色和效果样式，即窗口、对话框的边框颜色和效果。在个性化控制台单击【Windows 颜色和外观】链接，在打开的窗口中可选择一种自己喜欢的样式，并可实时预览窗口、对话框的效果，如图 15-4 所示。选中【启用透明效果】复选框，可启用窗口、对话框的透明效果。

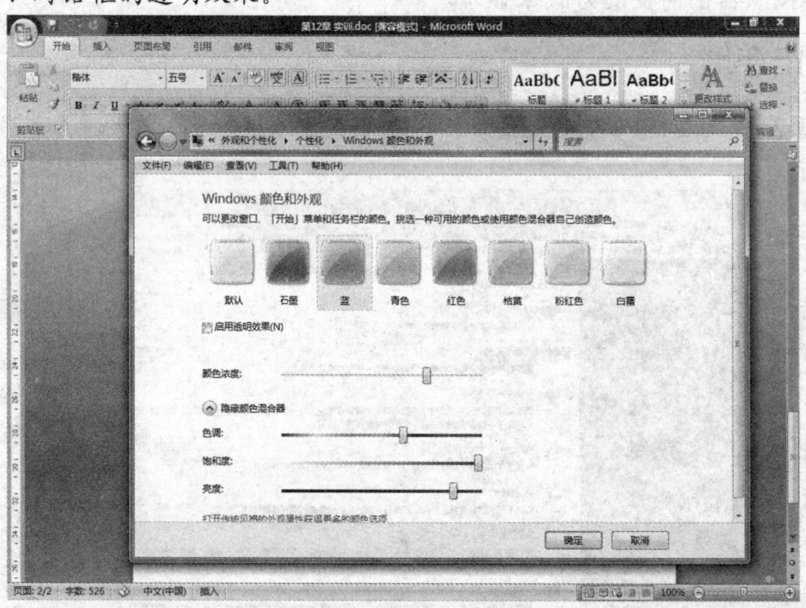

图 15-4 修改 Windows 的颜色和外观

❺ 接下来调整监视器的分辨率和刷新率。返回个性化控制台，单击【显示设置】链接，打开【显示设置】对话框，可通过【分辨率】下的滑块设置显示器的分辨率，对于一般的 17 寸显示器，建议设置为 1024×768。如果用户的显卡配置较高，也可尝试设置为 1280×1024，如图 15-5 所示。

❻ 单击【高级设置】按钮，将打开的对话框切换到【监视器】选项卡，可调整监视器

的刷新率，一般设置为 85Hz，太低的话会觉得屏幕闪烁，如图 15-6 所示。

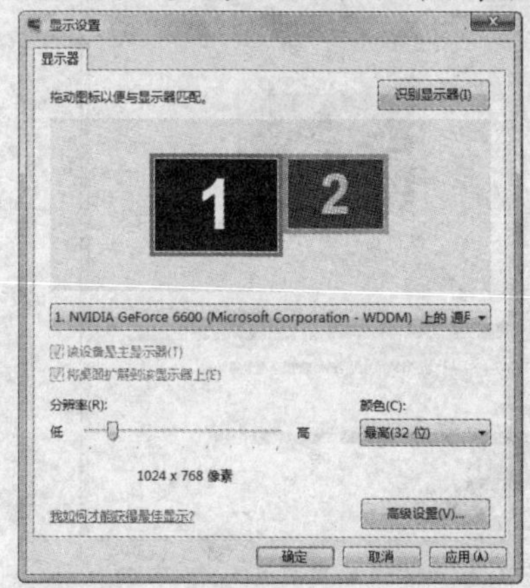

图 15-5　调整显示器的分辨率

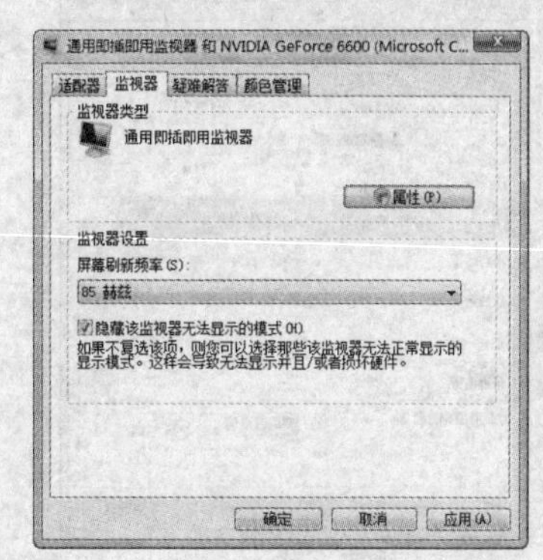

图 15-6　调整监视器的刷新率

❼ 接下来修改 Windows Vista 的桌面背景。返回个性化控制台，单击【桌面背景】链接，在打开的对话框中选中要使用的图片，并在下方选择图片的定位方式，如图 15-7 所示。如果用户想使用自己从网上或其他路径获得的图片，可单击【浏览】按钮，将其添加到下面的列表框中，再进行选择。

图 15-7　设置桌面背景

❽ 接下来修改鼠标样式，即鼠标在进行选择、等待等操作时的样式。返回个性化控制台，单击【鼠标指针】链接，在打开的对话框中选择一种合适的方案，可在下方的列表框中预览该方案在不同状态下的鼠标样式，选择满意的样式，单击【确定】按钮，如图 15-8 所示。

❾ 接下来修改屏幕保护程序。返回个性化控制台，单击【屏幕保护程序】链接，打开【屏幕保护程序设置】对话框。用户可选择使用不同的方案，并可在上方预览该屏保效果，如图 15-9 所示。通过【等待】微调框可设置屏保在用户无操作后多长时间启动。

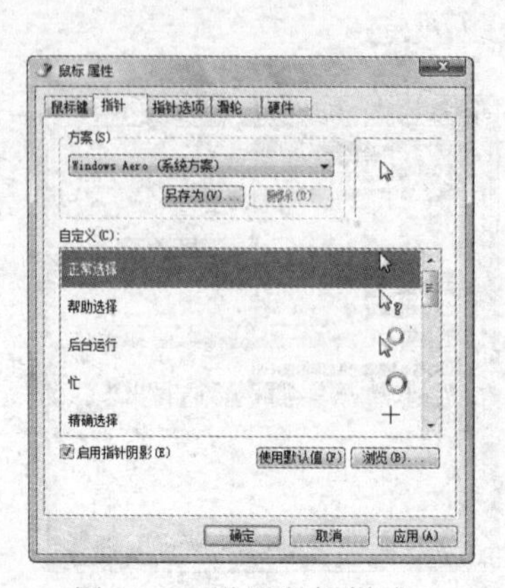

图 15-8　设置鼠标样式

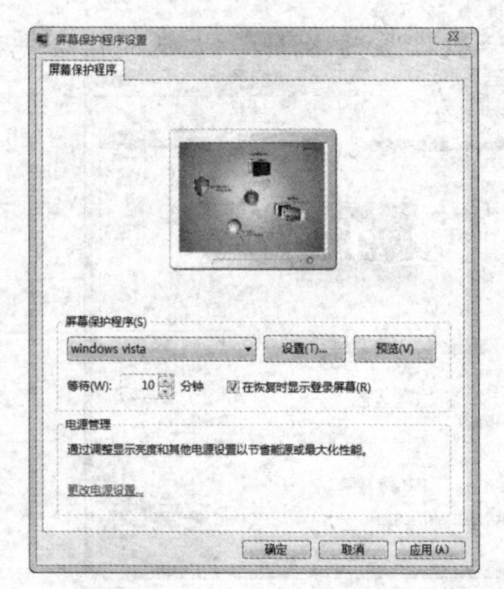

图 15-9　设置屏保程序

⑩ 如果用户想使用自己的一组图片以幻灯片方式放映作为屏保。可在下拉列表框中将屏保方案设置为【照片】，然后单击右侧的【设置】按钮，在打开的对话框中设置要作为屏保的图片文件夹和图片的播放速度，如图 15-10 所示。

⑪ 在【屏幕保护程序设置】对话框中单击【更改电源设置】链接，可在打开的窗口中重新选择要使用的电源方案，以在最大化计算机性能和节能之间进行取舍，如图 15-11 所示。单击选择电源方案下的【更改计划设置】链接，可在对话框中设置显示器的关闭时间和是否让计算机进入睡眠模式。

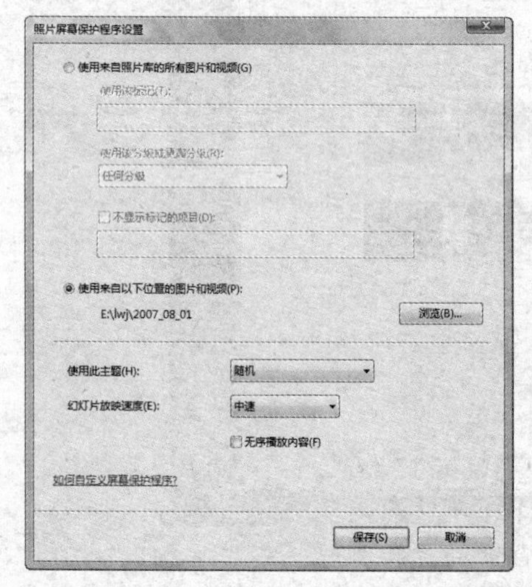

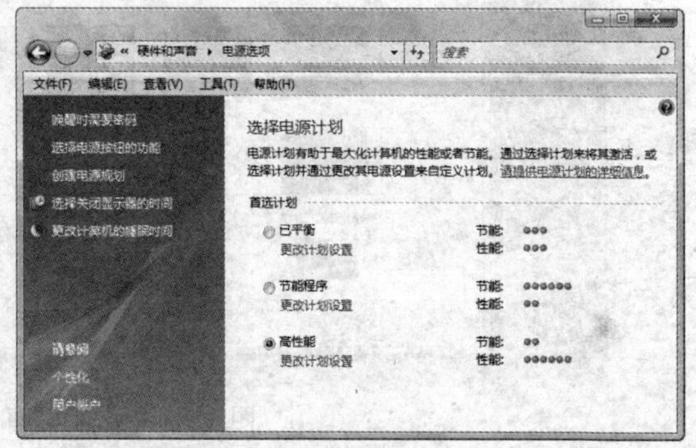

图 15-10　使用照片作为屏保　　　　图 15-11　设置电源使用方案

如果用户觉得一项项设置比较麻烦，那么可以在个性化控制台单击【主题】链接，为 Windows Vista 应用一种内置的主题，这样就可以一次性地更改很多可视化元素，包括菜单、图标、背景、屏幕保护程序等。

15.2 提高开关机速度和优化系统性能

◎ 实训目标

掌握提高 Windows Vista 开机、关机速度，以及系统性能的方法和技巧。

◎ 实训内容

首先使用软件资源管理器关掉不经常使用的开机即启动的程序，然后设置注册表来加快 Windows Vista 开机、关机速度。最后通过一些方法来提高系统的运行速度。

◎ 上机操作详解

❶ 单击【开始】|【所有程序】|【Windows Defender】，打开 Windows Defender 窗口。单击【工具】|【软件资源管理器】，打开软件资源管理器。

❷ 在【类别】下拉菜单下单击【启动程序】，即可查看当前被配置为自动运行的程序。在左侧窗格中单击一个程序后，该程序的详细配置信息就会显示在右侧窗格中，单击【禁用】按钮，可禁止该程序自动运行，如图 15-12 所示。用这样的方法禁用一些非系统必备程序，可提高系统的开机速度。

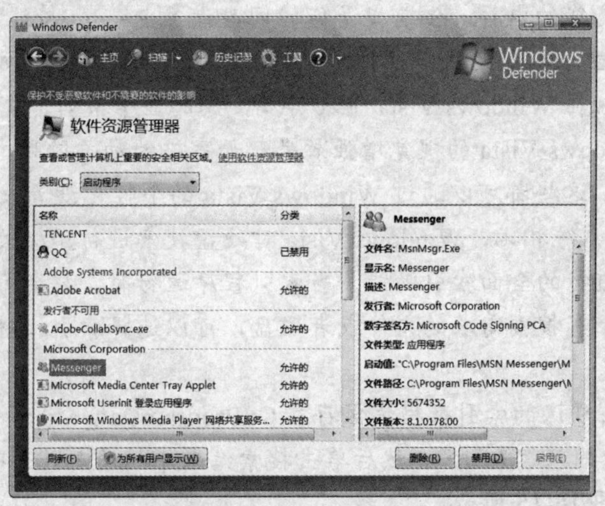

图 15-12　禁用部分开机时自动启动的程序

❸ 打开【开始】菜单，在搜索框中输入 regedit 并按 Enter 键，打开注册表编辑器。定位到 HKEY_LOCAL_MACHINE\SYSTEM\CurrentcontrolSet\Control\Session Manager\Memory Management\PrefetchParameters 节点，在右侧双击【EnablePrefetcher】键值，将值改为 0，表示 Disable，表示关闭启动预读，即在每次开机装载系统时不再加载用户使用过的各种程序的预读项，这样可以大大提高开机启动速度，如图 15-13 所示。

提示：输入为 1 表示预读应用程序，输入为 2 表示预读 Vista 启动项，输入为 3 则表示两者皆预读。

❹ 要加快 Vista 的关机速度，可通过缩短关机时系统关闭服务和程序的等待时间来实现。

在注册表编辑器中定位到 HKEY_LOCAL_MACHINE\SYSTEM\CurrentControlSet\Control，在右侧双击 WaitToKillServiceTimeout 键值，将数值从默认的 20000 更改为 5000，如图 15-14 所示。

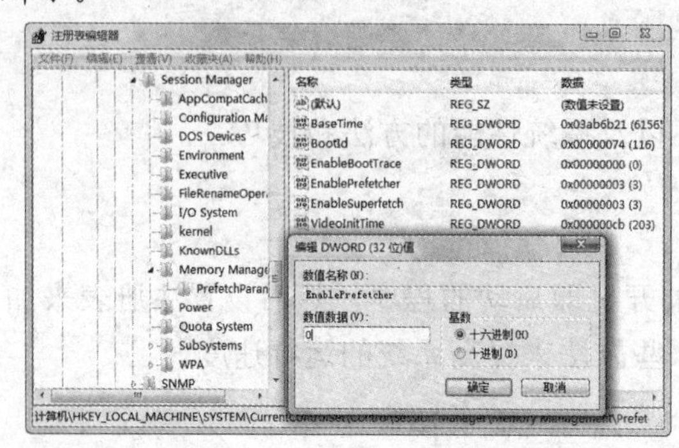

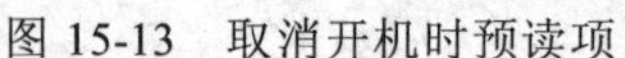
图 15-13　取消开机时预读项

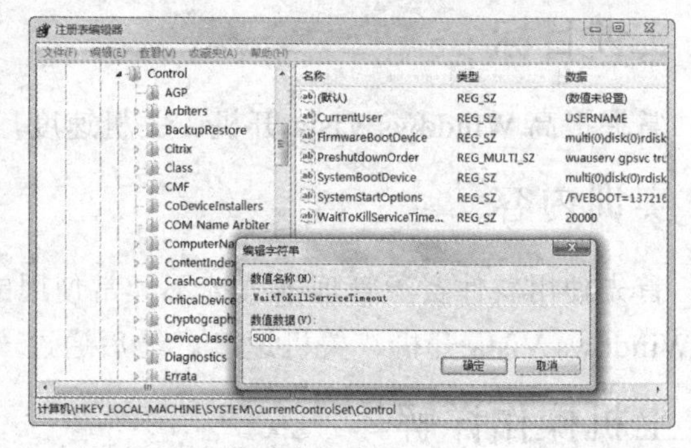

图 15-14　缩短系统关闭服务和程序的时间

❺ Windows Vista 拥有诸如 Aero 玻璃特效、Flip 3D 等超酷的视觉体验，但这都是以耗费系统大量资源为代价的。如果用户的计算机硬件配置一般，则建议通过以下的方法，来加快 Windows Vista 的运行速度。

❻ Windows Vista 是消耗内存的大户，要使用所有的图形特效，建议用户添加更多的内存，2GB 以上更佳。如果用户的计算机已经无法再增加内存，那么可以借助 ReadyBoost 功能，通过闪盘来扩充您的内存。但前提是您的闪盘满足 ReadyBoost 功能的使用条件。

❼ 一般情况下，主板板载的显卡往往对 Windows Vista 的玻璃特效支持得不好，好的显卡是必须的。而且，在 Windows Vista 下玩游戏，您的显卡最好能支持 DirectX 10。

❽ 可以关掉 Windows Vista 的视觉增强效果，如窗口的动画效果，菜单阴影，平滑拖动窗口、鼠标特效等。这些都可以通过 Windows Vista 的个性化设置来实现。

❾ 和以前的操作系统相比，Windows Vista 对硬盘搜索进行了极大的改善，但这依赖于对硬盘文件和程序进行的全面索引功能。当索引程序运行时，将会影响和放慢其他应用程序的运行速度。对于有搜索需求的文件或者磁盘，可以选择索引；对于没有需求的则可以关闭索引。

❿ Windows Vista 默认的索引数据库保存在 C:\ProgramData\Microsoft 文件夹。打开【开始】菜单，在搜索框中输入“索引”，然后单击搜索结果中的【索引选项】，即可打开【索引选项】对话框，如图 15-15 所示。

⓫ 单击【高级】按钮，打开【高级选项】对话框，在【索引位置】选项卡中单击【选择创建】按钮，可以重新指定索引文件夹的保存位置，如图 15-16 所示。重新打开【开始】菜单，在搜索框中输入 services.msc 并按 Enter 键，打开【服务】管理窗口，重新启动【Windows Search】服务。

⓬ 默认的索引位置包括个人文件夹中的所有文件、电子邮件和脱机文件，用户还可以根据需要创建新的索引。在【索引选项】对话框中单击【修改】按钮，在打开的对话框中单击【显示所有位置】按钮，然后选中要加入的文件夹左侧的复选框即可，单击【确定】按钮，如图 15-17 所示。

⓭ 磁盘碎片会让用户的计算机运行速度减慢，可以使用 Windows Vista 的磁盘清理工具，对磁盘进行碎片整理和磁盘清理。

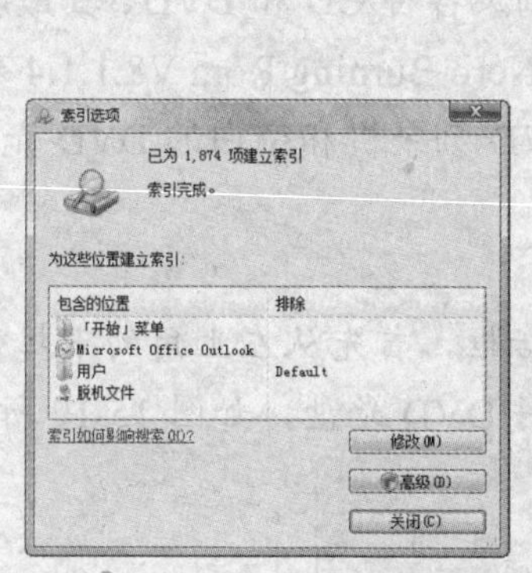

图 15-15　【索引选项】对话框

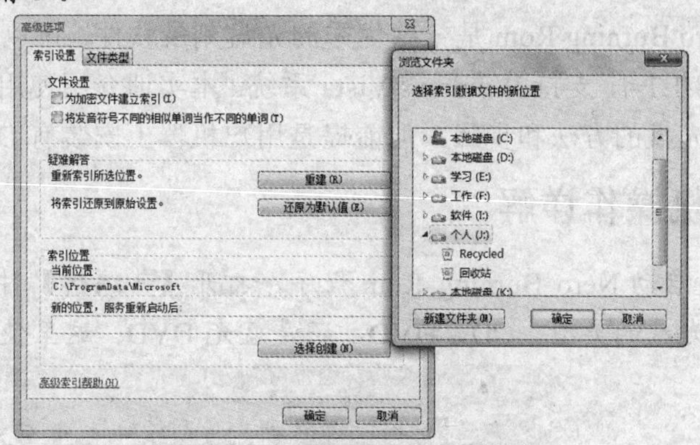

图 15-16　更改索引数据库位置

⓮ 将电源设置好，也可以提高系统的性能。依次单击【开始】|【控制面板】|【硬件和声音】|【更改节能设置】，系统默认使用的是【平衡】电源使用方案，这限制 CPU 在正常使用情况下只消耗不到 50％的电源。可以选择【高性能】方案，并通过下方的【更改计划设置】链接进行具体设置，如图 15-18 所示。

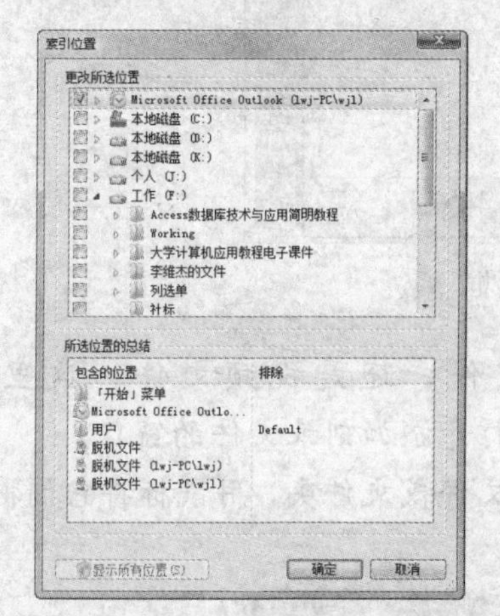

图 15-17　手动添加文件到索引数据库

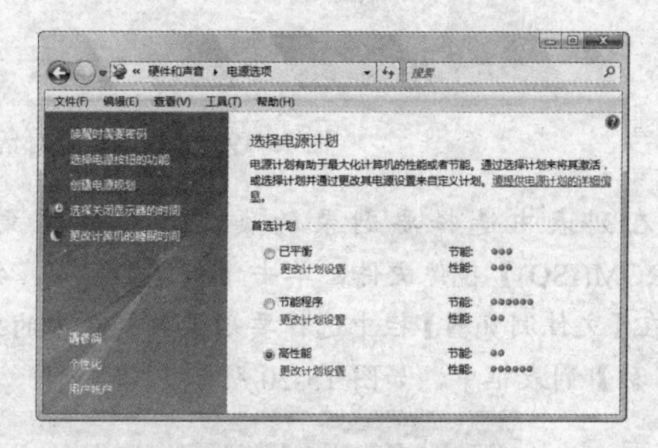

图 15-18　更改电源方案

⓯ Windows Vista 的边栏也会消耗掉一定的系统资源，如果用户不经常使用其中的插件的话，建议将其关闭，以节省一部分资源。当然，如果用户刻意追求更快的运行速度，可以关掉 Windows Vista 的 Aero 玻璃特效。

15.3　刻录光盘

◈ 实训目标

学会使用 Nero Burning Rom 软件工具新建和复制 CD、DVD 光盘。

实训内容

Nero Burning Rom 是一款优秀的光盘刻录软件，可以刻录各种 CD 和 DVD，其最新版本为 V8.1.1.4，支持 Windows Vista 系统。本实训介绍使用 Nero Burning Rom V8.1.1.4 刻录和复制光盘的方法和步骤。但前提是用户机器上安装有 DVD 刻录机和空白的 DVD 光盘。

上机操作详解

❶ 启动 Nero Burning Rom 程序，打开【新编辑】对话框，首先从左上角的下拉列表中选择光盘的类型，CD、DVD，还是蓝光 DVD。这里使用 DVD 光盘，如图 15-19 所示。

图 15-19 【新编辑】对话框

❷ 在列表中选择要刻录的类型，是镜像文件，还是视频文件。这里选择【DVD-ROM(ISO)】镜像文件，单击【新建】按钮，打开添加刻录文件的窗口。

❸ 在【文件浏览器】栏中选择要刻录到光盘中的文件或文件夹，用鼠标将它们拖到左侧的【名称】列表框中，如图 15-20 所示。

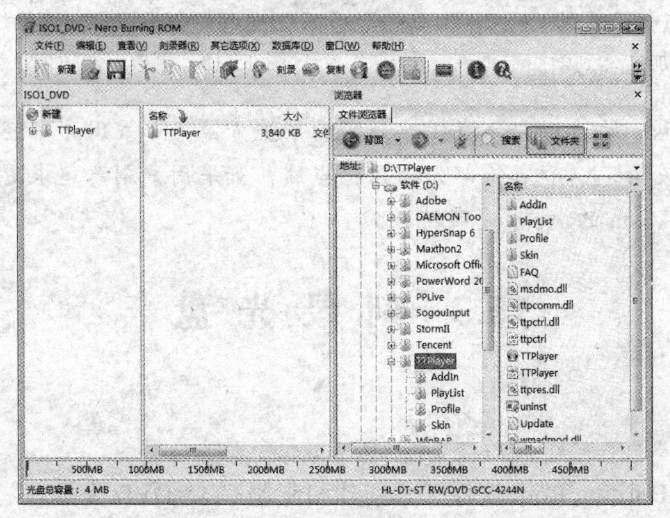

图 15-20 选择要刻录文件

❹ 在工具栏上单击【刻录当前编译】按钮，打开【刻录编译】对话框。禁用【结束光盘(不可再写入)】复选框，如图 15-21 所示。

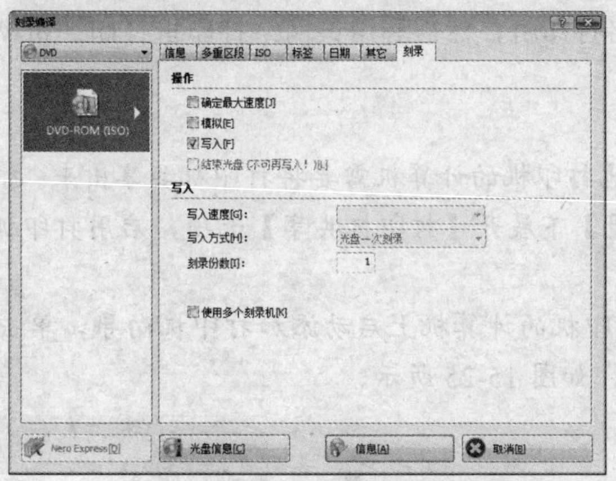

图 15-21　【刻录编译】对话框

❺ 单击【刻录】按钮，即可开始刻录光盘。在刻录过程中，要占用内存和 CPU 资源，为了保证刻录的稳定性，建议用户不要进行其他操作。刻录完成后，系统会打开对话框提示光盘刻录完成。将刻录好的光盘弹出即可。

❻ 如果用户需要将只读光盘上的信息完整复制到空白 DVD 盘中，可以在【新编辑】对话框中选择【DVD 复制】选项，在【复制选项】选项卡下选择源光盘所在的驱动器，如图 15-22 所示。

❼ 在【刻录】选项卡的【写入】区域可以设置写入速度，如图 15-23 所示。单击【复制】按钮，开始复制。在复制过程中，按提示分别插入源光盘和空白 DVD 光盘即可。

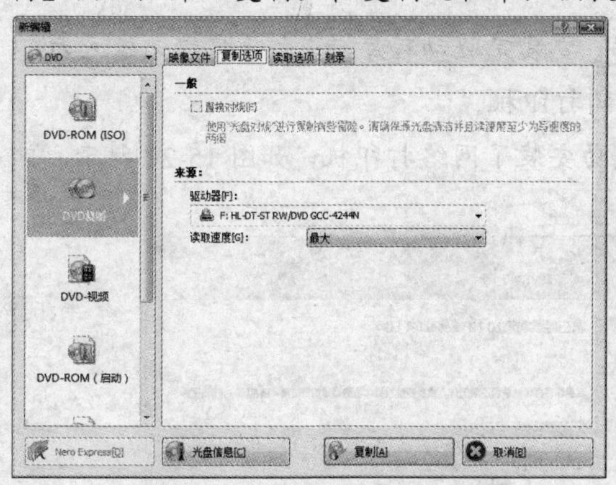

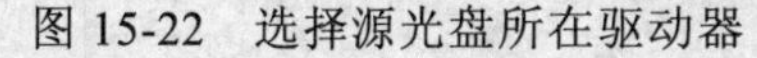
图 15-22　选择源光盘所在驱动器

图 15-23　设置写入速度

15.4　查找网络打印机并打印文档

❁ 实训目标

掌握网络打印机的安装和使用方法。

实训内容

首先安装并配置网络打印机，然后利用该网络打印机打印一份 Word 文档。

上机操作详解

❶ 首先，安装了本地打印机的计算机需要将打印机共享出来。打开【网络和共享中心】控制台，在【共享和发现】下展开【打印机共享】选项，启用打印机共享并单击【应用】按钮，如图 15-24 所示。

❷ 在欲安装网络打印机的计算机上启动添加打印机向导，单击【添加网络、无线或 Bluetooth 打印机】选项，如图 15-25 所示。

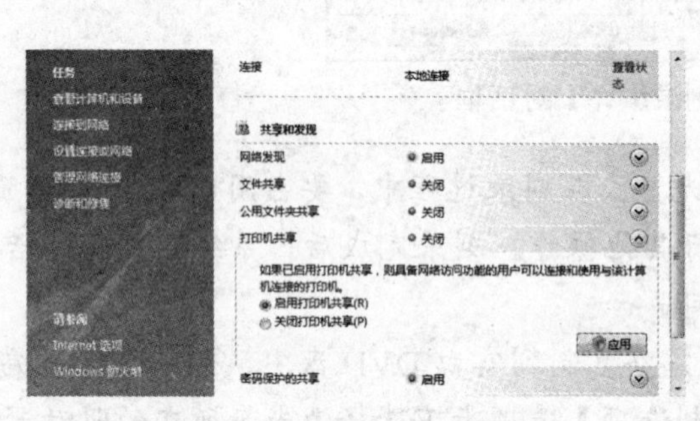

图 15-24　启用打印机共享　　　　图 15-25　启动打印机向导

❸ 随后，向导将搜索并在列表中显示可用的打印机，如图 15-26 所示。选中要添加的网络打印机，单击【下一步】按钮。

❹ 系统将提示需要安装打印机的驱动程序。安装完驱动程序后，向导将提示输入打印机的名称，以及是否设置为该计算机默认使用的打印机。

❺ 单击【下一步】按钮，向导提示已经成功安装了网络打印机，如图 15-27 所示。单击【完成】按钮关闭向导。

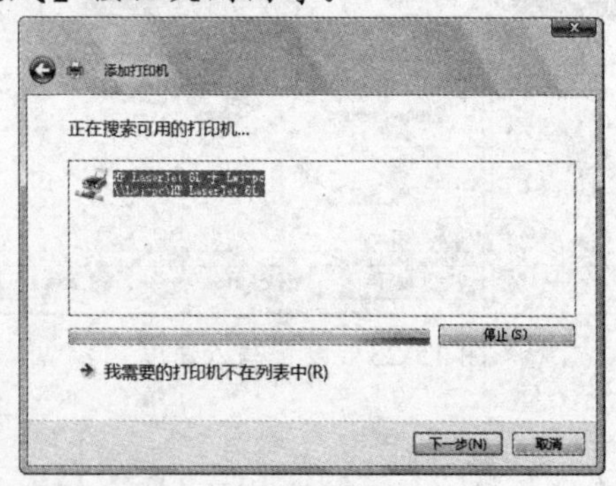

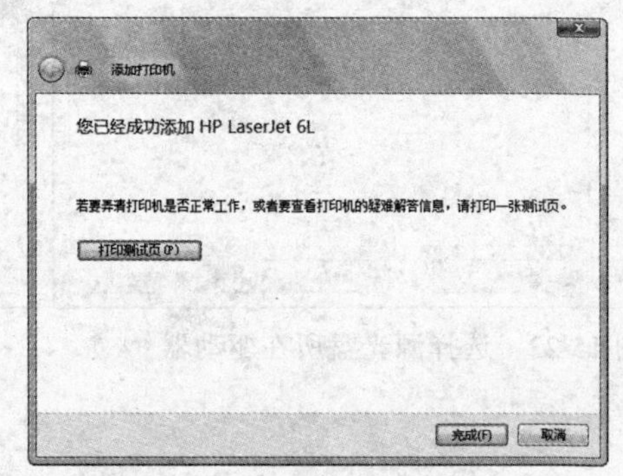

图 15-26　选择要安装的网络打印机　　　　图 15-27　完成网络打印机的安装

❻ 安装完网络打印机后，在打印文件之前，通常需要对打印机进行一些配置，以获得最理想的打印效果。根据打印机的型号不同，提供的设置参数可能不同。依次单击【开始】|【控制面板】|【打印机】，在图 15-28 所示窗口中右击要设置的打印机，在快捷菜单中单

击【属性】命令，打开打印机的【属性】对话框。

❼ 系统默认打开的是【常规】选项卡，这里显示了打印机的名称、位置等信息。如果有需要，用户还可以在【注释】对话框中输入有关打印机的注释信息，如图 15-29 所示。

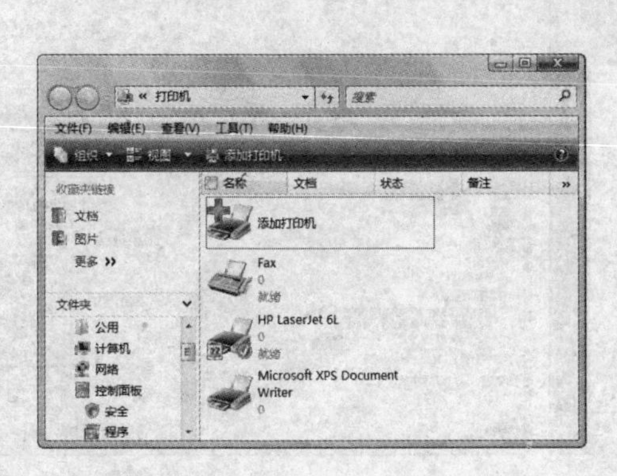

图 15-28　系统已经安装的打印机

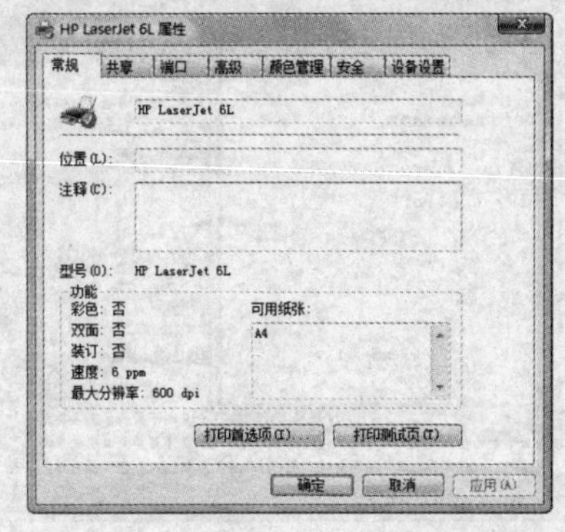

图 15-29　查看打印机的基本信息

❽ 单击【打印首选项】按钮，可以打开【打印首选项】对话框，如图 15-30 所示。默认打开的是【布局】选项卡，安装的打印机不同，这里的选项也会有所不同，但基本参数是一致的。在【方向】选项组可设置打印的方向是纵向还是横向；在【页序】选项组可设置打印时的页码顺序是从前向后，还是从后向前。单击【高级】按钮，在打开的对话框中还可以设置打印机的高级属性。

❾ 切换到【端口】选项卡，可添加、删除和配置端口，一般保持默认设置即可。

❿ 切换到【高级】选项卡，可以设置打印机使用的时间。选中【始终可以使用】单选按钮，那么打印机将不受时间限制，随时可以使用。选中【使用时间从】单选按钮，并在其后的微调框中设置用于限制打印机使用时间的数值，则打印机只能在指定的时间内工作，如图 15-31 所示。

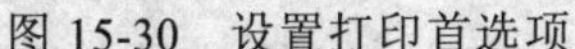

图 15-30　设置打印首选项

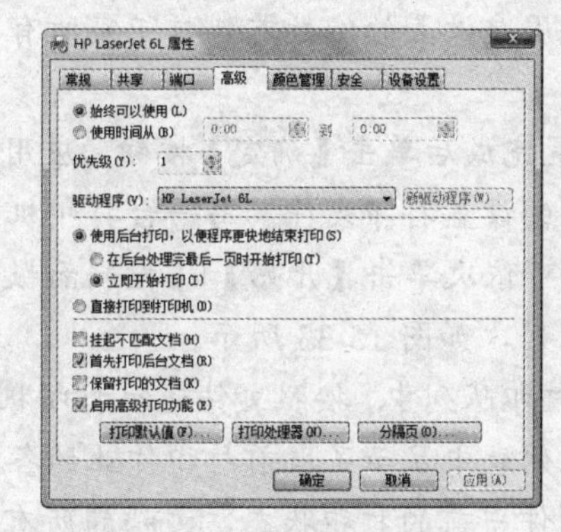

图 15-31　【高级】选项卡

提示：在【优先级】微调框中可以设置打印机的优先级，该优先级是相对于计算机中的其他打印机而设置的。【驱动程序】列表框中显示的是当前打印机驱动程序的名称。用户还可以在这里设置后台打印的方法。

⓫ 下面来使用该打印机打印一篇 Word 文档。打开 Word 2007，编辑好要打印的内容并设置好格式。单击 Office 按钮，在下拉菜单中单击【打印】按钮，打开【打印】对话框，

如图 15-32 所示。

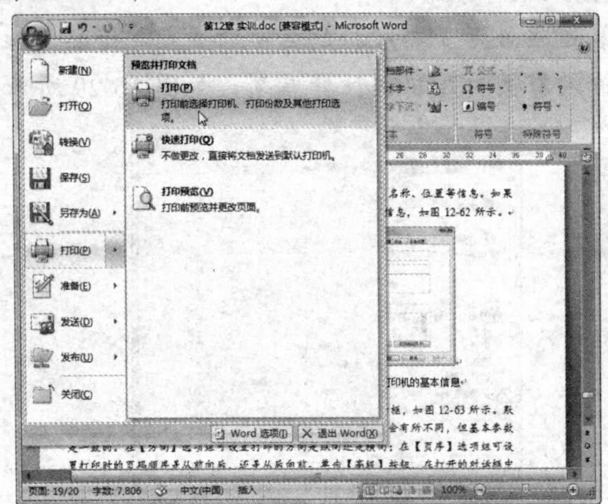
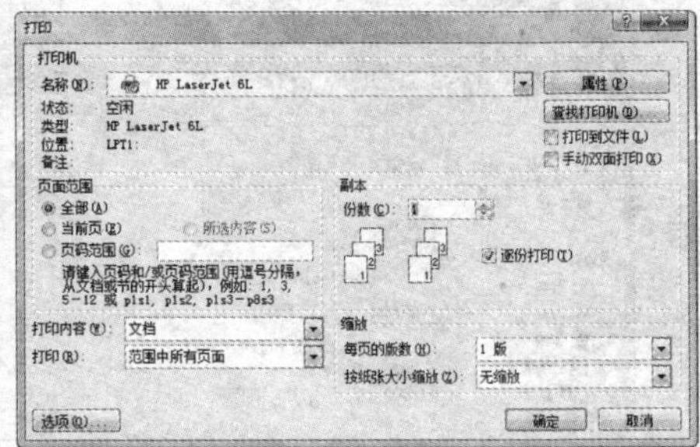

图 15-32　打印 Word 文档

⑫【名称】下拉列表框中列出了安装的所有打印机，系统显示默认的打印机作为首选打印机使用。如果用户要使用其他打印机，可从下拉列表框中进行选择。

⑬【页面范围】选项组用来设置打印文件中的哪些部分。要打印当前文件的全部内容，可选中【全部】单选按钮；要打印当前光标所在的页，可选中【当前页】单选按钮；要只打印部分页面，可选中【页码范围】单选按钮，并在后面文本框中输入页码范围，可以是连续的，也可以是不连续的，不连续的页码之间用“，”分隔，连续的则用“-”连接，例如要打印当前文档的第 3、6，以及 8~14 页，则可输入“3，6，8-14”。

⑭【副本】选项组用于设置当前文档打印的份数和打印的方式。如果要设置打印的份数，可以在【份数】微调框中输入希望打印的份数。选中【逐份打印】复选框，打印机将从头到尾打印一遍，再打印第 2 份，直到完成用户设定的份数；禁用【逐份打印】复选框，打印机将按用户设置的份数首先打印完所有的第 1 页，然后再打印第 2 页，直到打印完整个文档。

⑮ 设置完成后单击【确定】按钮，应用程序会自动将文件输出到打印机，打印机即开始按照用户的设置打印文件。每一台打印机的作业都是单独管理的，要查看当前打印机的打印作业。可依次单击【开始】|【控制面板】|【打印机】，双击使用的打印机，打开打印机的打印队列，如图 15-33 所示。

⑯ 在打印队列中，按照文件送往打印机的先后顺序排列成打印队列。对于每一个打印作业，都在列表中显示了当前打印作业的各种属性。例如，文件的名称和打印该文件的应用程序、文件当前的打印状态、文档的所有者、文件的大小、打印进度等信息。

⑰ 在打印队列中，打印优先级高的文档将被先打印出来，所以用户可以通过更改打印机的优先级来调整打印文档的打印次序，使急需的文档先打印出来，而不紧急的文档后打印出来。右击要调整打印次序的文档，从快捷菜单中单击【属性】命令。默认打开【常规】选项卡，在【优先级】选项组中，拖动其中的滑块，即可更改打印文档的优先级，如图 15-34 所示。

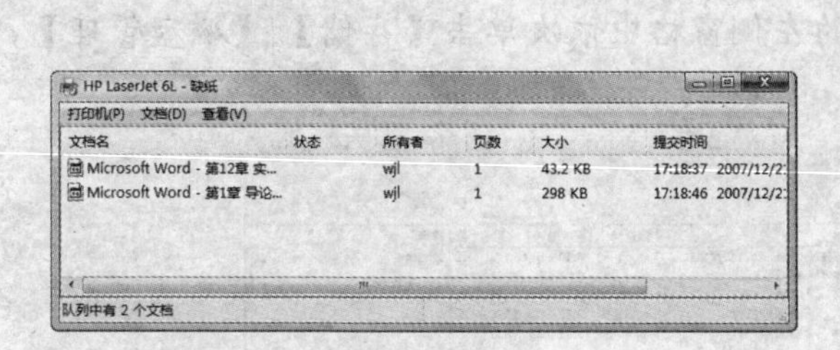

图 15-33 查看打印序列

图 15-34 更改文档的打印优先级

⑱ 要想尽快打印用户急需的文档，可以将该文档之前的所有文件暂停，当打印机打印完当前文件后，会跳过被暂停的打印作业。要暂停一个打印作业，可以右击该作业，从快捷菜单中单击【暂停】命令，再次单击该命令，可恢复打印的文档。如果暂停了正在打印的作业，那么所有该打印作业之后的打印作业都将暂停，直到恢复当前打印作业，并在打印完该作业后，其他作业才会按顺序打印。如果在打印过程中，打印机出现了故障，如缺纸、缺墨或者网络不通，那么打印机会暂停打印，直到解除故障后再恢复打印。如果只是暂停打印，那么所有作业将处于待打印状态。

⑲ 如果打印机队列中有不想打印的作业，则可以取消该打印作业。如果打印队列中的所有打印作业都不需要打印，则可以清除打印队列中的全部作业，包括正在进行的打印作业。要取消单个打印作业，可右击它，从快捷菜单中单击【取消】命令。如果要取消全部打印作业，可单击菜单栏的【打印机】|【取消所有文档】命令。

⑳ 如果系统中有一个以上的打印机，可以将其中的一个设置为默认打印机。这样当用户打印文档时，打印工作将直接输出到该打印机上，不必再进行选择。要设置默认打印机，只需在该打印机的菜单栏单击【打印机】|【设置为默认打印机】命令即可。

注意：由于许多打印机都有自己的内存缓冲区，因而虽然已发出终止打印命令，打印状态信息在屏幕上消失了，但打印机还会打印出几页内容。

15.5 创建磁盘分区并保护重要数据

实训目标

掌握磁盘的基本操作方法，学会创建和使用文件夹组织、管理数据。

实训内容

从已有的分区或卷中压缩得到一个新的卷，创建不同的文件夹，用于保存自己的各种数据。最后对该卷中的重要文件进行加密并备份加密密匙。

上机操作详解

❶ 首先来创建用于保存个人私密数据的卷。在桌面上右击【计算机】图标，从快捷菜单中单击【管理】命令，在打开的窗口的左侧窗格中依次单击【存储】|【磁盘管理】，进入磁盘管理控制台，如图 15-35 所示。

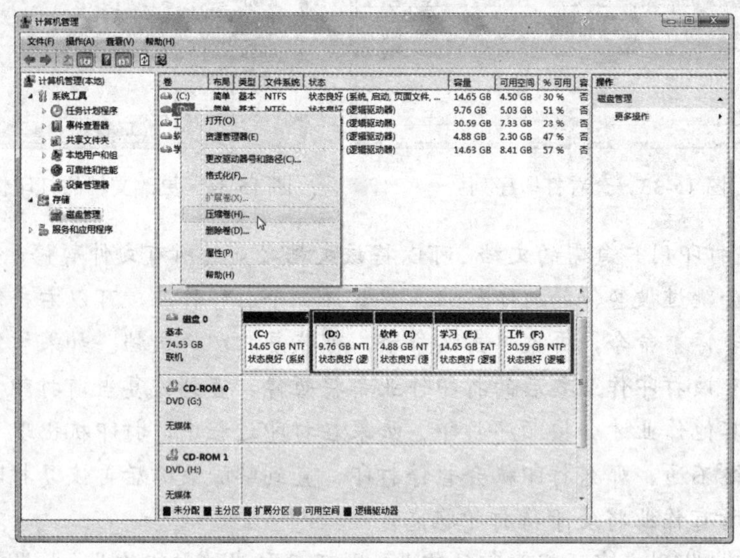

图 15-35　磁盘管理控制台

❷ 右击要压缩的卷，如 D 盘，从快捷菜单中单击【压缩卷】命令，打开【压缩 D】对话框，输入要压缩的空间大小，单击【压缩】按钮，如图 15-36 所示。

❸ 压缩完成后，图形视图中将出现一个未分配的磁盘空间，如图 15-37 所示。用户可在该磁盘上创建分区。

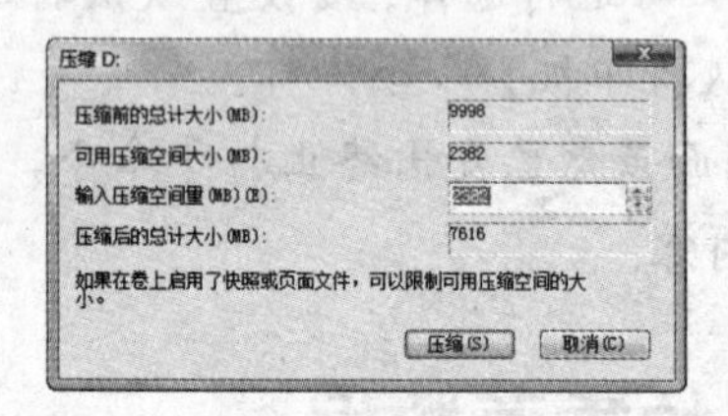

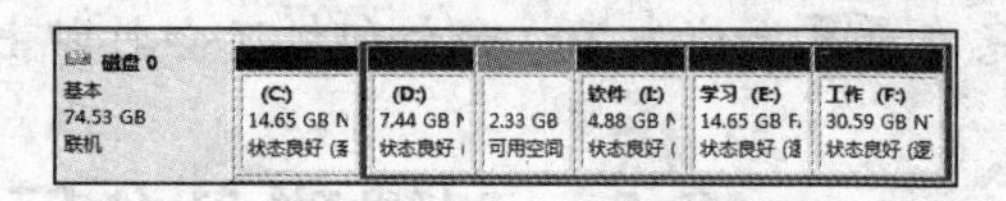

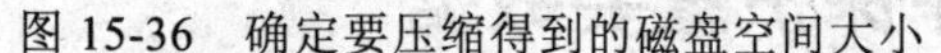

图 15-36　确定要压缩得到的磁盘空间大小　　图 15-37　得到的未分配的磁盘空间

❹ 现在来创建卷。右击未分配的磁盘空间，从弹出的快捷菜单中单击【新建简单卷】命令，打开【新建简单卷向导】。单击【下一步】按钮跳过欢迎界面，输入要新建卷的大小，这里使用整个磁盘的空间，保持默认值即可，如图 15-38 所示。

❺ 单击【下一步】按钮，分配驱动器号和路径，采用默认值即可。

❻ 单击【下一步】按钮，对分区进行格式化。首先选择卷要使用的文件格式，建议使用 NTFS 格式。然后设置卷标，这里设置为“个人”。选中【执行快速格式化】复选框，以便对卷快速格式化，如图 15-39 所示。

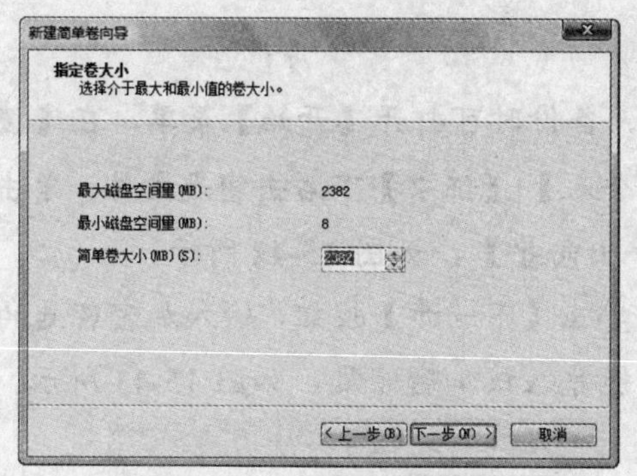

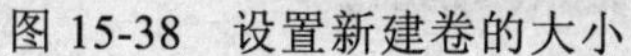
图 15-38　设置新建卷的大小

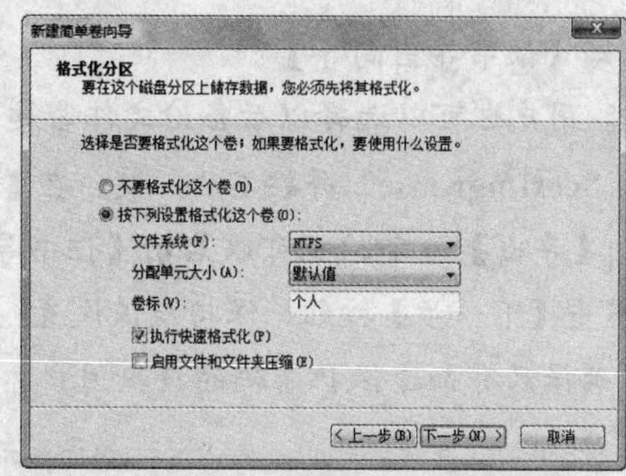

图 15-39　设置分区格式化参数

❼ 单击【下一步】按钮，确认设置的格式化参数后，单击【完成】按钮，系统开始对分区进行格式化。完成后退出磁盘管理控制台。

❽ 在桌面上双击【计算机】图标，双击本地磁盘【个人】，该磁盘为空。在空白处右击，从快捷菜单中单击【新建】|【文件夹】命令，可在该磁盘中新建文件夹，并命名为“工作”，用同样的方法建立“日记”、“合同”文件夹，如图 15-40 所示。

❾ 随后，用户即可在这些文件夹中保存相关的数据。对于某些重要文件，例如“合同”文件夹中的重要合同文件，或者自己的日记等，用户可以对它们进行加密，防止他人阅读或窃取。

❿ 用户既可以对文件进行加密，也可以对文件夹进行加密。建议对文件夹进行加密，这样今后存放在该文件夹里的文件都会被自动加密。右击要加密的文件夹，例如“合同”，从快捷菜单中单击【属性】命令。

⓫ 默认打开【合同属性】对话框的【常规】选项卡，单击【高级】按钮，打开【高级属性】对话框，如图 15-41 所示。

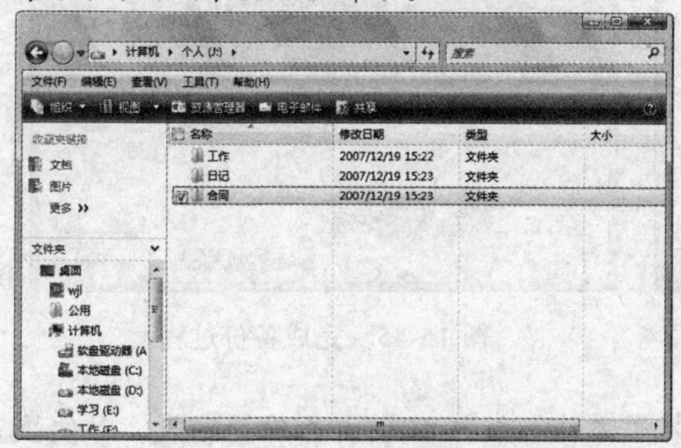

图 15-40　创建文件夹

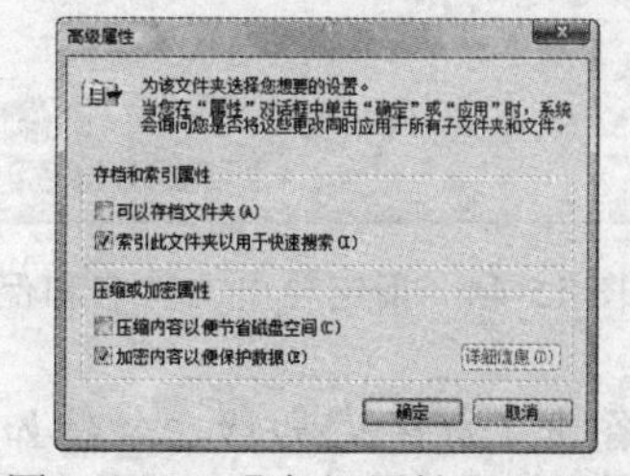

图 15-41　【高级属性】对话框

⓬ 选中【加密内容以便保护数据】复选框，单击【确定】按钮。单击【合同属性】对话框的【确定】按钮，在打开的提示框中选中【将更改应用于此文件夹、子文件夹和文件】单选按钮，以便加密该文件夹下的所有内容。

⓭ 单击提示框的【确定】按钮，系统会提示用户备份加密密匙。如果用户不进行备份，一旦重装系统，由于没有加密密匙，将导致所有的加密文件都无法访问。单击【现在备份】

选项，启动【证书导出向导】。

提示：用户也可以选择以后备份文件密匙。备份时可打开【开始】菜单，在【搜索】框中输入“certmgr.msc”并按 Enter 键，在【个人】|【证书】下右击密匙文件，单击【所有任务】|【导出】命令，也可以启动【证书导出向导】，如图 15-42 所示。

14 单击【下一步】按钮，保持默认设置。单击【下一步】按钮，输入加密密匙的保护密码，以确保只有知道保护密码的授权用户才能导入该加密密匙，如图 15-43 所示。

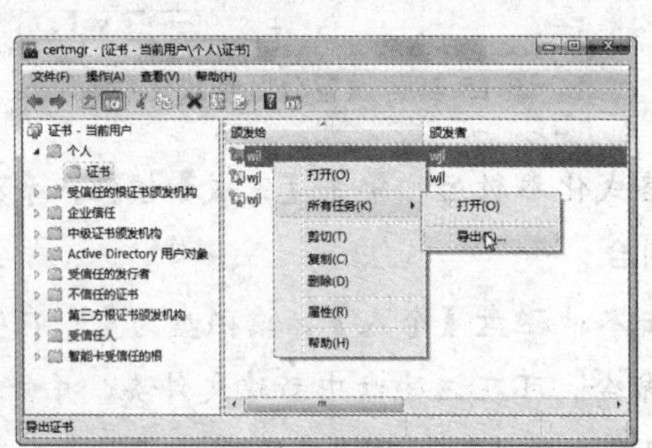

图 15-42　证书管理器

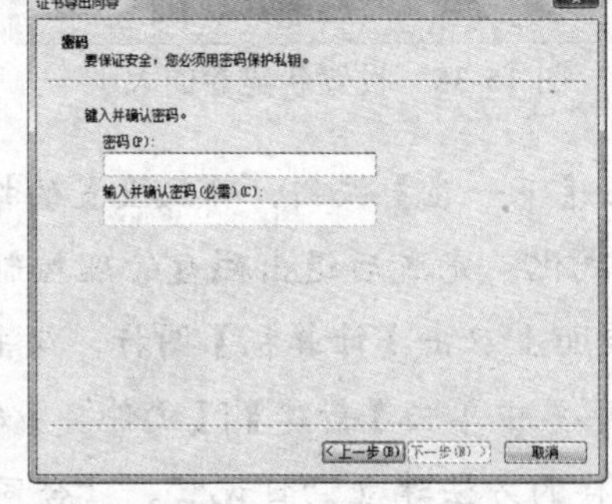

图 15-43　输入加密密匙的保护密码

15 单击【下一步】按钮，指定导出文件的保存路径和文件名，如图 15-44 所示。单击【下一步】按钮，向导提示完成导出过程，单击【完成】按钮即可完成备份，如图 15-45 所示。

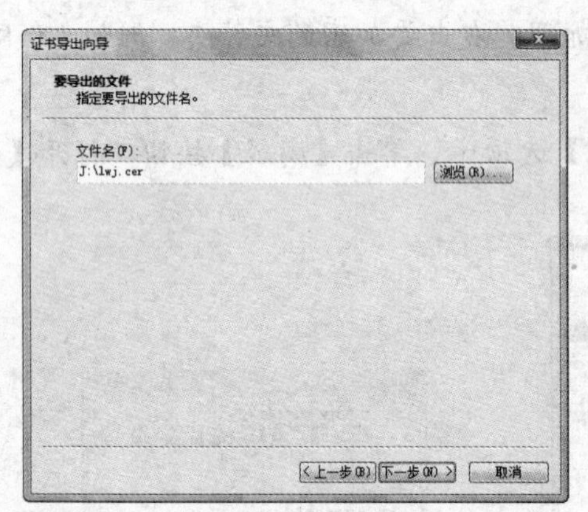

图 15-44　指定导出文件名和保存路径

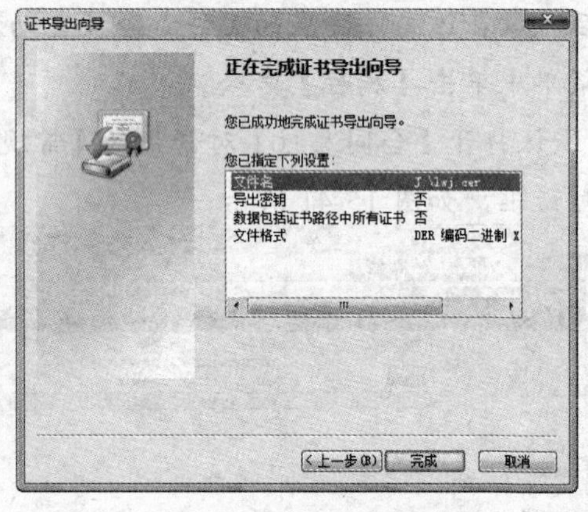

图 15-45　完成备份过程

16 备份了加密密匙后，今后如果重装了系统，就可以导出备份的密匙，以便恢复对加密文件的访问了。首先在本地磁盘找到备份的加密文件，右击它，从快捷菜单中单击【安装证书】命令，打开【证书导入向导】，如图 15-46 所示。

17 按照向导提示，输入加密密匙的保护密码，并指定正确的存储区，对证书导入即可。

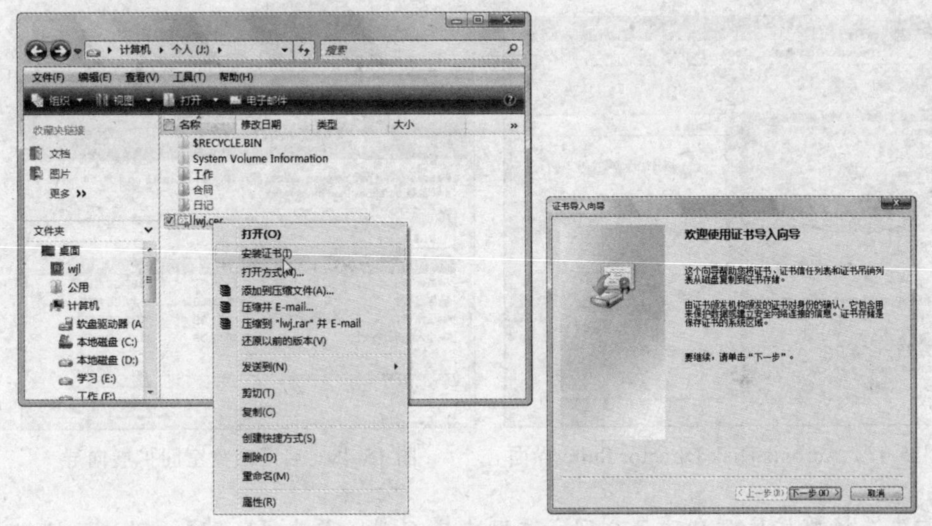

图 15-46　导入文件的加密密匙

15.6　调整 Vista 磁盘分区容量

◎ 实训目标

熟悉 Acronis Disk Director Suite 的工作环境，并学会通过它对 Vista 磁盘分区进行扩大、缩小、合并。

◎ 实训内容

Acronis Disk Director Suite 是一套强大的磁盘管理工具，在 Vista 环境下，它可以在不损失资料的情况下对现有磁盘进行重新分区或优化调整，对损坏或删除分区中的数据进行修复。除此之外，它还是一个不错的引导管理程序，用户可以轻松地实现多操作系统的安装和引导。

◎ 上机操作详解

❶ 在机器上安装 Acronis Disk Director Suite 后启动它，进入其工作界面，如图 15-47 所示。许多用户在安装 Vista 后发现 C 盘空间总是提示空间不足，下面介绍如何扩展 C 盘容量。

❷ 在左侧【Wizards】(向导)列表中单击【Increase Free Space】(扩展自由空间)命令，启动磁盘空间扩展向导，如图 15-48 所示。

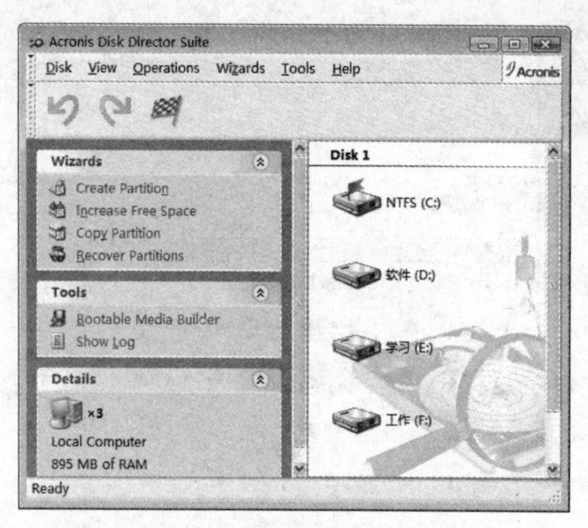

图 15-47　Acronis Disk Director Suite 界面

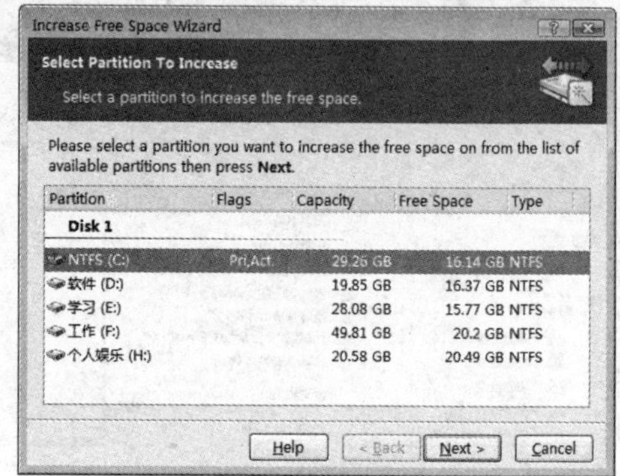

图 15-48　启动磁盘空间扩展向导

❸ 首先选择要扩展哪个磁盘分区，这里选择 C 盘，单击【Next】(下一步)按钮。选择要从另外哪个磁盘分区获得空间，这里选择 E 盘，如图 15-49 所示，单击【Next】按钮。

❹ 拖动滑块设置想要将磁盘扩展到的大小，如图 15-50 所示，单击【Next】按钮。

❺ 用户可在接下来的对话框中预览更改后的磁盘的结构，没有问题后单击【Finish】(完成)按钮。重新启动计算机，在系统启动前，程序会按照设置对磁盘分区进行调整。

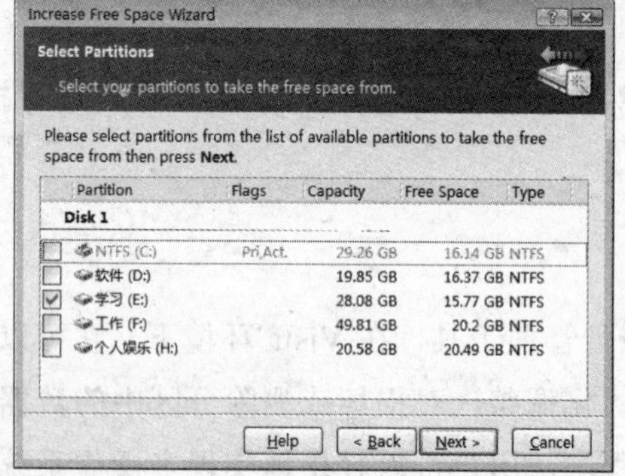

图 15-49　选择要从中获取空间的磁盘分区

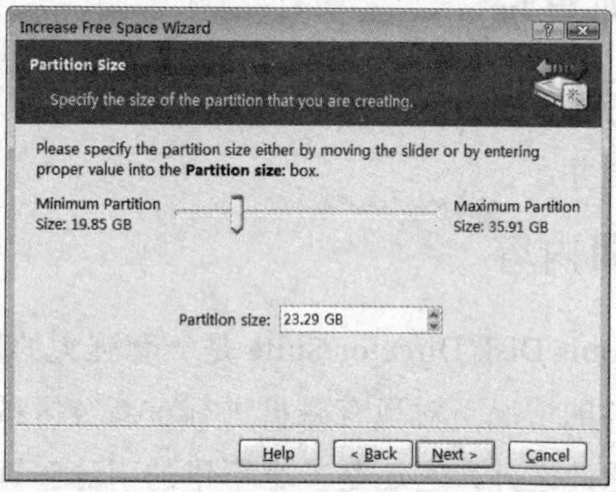

图 15-50　扩展目标磁盘分区的大小

❻ 如果用户想要创建磁盘分区，可单击主界面的【Create Partition】(创建分区)命令，启动磁盘分区创建向导，如图 15-51 所示。用户可采用两种方式来新建磁盘分区：从现有磁盘分区中分出一部分空间或使用新磁盘。这里选择前者，选中【Free space of the existing partitions】单选按钮(从现有磁盘分区中获取空间)，单击【Next】按钮。

❼ 选择要从另外哪个磁盘分区获得空间，之后的方法和步骤与扩展磁盘分区相似。如果要删除某个磁盘分区，可选中它，然后单击左侧【Operations】(操作)列表下的【Delete】(删除)命令，如图 15-52 所示。

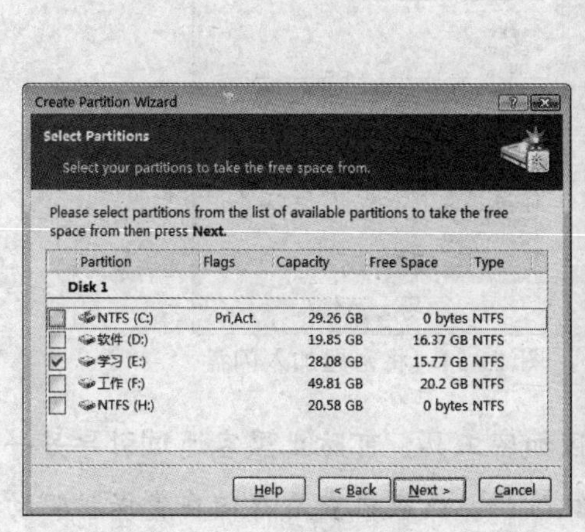

图 15-51 创建磁盘分区向导

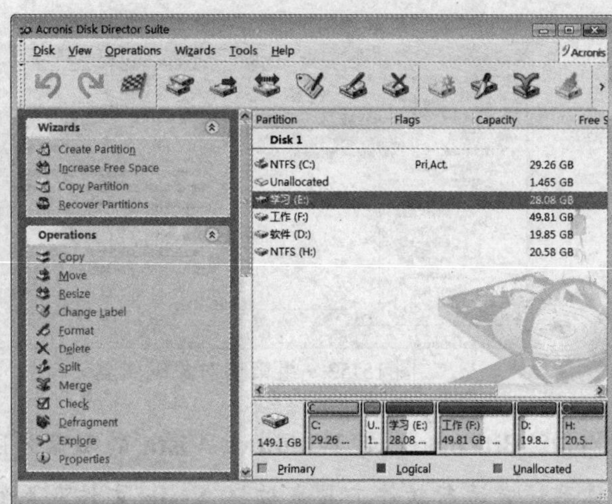

图 15-52 对磁盘分区可执行的操作

❽ 用户还可以对两个分区进行合并，首先选择一个分区，然后单击【Merge】(合并)命令，可启动磁盘分区合并向导，选择要合并的另一个分区，然后按照提示操作即可。

提示：用户还可以对磁盘分区进行格式化、设置卷标等。

15.7 使用 U 盘启动 Vista

实训目标

掌握使用 USB 闪盘启动系统的方法，以更好地保护计算机及其上面存储的文件。

实训内容

首先在组策略里打开使用 USB 启动系统的功能，然后将启动密码保存在闪盘中，最后使用闪盘来启动系统。

上机操作详解

❶ 打开【开始】菜单，在搜索框中输入 gpedit.msc 并按 Enter 键，启动本地组策略编辑器。在左侧窗格中定位到【计算机配置】|【管理模板】|【Windows 组件】|【BtiLocker 驱动器加密】，如图 15-53 所示。

❷ 在右侧窗格中双击【控制面板设置：启用高级启动选项】策略，在打开的对话框中确保选中【已启用】和【没有兼容的 TPM 时允许 BitLocker(在 USB 闪存驱动器上需要启动密匙)】复选框，如图 15-54 所示。单击【确定】按钮。

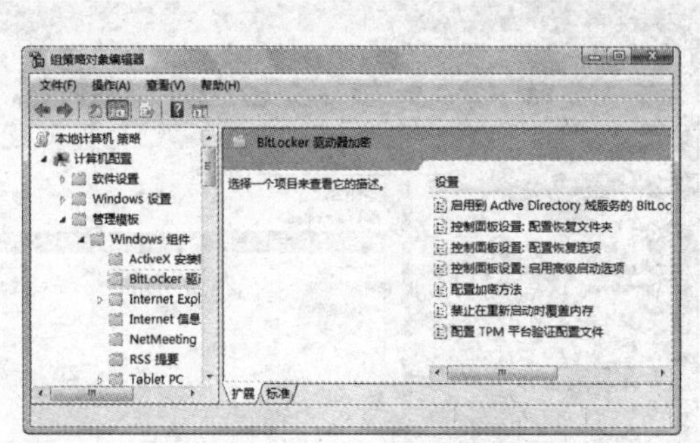

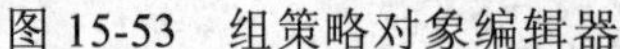
图 15-53　组策略对象编辑器

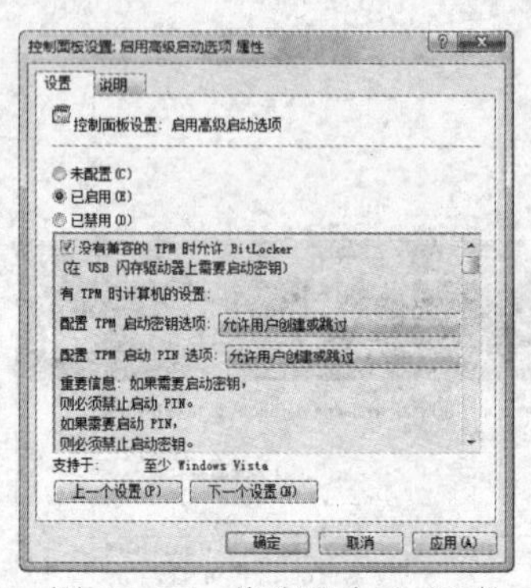

图 15-54　将密匙加入闪盘

提示：BitLocker 是 Windows Vista 的磁盘分区加密工具，可防止黑客通过引导另一个操作系统或运行软件工具来破坏 Vista 文件和系统防护，或脱机查看存储在受保护驱动器上的文件。

❸ 打开【开始】菜单，在搜索框中输入 BitLocker，单击搜索结果中的“BitLocker 驱动器准备工具”选项。系统自动打开【BitLocker 驱动器】对话框，单击【我接受】按钮，然后按提示准备驱动器，如图 15-55 所示。

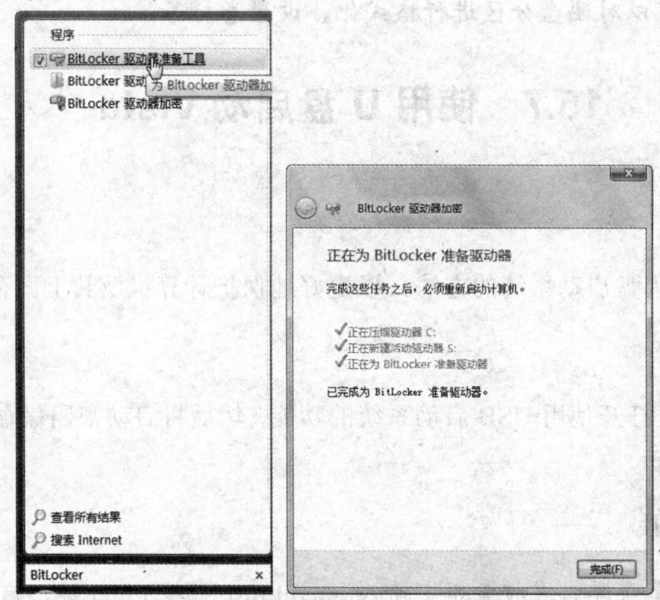

图 15-55　使用 BitLocker 加密前的驱动器准备工作

提示：如果用户的 Windows Vista 系统上没有安装 BitLocker 和 EFS 增强工具，则 BitLocker 驱动器加密功能不可用，进行加密时会提示如图 15-56 所示的信息。用户可以启动 Windows Update 工具，检查更新并安装 BitLocker 和 EFS 增强工具，然后重新从步骤❸开始操作。

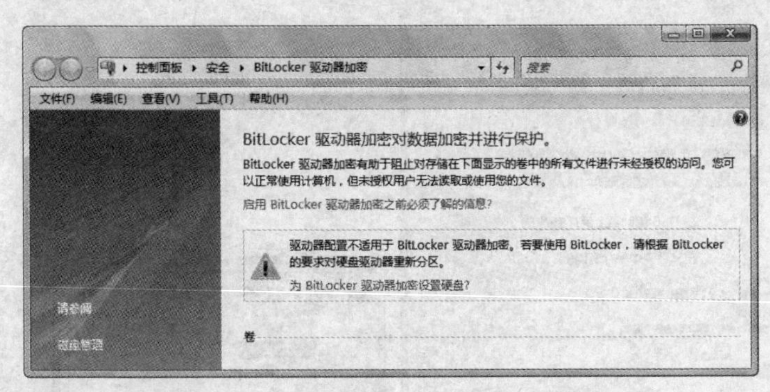

图 15-56　系统提示对驱动器进行配置

❹ 重新启动计算机后，Windows Vista 自动启动控制面板。单击下面的【启用 BitLocker】链接，如图 15-57 所示。

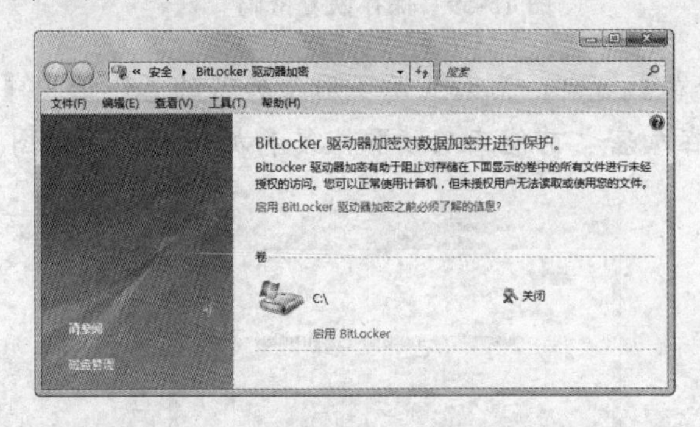

图 15-57　启动 BitLocker 加密

❺ 设置 BitLocker 启动首选项，单击【每一次启动时要求启动 USB 密匙】链接。在计算机的 USB 接口插上闪盘，该闪盘将出现在如图 15-58 所示的列表框中。选中它，然后单击【保存】按钮。

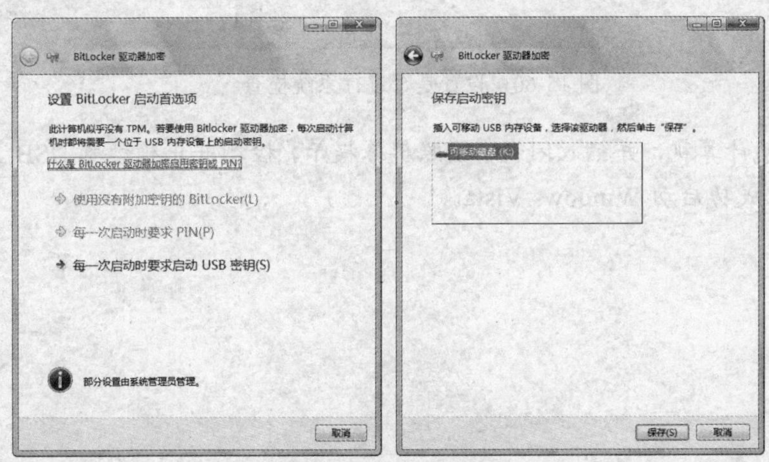

图 15-58　设置并保存闪盘启动密码

❻ 在打开的对话框中选择如何保存恢复密码。单击【在 USB 驱动器上保存密码】链接，然后选择用于保存该密码的闪盘，单击【保存】按钮，如图 15-59 所示。

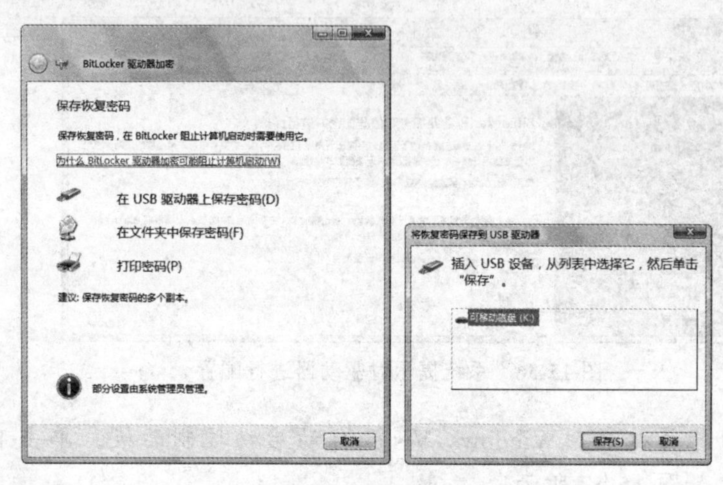

图 15-59　保存恢复密码

❼ 系统打开【加密卷】窗口，上面显示了用于加密的卷，选中【运行 Bitlocker 系统检查】复选框，以确保在加密之前能正确读取恢复和加密密匙，如图 15-60 所示。

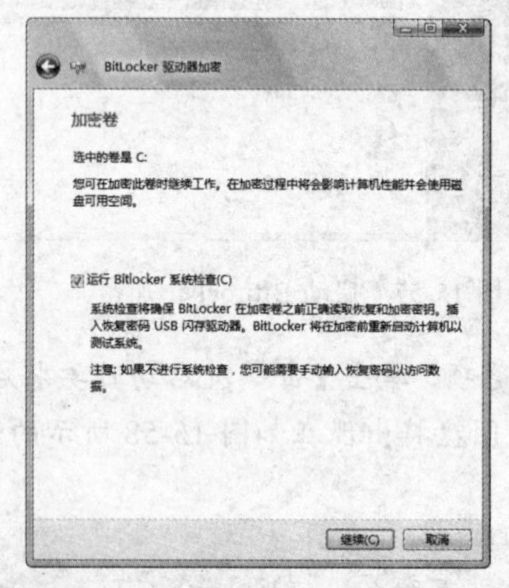

图 15-60　设置是否进行系统检查

❽ 重新启动计算机，并插入闪盘，按照屏幕提示，检测并正确读取 USB 上的密码后，拔下闪盘，即可成功启动 Windows Vista。

附录

安装 Vista 和 XP 双系统

目前还有许多软件和程序没有来得及升级，因而与 Windows Vista 不是十分兼容。大多数用户可能都已经习惯了 Windows XP 环境，但又希望领略 Windows Vista 的强大功能并快速掌握它。最好的解决方法就是在本机上既安装 Windows Vista，又安装 Windows XP，让它们组成双系统，需要使用哪个时就切换到哪个。

但这存在一个问题：Windows Vista 中采用了全新的系统引导机制，用 Windows Boot Manager 取代了传统的 Ntldr。这虽然使得 Windows Vista 的启动管理功能更加强大，但却让 Windows Vista 与其他操作系统的结合性变得很差。当计算机上安装了多个操作系统后，例如将 Windows XP 安装在 C 盘，将 Windows Vista 安装在 D 盘，那么将发现 Windows XP 无法启动。

用户可以使用 BCDEdit 命令来修改启动设置，但这些命令晦涩难懂，而且极易出错，容易造成更大的风险。稍有不慎，连 Windows Vista 都可能无法正常启动。EasyBCD 是一款专门用来解决 Windows Vista 与其他系统多重启动的免费软件。用户只需选择相应的平台与启动方式即可完成，而且可以自动备份 MBR。

提示：MBR 是 Main Boot Record(主引导记录)的缩写。用户在启动计算机后，先由主板上的 BIOS 程序引导硬件初始化，然后交由系统引导。系统的这块引导程序就存放在 MBR 上。MBR 通常是硬盘上的第一分区第一扇区的前 512 个字节。

下面以 Windows Vista 和 Windows XP 为例，介绍如何将它们组成双系统。进入 Windows Vista 后，启动 EasyBCD 程序。在左侧单击【Add/Remove Entries】按钮，右侧将出现添加或删除系统入口的参数。在【Add an Enty】下选择本机上安装的操作系统，这里在【Windows】下选择【Windows Vista/Longhorn】，然后选择该系统所在的磁盘，并命名启动时显示的名称，最后单击【Add Entry】按钮即可，如图 F-1 所示。单击【Change Settings】按钮，在右侧选中【Uninstall the Vista Bootloader(use to restore XP)】单选按钮，单击【Write MBR】按钮，如图 F-2 所示。

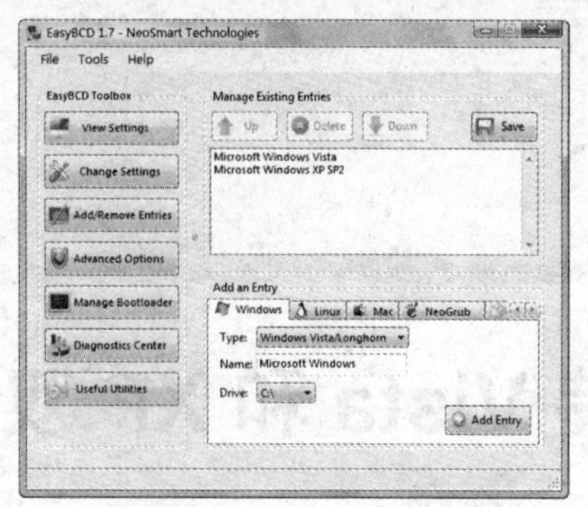

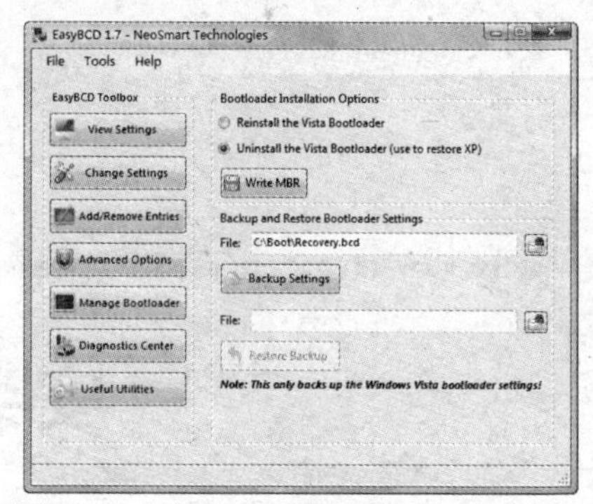

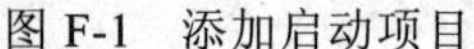

图 F-1　添加启动项目　　　　图 F-2　设置下次从 Windows XP 启动

然后重新启动系统，即可进入 Windows XP。在 Windows XP 下安装并启动 EasyBCD，用前面介绍的方法添加 Windows XP 启动项目，如图 F-3 所示。单击【Change Settings】按钮，修改 Windows XP 的启动磁盘为 D 盘。然后设置默认启动的操作系统为 Windows Vista，等待时间为 30 秒，这样如果 30 秒内用户没有选择启动项目的话，计算机自动进入 Windows Vista 系统，如图 F-4 所示。

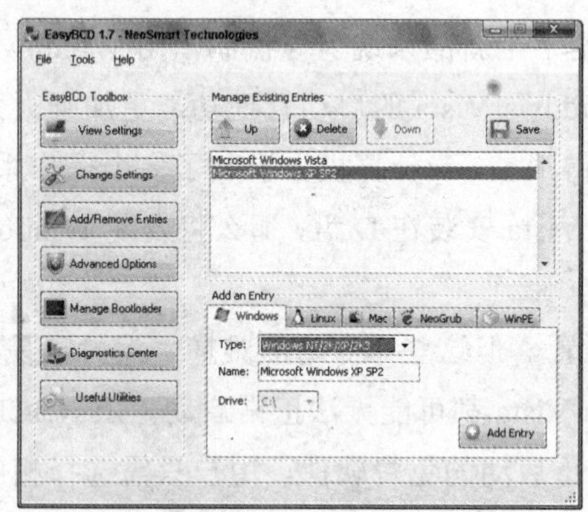

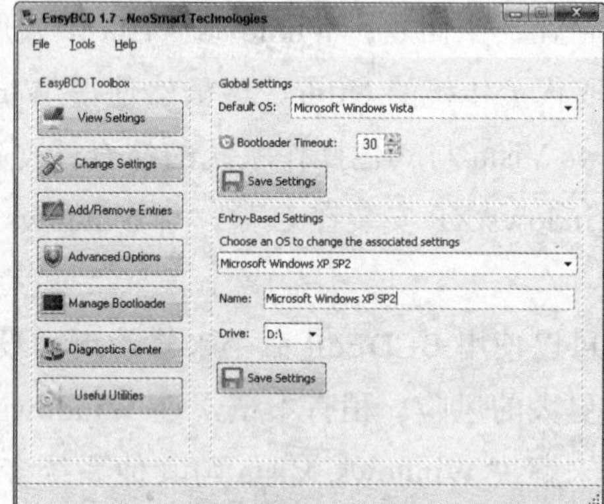

图 F-3　添加 Windows XP 启动项目　　　　图 F-4　设置默认启动的系统

借助 EasyBCD，用户还可以备份系统的引导文件和数据。关于 Windows Vista 与 Linux、Mac 等其他操作系统的多重引导问题，也可以通过 EasyBCD 来解决，具体方法与前面介绍的相似。